普通高等教育安全与环境系列教材

火灾学

主编　胡相明

中国矿业大学出版社
· 徐州 ·

内 容 摘 要

火灾学是研究火灾发生、发展及其防治机理和规律的应用性基础科学。它着重研究各类火灾的共性问题，包括火灾的发生、火灾的蔓延与发展、火灾的预防与控制、火灾中的建筑及结构、人在火灾中的行为等；同时也研究不同种类火灾中的特殊现象，如油罐火灾中的沸溢与喷溅、室内火灾中的轰燃等。本书旨在帮助读者掌握各种物质发生火灾的条件、物质的燃烧规律和灭火条件、物质在火灾前后所呈现出的不同特征及相关迹象，为火灾调查和火灾原因鉴定提供依据。

本书主要面向高等院校安全工程、消防工程、应急技术与管理等相关专业的本科生，也可作为研究生的入门参考教材。同时，对于从事安全工程、消防科学研究、建筑防火设计、消防安全管理等的科研、管理和工程技术人员，本书亦具有重要的参考价值。

图书在版编目(CIP)数据

火灾学 / 胡相明主编. — 徐州 ：中国矿业大学出版社，2024. 12. — ISBN 978 - 7 - 5646 - 6530 - 2

Ⅰ. X928.7

中国国家版本馆 CIP 数据核字第 2024VT9109 号

书　　名 火灾学
主　　编 胡相明
责任编辑 王美柱
出版发行 中国矿业大学出版社有限责任公司
（江苏省徐州市解放南路　邮编 221008）
营销热线 (0516)83885370　83884103
出版服务 (0516)83995789　83884920
网　　址 http://www.cumtp.com　**E-mail**:cumtpvip@cumtp.com
印　　刷 江苏淮阴新华印务有限公司
开　　本 787 mm×1092 mm　1/16　**印张** 19　**字数** 486 千字
版次印次 2024 年 12 月第 1 版　2024 年 12 月第 1 次印刷
定　　价 48.00 元
（图书出现印装质量问题，本社负责调换）

《火灾学》编写人员名单

主　编　胡相明

副主编　亓冠圣　陈　旭　陈长坤

参　编　邓玉睿　窦国兰　杜继芳　贺正龙

贾新磊　晋　虎　孔　彪　李　晓

李威君　卢守青　陆新晓　唐一博

王峥阳　魏晓璇　吴明跃　燕　翔

杨　兵　张　茜　张增亮　张志博

朱云飞

前　言

火灾，这一伴随人类文明进程的古老灾害，至今仍是全球范围内威胁公共安全并造成重大人员伤亡、经济损失和生态破坏的主要元凶。从原始社会的篝火失控，到工业革命时期工厂的烈焰冲天，再到信息时代复杂建筑与新能源设施带来的新型火灾挑战，火的破坏形态不断演变，但其毁灭性本质始终如一。在人类社会发展与科技进步的宏大叙事中，深化对火灾现象的科学认知，提升火灾预防与扑救效能，始终是关乎国计民生、社会稳定和可持续发展的重大课题。

火灾学，作为一门融合物理学、化学、流体力学、传热传质学、材料科学、心理学及社会学等多学科的前沿交叉科学，其核心使命在于深入揭示火灾发生、发展、蔓延直至熄灭的内在规律，理解其物理化学本质，并以此为基础构建预测、预防、控制与扑救的理论体系和技术方法。这是一门理论深度与实践需求并重的学科，既要构建严谨数学模型，以描述复杂的燃烧及烟气输运过程，又要直面瞬息万变的真实火场，为安全工程、消防工程、应急救援、建筑设计及产品研发等提供坚实的科学支撑。

当前，我国正处于新型工业化深化与新型城镇化质量提升的关键阶段。超高层建筑、大型综合交通枢纽、地下空间、城市综合体、化工园区、新能源设施（如锂电池储能）等复杂场所大量涌现。这些场所人员密集、结构复杂、可燃物多样、能源集中，具有火灾荷载大、蔓延途径复杂等特点，火灾风险显著升高。同时，全球气候变化背景下森林火灾的频发，也对生态安全和人民生命财产构成严峻挑战。这些都对火灾科学研究和专业人才培养提出了前所未有的迫切需求和更高要求。

为适应新时代火灾防治工作的需要，特编写这本《火灾学》教材。教材共分 11 章：第 1 章绪论，阐述火灾危害性及火灾学定义、研究内容和发展历程；第 2 章火灾的物理与化学基础，解析火灾中的能量传递与物质输运机制；第 3 章着火和灭火理论，从理论层面阐释火灾的起点与终点；第 4 至 6 章分别聚焦气体火灾、液体火灾与固体火灾，按物质形态分类解析各类燃料的燃烧行为；第 7 章火灾风险评估，介绍其系统框架与主要内容；第 8 至 11 章则针对建筑火灾、危化品火灾、森林火灾、锂离子电池火灾等典型场景，深入剖析其火灾特性。

本书由多所高校长期从事火灾科学教学与研究的教师通力合作完成，特别是投入了巨大精力策划、制作和整合了与知识点紧密关联的电子素材，致力于打造一本适应数字化学习趋势的新形态教材，他们包括山东科技大学亓冠圣、陈旭、孔彪、吴明跃、李晓、李威君、贺正龙、张茜、邓玉睿、魏晓璇，中南大学陈长坤、王峥阳，青岛科技大学张增亮，青岛理工大学卢守青，中国矿业大学窦国兰，中国矿业大学（北京）陆新晓，太原理工大学唐一博，山西工程技术学院朱云飞，北京科技大学张志博，山东管理学院杨兵，山东航空学院贾新磊，山东工商学院杜继芳，山东交通学院燕翔、晋虎，在此特表示感谢。

本教材主要面向安全工程、消防工程、应急技术与管理及相关专业的本科生和研究生，也可供从事消防设计、安全管理、风险评估、火灾调查、灭火救援等工作的工程技术人员参考。

火灾科学博大精深，且随科技与社会发展不断面临新挑战。囿于编者学识，本书及其配套资源难免存在疏漏与不足，恳请广大读者、同行专家不吝批评指正，以便在后续修订中不断完善。

胡相明

2024年10月

目　录

第1章 绪　论

1.1 人类与火灾

人类与火灾-1　人类与火灾-2

火，是自然界里最早存在的自然现象之一，其认知历程贯穿了人类文明的演进。自远古时期西候度人与元谋人利用自然火种，直至今天人类对火的探索已跨越百万年。不同文明对火的起源都赋予神秘色彩：希腊神话描绘普罗米修斯盗火予人，华夏传说则将人工取火的突破归功于燧人氏。这种超越认知的力量使先民将火奉为神圣，衍生出原始的火焰崇拜。

掌握取火技术是人类文明的关键转折。从钻木取火到燧石引燃，火的驯化推动着技术革命：熟食加工不仅改善营养摄入，更促进人类的脑部进化；陶器烧制、金属冶炼、盐业开发等技术突破，使人类逐步摆脱环境制约。火的应用还延伸至安全防护领域，火既可作为驱兽屏障，又能改造工具材料。这种能源革命极大提升了人类应对自然挑战的能力，加速了社会形态的演进。在实践过程中，先民逐渐认知到火兼具能量转化与物质重构的双重特性。这种特性催生出了古代哲学体系对火本源的思考：中国五行学说、印度四大元素论及希腊四元素说均将火视为构成世界的核心要素，认为其具有化育万物的本源力量。对火的掌控不仅标志着人类技术能力的飞跃，更象征着文明对自然规律的深刻认知。

近代以来，科学技术与生产力的跨越式发展推动了火在工业领域的深度应用，从冶金到能源利用，探索火的本质逐渐成为科学界的核心课题。在此过程中，欧洲燃素说作为极具影响力的理论体系影响学界长达百年。该假说将火具象化为由“燃素”微粒构成的物质实体，认为可燃物通过释放燃素实现燃烧，空气则承担吸收燃素的功能。尽管这种理论成功阐释了部分化学现象，并对科学的发展起过一定的积极作用，但燃素说毕竟是一种凭空臆造出来的学说，因此它不能解释所有的燃烧现象，也必定经不住实践的长期检验。

科学转折点出现在1774年，英国化学家普里斯特利(J.Priestley)通过汞煅灰分解试验首次捕获了氧气，但受制于燃素说的思维桎梏未能洞察其本质。法国化学家拉瓦锡(A.L.Lavosier)基于该发现开展系统试验，于1777年创立了氧化学说，揭示燃烧本质是可燃物与氧的放热化学反应，燃烧产物的质量增量等于消耗氧的质量。这一革命性理论不仅终结了燃素说的统治地位，更奠定了现代化学的理论根基，为火灾科学和消防工程学开辟了道路。燃烧科学的演进并未止步于氧化学说。19世纪热力学的发展推动学者从能量平衡角度构建燃烧模型，确立了燃烧热、绝热温度等核心参数的计算体系。20世纪初，苏联化学家谢苗诺夫(N.N.Semenov)和美国物理化学家路易斯(G.N.Lewis)等突破性发现燃烧链式反应机制，揭示了中间产物对反应速率的催化作用。20世纪20年代，苏联科学家泽尔多维奇和美国的路易斯等提出燃烧过程受反应动力学与传热传质耦合作用影响的理论框架，系统阐释了层流燃烧、湍流燃烧等复杂现象。第二次世界大战后，航空航天技术的爆发式需求极大地推动了燃烧学研究。20 世纪 40—50 年代，喷气推进理论与火箭技术的突破，促进了边界层理论在火焰稳定性分析中的应用。20 世纪 50—60 年代，冯·卡门（T.von Kármán）利用连续介质力学对燃烧现象进行研究，之后逐渐发展成反应流体力学。20 世纪 70 年代，在计算机技术的加持下实现了燃烧过程的定量预测。同期，美国哈佛大学的埃蒙斯（H.W.Emmons）教授将守恒定律引入建筑火灾研究。英国学者庄斯戴尔（D.Drysdale）教授在 1985 年出版的《火灾动力学》标志着该学科的系统化。现代激光诊断技术的应用更使燃烧参数的精确测量成为可能，为理论验证提供了坚实的数据支撑。燃烧科学历经 3 个世纪的演进，始终在技术创新与理论突破的互动中持续发展。

总之，火与人类息息相关。自远古先民掌握钻木取火技术起，这种能量形式便深度嵌入人类发展轨迹，从原始时代的食物烹饪、夜间照明、抵御严寒，到工具锻造时代的陶器烧制、青铜冶炼、盐业精炼，直至工业革命后的蒸汽动力革命、核能开发、航天推进，火始终是推动文明进程的核心动力。在文明形态演进过程中，火的角色不断拓展延伸。当人类告别原始社会迈入阶级社会，火焰不仅作为生产生活的基础要素，更演化为军事征伐的关键武器。古代边塞的烽燧预警系统通过烟火传递军情，现代战场则运用燃烧技术实现战略打击，燃烧技术不仅驱动着飞机舰艇的动力系统，军事行动中的火灾更是摧毁敌军的重要手段。这种能量转化过程既见证着社会形态的迭代，也深刻影响着人类社会的组织结构与发展方向。可以说，没有火的利用，就没有今天的物质文明和精神文明，也就没有今天的人类社会。一部人类的历史，可以说就是一部用火的发展史。

1.2 火灾与科学

火灾与科学

世界上的一切事物都是一分为二的，火也是如此。火既能服从人们的意志，造福人类，也会违背人们的意志，给人类造成灾难。正如古人云：火“善用之则为福，不能用之则为祸”。无数事实说明，失控的火必成灾。火灾，自从有火那时起便接踵而至，相随人类，时刻威胁着人们的生命和财产的安全。

作为拥有数千年文明传承的国度，我国对火的应用与防控始终交织在历史的进程中。早在新石器时代，先民在掌握钻木取火技术的同时，就不得不直面野火肆虐的生存威胁。随着青铜冶铸、盐铁官营等手工业兴起，火灾风险呈现指数级增长——在《春秋》和《左传》的记载中春秋时期鲁国便发生了七次重大火灾，已然折射出早期文明与火共存的困境。技术进步与火灾形态始终保持着动态关联。汉代冶铁业开启煤炭能源革命，南朝陈国铸铁工坊的铁水迸溅事故，展现了工业火灾的破坏力；隋唐漕运繁荣时期，广德元年鄂州江面因飓风引发的连环船火，造成数千人罹难、数千屋舍焚毁的惨剧，凸显了城市扩张带来的火灾隐患；至宋代城市化浪潮中，十万户规模的城市激增四倍，倒逼出世界上最早的职业消防力量——“潜火队”的诞生，标志着火灾防控进入制度化阶段。这些跨越时空的灾祸记载，印证着“水火无情”的警世箴言，更折射出中华文明在火灾中不断进化的生存智慧。

火药是我国四大发明之一。军事装备制造技术在宋代实现突破性发展后，火器研发与军工体系逐步完善。随着火器应用范围扩大，相关爆炸事故自元末开始呈现上升态势，至明清时期已形成周期性爆发的安全危机。工业革命技术传入后，伴随蒸汽动力机械、化工产业和铁路运输的兴起，火灾风险呈现复合型增长趋势。

中华人民共和国成立后，党和政府把同火灾作斗争当作国计民生的大事来抓，消防事业得到前所未有的发展。但是，由于我国经济建设的快速发展，人口持续增长，城镇数量与规模不断扩大，人民物质文化生活水平逐步提高，生产、生活用火、用电、用油、用气以及采用具有火灾危险性的工艺和设备日益增多，火灾仍然是威胁经济建设和人民生命财产安全的一大灾害。

人类社会的进步，无法回避火灾的挑战。当今世界火灾是发生频率较高的一种灾害。人们虽然在与火灾的斗争中逐渐认识、掌握和摸索出了火灾发生与预防的一些科学规律，但是，这些规律也并非像机械运动那样“死板”，火灾更有其偶然性、突发性等特点。正因人类用火的历史与同火灾作斗争的历史是相伴相生的，所以人们在用火的同时，需要不断总结火灾发生的规律，尽可能地减少火灾及其对人类造成的危害。

1.3 火灾安全及其研究内容

火灾安全及其研究内容

火灾的发生给人们带来了很大的损失，但是在许多情况下火灾的发生是无法避免的，所以做好防火和灭火工作就显得尤为重要。然而，我们居住的环境在不断地改变着，发生火灾的情况也变得越来越复杂，如果仍使用以前那些灭火方法则无法解决现在这些问题，所以需要人们对火灾的发生情况进行研究。火灾学又分为火灾物理学、火灾化学和火灾毒理学。火灾物理学研究火灾的物理过程，包括火灾蔓延、燃烧速率、传热、火焰羽流、烟气流动、室内火灾和与火灾有关的爆炸等；火灾化学研究领域包括热解、点燃过程、燃烧动力学、阻燃与灭火机理、烟的生成、毒性或腐蚀性燃烧产物等；火灾毒理学主要涉及人与动物的反应、致死失活作用、烟气危害模型、毒气测试方法等。防灭火技术主要包括防火技术和灭火技术两个方面，另外还涉及灭火剂、火灾自动探测与报警、固定灭火系统、灭火通信与指挥、移动式灭火装备与器材等方面的理论与技术。

火灾学基本理论是防灭火的基础。例如，为了防止煤炭堆积过高引起自燃，需要掌握煤炭的自燃机理，并通过热自燃理论和试验方法确定煤炭自燃的临界尺寸，从而确定煤炭的安全堆积尺寸；在建筑防火中，为了确定建筑物之间的防火间距，需要准确计算建筑物火灾对邻近建筑物的辐射热通量和可燃材料的临界着火辐射热通量。火灾扑灭也是火灾安全的重要研究内容之一。例如，根据油罐火灾燃烧试验，确定泡沫灭火剂扑救油罐火灾的最小喷射强度；利用火灾过程中油品内部的热波理论可以估算沸溢和喷溅的大致发生时间，而根据油罐火灾的燃烧特征的变化可以比较准确地判断沸溢和喷溅的发生。这些都使得消防人员在灭火过程中能够及时感知沸溢和喷溅的发生，从而采取措施避免沸溢和喷溅造成人员伤亡和火势蔓延。火灾原因鉴定是火灾安全的基础之一。例如，根据材料燃烧痕迹可以大致判断火灾起火点；利用火灾模拟技术可以对火灾过程进行复原，从而判断起火点和火灾蔓延路径；利用物质着火理论，可以确定或排除某些火灾成因。

中国古代的防火哲学，集中体现在这两句成语上：曲突徙薪，防患于未然。曲突徙薪是两种不同的对待火灾的态度，控制点火源还是控制燃料？按照灭火哲学的安全等价性原理，两者对于减灾来说是等价的，可以相互补偿。如果我们认识到堆积的危害，还会故意堆积燃料吗？还会妨害灭火系统的运行吗？防火工作是四两拨千斤，通过预防性对策，解决潜在的火灾损失问题，这需要对火灾深入理解。当前火灾科学仍面临诸多挑战：锂电池火灾的链式反应机制尚未完全阐明；新型阻燃剂的生态毒性评估体系亟待完善；等等。这就要求从业者既要掌握经典燃烧理论，更需跟踪微重力燃烧、计算流体力学等前沿技术。典型案例研究显示，2010 年上海静安高层住宅火灾中，对建筑外保温材料的热解特性误判导致火势加速蔓延，凸显了理论指导实践的关键作用。从古代经验防灾到现代量化防控的演进历程证明：唯有深化火灾学认知，才能实现从被动救灾向主动预灾的范式转变。这既是安全工程师的职业使命，也是构建韧性社会的科学基石。因此，防火工作高度依赖对火灾学理论的深入理解和运用，这也是我们学习火灾学相关知识的原因。在学习火灾学这门课程时，要善于理论联系实际，注重对相关燃烧及火灾案例的分析与思考，注重火灾知识在安全工程中的实际应用。作为一门年轻的学科，火灾学还很不完善，很多方面还有待充实和发展，因此，在学习过程中还应注重了解国内外燃烧及火灾科学的发展现状及研究前沿，及时补充与完善。

第 2 章　火灾的物理与化学基础

火灾是一种极具破坏性的自然现象，其发生涉及复杂的物理过程和化学反应。为了更好地理解火灾的本质，我们必须深入研究火灾发展的各个阶段，并了解其物理和化学机制。本章首先论述传热现象，包括热传导、热对流和热辐射，以及分子扩散、烟囱效应等传质过程。这些过程在火场的热质传递中扮演着关键角色。然后论述燃烧的化学基础，包括如何衡量反应速率以及燃烧释放的能量，如何计算空气在燃烧中的消耗量以及燃烧产物量等。通过对火灾物理与化学基础的学习，读者能更好地理解和处理火灾相关的问题。

本章重点：深入了解火灾涉及的传热传质过程，掌握燃烧的条件以及燃烧热、燃烧空气消耗量、燃烧产物量的计算方法。

本章难点：理解与计算斯忒藩流与烟囱效应等传质过程，准确计算燃烧过程的空气消耗量与燃烧产物量。

2.1　热量传递与物质输运

热量传递与物质输送

2.1.1　热量传递

2.1.1.1　引言

燃烧现象总是伴随着热量的传递。传热学理论认为，热量传递有热传导、热对流和热辐射三种基本方式。热传导主要依靠分子、原子以及自由电子等微观粒子的热运动传递热量；热对流是指流体各部分之间发生相对位移、冷热流体相互掺混所导致的热量传递过程，所以热对流只能在流体中存在，并伴有动量的传递；热辐射通过电磁波传递热量，与前两种热量传递方式不同的是，热辐射不需要物质做媒介。

从热量传递的定义中可以看出，热量传递的驱动力是温度差，即热量总是从高温物体向低温物体传递的。在很多燃烧现象中，特别是在火灾中往往会有热量传递的两种或三种方式同时起作用。下面分别对热量传递的三种基本方式进行具体阐述。

2.1.1.2　热传导

热传导又称导热，属于接触传热，是指在热量传递过程中，物体各部分之间没有相对位移，仅依靠物质分子、原子及自由电子等微观粒子的碰撞、转动和振动等热运动方式产生热量从高温部分向低温部分传递的现象。一般在固体内部，只能依靠导热的方式传热；在流体中，尽管也存在导热现象，但通常被对流运动所掩盖。

热传导服从傅立叶定律。该定律是传热学中的一个基本定律，其基本内容为：对于给定截面，单位时间内通过的热量，正比于垂直于截面方向上的温度变化率和截面积；而热量传递方向则可根据温度变化确定，具体地说，热量传递方向与温度升高的方向相反。

如果定义热流密度 q，则傅立叶定律可以用式(2-1)表达：

$$q=-\lambda\frac{\mathrm{d}t}{\mathrm{d}x} \tag{2-1}$$

式中 q——热流密度，即某方向上单位时间内经单位面积传递的热量，W/m^2；

λ——导热系数，即单位温度梯度时的热通量，用该参数可以衡量物质的导热能力，$W/(m\cdot K)$。

式(2-1)中导热系数是影响热流密度的重要参数。而需要强调的是，物质的导热系数会因物质的差异而不同，即使是同种物质，在材料的结构、密度、湿度、温度等因素的影响下，其导热系数也会发生变化。表 2-1 给出了几种保温、耐火材料的导热系数与温度的关系。

表 2-1 几种保温、耐火材料的导热系数与温度的关系

材料名称	材料最高允许温度/℃	密度 ρ/(kg/m³)	导热系数 λ/[W/(m·K)]
超细玻璃棉毡管	400	18～20	$0.033+0.000\,23t_1$
矿渣棉	550～600	350	$0.064\,7+0.000\,215t_1$
水泥蛭石制品	800	400～450	$0.103+0.000\,198t_1$
水泥珍珠岩制品	600	300～400	$0.065\,1+0.000\,105t_1$
粉煤灰泡沫砖	300	500	$0.99+0.000\,2t_1$
玻璃棉板	600	100	$0.031\,4+0.000\,198t_1$
A 级硅胶土制品	900	500	$0.039\,5+0.000\,19t_1$
B 级硅胶土制品	900	550	$0.047\,7+0.000\,2t_1$
膨胀珍珠岩	1 000	55	$0.042\,4+0.000\,137t_1$
微孔硅酸钙制品	650	≤250	$0.041+0.000\,2t_1$
耐火黏土岩	1 350～1 450	1 800～2 040	$(0.7\sim0.48)+0.000\,58t_1$
轻质耐火黏土砖	1 250～1 300	800～1 300	$(0.29\sim0.41)+0.000\,26t_1$
超轻质耐火黏土砖	1 150～1 300	540～610	$0.093+0.000\,16t_1$
硅砖	1 700	1 900～1 950	$0.93+0.000\,7t_1$
镁砖	1 600～1 700	2 300～2 600	$2.1+0.000\,19t_1$
铬砖	1 600～1 700	2 600～2 800	$4.7+0.000\,17t_1$

注：t_1 表示以℃为单位的材料的平均温度。

2.1.1.3 热对流

热对流又称对流，是指由于流体的宏观运动而引发的流体各部分之间发生相对位移，冷热流体相互掺混引起热量传递的方式。由热对流的定义可以看出，热对流中热量的传递与流体流动有密切关系。虽然流体中也会存在温度差，根据傅立叶定律，其中也会存在热传导，但在整个传热中处于次要地位。而工程上比较关注的是对流传热(也称为对流换热)，以区别于一般意义上的热对流。所谓对流传热，指流体流过一个物体表面时流体与物体表面间的热量传递过程。

从引起流动的根源上，可以将对流换热分为自然对流与强制对流两大类。其中，自然对流是流体内部的温差造成的。具体地讲，流体内部的温差使得各部分流体密度不同。一般来说，温度高的流体密度小，温度低的流体密度大，从而引起流体内部的流动。自然对流常发生在地球大气层和海洋等环境中。液体在泵、搅拌器或其他压差的作用下发生的对流，则称为强制对流。

对流传热服从牛顿冷却公式：

$$q = h\Delta T \tag{2-2}$$

式中　q——单位时间内单位壁面积上的对流换热量，W/m^2；

ΔT——流体与壁面间的平均温差，K；

h——表面传热系数，其值为流体和壁面温差为 1 ℃时，单位时间内单位壁面积和流体之间的换热量，$W/(m^2 \cdot K)$。

需要注意的是，表面传热系数 h 不是物性常数，这一点与导热系数是不同的。一般来说，表面传热系数依赖流体的性质（如导热系数、密度、黏度等）、流动参数（如速度和流动状态）以及固体的几何性质等因素，同时它也是温差（ΔT）的函数。对于自然对流，典型的 h 一般为 5～25 W/m^2；而对于强制对流，则为 10～500 W/m^2。表 2-2 给出了几种对流换热过程的表面传热系数的取值范围。表 2-2 表明，各过程表面传热系数的大小关系为：水大于空气；有相变大于无相变；强制对流大于自然对流。

表 2-2　几种对流换热过程的表面传热系数取值范围

对流换热过程		$h/[W/(m^2 \cdot K)]$
自然对流	空气	1～10
	水	200～1 000
强制对流	气体	20～100
	高压水蒸气	500～35 000
	水	1 000～1 500
水的相变换热	沸腾	2 500～35 000
	蒸汽凝结	5 000～25 000

2.1.1.4　热辐射

物体因其自身温度而发出辐射能的现象称为热辐射。一切温度高于绝对零度的物体都能产生热辐射，温度越高，辐射出的总能量越大。

与热传导和热对流不同，热辐射在未相互接触时也能进行能量的传递，它是真空中唯一的传热方式。

试验表明，物体的辐射能力与温度和物体自身有关，同一温度下不同物体的辐射与吸收能力不尽相同。在研究热辐射规律之前，首先要理解黑体的概念。所谓黑体，是指能吸收投入其表面上的所有热辐射能量的物体。黑体在单位时间内发出的热辐射能量 φ（即辐射热流量）由斯忒藩-玻耳兹曼定律确定，如式(2-3)所示：

$$\varphi = A\sigma T^4 \tag{2-3}$$

式中　A——辐射表面积，m^2；

σ——斯忒藩-玻耳兹曼常量，即黑体辐射常数，其值为 5.67×10^{-8} $W/(m^2 \cdot K^4)$；

T——热力学温度，K。

一切实际物体的辐射能力都小于同温度下的黑体。但是无法确定其精确值，所以实际

物体辐射热流量的计算一般采用斯忒藩-玻耳兹曼定律的经验修订形式，即

$$\varphi=\varepsilon A\sigma T^4 \tag{2-4}$$

式中，ε 为物体的辐射率，它是一个表征辐射物体表面性质的常数，其定义为：一个物体的辐射能与同样温度下黑体的辐射能之比，即 $\varepsilon=\frac{\Phi}{\Phi_b}$（$\Phi_b$ 为黑体辐射能），对于黑体，$\varepsilon=1$，而其他物体的 ε 值总小于 1。

火焰及热烟气的辐射对火灾的蔓延与扩大起到很关键的作用。一般情况下，燃烧时不产生发光火焰的物质并不多，除甲醇和多聚甲醛等少数物质以外，大部分液体和固体燃烧时均伴随着黄色发光火焰；这种黄色火焰由火焰内部反应区燃料一侧产生的微小半无烟碳颗粒形成，其直径量级为 10～100 μm，这些无烟碳颗粒在通过火焰氧化区过程中一部分被烧尽，另一部分则进一步反应而生成烟，分布于燃烧产物与空气的混合物中，形成热烟气。由于微小颗粒处于火焰内部或热烟气中，其本身温度较高，每个颗粒都起到一个微小的黑体或灰体作用，且其辐射光谱是连续的。火焰（热烟气）辐射依赖于温度、颗粒浓度和火焰的“厚度”或射线行程平均长度（L），其辐射率 ε 的经验公式与基尔霍夫定律相似，即

$$\varepsilon=1-\exp(-KL) \tag{2-5}$$

式中 L——火焰的“厚度”或射线行程平均长度，m；

K——发射系数，m^{-1}，当碳颗粒直径远小于辐射波长时（大多数情况 $\lambda>1$ μm），K 正比于热烟气中碳颗粒的体积分数和辐射温度，即

$$K=3.72\frac{C_0}{C_2}f_v T_s \tag{2-6}$$

式中 C_0——取值为 2～6 的常数；

C_2——第二辐射常数，其值为 $1.438\ 8\times10^{-2}$ m·K；

f_v——碳颗粒的体积分数，即整个体积中碳颗粒所占的比例，其值一般为 10^{-6} 量级；

T_s——辐射温度，K。

表 2-3 给出了部分燃料火焰中碳颗粒的辐射特性。

表 2-3 部分燃料火焰中碳颗粒的辐射特性

燃料[组成]	K/m^{-1}	$f_v/(\times10^{-6})$	T_s/K
甲烷[CH_4]	6.45	4.490	1 289
乙烷[C_2H_6]	6.39	3.300	1 590
丙烷[C_3H_8]	13.32	7.090	1 561
正丁烷[$(CH_3)(CH_2)_2(CH_3)$]	12.59	6.410	1 612
异丁烷[$(CH_3)_3CH$]	16.81	9.170	1 554
乙烯[C_2H_4]	11.92	5.550	1 722
丙烯[C_3H_6]	24.07	13.600	1 490
异丁烯[$(CH_3)_2CCH_2$]	30.72	18.700	1 409
乙醇[CH_3CH_2OH]	0.37		
汽油	2.00		
煤油	2.60		

表 2-3(续)

燃料[组成]	K/m^{-1}	f_v/($\times10^{-6}$)	T_s/K
柴油	0.43		
PMMA(有机玻璃)[$(C_5H_8O_2)_n$]	0.50	0.272	1 538
木材[$(C_6H_{10}O_5)_n$]	0.80	0.362	1 732
聚苯乙烯[$(C_8H_7)_n$]	1.20	0.674	1 486
混合家具	1.13		

一般而言，火焰中碳颗粒越多，辐射损失越大，且燃烧越不完全，火焰平均温度就越低。例如，拉斯贝斯等曾发现不发光的甲醇火焰的平均温度为 1 200 ℃，而煤油和苯燃烧形成的发光火焰的平均温度分别为 990 ℃、921 ℃，相对低得多。

2.1.2　燃烧的物质输运

在存在两种或两种以上组分的流体系统中，其中一种组分的迁移运动，称为该组分的物质输运或传质。燃烧发生时，可将燃烧系统中组分构成划分为燃烧产物、燃料和氧化剂。燃烧能够维持下去，必然要求燃烧产物不断离开燃烧区，而燃料和氧化剂则不断进入燃烧区。这些过程存在着燃烧产物的离开、燃料和氧化剂的进入，因此都是物质输运的问题。但是需要注意的是，在宏观流体系统中，组分并不是仅指其中的某种单独成分，还可以指一种或任意多种成分的组合。例如，在 CH_4、O_2、N_2 三种物质组成的流体系统中，三种物质可以被分别看作三种组分；而如果需要重点考虑 CH_4 的输运，则可以将 CH_4 看作组分 A，而将 O_2 和 N_2 的混合物看作组分 B；若重点考虑 O_2 的输运，亦可以将 O_2 看作组分 A，而将 CH_4 和 N_2 的混合物看作组分 B。在大多数情况下，我们都可以将流体系统划分为双组分系统，本节的物质输运分析也都是基于双组分系统。

物质的输运可以通过以下几种方式进行：

(1) 分子扩散。这种方式是组分在静止流体中的输运，而组分的浓度梯度为分子扩散的驱动力。

(2) 斯忒藩流。在不可透过的相分界面上有组分产生或消耗，而出于维持组分分布稳定的需要产生了流体整体输运，这种流动即斯忒藩流。斯忒藩流的驱动力除了组分的浓度梯度外，还有相分界面上组分的产生或消耗源。

(3) 对流传质。流体流过壁面或液体界面时，在主流与界面间存在浓度差的条件下，组分边混合边流动的输运，称为对流传质。对流传质的驱动力是组分的浓度梯度和整体流(的驱动力)。

(4) 烟囱效应。气体组分温度升高、密度减小时，在空气浮力作用下的向上输运称为烟囱效应。冷气体的向下输运，则称为逆烟囱效应。烟囱效应的驱动力是浮力与重力共同作用下的体积力。

此外，还存在由外力引起的强迫流动、湍流运动引起的物质混合等。下面着重介绍上述四种物质输运方式。

2.1.2.1　分子扩散

(1) 非克扩散定律

菲克扩散定律可以用来描述物质输运的分子扩散规律。在含有两种或两种以上组分的流体中，一般会存在浓度梯度，而每一种组分都有从高浓度向低浓度方向转移的趋势，以达到减弱浓度不均匀性的目的。如图 2-1 所示，在相距为 δ 的两个多孔的平行平板之间，充满一种静止的相同温度的流体 B；另一种与流体 B 温度相同的流体 A 从一边渗入（渗入浓度为 $c_{A,\infty}$），从另一边渗出（渗出浓度为 $c_{A,w}$），而且 $c_{A,\infty}>c_{A,w}$。横坐标代表 A 的浓度。

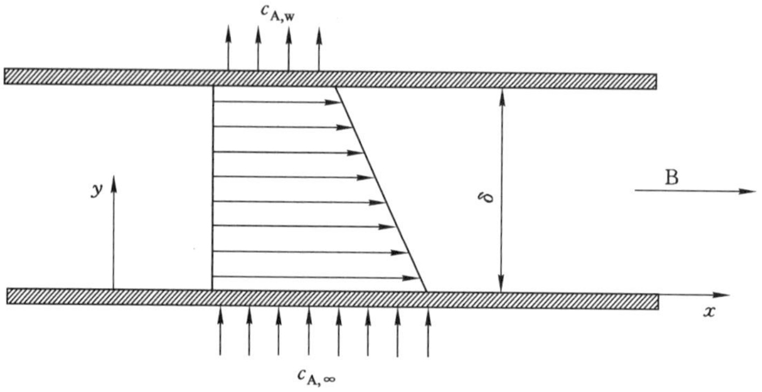

图 2-1 菲克扩散定律

这样，在流体 B 中不同的层上，流体 A 的浓度不同。由于存在浓度差，流体 A 将产生扩散。单位时间、单位面积上流体 A 扩散造成的物质流与其在流体 B 中的浓度梯度成正比，即

$$m_A = -D_{AB}\frac{d\rho_A}{dy} \tag{2-7}$$

$$n_A = -D_{AB}\frac{dc_A}{dy} \tag{2-8}$$

式中 m_A，n_A——组分 A 在单位时间内通过单位面积的质量[kg/(m² · s)]和物质的量[mol/(m² · s)]，即质流通量和摩尔通量，两者有 $n_A=m_A/M_A$ 的换算关系，M_A 是组分 A 的摩尔质量(kg/kmol)；

D_{AB}——组分 A 在组分 B 中的扩散系数，m^2/s；

ρ_A——组分 A 的质量浓度，kg/m^3；

c_A——组分 A 的物质的量浓度，$kmol/m^3$。

式(2-7)、式(2-8)中的负号说明组分 A 沿着浓度降低的方向扩散。

对于混合气体，菲克扩散定律也可用分压梯度的形式写出。应用理想气体状态方程，有：

$$c_i = \frac{p_i}{RT} \tag{2-9}$$

式中 p_i——混合物中组分 i 的分压力，Pa；

R——摩尔气体常数，8.314 kJ/(kmol · K)。

此时，菲克扩散定律可按照式(2-7)、式(2-8)和式(2-9)的关系写成分压力梯度的形式，即

$$m_A = -\frac{D_{AB}}{R_A T}\frac{dp_A}{dy} \tag{2-10}$$

$$n_A = -\frac{D_{AB}}{RT}\frac{dp_A}{dy} \tag{2-11}$$

式中　R_A——气体常数，$R_A = R/M_A$，kJ/(kg·K)。

菲克扩散定律也可以用质量分数梯度的形式写出。系统混合物的总密度 ρ 随空间位置的变化而变化，但一般在与燃烧有关的情况下 ρ 随空间位置的变化不大，可当作常数。对于双组分系统，定义质量分数为：

$$f_A = \frac{\rho_A}{\rho}, f_B = \frac{\rho_B}{\rho} \tag{2-12}$$

且有：

$$f_A + f_B = 1 \tag{2-13}$$

将式(2-12)代入式(2-7)，得组分 A 的质流通量：

$$m_A = -\rho D_{AB}\frac{df_A}{dy} \tag{2-14}$$

(2) 组分扩散系数

双组分系统中组分扩散系数取决于组分 A 和组分 B 的性质。双组分系统扩散过程可以通过等摩尔逆向扩散来考察。在一个包含 A、B 两种组分的气体混合物系统中，等摩尔逆向扩散是指，当两种组分的扩散方向相反时摩尔通量数值相等，即 $n_A = -n_B$。如图 2-2 所示，在稳态的等摩尔逆向扩散过程中，系统内任一点的总压力保持不变，即 $p = p_A + p_B =$ 常数。

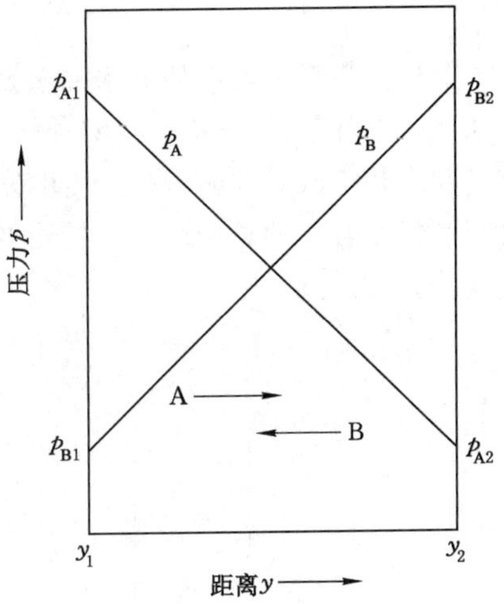

图 2-2　等摩尔逆向扩散时分压力变化

于是必定有：

$$\frac{dp_A}{dy} + \frac{dp_B}{dy} = 0 \tag{2-15}$$

这表明，系统中 A、B 两组分的浓度梯度处处大小相等，方向相反。再根据 $n_A = -n_B$ 的性质，由式(2-11)可得：

$$-\frac{D_{AB}}{RT}\frac{dp_A}{dy} = \frac{D_{BA}}{RT}\frac{dp_B}{dy} \tag{2-16}$$

将式(2-16)代入式(2-15)得：

$$D_{AB} = D_{BA} = D \tag{2-17}$$

因此，对于双组分系统，两种组分各自的扩散系数在数值上是相等的。在后续的双组分系统中，将不再区分 D_{AB} 和 D_{BA}，统一用 D 表示。

D 是基于二元组分(即双组分)系统扩散所提出的参数。而在燃烧系统中常常会存在三种及以上组分，每种组分的扩散都符合菲克扩散定律，且参数 D 也都相同。例如，碳在空气中的燃烧会有三种气体组分，即 O_2、CO_2、N_2，在处理时每种组分的扩散都采用菲克扩散定律公式且参数 D 都相同。因此，在本书中将 D 称为组分扩散系数，而不再区分几元系统。

组分扩散系数 D，表征物质扩散能力的大小，是一个物性参数。它的数值取决于扩散时的温度、压力及混合物系统的性质，主要依靠试验确定。

2.1.2.2 斯忒藩流

2.1.2.1 小节介绍了流体中单纯的扩散引起的物质输运。本小节将介绍存在相分界面且在该分界面上存在组分生成或消耗时，流体中组分的物质输运。在燃烧问题中，空气流和与之相邻的液体或固体物质之间就存在一个相分界面，并且在该相分界面上存在液体或固体物质的消耗、产物的生成等。在水的蒸发问题中，水面就是一个相分界面，并且有水蒸气的生成。

如果在相分界面上存在物理或化学过程，使组分 A 产生或消耗，那么在表面处就会形成一定的浓度梯度以及相应的法向扩散物质流；与此同时，组分 B 将存在逆向扩散物质流。研究发现，如果只考虑扩散物质流，输运过程的一些现象将得不到合理的解释，必须同时存在一个法向的总物质流，整个输运过程的现象才能归于合理。这一现象是斯忒藩在研究水面蒸发时首先发现的，因此称为斯忒藩流。需强调的是，斯忒藩流是扩散以及相分界面处存在组分源这两个因素共同作用时才会产生的。下面用两个实例说明斯忒藩流产生的条件和大小。

首先分析斯忒藩在研究水面蒸发时发现的斯忒藩流，如图 2-3 所示。考虑一维的情形，例如在一个杯子里，气态物质只能上下运动，并以向上方向为正。A-B 界面是水面，水面上方空间中是空气。此时，水-空气相分界面处有水蒸气和空气两种组分。假定水面上方水蒸气和空气混合物的总密度 ρ 保持不变，并用 f_{H_2O} 表示水蒸气的质量分数，用 f_{air} 表示空气的质量分数，且有：

$$f_{H_2O}+f_{air}=1 \tag{2-18}$$

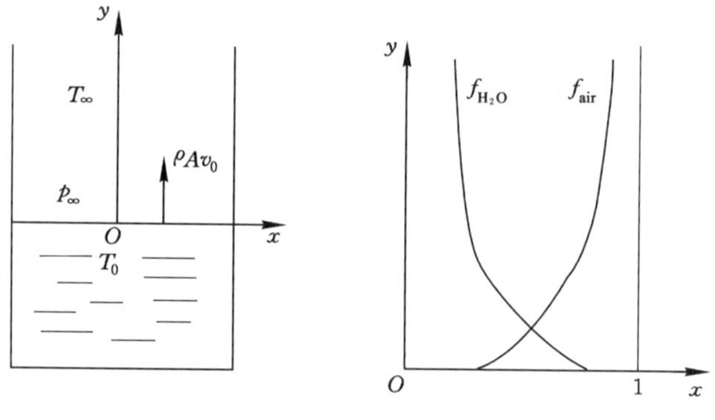

图 2-3 水面处水蒸气蒸发时的斯忒藩流

在水面处水蒸气的密度（质量浓度，下同）大，上方空间密度小。根据式(2-14)，水面处扩散质流通量为：

$$m_{H_2O,0}=-D\rho\left(\frac{df_{H_2O}}{dy}\right)_0 \tag{2-19}$$

因为$\left(\frac{df_{H_2O}}{dy}\right)_0<0$，所以 $m_{H_2O,0}>0$，这表明水蒸气是向上扩散的。

与此相对应，水面处空气的密度小，上方空间密度大，因此空气是向下扩散的。空气扩散的质流通量为：

$$m_{air,0} = D\rho\left(\frac{df_{air}}{dy}\right)_0 \tag{2-20}$$

由式(2-18)得到：

$$\left(\frac{df_{air}}{dy}\right)_0 = -\left(\frac{df_{H_2O}}{dy}\right)_0 \tag{2-21}$$

由此可知，存在一个流向水面的空气扩散流，但空气是不会被水面吸收的，而且运动是一维的，空气在杯子内也不可能逸出，那么这些流向相分界面的空气流最后到哪里去了呢？仅仅依靠扩散流，不能合理解释空气组分的输运。

在稳定的蒸发过程中，向下扩散的空气在水面处既没有积聚增多，也没有被消耗或进入水中，那就必然还有向上的整体流动，使得空气组分在水面上的总质量流量为零。这股整体流动就称为斯忒藩流。

假设整体流动的质量流量为 $\rho A v_0$，它既包含水蒸气也包含空气，则在水面处有：

$$\rho A v_0 = f_{H_2O,0}\rho A v_0 + f_{air,0}\rho A v_0 \tag{2-22}$$

这样每一组分的总质量流都由两部分组成：一部分是该组分质量浓度梯度造成的扩散流；另一部分是混合气的总体流(斯忒藩流)所携带的该组分的物质流。因此，水面处水蒸气和空气各自的总质量流量可表达如式(2-23)和式(2-24)所示，且空气在水面上的总质量流量为零。

$$g_{H_2O,0} = -DA\rho\left(\frac{df_{H_2O}}{dy}\right)_0 + f_{H_2O,0}\rho A v_0 \tag{2-23}$$

$$g_{air,0} = -DA\rho\left(\frac{df_{air}}{dy}\right)_0 + f_{air,0}\rho A v_0 \tag{2-24}$$

在水面蒸发问题中，斯忒藩流的存在使得水蒸气的总质量流量比单独的水蒸气扩散质量流量要大。将式(2-23)、式(2-24)相加并结合式(2-21)、式(2-22)得：

$$g_{H_2O,0} = \rho A v_0 \tag{2-25}$$

式(2-25)表明水面处水蒸气的总质量流量等于斯忒藩流的大小。注意水面处水蒸气的总质量流量实际就是水的质量蒸发速率。因此，斯忒藩流的大小就等于水的质量蒸发速率。将式(2-25)代入式(2-23)，可以得到如下表达式：

$$\rho A v_0 = g_{H_2O,0} = \frac{1}{1 - f_{H_2O,0}}\left[-DA\rho\left(\frac{df_{H_2O}}{dy}\right)_0\right] \tag{2-26}$$

接着分析燃烧中的斯忒藩流。考虑碳板在纯氧中的燃烧，气体流动按一维进行。假定碳表面发生的反应为：

$$C + O_2 \longrightarrow CO_2 \tag{2-27}$$

此时，碳板的上方空间有氧气和二氧化碳两种气体组分，因此有：

$$f_{O_2} + f_{CO_2} = 1 \tag{2-28}$$

假定碳板上方空间混合气的总密度 ρ 保持不变，则氧气和二氧化碳的扩散流有如下关系：

$$-DA\rho\left(\frac{df_{CO_2}}{dy}\right)_0 = DA\rho\left(\frac{df_{O_2}}{dy}\right)_0 \tag{2-29}$$

式(2-29)表明 CO_2 离开碳板的扩散流与 O_2 到达碳板的扩散流大小相等、方向相反。而由反应方程式(2-27)可知,在碳板表面 O_2 的总质量流量与 CO_2 的总质量流量存在以下关系:

$$g_{CO_2,0}=-\frac{44}{32}g_{O_2,0} \tag{2-30}$$

即在数量上 CO_2 的总质量流量要比氧气的大。因此,比较式(2-29)和式(2-30)可知,单纯依靠扩散是无法满足反应进行所需要的量比关系的,从而必然存在一个与 CO_2 扩散流方向相同的混合气整体质量流,使得 CO_2 的总质量流量增大、O_2 的总质量流量减小,从而符合式(2-30)的要求。这一混合气的整体质量流 g_0 就是斯忒藩流。在碳板表面,各质量流量表达如下:

$$g_0=g_0f_{O_2,0}+g_0f_{CO_2,0} \tag{2-31}$$

$$g_{O_2,0}=-DA\rho\left(\frac{df_{O_2}}{dy}\right)+g_0f_{O_2,0} \tag{2-32}$$

$$g_{CO_2,0}=-DA\rho\left(\frac{df_{CO_2}}{dy}\right)+g_0f_{CO_2,0} \tag{2-33}$$

将式(2-32)、式(2-33)相加,并结合式(2-29)、式(2-30)、式(2-31),以及反应方程式(2-27)中物质的比例关系,得:

$$g_0=g_{O_2,0}-\frac{44}{32}g_{O_2,0}=-\frac{12}{32}g_{O_2}=-g_C \tag{2-34}$$

式(2-34)表明,此时的斯忒藩流的质量流量等于碳燃烧的质量损失速率。

通过上面的分析,可以了解斯忒藩流产生的条件是在相分界面处既有扩散现象存在,又有组分的生成或消耗发生,这两个条件缺一不可。在燃烧问题上,正确运用斯忒藩流的概念来分析相分界面处的边界条件是非常重要的,在讨论液滴、固体的燃烧问题时,就要用到这一概念和规律。

【例 2-1】 已知干球温度为 26 ℃,湿球温度为 22 ℃,空气在水面的表面传热系数为 5 W/(m·℃),水的蒸发潜热为 2 454.3 kJ/kg。假定水面处水蒸气压力为饱和蒸气压 $p_{sat}=2.642\times10^3$ Pa($t=22$ ℃),水蒸气在空气中的扩散系数为 2.56×10^{-5} m²/s。求:

(1) 单位面积水面的蒸发速率;

(2) 水面处水蒸气的质量浓度梯度。

【解】

(1) 湿球温度是由于水分蒸发吸收潜热温度降低而形成的。水面处发生传热与传质的耦合,潜热量等于空气对水的传热量。假定传热全部来自对流,单位面积的蒸发速率为 g_0,则:

$$g_0Ar_s=hA(t_\infty-t)$$

$$g_0=\frac{h(t_\infty-t)}{r_s}=\frac{5\times(26-22)}{2\ 454.3\times10^3}=8.149\times10^{-6}\quad[\mathrm{kg/(m^2\cdot s)}]$$

(2) 根据理想气体状态方程,由水面处水蒸气的压力求质量分数:

$$\frac{\rho_{H_2O,0}/M_{H_2O}}{\rho_{tot}/M_{tot}}=\frac{p_{sat}}{p_{tot}}\Rightarrow f_{H_2O,0}=\frac{\rho_{H_2O,0}}{\rho_{tot}}=\frac{p_{sat}M_{H_2O}}{p_{tot}M_{tot}}=\frac{2\ 642\times18}{101\ 325\times28.85}=0.016\ 3$$

由式 $g_0=\frac{g_{H_2O,0}}{A}=\frac{1}{1-f_{H_2O,0}}\left[-D\rho\left(\frac{df_{H_2O}}{dy}\right)_0\right]$得水面处质量浓度梯度：

$$\left(\frac{d\rho_{H_2O}}{dy}\right)_0=\frac{g_0(1-f_{H_2O,0})}{-D}=\frac{8.149\times10^{-6}\times(1-0.016\,3)}{-2.56\times10^{-5}}=-0.313\ (kg/m^2)$$

【例 2-2】 碳板在空气中燃烧，假定只有上表面发生反应且全部生成 CO_2，碳板的消耗速率为 48 g/s。求斯忒藩流的质量流量。

【解】

碳板上的反应和质量比如下：

$$\begin{array}{ccccc} C+O_2+3.76N_2 & \longrightarrow & CO_2+3.76N_2 \\ 12\quad 32\quad 105.28 & & 44\quad 105.28 \end{array} \tag{1}$$

碳板上方空间存在三种气体组分：O_2、CO_2、N_2。假定气体总密度是不变的，每种组分的扩散都符合菲克扩散定律，且组分扩散系数均相同，各组分的质量分数有如下关系：

$$f_{O_2}+f_{CO_2}+f_{N_2}=1 \tag{2}$$

斯忒藩流存在的原因如下：首先，N_2 是惰性气体，既没有生成也没有消耗，若存在质量浓度梯度，那就必然存在与其扩散方向相反的斯忒藩流，使 N_2 的总质量流量为零。其次，若 N_2 质量分数不变，则由式(2)知 O_2 和 CO_2 的扩散流大小相等、方向相反。而由式(1)知 O_2 和 CO_2 的总质量流量的数值比例为 32∶44，也必然存在斯忒藩流，使 O_2 和 CO_2 满足反应的比例关系。

假定斯忒藩流为 g_0，则在碳板表面处的各气体组分总质量流量为：

$$g_{O_2,0}=-DA\rho\left(\frac{df_{O_2}}{dy}\right)+g_0f_{O_2,0} \tag{3}$$

$$g_{CO_2,0}=-DA\rho\left(\frac{df_{CO_2}}{dy}\right)_0+g_0f_{CO_2,0} \tag{4}$$

$$g_{N_2,0}=-DA\rho\left(\frac{df_{N_2}}{dy}\right)_0+g_0f_{N_2,0}=0 \tag{5}$$

$$g_{CO_2,0}=-\frac{44}{32}g_{O_2,0} \tag{6}$$

将式(3)、式(4)、式(5)相加，并结合式(2)得：

$$g_{CO_2,0}+g_{O_2,0}=g_0 \tag{7}$$

由式(6)、式(7)得：

$$g_0=-\frac{12}{32}g_{O_2,0} \tag{8}$$

而由式(1)知，碳和氧气的消耗质量关系为：

$$g_C=-\frac{12}{32}g_{O_2,0}$$

因此斯忒藩流的大小为：

$$|g_0|=|g_C|=48\ g/s$$

即斯忒藩流的质量流量等于碳的质量消耗速率。

2.1.2.3 对流传质

(1) 对流传质与对流传质系数

流体流过壁面或液体界面时，主流与界面间组分存在浓度差时就会引起组分输运，这种输运称为对流传质。在对流传质中，组分输运是扩散和整体流动这两种作用的结果。对流传质的总输运效果也常用类似于对流换热中牛顿冷却公式的形式来表达：

$$m_A = h_D(\rho_{A,w} - \rho_{A,\infty}) \tag{2-35}$$

$$n_A = h_D(c_{A,w} - c_{A,\infty}) \tag{2-36}$$

式中 m_A，n_A——组分 A 在单位时间内通过单位面积的质量和物质的量，即质流通量[kg/(m² · s)]和摩尔通量[kmol/(m² · s)]，两者有 $n_A = m_A/M_A$ 的换算关系，M_A 是组分 A 的摩尔质量(kg/kmol)；

h_D——对流传质系数，m/s；

$\rho_{A,w}$，$\rho_{A,\infty}$——界面处和远离界面主流中组分 A 的质量浓度，kg/m³；

$c_{A,w}$，$c_{A,\infty}$——界面处和远离界面主流中组分 A 的物质的量浓度，kmol/m³。

在界面附近，对流传质使得自由流组分浓度从界面处的数值变化过渡到主流中的数值。这一浓度变化的区域称为浓度边界层。以流体流经平板时形成的浓度边界层为例，如图 2-4 所示。

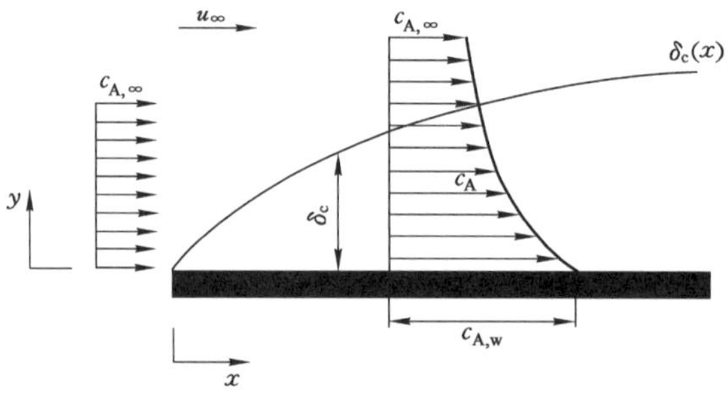

图 2-4 平板上的组分浓度边界层

边界层从平板边缘开始，沿着流动方向逐渐展开。边界层的厚度 δ 被定义为 $\frac{c_{A,w} - c_A}{c_{A,w} - c_{A,\infty}} = 0.99$ 时的 y 值。按照上述定义，组分的浓度变化主要存在于边界层中，在边界层外的主流中浓度分布是均匀的，不存在浓度梯度。因此，对流传质问题就转化为浓度边界层问题。

(2) 层流与湍流的影响

对于对流传质问题，第一步要确定流动是层流还是湍流。流动中的表面摩擦以及对流传热速率、对流传质速率在很大程度上取决于流动状态。

如图 2-5 所示，层流和湍流的流动状态存在很大的差别。在层流边界层中，流体运动很有规则，并能识别出微粒运动的流线。流体沿流线的运动可用 x 和 y 两个方向上的速度分量来描述。由于在 x 方向上边界层是增大的，所以必然存在垂直于表面的流体运动。垂直于表面方向的速度分量 v，对通过边界层的动量、能量和组分的输运有重要的影响。

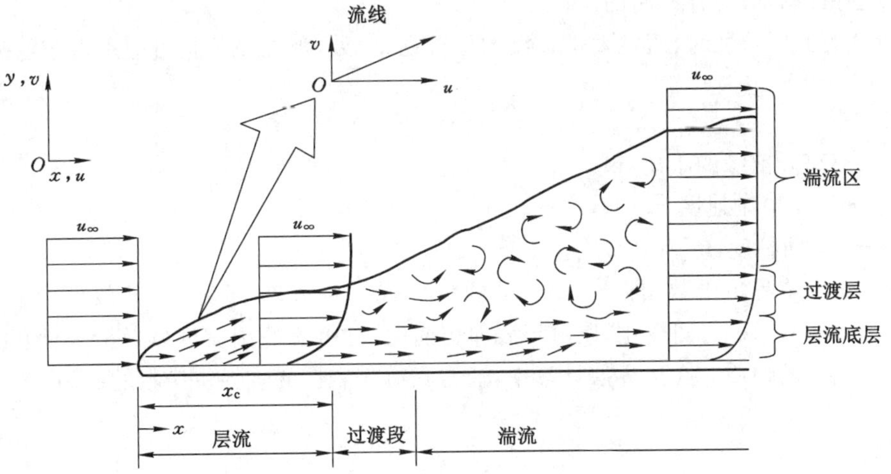

图 2-5　平板上速度边界层的展开

与此不同的是，在湍流边界层中的流体运动很不规则，通常用速度的波动来描述。速度的波动使动量、能量和组分的传递增强，从而使表面摩擦及对流体传递速率增加。波动产生的流体混合，使得湍流边界层的厚度相较层流边界层的大，且边界层参数（速度、温度和浓度）分布，较层流边界层的平缓。

对流传质主要取决于流体的流动。如图 2-5 所示，开始时边界层流动是层流，而在距前缘的某个距离处开始发生向湍流流动的过渡，在过渡区开始产生流体波动，且边界层最终完全变成湍流。过渡到湍流的过程中，伴随着边界层厚度、壁面切应力以及对流传质系数的显著变化（图 2-6）。

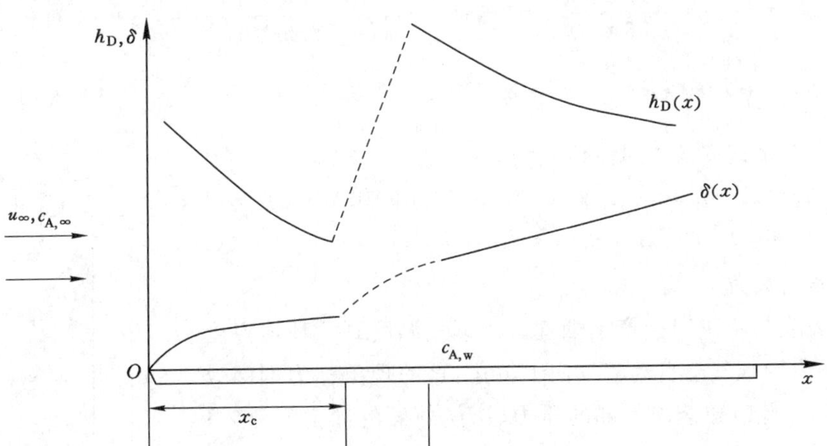

图 2-6　平板流动的边界层厚度 δ 和局部对流传质系数 h_D 的变化

可以把湍流边界层分成三个不同的区域加以说明，将输运是由扩散控制的以及速度分布几乎是线性的区域当作层流底层，在其邻近的过渡层中扩散和湍流混合的影响相当，而在湍流区输运是由湍流混合控制的。

在计算边界层特性时，假定发生过渡的位置在 x_0 处，那么该位置可通过雷诺数确定：

$$Re_x=\frac{u_\infty x}{\nu} \tag{2-37}$$

式中　x——离开前缘的距离，m。

u_∞——主流中速度，m/s。

ν——运动黏度，m^2/s。

Re_x——临界雷诺数，即 $x=x_0$ 时的 Re_x 值。对于外部流动，其数值可在 10^5～3×10^6之间变化，取决于表面粗糙度、自由流的湍流度以及沿表面压力变化的性质。在边界层计算中，通常具有代表性的临界雷诺数的值为：

$$Re_x=\frac{u_\infty x_c}{\nu}=5\times10^5 \tag{2-38}$$

【例 2-3】 质量浓度为 2.8×10^{-2} kg/m^3 的烟气流以 1 m/s 的速度流过直径为 4 cm 的圆管，烟气中含有少量碳粒。假定碳粒接触圆管时全部沉降，即可认为管壁附近烟气中碳粒浓度为零。已知烟气的运动黏度为 1.56×10^{-5} m^2/s，组分扩散系数为 8.26×10^{-6} m^2/s。求：

(1) 气流与管壁间的对流传质系数；

(2) 碳粒在管壁上的沉降速率。

【解】

(1) 求对流传质系数。采用 Sh 准则及有关经验公式(满足 $2\,000<Re<3\,500$，$0.6<Sc<2.5$ 的条件)：

$$Sh=\frac{h_D d}{D} \text{ 和 } Sh=0.023Re^{0.83}Sc^{0.44}$$

其中，$Re=\frac{u_\infty d}{\nu}=\frac{1\times0.04}{1.56\times10^{-5}}=2\,564$，$Sc=\frac{\nu}{D}=\frac{1.56\times10^{-5}}{8.26\times10^{-6}}=1.89$。

因此，$h_D=\frac{D}{d}\times0.023Re^{0.83}Sc^{0.44}=2.065\times10^{-4}\times0.023\times675.15\times1.323=4.237\times10^{-3}$(m/s)。

(2) 求沉降速率。由对流传质公式：

$$\begin{aligned}\dot{m}&=h_D(\rho_\infty-\rho_0)=4.237\times10^{-3}\times(2.8\times10^{-2}-0)\\&=1.186\times10^{-4}[kg/(m^2\cdot s)]\end{aligned}$$

2.1.2.4　烟囱效应

建筑物发生火灾时会产生烟气。当烟气温度高于环境温度时，建筑物内的烟气会自动持续向上输运，这一现象称为烟囱效应(图 2-7)。此时建筑内下部的压力较低，外面的冷空气流入；建筑物内上部压力较高，高温烟气流向外面。这种烟囱效应，对于电梯竖井或楼梯竖井等竖向高度很大的空间尤其突出，其实质是热浮力导致的烟气输运。

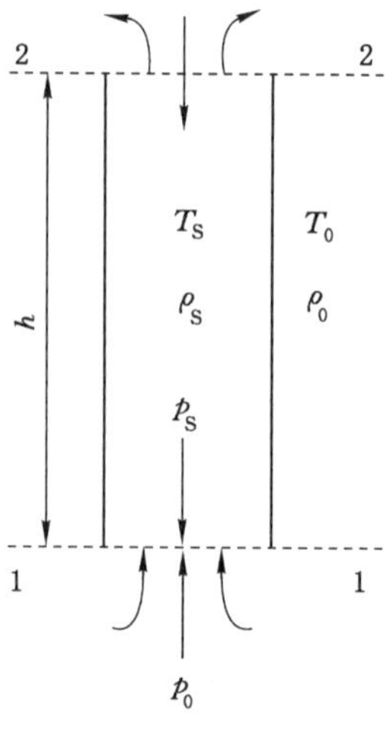

图 2-7　烟囱效应

假设管外温度为 T_0、空气密度为 ρ_0，管内温度为 T_S、烟气密度为 ρ_S，且 2-2 面为中性面，即在该截面位置内外压力相同，均为 p_m，则：

(1) 当管内温度等于管外温度，即 $T_0=T_S$，$\rho_0=\rho_S$ 时，管内外流体处于平衡状态，不产生流动，则根据平衡方程有：

$$p_0=p_S=p_m+\rho_0 gh=p_m+\rho_S gh \tag{2-39}$$

(2) 当管内温度不等于管外温度，即 $T_0<T_S$ 时，有：

$$\begin{gathered} p_0=p_m+\rho_0 gh \\ p_S=p_m+\rho_S gh \\ \rho_S<\rho_0 \\ p_0>p_S \end{gathered} \tag{2-40}$$

$$p_S=\frac{\rho_S RT_S}{M_S} p_0=\frac{\rho_0 RT_0}{M_0} \tag{2-41}$$

式中　R——摩尔气体常数，一般取 8.314 J/(mol・K)。

假设烟气摩尔质量与空气的摩尔质量相同，为 0.028 9 kg/mol，于是有：

$$\Delta p=p_S-p_0=gh(\rho_S-\rho_0) \tag{2-42}$$

$$\Delta p=gh\left(\frac{p_S M_S}{RT_S}-\frac{p_0 M_0}{RT_0}\right) \tag{2-43}$$

建筑物内外的压差变化与大气压 p_{atm} 相比要小得多，因此可根据理想气体定律用 p_{atm} 计算气体的密度。而一般认为烟气也遵循理想气体定律：

$$\begin{gathered} p_0\approx p_S\approx p_{atm} \\ M_S\approx M_0 \end{gathered}$$

于是有：

$$\Delta p=gh\left(\frac{p_S M_S}{RT_S}-\frac{p_0 M_0}{RT_0}\right)\approx\frac{ghp_{atm}M_0}{R}\left(\frac{1}{T_S}-\frac{1}{T_0}\right) \tag{2-44}$$

$$p=K_S h\left(\frac{1}{T_S}-\frac{1}{T_0}\right) \tag{2-45}$$

式中　K_S——修正系数，一般可取 3 460。

可见，管道的高度 h 越大、内外温差越大，则下端 1-1 平面上的压差越大，烟囱效应就越明显，这种烟囱效应对高层建筑发生火灾时的危害很大。据实测，火灾烟囱效应引起的烟气向上的垂直速度可达 2～4 m/s，热烟气在 1 min 内能充满几十层的大楼。

2.2　燃烧的本质、特征及条件

燃烧的本质、特征及条件

2.2.1　燃烧的本质

燃烧的一般化学定义，是指可燃物跟助燃物(氧化剂)发生的剧烈的一种发光、发热的氧化反应。从本质上来说，燃烧是一种氧化还原反应，但其发光、放热、发烟、伴有火焰等基本特征表明它不同于一般的氧化还原反应。广义的定义，燃烧是指任何发光发热的剧烈的反应，不一定要有氧气参与，也不一定是化学反应。比如金属钠(Na)和氯气(Cl_2)反应生成氯化钠(NaCl)，该反应没有氧气参与，但是剧烈的发光发热的化学反应，同样属于燃烧范畴；核燃料燃烧没有化学反应，却也属于广义上的燃烧。本书中所描述的燃烧指一般化学上定义的燃烧。

以往人们以为燃烧反应是直接发生的，但是目前人们发现很多燃烧反应并不是直接进行的，而是游离基团的循环链式反应，热和光是燃烧过程中的物理现象，游离基的链锁反应则是燃烧反应的本质。这些内容将在后文详细阐述。

强烈的燃烧可能引起爆炸，其特征是：反应速率极快，释放出大的能量，产生高温，并放出大量气体，这些气体和周围的气体共同膨胀，使反应能量直接转变为机械功，在压力释放的同时产生强光、热和声响。根据以上描述，爆炸是指在极短时间内，释放出大量能量，产生高温，并放出大量气体，在周围介质中造成高压的化学反应或状态变化。

2.2.2　燃烧的特征

燃烧区别于一般氧化还原反应主要在于燃烧过程中通常伴有放热、发光、火焰和烟气。

2.2.2.1　放热

在燃烧的氧化还原反应中，由于反应物的总能量总是大于生成物的总能量，因此反应是放热的。由于反应过程中的放热，燃烧区的温度急剧升高。在火灾中，这种高温将对建筑物造成严重的破坏。

利用燃烧过程中放热这一特点，人们发明了感温探测器，将温度的变化转换为可识别的电信号，以达到报警的目的。

2.2.2.2　发光

根据玻尔理论，原子从一种定态跃迁到另一种定态，它将辐射（或吸收）一定频率的光子，被辐射或吸收光子的能量由这两种定态的能量决定，而燃烧过程之所以发光则是由于其中白炽的固体粒子和某些不稳定的中间物质分子内电子发生了能级跃迁。

根据燃烧发光的特点，在火灾探测中可以采用红外探测或紫外探测等火灾光感探测技术。

2.2.2.3　火焰

火焰是在气相状态下发生的燃烧的外部表现，它除了具有发热、发光的特征外，还具有电离、自行传播等特点。

（1）火焰具有发热、发光的特征

由于发热、发光，火焰会产生热和辐射的现象。火焰的辐射来源于三部分，包括热辐射、化学发光辐射以及碳粒和炽热固态颗粒的辐射。其中，热辐射来自火焰中一些化学性能稳定的燃烧产物的光谱带，如 H_2O、CO_2 以及各种碳氢化合物等，其波长一般为 0.1 mm。其中，由燃烧的主要产物 CO_2 和 H_2O 形成的红外区光谱带最强。化学发光辐射是由化学反应而产生的光辐射，它是由不连续辐射光谱带发射的，来自处于电子激发态的各种组分，如 CH·、OH·等自由基。另外，火焰中也存在碳粒和炽热固态颗粒发射出的连续光谱，火灾中处于火焰内部或热烟气中的微小颗粒，其本身温度较高，每个颗粒都起到微小的黑体或灰体的作用。

（2）火焰具有电离特性

一般来说，碳氢化合物与空气的燃烧火焰中的气体具有一定的电离度。一些试验发现，由于火焰具有电离特性，在电场的作用下，火焰会发生弯曲、变短或变长，同时，着火、熄火条件也会发生变化。

（3）火焰具有自行传播的特征

火焰一旦产生，在整个反应系统反应终止前，就会不断地向周围传播与蔓延。按火焰自行传播这个特征分，有两种火焰：一种是缓燃火焰，即正常火焰，这种火焰按稳定的、缓慢的速度(0.2～1 m/s)向外传播；另一种是爆震火焰，其传播速度极快，达到超音速(每秒几千米)。按燃料与氧化剂的接触模式，火焰可以分为扩散火焰与预混火焰。其中，扩散火焰的两种反应物在进入着火室之前未相互接触，扩散火焰主要受混合、扩散因素的影响，火灾中主要是扩散火焰；而预混火焰的两种反应物的分子在着火前就已经接触。扩散火焰与预混火焰结构是不同的。扩散火焰中燃料和氧化剂在燃烧之前未接触，导致燃烧不充分而产生碳粒子，碳粒子在高温下辐射出黄色光而使整个火焰呈黄色，如图 2-8(a)所示。预混火焰由两部分组成，火焰外区呈紫红色，是已燃气体的微弱的可见光辐射；火焰内区呈绿色，是可燃气体与氧气进行化学反应时的气体辐射，如图 2-8(c)所示。而如果预混气体中空气不足，那么在火焰内区氧气燃烧完以后还有部分多余的可燃气体会穿过内区，与大气中扩散进来的氧气在绿色内区与紫红色外区之间进行扩散燃烧，产生黄色火焰区。于是，火焰就由三部分构成：绿色内区、黄色中间区和紫红色外区，如图 2-8(b)所示，该种火焰称为过渡火焰。

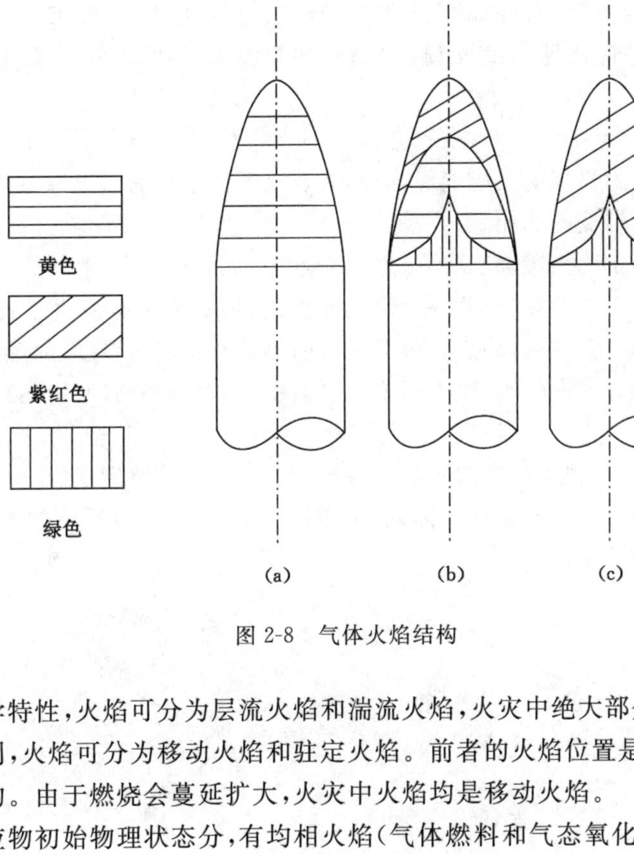

图 2-8　气体火焰结构

按流体力学特性，火焰可分为层流火焰和湍流火焰，火灾中绝大部分属于湍流火焰。

按状态不同，火焰可分为移动火焰和驻定火焰。前者的火焰位置是移动的，而后者的火焰位置是固定的。由于燃烧会蔓延扩大，火灾中火焰均是移动火焰。

按两种反应物初始物理状态分，有均相火焰(气体燃料和气态氧化剂反应)和多相火焰(液体或固体燃料和气态氧化剂直接反应)，其中多相火焰也称为异相火焰。

2.2.2.4　烟气

火灾事故统计表明，火灾中 70% 以上人员死亡由火灾中产生的烟气导致。火灾中，由于燃烧不完全等原因，燃烧产物中混有一些微小的颗粒(直径一般为 10^{-7}～10^{-4} cm)，这种由燃烧或热解作用而产生的悬浮在大气中可见的细小固体或液体微粒称为烟。固体微粒主要是碳的微粒，即碳粒子。而碳粒子由大量球形粒子组成，每个球形粒子又由大量的晶粒组成，每个晶粒由5～10层碳原子组成，每层约含有1 000个碳原子，它们都以正六边形排列在同一平面上，具有类似于石墨的结构。但是需要注意的是，碳粒子中不全是碳原子，还含有少量氢原子(按质量分数计约占1%，按原子个数计约占12%)。

2.2.3 燃烧的条件及应用

2.2.3.1 燃烧的条件

物质燃烧过程的发生和发展必须具备三个必要条件，即可燃物、助燃物和点火源。

(1) 可燃物(还原剂)

凡是能与空气中的氧或其他氧化剂起燃烧反应的物质，均称为可燃物。可燃物按其物理状态分为气体可燃物、液体可燃物和固体可燃物三种。一般来说，可燃物大多是含碳和氢的化合物，某些金属在某些条件下也可以燃烧，如镁、铝、钙等。

(2) 助燃物(氧化剂)

凡是与可燃物结合能导致或能够支持燃烧的物质，都叫作助燃物。燃烧过程中助燃物主要是空气中游离的氧，另外如高锰酸钾、氯气、过氧化钠、氯酸钾等也可作为燃烧反应的氧化剂。空气是最常见的助燃物，本书中如果没有特别说明，可燃物均是指在空气中燃烧。

(3) 点火源

凡是能引起可燃物燃烧的点燃能源，统称为点火源。常见的点火源是热能，其他还有化学能、机械能、电能等转变的热能。

上述三个条件通常称为燃烧三要素，这三要素中，无论缺少了哪个要素，燃烧都不能发生。即使具备了以上三要素并且相互结合、相互作用，燃烧也未必发生。要发生燃烧，以上三个要素还必须达到一定的量，如点火源有足够的热量和一定的温度，助燃物和可燃物有一定的浓度和数量。燃烧能发生时，以上三要素可表示为如图2-9(a)所示的封闭的三角形，即着火三角形。

根据链锁反应理论，很多燃烧的发生和持续需要“中间体”游离基(自由基)，也就是说游离基也是这些燃烧不可或缺的条件。因此，需要构建如图2-9(b)所示的着火四面体，才能更加准确地描述燃烧的条件。

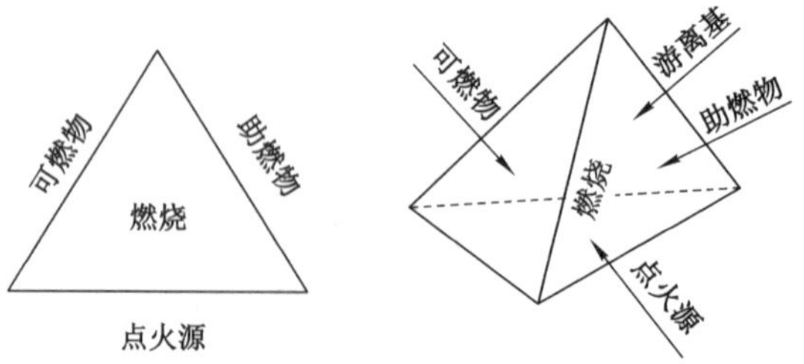

(a) 着火三角形　　(b) 着火四面体

图2-9 着火三角形和着火四面体

2.2.3.2 燃烧条件的应用

根据燃烧发生的条件，便可以确定防火和灭火的基本原理，对于防火主要是防止着火条件的形成，而对于灭火则要破坏已经形成的燃烧条件。

(1) 防火方法

根据上文所介绍的着火三角形，提出如下防火方法。

① 控制可燃物。可燃物是燃烧过程的物质基础，控制可燃物就是使燃烧三要素中不具备可燃物条件或缩小燃烧范围。

实际中有很多控制可燃物的措施，如选材时，尽量用难燃或不燃的材料代替可燃材料，如用防火漆浸涂可燃物以提高耐火性能，用水泥代替木料建筑房屋等；限制易燃物品的存放量，并且将能发生相互作用的物品分开存放；及时清除滴漏在地面或设备上的可燃物；对于具有火灾、爆炸危险性的场所，加强通风以降低可燃气体、蒸气和粉尘的浓度，将它们的浓度控制在爆炸下限以下；在森林中采用防火隔离带；等等。

② 隔绝空气。隔绝空气就是使燃烧三要素中缺少助燃条件(即氧化剂)。

在实际应用中，如易燃易爆物的生产过程应在密封的容器、设备内进行；对有异常危险的生产过程，可充装惰性气体保护，如变压器充惰性气体进行防火保护；隔绝空气储存某些危险化学品，如将钠存放于煤油中，磷存放于水中，二硫化碳用水封存等。

③ 消除点火源。研究和分析燃烧的条件说明这样一个事实：防火的基本原则主要应建立在消除火源的基础之上，消除点火源就是使燃烧三要素中不具备引起燃烧的火源。

实际应用中，消除点火源的措施有很多，如在有火灾危险的场所，严禁吸烟或穿带钉子的鞋，严禁明火照明；安装避雷装置防雷击；接地防静电；在可能由易燃易爆物品引起着火的场所使用防爆电气设备，如防爆灯；隔离火源、控制温度、遮挡阳光；等等。

④ 设置防火间距。通过对建筑物进行合理的布局并设置防火间距，可以防止火灾在相邻建筑物之间的蔓延，同时为人员疏散、消防人员的救援和灭火提供相应条件，减少发生火灾建筑对邻近建筑及其居住者或使用者的辐射热和烟气的影响。

(2) 灭火方法

着火四面体不仅描述了着火所必要的条件，还为灭火提供了理论指导。根据着火四面体中的四个要素，灭火方法可以分为四种，分别为隔离法、窒息法、冷却法和抑制法。

① 隔离法：将可燃物与引火源或氧气隔离开来，燃烧区得不到足够的可燃物就会自动熄灭。

具体方法有：

a. 关闭可燃气体、可燃液体管道的阀门，以减少和阻止可燃物进入燃烧区。

b. 把火源附近的可燃、易燃、易爆和助燃物品搬走。

c. 拆除与火源相毗连的易燃建筑物，形成防止火势蔓延的空间地带，即设置隔离带。

d. 设法阻拦流散的易燃、可燃液体。

② 窒息法：各种可燃物的燃烧都必须在氧气浓度达到一定值后才能进行，否则燃烧就不能持续进行。因此，通过降低燃烧物周围的氧气浓度可以起到灭火的作用。通常使用的二氧化碳、氮气、水蒸气等的灭火机理主要就是窒息作用。

实际生产生活中，具体应用有：

a. 喷洒雾状水、干粉、泡沫等灭火剂覆盖燃烧物。

b. 用沙土、水泥、湿麻袋、湿棉被等不燃或难燃物质覆盖燃烧物。

c. 密闭起火建筑、设备和孔洞。

d. 用水蒸气或氮气、二氧化碳等惰性气体灌注发生火灾的容器、设备。

e. 把不燃气体或不燃液体(如二氧化碳、氮气、四氯化碳等)喷洒到燃烧区域内或燃烧物上。

③ 冷却法:根据着火四面体,可燃物的点燃需要足够强度的点火源,因此,对一般可燃物火灾,将可燃物冷却到其燃点或闪点以下,已经燃烧的可燃物就不能点燃未燃的可燃物了,燃烧反应就会中止。冷却灭火法的原理是将相应的灭火剂直接喷洒到燃烧的物体上,以将燃烧区的温度降低到可燃物的燃点之下,使燃烧停止,或者将灭火剂喷洒在火源附近的物体上,使其不因火焰热辐射作用而形成新的火点。冷却灭火法是一种主要灭火方法,常用水和二氧化碳作为灭火剂进行冷却降温灭火。单纯的冷却法中灭火剂在灭火过程中不参与燃烧过程的化学反应,因此这种方法属于物理灭火方法。

④ 抑制法:根据着火四面体,抑制燃烧反应的自由基也是一种有效的灭火方法,此即抑制法。这种方法的原理是:使灭火剂参与燃烧反应,它可以消除燃烧过程中产生的游离基,形成稳定分子或低活性游离基,从而使燃烧反应终止,达到灭火的目的。例如,使用1211(二氟一氯一溴甲烷)、1202(二氟二溴甲烷)、1301(三氟一溴甲烷)、气溶胶等灭火剂进行抑制灭火。但是需要注意的是,使用抑制法灭火时一定要将灭火剂准确地喷射在燃烧区内,使灭火药剂参与燃烧反应,否则,将起不到抑制反应的作用。

表2-4给出了常见灭火剂的灭火机理。

表2-4 常见灭火剂的灭火机理

灭火剂名称	灭火机理
CO_2、IG541、N_2 灭火剂	窒息法
水	冷却法
泡沫灭火剂	隔离法、冷却法
FM-200、1301、1201、三氯甲烷等卤代烷类灭火剂	抑制法
干粉、超细干粉制成的冷气溶胶灭火剂	抑制法、冷却法、窒息法

2.3 燃烧反应速率方程

燃烧反应速率方程

2.3.1 浓度的基本概念

(1) 质量浓度

所谓质量浓度是指单位体积混合物中所含某物质的质量:

$$\rho_S = \frac{G_S}{V} \tag{2-46}$$

式中 ρ_S——组分S的质量浓度,kg/m^3;

G_S——组分S的质量,kg;

V——混合物的体积,m^3。

(2) 物质的量浓度

所谓物质的量浓度是指单位体积混合物中所含某物质的物质的量:

$$c_S = \frac{n_S}{V} \tag{2-47}$$

式中　c_S——组分 S 的物质的量浓度，mol/m^3；

n_S——组分 S 的物质的量，mol；

V——混合物的体积，m^3。

(3) 质量分数

某物质的质量与同一体积中各物质的总质量之比为质量分数(f_S)，也就是相对的质量浓度，表示如下：

$$f_S = \frac{G_S}{G_{总}} = \frac{G_S/V}{G_{总}/V} = \frac{\rho_S}{\rho_{总}} \tag{2-48}$$

(4) 摩尔分数

某物质的物质的量与同一体积中各物质的总物质的量之比即摩尔分数(X_S)，也就是相对的物质的量浓度，表示如下：

$$X_S = \frac{n_S}{n_{总}} = \frac{n_S/V}{n_{总}/V} = \frac{c_S}{c_{总}} \tag{2-49}$$

(5) 质量浓度与物质的量浓度的关系

质量浓度与物质的量浓度的关系表示如下：

$$c_S = \frac{n_S}{V} = \frac{G_S}{M_S V} = \frac{\rho_S}{M_S} \tag{2-50}$$

式中　M_S——组分 S 的摩尔质量，kg/mol。

(6) 质量分数与摩尔分数的关系

$$f_S = \frac{\rho_S}{\rho_{总}} = \frac{c_S M_S}{c_{总} M_{总}} = \frac{M_S}{M_{总}} X_S \tag{2-51}$$

【例 2-4】　在常压、25 ℃状态下，已知空气的质量浓度 $\rho_{空} = 1.184 \times 10^{-3}\ g/cm^3$，且 $X_{O_2} = 0.21$，$X_{N_2} = 0.79$(忽略空气中的其他气体)，试求空气中 c_{O_2}、c_{N_2}、ρ_{O_2}、ρ_{N_2}、f_{N_2}、f_{O_2} 的值。

【解】

(1) 求 c_{O_2}、c_{N_2}

因为

$$\rho_S = M_S c_S$$

所以

$$\rho_{O_2} = M_{O_2} c_{O_2} = 32 c_{O_2},\ \rho_{N_2} = M_{N_2} c_{N_2} = 28 c_{N_2}$$

$$\rho_{空} = M_{O_2} c_{O_2} + M_{N_2} c_{N_2} = 32 c_{O_2} + 28 c_{N_2}$$

代入数据得到：　$$\rho_{空} = 32 c_{O_2} + 28 c_{N_2} = \left(32 + 28 \times \frac{0.79}{0.21}\right) c_{O_2}$$

解得：

$$c_{O_2} = 8.62 \times 10^{-6}\ mol/cm^3$$

$$c_{N_2} = 3.24 \times 10^{-6}\ mol/cm^3$$

(2) 求 ρ_{O_2}、ρ_{N_2}

$$\rho_{O_2} = c_{O_2} M_{O_2} = 8.62 \times 10^{-6} \times 32 = 2.76 \times 10^{-4}\ (g/cm^3)$$

$$\rho_{N_2}=c_{N_2}M_{N_2}=3.24\times10^{-6}\times28=9.07\times10^{-4}(g/cm^3)$$

(3) 求 f_{O_2}、f_{N_2}

$$f_S=\frac{\rho_S}{\rho_{总}}$$

所以

$$f_{N_2}=\frac{\rho_{N_2}}{\rho_{总}}=\frac{9.07\times10^{-4}}{1.184\times10^{-3}}=0.766$$

$$f_{O_2}=\frac{\rho_{O_2}}{\rho_{总}}=\frac{2.76\times10^{-4}}{1.184\times10^{-3}}=0.233$$

2.3.2 反应速率的基本概念

(1) 反应速率的定义

所谓反应速率是指反应进行的快慢，通常以单位时间内反应物浓度的减少值或生成物浓度的增加值来表示。

在一个化学反应系统中，随着反应的进行，反应物的浓度将不断降低，而生成物的浓度不断增加，直至达到平衡。大量试验证实，对于大多数反应系统，反应物和产物的浓度随时间的变化一般不呈线性关系，其关系如图 2-10 所示。

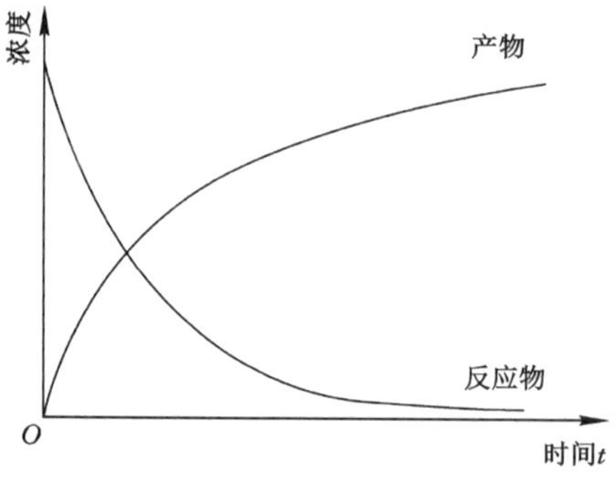

图 2-10 反应物和产物的浓度随时间的变化

(2) 公式表达

由上述定义可知，化学反应速率可根据不同的浓度单位选择不同的表达形式，具体表达形式如下。

采用物质的量浓度形式：

$$w_c=\pm\frac{dC_i}{dt}\tag{2-52}$$

采用相对物质的量浓度形式：

$$w_x=\pm\frac{dX_i}{dt}\tag{2-53}$$

(3) 任一反应的反应速率的表示

反应速率可用反应物浓度的变化来表示，也可用生成物浓度的变化来表示，所得到的反应速率之间存在单值计量关系。例如，对于任一反应，其方程均可表示为如下形式：

$$aA+bB\longrightarrow eE+fF$$

其相应的反应速率可表示为：

$$\left.\begin{aligned} w_A &= -\frac{dc_A}{dt} \\ w_B &= -\frac{dc_B}{dt} \\ w_E &= +\frac{dc_E}{dt} \\ w_F &= +\frac{dc_F}{dt} \end{aligned}\right\} \tag{2-54}$$

并且存在$\frac{w_A}{a}=\frac{w_B}{b}=\frac{w_E}{e}=\frac{w_F}{f}=w$，其中，$w$ 是唯一的，称为系统反应速率。

2.3.3　质量作用定律

(1) 质量作用定律的概念

质量作用定律所描述的是化学反应速率与反应物浓度之间关系的规律。化学反应是能发生反应的反应物各分子、原子或原子团间的碰撞引起的，单位体积内的分子数越多，即反应物的浓度越大，分子碰撞次数也就越多，则相应的反应速率越快。

在给定温度条件下，所谓的质量作用定律就是基元反应在任何瞬间的反应速率与该瞬间参与反应的反应物浓度幕的乘积成正比的规律。质量作用定律只适用于基元反应。

(2) 表达式

以下面的反应式为基础：

$$aA + bB \longrightarrow eE + fF$$

根据质量作用定律可得其反应速率方程：

$$w = kc_A^a c_B^b \tag{2-55}$$

式中　k——反应速率常数，$(\mathrm{mol}^{1-a-b} \cdot \mathrm{m}^{3a+3b-3})/\mathrm{s}$。

对于异相反应，如煤粉燃烧，其燃烧反应速率与 O_2 浓度及参与反应的煤粉表面积成正比，也可借用质量作用定律近似地表示为：

$$w = kAc_{O_2}^n \tag{2-56}$$

式中　A——单位体积煤粉与空气混合物内的煤粉表面积；

n——反应级数。

(3) 反应级数

反应级数指反应速率表达式中的反应物浓度指数之和，一般来说，基元反应的反应级数总为整数。反应级数定量地表示化学反应速率受反应物浓度变化影响的程度，常被用来进行燃烧过程的化学动力学分析。

如果化学反应速率正比于反应物浓度，该反应就是一级反应；如果化学反应速率正比于两种物质浓度的一次方的乘积，或者说化学反应速率正比于反应物浓度的二次方，则该反应就是二级反应；相应地，三级反应等可以依次类推。然而三级反应极为少见，至于三级以上的反应基本没有。

对于基元反应 $aA+bB \longrightarrow eE+fF$，其反应级数 $n=a+b$。

需要说明的是，总包反应由一系列简单的基元反应组成，其反应级数一般不能用总化学反应方程式的反应物浓度指数来确定，且不一定是正整数，具体数值需要根据试验测得的反应速率与反应物浓度的关系来确定，可以是整数，也可以是分数。

对于多组分可燃物，其反应级数只能通过试验或工程经验求得，表 2-5 给出了常见燃料燃烧反应级数。

表 2-5 常见燃料燃烧反应级数

常见燃料	反应级数的大概数值
煤气	2
轻油	1.5～2
重油	1
煤粉	−1

另外，大多数碳氢化合物的燃烧反应，其反应级数近似等于 2。

2.3.4 阿伦尼乌斯定律

(1) 范特·霍夫规则

在燃烧反应中，特别是火灾中，温度越高，反应越剧烈，温度是影响反应速率的重要因素之一。

范特·霍夫根据大量试验研究得出温度影响反应速率的近似规则，即通常的反应，温度每升高 10 ℃，反应速率则相应增加 2～4 倍。这个规则称为范特·霍夫规则，可表示如下：

$$\frac{k_{t+10}}{k_t}=\gamma \tag{2-57}$$

式中 k_t——反应速率常数；

k_{t+10}——$(t+10)$℃时的反应速率常数；

γ——反应速率的温度系数，其值为 2～4。

对于一定的反应，当温度变化范围不是很大时，γ 可视为常数，则 t ℃与$(t+10n)$℃时的反应速率常数之比可表示为：

$$\frac{k_{t+10n}}{k_t}=\gamma^n$$

需要指出的是，范特·霍夫规则作为一个近似的经验规则，适用于大多数的反应，在缺少完整数据时，是一种很好的约略方法。

(2) 阿伦尼乌斯公式

根据范特·霍夫规则以及反应速率常数随温度变化而变化的关系，阿伦尼乌斯基于试验结果提出了温度对反应速率影响的具体关系式——阿伦尼乌斯公式，该公式表示为：

$$\ln k=-\frac{E}{RT}+\ln A \tag{2-58}$$

也可表示为：

$$k=A\mathrm{e}^{-E/(RT)} \tag{2-59}$$

$$\lg k=-\frac{E}{2.303RT}+B \tag{2-60}$$

式中　A,B——常数，不同的反应 A、B 数值也不同；

E——反应的活化能，E 相对温度而言为常数，由式(2-58)可知，$\ln k$ 和 $1/T$ 呈线性关系，如图 2-11 所示。

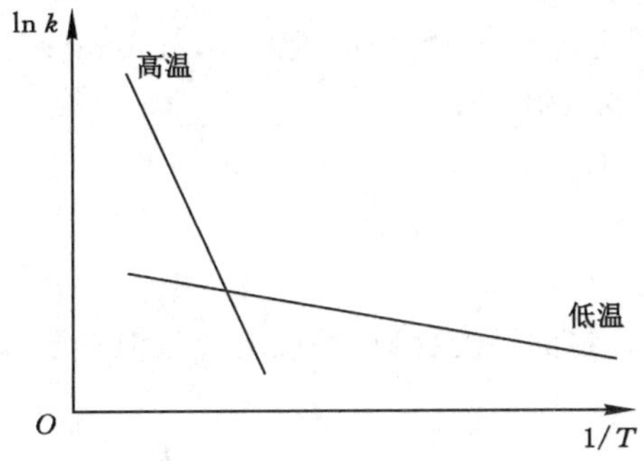

图 2-11　反应速率与温度的关系

结合试验结果，便可获得活化能 E、常数 A 等数值。

对式(2-58)取微分可得：

$$\frac{\mathrm{d}\ln k}{\mathrm{d}T}=\frac{E}{RT^2} \tag{2-61}$$

式(2-58)和式(2-61)是阿伦尼乌斯公式的常用表达式。

阿伦尼乌斯公式具有广泛的适用范围，它不仅适用于基元反应，也适用于具有明确反应级数与反应速率常数的复杂反应。另外，需要说明的是，对于复杂反应，由试验结果，根据式(2-61)得到的活化能只是表观活化能，它是各基元反应活化能的代数和，无明确的物理意义。

2.3.5　燃烧反应速率方程

(1) 基元反应速率方程

根据阿伦尼乌斯公式，反应速率常数可表示为：

$$k=K_0\exp\left(-\frac{E}{RT}\right) \tag{2-62}$$

式中　K_0——频率因子。

根据质量作用定律与阿伦尼乌斯公式，对于基元反应 $a\mathrm{A}+b\mathrm{B}\longrightarrow e\mathrm{E}+f\mathrm{F}$，可得出其反应速率方程：

$$w=K_0c_\mathrm{A}^ac_\mathrm{B}^b\exp\left(-\frac{E}{RT}\right) \tag{2-63}$$

式中　c_A^a——可燃物的物质的量浓度，$\mathrm{mol/m^3}$；

c_B^b——助燃物(主要指空气)的物质的量浓度，$\mathrm{mol/m^3}$；

a,b——反应系数；

E——活化能，J/mol；

T——反应温度，K。

(2) 燃烧反应速率方程

在燃烧反应中，可仿照式(2-63)写出燃烧反应速率方程，即

$$w_s = K_{os} c_F^x c_{ox}^y \exp\left(-\frac{E_s}{RT_s}\right) \tag{2-64}$$

式中　c_F——可燃物的物质的量浓度，mol/m^3；

c_{ox}——助燃物(主要指空气)的物质的量浓度，mol/m^3；

K_{os}——燃烧反应的频率因子；

E_s——活化能，J/mol；

T_s——反应温度，K；

x，y——反应系数。

对于大多数的碳氢化合物的燃烧反应，反应级数近似等于 2，且 $x=y=1$，因此燃烧反应速率方程可写为：

$$w_s = K_{os} c_F c_{ox} \exp\left(-\frac{E_s}{RT_s}\right) \tag{2-65}$$

根据前文所述质量浓度和物质的量浓度之间的关系：

$$c_F = \frac{f_F \rho_\infty}{M_F}, c_{ox} = \frac{f_{ox} \rho_\infty}{M_{ox}}$$

将以上两式代入式(2-65)得：

$$w_s = K_{os} \frac{1}{M_F} \frac{1}{M_{ox}} \rho_\infty^2 f_F f_{ox} \exp\left(-\frac{E_s}{RT_s}\right) \tag{2-66}$$

式中　M_F——可燃物的摩尔质量；

M_{ox}——助燃物的摩尔质量；

ρ_∞——燃烧反应过程的总质量浓度；

f_F——可燃物的质量分数；

f_{ox}——助燃物的质量分数。

如令 $K_{os}' = K_{os} \frac{1}{M_F} \frac{1}{M_{ox}}$，则：

$$w_s = K_{os}' \rho_\infty^2 f_F f_{ox} \exp\left(-\frac{E_s}{RT_s}\right) \tag{2-67}$$

表 2-6 列出了一些常见可燃物的 K_{os}' 和 E_s 值。

表 2-6　常见可燃物的 K_{os}' 和 E_s 值

物质名称	K_{os}'/[L/(mol·s)]	E_s/(J/mol)
甲烷＋空气	2×10^{14}(558 K)	$1.212\ 2\times10^5$
异辛烷＋空气	5.4×10^{13}(400 K)	1.672×10^4
丁烷＋空气	5.4×10^{13}(400 K)	8.778×10^4
正己烷＋空气	5.4×10^{13}(400 K)	2.332×10^4
正辛烷＋空气	5.4×10^{13}(400 K)	1.672×10^4
氨气＋氧气	5.4×10^{13}(400 K)	$2.069\ 1\times10^5$
苯＋空气	5.4×10^{13}(400 K)	$1.722\ 2\times10^5$

表 2-6(续)

物质名称	K_{os}'/[L/(mol·s)]	E_s/(J/mol)
氢气+氟	1.6×10^{12}(313 K)	2.09×10^{5}
丙烷+空气	2×10^{14}(387 K)	$1.295\ 8\times10^{5}$
氢气+氧气	1.6×10^{12}(313 K)	7.524×10^{4}
乙烯+空气	5.4×10^{13}(400 K)	$1.722\ 2\times10^{5}$

实际上，在研究某些燃烧问题时，常假定反应物的浓度不变，那么各种物质的浓度比也不变，因此，一种物质的浓度可由另外一种物质的浓度来表示。

在式(2-64)中，可以假设 $c_{ox}=mc_F$，m 为常数，则式(2-64)可表示为：

$$w_s=K_{ns}c_F^n\exp\left(-\frac{E_s}{RT_s}\right) \tag{2-68}$$

式中，$K_{ns}=K_{os}m^y$，$n=x+y$。

大多数碳氢化合物的燃烧反应速率方程可写为式(2-68)的形式。

式(2-68)是根据气态物质反应推导出来的近似公式，由此公式可以得出一些有用的结论，对于火灾扑救具有重要意义。如在火灾现场，温度越低，燃烧反应速率越小，这是灭火救援中冷却法的理论依据；火灾现场可燃物和氧气的浓度越低，燃烧反应速率越小，这是灭火救援中窒息法的理论依据。

需要说明的是，式(2-68)不适用于表述液态和固态可燃物的燃烧，这是因为相对气态可燃物而言，液态和固态可燃物的燃烧反应过程更加复杂，常伴随蒸发、熔融、裂解等现象。

2.4　反应热、生成热和燃烧热

反应热、生成热和燃烧热

2.4.1　恒容反应热和恒压反应热

反应热是指当生成物的温度和反应物的温度相同，且反应过程中只做体积功时，反应过程所吸收或放出的热量。

同一个化学反应，假设分别在恒容或恒压条件下进行，由于热是过程量，所以反应过程中体系与环境之间传递的热量一般不相同。如果化学反应在恒容条件(如密闭刚性空间)下进行，产生的反应热叫作恒容反应热，用 Q_v 表示。恒容反应过程中反应体系总体积不发生改变，反应体系与环境之间不产生体积功，即 $r=0$；由能量守恒定律可得：体系内能的变化量 ΔU 在数值上等于恒容反应热，即 $\Delta U=Q_v$ 因此 Q_v 可以由恒容量热计测出。而如果化学反应在恒压条件(如大气压下敞口空间)下进行，产生的反应热叫作恒压反应热，用 Q_p 表示，其大小等于系统的焓变 ΔH。若 $\Delta H>0$，则恒压反应从环境中吸收热量；若 $\Delta H<0$，则恒压反应向环境中放出热量。

2.4.2　生成热

化学反应中由稳定单质反应生成某化合物时的反应热，称为该化合物的生成热。在标准大气压(0.101 3 MPa)和指定温度(一般选择 298 K)下，由稳定单质生成 1 mol 某化合物的恒压反应热，称为该物质的标准生成热，用 $\Delta H_{f,298}^{\ominus}$ 表示。其上标“$\ominus$”表示 1 个大气压的标准压力,下标“298”代表标准温度。表2-7列出了一些物质的标准生成热。

表 2-7 一些物质的标准生成热

物质名称	$\Delta H^{\ominus}_{f,298}$/(kJ/mol)	物质名称	$\Delta H^{\ominus}_{f,298}$/(kJ/mol)	物质名称	$\Delta H^{\ominus}_{f,298}$/(kJ/mol)
甲烷(气)	−74.85	苯(液)	48.04	氢气(气)	0
乙烷(气)	−84.68	甲苯(气)	50.00	氧气(气)	0
丙烷(气)	−103.85	甲酸(液)	−424.72	氮气(气)	0
乙烯(气)	−52.55	乙酸(液)	−484.5	甲醇(气)	−200.7
乙炔(气)	226.90	碳(石墨)	0	甲醇(液)	−238.57
一氧化碳(气)	−110.54	碳(钻石)	1.897	乙醇(气)	−235.1
二氧化碳(气)	−393.51	水(气)	−241.84	乙醇(液)	−277.65
苯(气)	82.93	水(液)	−285.85	丙酮(液)	−248.2

2.4.3 燃烧热

燃烧反应中可燃物与助燃物作用生成稳定产物时的反应热称为燃烧热。定压燃烧过程中的燃烧热称为燃烧焓。在标准大气压(0.101 3 MPa)和指定温度(一般选择298 K)下,1 mol某物质完全燃烧时的定压反应热,称为该物质的标准燃烧热(标准燃烧焓),用$\Delta H^{\ominus}_{c,298}$表示。表2-8列出了一些物质的标准燃烧热。

表 2-8 一些物质的标准燃烧热[产物 N_2,$H_2O(l)$和 CO_2]

物质名称	$\Delta H^{\ominus}_{c,298}$/(kJ/mol)	物质名称	$\Delta H^{\ominus}_{c,298}$/(kJ/mol)	物质名称	$\Delta H^{\ominus}_{c,298}$/(kJ/mol)
碳(石墨)	−392.88	丙烷(气)	−2 201.6	甲苯(液)	3 908.69
氢气(气)	−285.77	丁烷(气)	−2 870.64	甲醇(液)	−726.51
一氧化碳(气)	−282.84	乙烯(气)	−1 411.26	乙醇(液)	−1 366.8
甲烷(气)	−881.99	乙炔(气)	−1 299.6	丙酮(液)	−1 790.4
乙烷(气)	−1541.39	苯(液)	−3 273.14	乙酸(液)	−874.54

2.4.4 燃烧热的计算

1840年,俄国化学家盖斯(G.H.Hess)在大量试验基础上指出:对于恒压或恒容条件下的任意化学反应过程,当系统不做任何非体积功时,不论是一步完成还是多步完成,反应热的总值总是相同的,且只与起始状态和最终状态有关,而与反应的途径无关。换句话说,如果一个化学反应分几步完成,则总反应的反应热等于各分步反应热的数量和,这就是盖斯定律,也被称为热效应总值一定定律。上文已经提到,由于焓和内能U都是状态函数,只与始态和终态有关,而与反应的途径无关,且系统恒压反应热Q_p与焓相对应,恒容反应热Q_v与内能相对应,因此,盖斯定律是热力学第一定律的必然结果。盖斯定律揭示了热化学方程能够用代数方法做加减运算。盖斯定律的一个作用在于,当一个化学反应的热效应根本不可能测定或难以通过试验方法准确测出时,利用盖斯定律可以很容易确定出来。例如反应:

$$C+\frac{1}{2}O_2 \longrightarrow CO$$

碳燃烧时不可能完全生成 CO，而总会生成一部分 CO_2，但是很难用试验方法测定出生成 CO 的比例，所以该反应的热效应很难直接测定。但是按下列步骤可以确定出 CO 的生成焓。

$$C+O_2 \longrightarrow CO_2 \qquad \Delta H_1=-393.51\ \text{kJ/mol}$$

$$C+\frac{1}{2}O_2 \longrightarrow CO \qquad \Delta H_2=?$$

$$CO+\frac{1}{2}O_2 \longrightarrow CO_2 \qquad \Delta H_3=-282.84\ \text{kJ/mol}$$

根据盖斯定律有 $\Delta H_1=\Delta H_2+\Delta H_3$，所以碳和氧气反应生成 CO 的生成焓表示如下：

$$\Delta H_2=\Delta H_1-\Delta H_3=-393.51-(-282.84)=-110.67\ (\text{kJ/mol})$$

盖斯定律的另一个作用是求解反应焓。根据盖斯定律可知，任一反应的恒压反应热等于生成物生成热之和减去反应物生成热之和，即

$$Q_p=\Delta H=(\sum V_i \Delta H^{\ominus}_{f,m,i})_{生成物}-(\sum V_j \Delta H^{\ominus}_{f,m,j})_{反应物} \tag{2-69}$$

式中　V_i——i 组分在反应式中的系数；

V_j——j 组分在反应式中的系数。

【例 2-5】 求乙醇在 298 K 下的标准燃烧热。

【解】

乙醇完全燃烧反应式为：

$$C_2H_5OH(l)+3O_2(g) \longrightarrow 2CO_2(g)+3H_2O(l)$$

查表 2-7 得：

$$\Delta H^{\ominus}_{f,298,CO_2(g)}=-393.51\ \text{kJ/mol},\Delta H^{\ominus}_{f,298,H_2O(l)}=-285.85\ \text{kJ/mol},$$

$$\Delta H^{\ominus}_{f,298,C_2H_5OH(l)}=-277.65\ \text{kJ/mol},\Delta H^{\ominus}_{f,298,O_2(g)}=0$$

根据式(2-69)得乙醇(液)的标准燃烧热：

$$Q_p=\Delta H=[2\times(-393.51)+3\times(-285.85)]-(-277.65+0)$$

$$=-1\ 366.92\ (\text{kJ/mol})$$

2.4.5　热值的计算

热值又称发热量。它是燃烧热的另一种表示形式，在工程上中应用较为广泛。所谓热值，是指单位质量(或体积)的燃料完全燃烧时所放出的热量。通常用热量计测定或由燃料分析结果算出。热值通常用 Q 表示。对于液态和固态可燃物，用质量热值 Q_m(kJ/kg)表示；对于气态可燃物，用体积热值 Q_v(kJ/m^3)表示。热值反映了燃料燃烧特性，即不同燃料在燃烧过程中化学能转化为内能的能力。热值有高热值和低热值之分。高热值(Q_h)是指可燃物中的氢和氧燃烧生成的水以液态形式存在时的热值，而低热值(Q_l)是指可燃物中氢和氧燃烧生成的水以气态形式存在时的热值。一般研究中常采用低热值，特别是火灾反应中，水很难以液态的形式存在。

某些物质燃烧放出的热量，既可用燃烧热表示，也可用热值表示，两者之间存在一定的换算关系。

对于液态和固态可燃物，燃烧热和热值之间的换算关系为：

$$Q_m=\frac{1\ 000\times\Delta H_c}{M} \tag{2-70}$$

式中 M——液态或固态可燃物的摩尔质量。

对于气态可燃物,燃烧热和热值之间的换算关系为:

$$Q_v = \frac{1\,000 \times \Delta H_c}{22.4} \tag{2-71}$$

对于某些分子结构很复杂的可燃物,如石油、煤、木材等,计算其热值时摩尔质量很难确定。因此,这些可燃物燃烧放出的热量一般采用经验公式计算。其中以门捷列夫公式最为常用,即

$$Q_h = 4.18 \times \{81w(C) + 300w(H) - 26 \times [w(O) - w(S)]\}$$

$$Q_l = Q_h - 6 \times [9w(H) + w(W)] \times 4.18$$

式中 $w(C)$,$w(H)$,$w(S)$,$w(W)$——可燃物中碳、氢、硫和水的质量分数,%;

$w(O)$——可燃物中氧和氮的总质量分数,%。

表 2-9 和表 2-10 列出了部分可燃气体和部分燃料的热值。

表 2-9 部分可燃气体的热值

气体名称	热值/(kJ/m³)		气体名称	热值/(kJ/m³)	
	高热值	低热值		高热值	低热值
氢气	12 700	10 753	丙烷	93 720	83 470
乙炔	57 873	55 856	丁烯	115 050	107 530
甲烷	39 861	35 823	正丁烷	133 800	123 450
乙烯	62 354	58 321	异丁烷	132 960	122 770
乙烷	65 605	58 160	戊烷	169 260	156 630
丙烯	87 030	81 170	戊烯	149 790	133 890
硫化氢	25 522	24 016	一氧化碳	12 694	12 694
沼气		18 850	锅炉煤气		18 260
天然气		36 220	油煤气(热解)		52 170
水煤气		10 380	矿井气		28 850

表 2-10 部分燃料的热值

燃料名称	热值/(kJ/kg)	燃料名称	热值/(kJ/kg)	燃料名称	热值/(kJ/kg)
木材	16 740	木炭	34 000	航空燃料	43 300
天然纤维	17 360	沥青	37 690	烷烃浓缩物	43 350
淀粉	17 490	苯	40 260	汽油	43 510
褐煤	18 830	甲苯	40 570	原油	43 890
酒精	29 290	芳香烃浓缩物	41 250	石蜡	46 610
标准煤	29 308	重油	41 590	柴油	46 040
无烟煤	31 380	煤油	42 890	液化石油气(气态)	87 920~100 500
焦炭	31 380	环烷烃-烷烃浓缩物	43 100	液化石油气(液态)	45 220~50 230

2.4.6 热释放速率

(1) 热释放速率的概念及意义

热释放速率(heat release rate,HRR)是指单位时间内材料燃烧时所释放的热量。它不仅对火灾发展起着决定性作用,而且还是衡量火灾危害程度的一个主要参数。热释放速率越大,燃烧反馈给材料表面的热量越多,材料热解速率越高,挥发性可燃物的生成量就越多,从而会加速火焰的传播。材料的热释放速率也是材料燃烧性能中极重要的参数,准确地测量材料燃烧过程中的热释放速率,可提供有关火灾的规模、烟气和毒性气体释放情况、火灾的传播速率等方面的信息,这对于预测火灾危害及减少火灾损失极为重要。

燃烧热主要通过辐射热和对流热两种方式传播,即

$$\dot{Q}_A = \dot{Q}_C + \dot{Q}_R \tag{2-72}$$

式中　$\dot{Q}_A$——热释放速率;

$\dot{Q}_C$——对流热释放速率;

$\dot{Q}_R$——辐射热释放速率。

此外,可燃物的燃烧还有一个燃烧效率问题。通常将燃烧效率定义为实际燃烧热释放速率与理论上可能的最大热释放速率之比,即

$$x_A = \frac{\dot{Q}_A}{m_f H_T} \tag{2-73}$$

式中　m_f——可燃物的燃烧质量速度;

H_T——可燃物的热值。

燃烧效率不仅表示燃烧放热的相对量,还表征燃烧的完全程度。燃烧效率越高,燃烧越完全;若 $x_A=1$,则表示完全燃烧。

热释放速率可以通过测量燃烧过程中的质量损失速率,再与相应的燃烧热及燃烧效率相乘的方法获得,即热释放速率=质量损失速率×燃烧热×燃烧效率。但该方法中燃烧效率难以确定,因此所获得的结果比较粗略。

(2) 热释放速率的测量原理

早在 1917 年,Thorton 发现大量有机液体和气体完全燃烧时,每消耗单位质量氧气所释放的净热量接近常数。Huggett 发现有机固体也存在这种现象。也就是说,反应净释热量可以通过测量燃烧系统中的耗氧量来确定,该方法比热平衡法更精确、更简单。在实际火灾中,往往多种材料同时燃烧,不可能确切知道每种材料的组成及化学反应过程,因此,采用耗氧燃烧热值 13.1 MJ/kg 计算热释放速率是非常方便的。

根据耗氧原理可以测量很多有机物的燃烧热值,虽然对于乙炔等个别材料的测量有较大偏差,但考虑它们极少出现在火灾中,即使出现,其量往往也很少,所以该平均值被用作火灾中有机材料的耗氧燃烧热值是可行的。

在 20 世纪 70 年代后期和 80 年代早期,美国国家标准与技术研究所进一步研究和发展了耗氧技术,目前该技术已在国际上得到广泛应用并形成产品。图 2-12 就是锥形量热计系统实物图,锥形量热计系统是耗氧技术的重要应用。

在利用耗氧技术时必须收集全部燃烧产物并通过排气管将其移走,等到充分混合后测量气体的成分和流量。不管是开放系统还是封闭系统,都需要测量氧气含量;为了提高热释

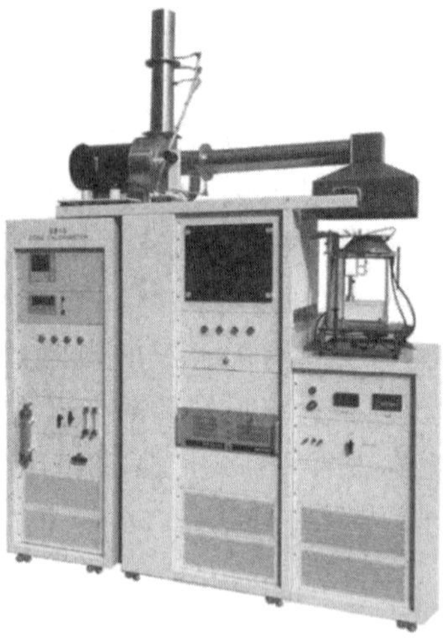

图 2-12 锥形量热计系统实物

放速率的测量精度，可同时测量二氧化碳、一氧化碳和水的含量。

耗氧技术是建立在以下简化假设的基础上的：

① 所有气体都是理想气体。

② 完全燃烧时每消耗单位质量氧气释放的热量为常数：$E_0=13.1$ MJ/kg。

③ 流入系统的空气中包括 O_2、CO_2、H_2O 和 N_2，流出系统的气体中包括 O_2、CO_2、CO、H_2O 和 N_2。

④ O_2、CO、CO_2 都在干燥基础上测量，即气体分析前水蒸气已从试样中分离。

⑤ N_2 在此试验条件下不参与燃烧反应，其他所有不参加燃烧反应的惰性气体都被当作 N_2。

根据耗氧原理，完全燃烧热释放速率为：

$$q_{\text{tot}}=E_0(\dot{m}_{O_2}^{\ominus}-\dot{m}_{O_2}) \tag{2-74}$$

式中 $\dot{m}_{O_2}^{\ominus}$——氧气理论流量；

$\dot{m}_{O_2}$——氧气实际流量。

由于可能存在不完全燃烧现象，净燃烧热释放速率应为完全燃烧热释放速率减去排出气体中 CO 完全转化为 CO_2 的热释放速率 q_{cat}：

$$q=q_{\text{tot}}-q_{\text{cat}}=E_0(\dot{m}_{O_2}^{\ominus}-\dot{m}_{O_2})-(E_{CO}-E_0)(\Delta\dot{m}_{O_2})_{\text{cat}} \tag{2-75}$$

式中 q——热释放速率，kW；

E_0——完全燃烧消耗单位质量氧气所释放热量，13.1 MJ/kg；

E_{CO}——CO 燃烧变成 CO_2 时消耗单位质量氧气所释放热量，约为 17.6 MJ/kg；

$(\Delta\dot{m}_{O_2})_{\text{cat}}$——CO 转化为 CO_2 所需消耗的氧气量，kg/s，$(\Delta\dot{m}_{O_2})_{\text{cat}}=\frac{1}{2}\dot{m}_{CO}\frac{M_{O_2}}{M_{CO}}$。

2.5 燃烧时空气需要量

燃烧时空气需要量及产物计算

一定量的可燃物完全燃烧时所需要的空气体积或质量叫

作空气需要量，它是衡量可燃物能否持续燃烧或判别其燃烧类型的重要指标。

2.5.1 固体和液体可燃物完全燃烧的理论空气需要量

习惯上将固体和液体可燃物组成成分用质量分数来表示：

$$w(\mathrm{C})+w(\mathrm{H})+w(\mathrm{O})+w(\mathrm{N})+w(\mathrm{S})+w(\mathrm{A})+w(\mathrm{W})=100\% \tag{2-76}$$

式中，$w(\mathrm{C})$，$w(\mathrm{H})$，$w(\mathrm{O})$，$w(\mathrm{N})$，$w(\mathrm{S})$，$w(\mathrm{A})$和 $w(\mathrm{W})$为可燃物中碳、氢、氧、氮、硫、灰分和水分的质量分数，其中，C、H 和 S 是可燃成分，O 是助燃成分，N、A 和 W 是不可燃成分。

可燃物完全燃烧时，不同可燃成分需要消耗的氧气量不同，C、H、S 在氧气中完全燃烧的反应式如下。

(1) C 完全燃烧的化学方程式

$$\begin{array}{ccccc} \mathrm{C} & + & \mathrm{O_2} & = & \mathrm{CO_2} \\ 12\ \mathrm{kg} & & 32\ \mathrm{kg} & & 44\ \mathrm{kg} \end{array}$$

可知 1 kg 碳完全燃烧需要消耗$\frac{8}{3}$ kg 氧气，$w(\mathrm{C})$kg 的碳完全燃烧需要消耗$\frac{8}{3}w(\mathrm{C})$kg 氧气。

(2) H 完全燃烧的化学反应式

$$\begin{array}{ccccc} \mathrm{H_2} & + & \frac{1}{2}\mathrm{O_2} & = & \mathrm{H_2O} \\ 2\ \mathrm{kg} & & 16\ \mathrm{kg} & & 18\ \mathrm{kg} \end{array}$$

可知 1 kg 氢完全燃烧需要消耗 8 kg 氧气，$w(\mathrm{H})$kg 的氢完全燃烧需要消耗 $8w(\mathrm{H})$ kg 氧气。

(3) S 完全燃烧的化学反应式

$$\begin{array}{ccccc} \mathrm{S} & + & \mathrm{O_2} & = & \mathrm{SO_2} \\ 32\ \mathrm{kg} & & 32\ \mathrm{kg} & & 64\ \mathrm{kg} \end{array}$$

可知 1 kg 硫完全燃烧需要消耗 1 kg 氧气，$w(\mathrm{S})$ kg 的硫完全燃烧需要消耗 $w(\mathrm{S})$ kg 氧气。

也就是说，每 1 kg 可燃物完全燃烧时消耗的氧气质量为碳、氢、硫三者消耗氧气质量之和，扣除可燃物本身含氧质量，即可得出 1 kg 可燃物完全燃烧所需要的最少氧气质量(理论计算量单位：kg/kg)为：

$$G_{\mathrm{o,O_2}}=\frac{8}{3}w(\mathrm{C})+8w(\mathrm{H})+w(\mathrm{S})-w(\mathrm{O}) \tag{2-77}$$

式中的下标"o"表示理论计算量。

假定计算中所涉及的气体均为理想气体，即 1 kmol 气体在标准状态(0 ℃、0.101 3 MPa)下的体积为 22.4 $\mathrm{m^3}$，那么 1 kg 可燃物完全燃烧时需要消耗的氧气体积(单位：$\mathrm{m^3/kg}$)为：

$$V_{\mathrm{o,O_2}}=\frac{G_{\mathrm{o,O_2}}}{32}\times 22.4=0.7\times\left[\frac{8}{3}w(\mathrm{C})+8w(\mathrm{H})+w(\mathrm{S})-w(\mathrm{O})\right] \tag{2-78}$$

空气中氧气的质量分数约为 23.2%，那么 1 kg 可燃物完全燃烧所需空气的质量(单位：kg/kg)为：

$$G_{\mathrm{o,air}}=\frac{G_{\mathrm{o,O_2}}}{0.232}=\frac{1}{0.232}\times\left[\frac{8}{3}w(\mathrm{C})+8w(\mathrm{H})+w(\mathrm{S})-w(\mathrm{O})\right] \tag{2-79}$$

空气中氧气的体积分数约为 21%，那么 1 kg 可燃物完全燃烧所需空气的体积(单位：m^3/kg)为：

$$V_{o,air}=\frac{V_{o,O_2}}{0.21}=\frac{0.7}{0.21}\times\left[\frac{8}{3}w(C)+8w(H)+w(S)-w(O)\right] \tag{2-80}$$

2.5.2 气体可燃物的理论空气需要量

气体可燃物的组分(按体积计)可写为：

$$w(CO)+w(H_2)+\sum w(C_nH_m)+w(H_2S)+w(CO_2)+w(O_2)+w(N_2)+w(H_2O)=100\% \tag{2-81}$$

式中 C_nH_m——CH_4、C_2H_4、C_2H_2 等碳氢化合物。

由各种可燃物完全燃烧的化学反应式：

$$CO+\frac{1}{2}O_2 = CO_2$$

$$H_2+\frac{1}{2}O_2 = H_2O$$

$$H_2S+\frac{3}{2}O_2 = H_2O+SO_2$$

$$C_nH_m+\left(n+\frac{m}{4}\right)O_2 = nCO_2+\frac{m}{2}H_2O$$

可知 1 mol 的 CO 完全燃烧需要消耗$\frac{1}{2}$mol 的 O_2；根据理想气体状态方程可知，1 m^3 的 CO 完全燃烧需要消耗$\frac{1}{2}m^3$ 的 O_2。同理，1 m^3 的 H_2、H_2S、C_nH_m 完全燃烧需要消耗的 O_2 体积分别为$\frac{1}{2}m^3$、$\frac{3}{2}m^3$、$\left(n+\frac{m}{4}\right)m^3$。单位体积气体可燃物完全燃烧时需要消耗的理论氧气体积(单位：m^3/m^3)为：

$$V_{o,O_2}=\frac{1}{2}w(CO)+\frac{1}{2}w(H_2)+\frac{3}{2}w(H_2S)+\sum\left(n+\frac{m}{4}\right)w(C_nH_m)-w(O_2) \tag{2-82}$$

单位体积气体可燃物完全燃烧时需要消耗的理论空气体积(单位：m^3/m^3)为：

$$V_{o,air}=\frac{V_{o,O_2}}{0.21}=\frac{1}{0.21}\times\left[\frac{1}{2}w(CO)+\frac{1}{2}w(H_2)+\frac{3}{2}w(H_2S)+\sum\left(n+\frac{m}{4}\right)w(C_nH_m)-w(O_2)\right] \tag{2-83}$$

2.5.3 实际空气需要量及空气消耗系数

在燃烧过程中，实际空气需要量与燃烧所需要的理论空气量往往不相等。将可燃物完全燃烧所消耗的实际空气量与理论空气量之比定义为空气消耗系数，用 α 表示，即

$$\alpha=\frac{V_{a,air}}{V_{o,air}} \tag{2-84}$$

式中 $V_{a,air}$——实际空气量。

$\alpha=1$，表示实际空气量等于理论空气量。从理论上讲，此时可燃物质与氧化剂的配比

符合化学反应式的当量关系。

$\alpha<1$,表示实际空气量少于理论空气量。显然,这种燃烧过程是不完全的,氧气完全消耗时燃烧产物中有剩余的可燃物质。

$\alpha>1$,表示实际空气量多于理论空气量。

实际燃烧过程中,α 值一般为 1～2。考虑燃烧时可燃物与氧气混合的不均匀性,各态物质完全燃烧时的 α 经验值为:气态可燃物 $\alpha=1.02\sim1.2$,液态可燃物 $\alpha=1.1\sim1.3$,固态可燃物 $\alpha=1.3\sim1.7$。

2.6　燃烧产物计算

前面已经提到,燃烧产物是指燃烧生成的气体、液体和固体物质。

燃烧产物的组成和各组分含量不仅与燃烧的完全程度有关,还与空气消耗系数 α 有关。燃烧产物的计算主要包括产物量、产物百分组成及产物密度计算。

假设燃烧为完全燃烧,则燃烧产物主要涉及 CO_2、H_2O、SO_2 和 N_2。当空气消耗系数 $\alpha>1$ 时,产物中还有部分 O_2 未被消耗;当 $\alpha=1$ 时,产物中不再有 O_2,这种产物量称为理论燃烧产物量,通常用 $V_{o,p}$ 表示,即 $V_{o,p}=V_{o,CO_2}+V_{o,SO_2}+V_{o,H_2O}+V_{o,N_2}$。

2.6.1　固体和液体可燃物燃烧的理论产物量

当硫燃烧为完全燃烧时,燃烧过程中各种反应物、生成物之间的数量关系如下:

$$\begin{array}{ccccc} S & + & O_2 & \longrightarrow & SO_2 \\ 32\ \text{kg} & & 32\ \text{kg} & & 64\ \text{kg} \end{array}$$

由上式可以看出,1 kg 硫完全燃烧时能生成 2 kg 的 SO_2,而标准状态下的体积为 $2\times\frac{22.4}{64}\text{m}^3=\frac{22.4}{32}\text{m}^3$,也就是说,1 kg 可燃物在标准状态下完全燃烧时生成的 SO_2 体积(单位:m^3/kg)为:

$$V_{o,SO_2}=\frac{22.4}{32}\times w(\text{S})$$

同理,1 kg 可燃物在标准状态下完全燃烧时生成 H_2O、N_2 和 CO_2 的体积(单位:m^3/kg)为:

$$V_{o,H_2O}=\frac{22.4}{2}w(\text{H})+\frac{22.4}{18}w(\text{W})$$

$$V_{o,N_2}=\frac{22.4}{28}w(\text{N})+\frac{79}{100}V_{o,air}$$

$$V_{o,CO_2}=\frac{22.4}{12}w(\text{C})$$

综上所述,1 kg 可燃物在标准状态下完全燃烧的燃烧产物体积(单位:m^3/kg)为:

$$\begin{aligned} V_{o,p}&=V_{o,CO_2}+V_{o,H_2O}+V_{o,N_2}+V_{o,SO_2} \\ &\left[\frac{w(\text{C})}{12}+\frac{w(\text{H})}{2}+\frac{w(\text{W})}{18}+\frac{w(\text{N})}{28}+\frac{w(\text{S})}{32}\right]\times22.4+\frac{79}{100}V_{o,air} \end{aligned} \tag{2-85}$$

式中　$V_{o,air}$——1 kg 可燃物完全燃烧所需空气的体积。

2.6.2　气体可燃物燃烧的理论产物量

单位体积(1 m^3)气体可燃物完全燃烧时生成的 CO_2、H_2O、N_2 和 SO_2 的体积(单位:

m^3/m^3)分别为：

$$V_{o,CO_2}=w(CO)+w(CO_2)+\sum nw(C_nH_m)$$

$$V_{o,H_2O}=w(H_2)+w(H_2O)+w(H_2S)+\sum \frac{m}{2}w(C_nH_m)$$

$$V_{o,N_2}=w(N_2)+0.79V_{o,air}$$

$$V_{o,SO_2}=w(H_2S)$$

其中，碳氢化合物完全燃烧的化学反应式为：

$$C_nH_m+\left(n+\frac{m}{4}\right)O_2 = nCO_2+\frac{m}{2}H_2O \tag{2-86}$$

因此，燃烧产物的总体积(单位：m^3/m^3)为：

$$\begin{aligned}V_{o,p}&=V_{o,CO_2}+V_{o,H_2O}+V_{o,N_2}+V_{o,SO_2}\\&=w(CO)+w(CO_2)+w(H_2)+w(H_2O)+w(N_2)+2w(H_2S)+\\&\quad\sum\left(n+\frac{m}{2}\right)w(C_nH_m)-w(O_2)+0.79V_{o,air}\end{aligned} \tag{2-87}$$

式中 $V_{o,air}$——1 m^3 气体可燃物完全燃烧所需空气的体积。

2.6.3 可燃物实际燃烧产物量

如果空气消耗系数 $\alpha>1$，则在实际的燃烧产物中 N_2 和 O_2 有所剩余，产物的总体积相应增加，计算公式如下：

$$V_{a,N_2}=w(N_2)+0.79V_{o,air} \quad (\text{气态可燃物}) \tag{2-88}$$

$$V_{a,N_2}=\frac{22.4}{28}w(N)+\frac{79}{100}\alpha V_{o,air} \quad (\text{固态或液态可燃物}) \tag{2-89}$$

式中 V_{a,N_2}——空气消耗系数 $\alpha>1$ 时，单位质量(固、液)或体积(气)可燃物燃烧产物中 N_2 的体积(气态可燃物：m^3/m^3，固态或液态可燃物：m^3/kg)。

$$V_{o,O_2}=(\alpha-1)\times\frac{21}{100}V_{o,air} \tag{2-90}$$

式中 V_{o,O_2}——空气消耗系数 $\alpha>1$ 时，单位质量(固、液)或体积(气)可燃物燃烧产物中 O_2 的体积，m^3/m^3 或 m^3/kg。

$$V_{a,p}=V_{o,p}+(\alpha-1)V_{o,air} \tag{2-91}$$

式中 $V_{a,p}$——空气消耗系数 $\alpha>1$ 时，单位质量(固、液)或体积(气)可燃物燃烧产物总体积，m^3/m^3 或 m^3/kg。

2.6.4 燃烧产物的体积百分组成计算

燃烧产物中 CO_2、H_2O、SO_2、N_2 和 O_2 的体积分数分别按下列各式计算：

$$X_{CO_2}=\frac{V_{o,CO_2}}{V_{a,p}}\times100\% \tag{2-92}$$

$$X_{H_2O}=\frac{V_{o,H_2O}}{V_{a,p}}\times100\% \tag{2-93}$$

$$X_{SO_2}=\frac{V_{o,SO_2}}{V_{a,p}}\times100\% \tag{2-94}$$

$$X_{N_2}=\frac{V_{o,N_2}}{V_{a,p}}\times 100\% \tag{2-95}$$

$$X_{O_2}=\frac{V_{o,O_2}}{V_{a,p}}\times 100\% \tag{2-96}$$

本章习题

1. 燃烧的本质是什么？有什么特征？其发生需要什么条件？

2. 查阅 1990 年四川梨子园铁路隧道火灾扑救过程的相关资料，结合该例子论述如何应用着火三角形来指导实际火灾的扑救。

3. 分别计算在 $p=1$ atm、$T=273$ K 条件下，2 kg C_2H_6 和 2 kg C_2H_5OH 完全燃烧所需要的理论空气量。

4. 某基元反应，方程式为 $2A+B\longrightarrow 3D+F$，25 ℃时反应速率常数为 3 $m^6/(mol^2 \cdot s)$，300 ℃时反应速率常数为 30 $m^6/(mol^2 \cdot s)$，求：

(1) 该基元反应的活化能 E 及频率因子 K_0。(e 取 2.72)

(2) 500 ℃时，反应速率常数为多少。

(3) 如果 A 的浓度为 25 mol/m^3，B 的浓度为 3 mol/m^3，600 ℃时，该基元反应的反应速率为多少。

5. 已知某种煤的元素组成为：C(67%)、H(4%)、S(1%)、O(9%)、N(1%)，求完全燃烧 8 kg 该煤所需要的空气体积量。

6. 燃烧产物(烟气)的危害主要体现在哪些方面？

7. 简述高热值和低热值的区别和转换方法。

8. 已知木材的组成为：C(3%)、H(7%)、O(41%)、N(2%)、W(7%)，求 5 kg 木材在 35 ℃下完全燃烧的发热量。

9. 某有机气体与氧气预混燃烧，其燃烧质量流量为 1 kg/s，燃烧前氧的质量分数为 25%，燃烧产物中氧含量为零，而生成的 CO 质量分数为 2.5%，求其燃烧释热速率。

10. 已知煤气成分为：C_2H_4(4.8%)、H_2(37.2%)、CH_4(26.7%)、C_3H_6(1.3%)、CO(1.6%)、CO_2(10.7%)、N_2(12.7%)、O_2(2.0%)，假定 $p=1$ atm，$T=273$ K，空气处于干燥状态。计算燃烧 2 m^3 煤气时：

(1) 所需的理论空气体积量。

(2) 各种燃烧产物的体积。

(3) 在 25 ℃下的燃烧热。

第3章 着火和灭火理论

可燃混合物着火的方式包括自燃与点燃两种。自燃是自发的,点燃是强制的。由于自身温度的升高,可燃物反应速率加快而引起着火的现象称为自燃。在电火花等外界能量的作用下,可燃物反应速率急剧升高而引起的着火,称为点燃。本章将针对着火的相关概念、自燃理论、强迫着火理论以及灭火理论等相关知识进行系统介绍。

本章重点:掌握不同的着火方式,深入理解热自燃理论、强迫着火理论以及灭火理论。

本章难点:理解谢苗诺夫热自燃理论和弗兰克-卡门涅茨基热自燃理论。

3.1 着火分类和着火条件

着火分类、条件与谢苗诺夫自燃理论

在学习可燃物的着火与灭火理论之前,有必要了解化学自燃、热自燃等相关概念,以及着火条件等相关知识。

3.1.1 着火分类

可燃物的着火方式,一般分为下列几类。

3.1.1.1 化学自燃

化学自燃,如火柴受摩擦而着火,金属钠在空气中的自燃,烟煤因堆积过高而自燃等。这类着火现象通常不需要外界加热,而是在常温下通过自身的化学反应发生的,因此习惯上称为化学自燃。

3.1.1.2 热自燃

如果将可燃物和氧化剂的混合物预先均匀地加热,随着温度的升高,当混合物加热到某一温度时便会自动着火(此时着火发生在整个混合物中),这种着火方式习惯上称为热自燃。

3.1.1.3 点燃(或称强迫着火)

点燃是指由于从外部能源,如电热线圈、电火花、炽热质点、点火火焰等得到能量,混合物的局部范围受到强烈的加热而着火。此时火焰会在靠近点火源处被引发,然后依靠燃烧波传播到整个可燃混合物中。

必须指出,上述三种着火分类方式,并不能十分恰当地反映它们之间的联系和差别。例如,化学自燃和热自燃都是既有化学反应的作用,又有热的作用;而热自燃和点燃的差别只是整体加热和局部加热的不同而已,绝不是“自动”和“受迫”的差别。另外,火灾有时也称爆炸,热自燃也称热爆炸。这是因为此时着火的特点与爆炸相似,其化学反应速率随时间变化激增,反应过程非常迅速,因此,在燃烧学中所谓“着火”“自燃”“爆炸”其实质都是相同的,只是在不同场合叫法不同而已。

3.1.2 着火条件

通常,所谓的着火是指直观中的混合物反应自动加速,并自动升温以至引起空间某个局部最终在某个时间有火焰出现的过程。该过程反映了燃烧反应的一个重要标志，即由空间的这一部分到另一部分，或由时间的某一瞬间到另一瞬间化学反应的作用在数量上有突跃的现象，可用图 3-1 表示。

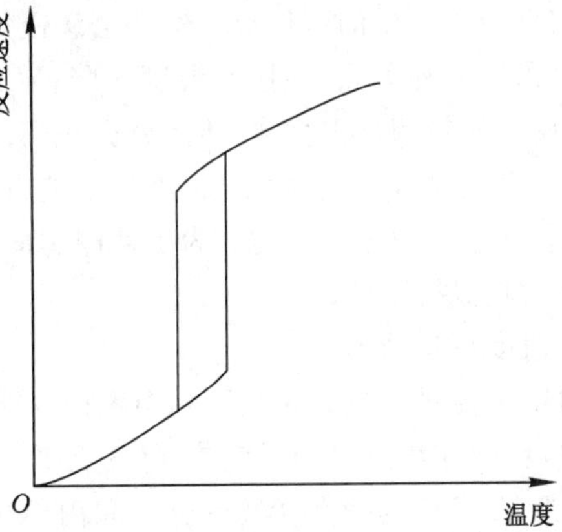

图 3-1　着火过程的外部标志

图 3-1 表明，着火条件为：如果在一定的初始条件下，系统不能在整个时间区段保持低温水平的缓慢反应态，而出现一个剧烈的加速的过渡过程，使系统在某个瞬间达到高温反应态，即达到燃烧态，那么这个初始条件就是着火条件。

需要注意的是：

① 系统达到着火条件并不意味着已经着火，而只是系统已具备着火的条件。

② 着火这一现象是针对系统的初态而言的，它的临界性质不能错误地解释为化学反应速率随温度的变化有突跃的性质，如图 3-1 中横坐标所代表的温度不是反应进行的温度，而是系统的初始温度。

③ 着火条件不是一个简单的初温条件，而是化学动力学参数和流体力学参数的综合体现。对一定种类的可燃预混气而言，在封闭情况下，其着火条件可由下列函数关系表示：

$$f(T_0, h, p, d, u_\infty) = 0$$

式中　T_0——环境温度；

h——对流换热系数；

p——预混气压力；

d——容器直径；

u_∞——环境气流速度。

3.2　自燃理论

着火可以是链式反应引起的，也可以是温度不断升高引起的。对于链式反应，当活化中心的产生量超过销毁量，温度几乎不变时，化学反应速率也会急剧增加，从而使可燃混合物着火，这种着火是由链式反应引起的，称为链式着火。另一类着火的发生是由于可燃物温度升高，化学反应速率加快，化学反应释放的热量使得可燃物温度进一步升高，反过来促使化学反应进一步加剧，最终使得可燃物着火，这种着火是热的原因引起的，称为热着火。本节将详细介绍谢苗诺夫热自燃理论、弗兰克-卡门涅茨基热自燃理论、链锁自燃理论。

3.2.1 谢苗诺夫热自燃理论

热自燃理论认为：任何反应体系中的可燃混合气均会缓慢氧化而放出热量，使体系温度升高，同时体系又会通过容器壁向外散热，使体系温度下降；着火是反应放热因素与散热因素相互作用的结果。如果反应放热因素占优势，体系就会积聚热量，温度升高，反应加速，发生自燃；相反，如果散热因素占优势，体系温度就会下降，不能自燃。

谢苗诺夫给出了热力着火理论的数学描述。为了使问题简化便于研究，假设：

① 容器壁的温度为 T_0，并保持不变；

② 反应系统的温度和浓度都是均匀的；

③ 由反应系统向容器壁的传热系数为 α 且不随温度而变化；

④ 反应系统放出的热量(即在该阶段的反应热)Q 为常数。

如果反应容器的容积为 V，反应速率为 W(单位时间内单位容积中物质的量的变化)，则在单位时间内反应系统所放出的热量 q_1 为：

$$q_1 = QVW \tag{3-1}$$

在达到着火时间内，反应速率可用式(3-2)表示：

$$W = k_0 c_A c_B e^{-\frac{E}{RT}} \tag{3-2}$$

式中，k_0 为反应速率常数；c_A，c_B 分别表示燃料和空气的物质的量浓度。

将式(3-2)代入式(3-1)得出反应的放热速率：

$$q_1 = k_0 QV c_A c_B e^{-\frac{E}{RT}} \tag{3-3}$$

在单位时间内通过容器壁而散失的热量可用式(3-4)表示(温度不高时，辐射损失可以忽略不计)：

$$q_2 = \alpha S(T - T_0) \tag{3-4}$$

式中，α 为通过容器壁的传热系数；S 为容器壁的传热面积；T 为反应系统温度；T_0 为容器壁温度。

由于反应初期浓度 c_A、c_B 与反应开始前的最初浓度 c_{A0}、c_{B0} 相近，Q、V、k_0 均为常数，因此放热速率 q_1 和混合气温度 T 之间的关系是指数函数关系，即 $q_1 \sim e^{-\frac{E}{RT}}$，如图 3-2 中曲线所示。当混合气的压力(或浓度)增加时，曲线向左上方移动(q_1')。

散热速率 q_2 与混合气温度之间呈直线函数关系，如图 3-2 中 q_2 直线所示。当容器壁的温度升高时，直线向右下方移动(q_2'')。当放热速率小于散热速率时($q_1 < q_2$)，反应物的温度会逐渐降低，显然不可能引起着火。反之，如放热速率大于散热速率($q_1 > q_2$)，则混合气有可能着火。例如，提高混合气的压力，使放热速率按图中 q_1' 进行，而容器壁温度仍保持 T_0，此时散热速率大大低于放热速率，因此，在任何时候混合气均能自行加热而着火。

可以看出，反应由不可能着火转变为可能着火必须经过一点，即 $q_1 = q_2$ 点，这就是着火的必要条件。但是 $q_1 = q_2$ 还不是着火的充分条件，这从下面的情况中可以看出。例如，将混合气的压力降低使反应放热速率曲线为图 3-2 中的 q_1，而容器壁的温度保持 T_0'。此时曲线 q_1 与散热速率曲线 q_2' 相交于 A 及 C 两点。这两点均满足 $q_1 = q_2$ 的条件，但都不是着火点。A 点表示系统处于稳定的热平衡状态：如温度稍升高，此时散热速率超过放热速

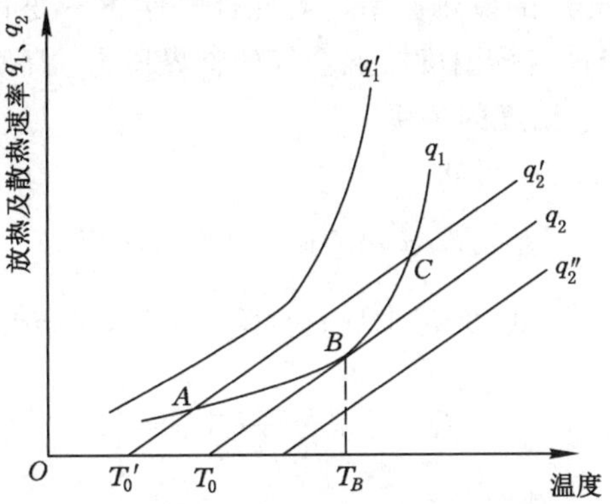

图 3-2　混合气在容器中的放热和散热速率

率系统的温度便会自动降低而回到 A 点的稳定状态；如果温度稍降低，此时 $q_1>q_2{}'$，系统的温度便会上升而重新回到 A 点的稳定状态。结果系统会在 A 点长期进行等温反应，不可能导致着火。相反，C 点表示系统处于不稳定的热平衡状态：只要温度有微小的降低，系统的放热速率 q_1 即小于散热速率 $q_2{}'$，结果使系统降温而回到 A 点；如果温度有微小的升高，则 $q_1>q_2{}'$，系统温度不断上升，结果导致着火。但是这一点也不是着火点，因为如果系统的初温是 $T_0{}'$，它就不可能自动加热而越过 A 点到达 C 点。除非有外来的能量将系统加热，使系统的温度上升达到 C 点，否则系统总是处于 A 点的稳定状态。所以，C 点对应的温度不是混合气的自动着火温度，而是混合气的强制着火温度。在混合气绝热压缩中，如在柴油机中，就会遇到这种情况，此时气缸壁的温度并不高，但混合气被强烈压缩而加热到强制着火温度。

由上述分析可知，一定的混合气反应系统在一定的压力(或浓度)下，只有在某一定的容器壁温度(或外界温度)下，才能由缓慢的反应转变为迅速的自动加热而导致着火。从图 3-2中可以看出，当混合气的放热速率曲线为 q_1 时，只有在容器壁温度为 T_0 时(散热速率曲线为 q_2)才能自动转变为着火，也就是说，曲线 q_2 必须与曲线 q_1 相切。切点 B 的温度即该混合气在此压力(或浓度)和容器壁温度下的最低自燃温度，简称自燃点。此时的混合气压力称为该混合气的自燃临界压力。

由图 3-2 也可以看到，温度低于 T_B 而逐渐加热时，混合气 $q_1>q_2$，但两者相差越来越小。此时混合气缓慢地自行加热，直到温度达到 T_B 以后，q_1 仍大于 q_2。但随着温度的继续升高两者之差越来越大，从而促使反应剧烈进行，反应逐渐转变为爆炸。

由此看来，着火温度的定义不仅包括此时系统的放热速率和散热速率相等，而且还包括两者随温度而变化的速度应相等这一条件，即

$$q_1=q_2 \tag{3-5}$$

$$\frac{dq_1}{dT}=\frac{dq_2}{dT} \tag{3-6}$$

这就是在散热的条件下，反应由缓慢转变为着火的条件。

由此可以看出，混合气的着火温度不是一个常数，它随混合气的性质、压力(浓度)、容器壁的温度和导热系数以及容器的尺寸而变化。换句话说，着火温度不仅取决于混合气的反

应速率，而且取决于周围介质的散热速率。当混合气性质不变时，减小容器的表面积、提高容器的绝缘程度都可以降低自燃温度或混合气的临界压力。下面讨论两个有关的问题。

(1) 着火温度和容器壁温度的关系

根据着火时的条件 $q_1=q_2$ 可知：

$$k_0 QV c_A c_B e^{-\frac{E}{RT_B}} = \alpha S(T_B - T_0) \tag{3-7}$$

根据$\frac{dq_1}{dT}=\frac{dq_2}{dT}$的条件，对式(3-7)求导，得(除 T_B 外，其余参数均已知)：

$$k_0 QV c_A c_B \frac{E}{RT_B^2} e^{-\frac{E}{RT_B}} = \alpha S \tag{3-8}$$

将式(3-8)除以式(3-7)得：

$$T_B - T_0 = \frac{RT_B^2}{E} \tag{3-9}$$

解二次方程即可求出 T_B：

$$T_B = \frac{E}{2R} \pm \frac{E}{2R}\sqrt{1-\frac{4RT_0}{E}} \tag{3-10}$$

式(3-10)中根号前的符号应取负号，否则所得结果过大而不符合实际情况。将式(3-10)中根号展开，可得：

$$T_B = \frac{E}{2R} - \frac{E}{2R}\left(1-\frac{2RT_0}{E}-\frac{2R^2T_0^2}{E^2}-\cdots\right) = T_0 + \frac{RT_0^2}{E} + \cdots \tag{3-11}$$

考虑在一般情况下 $E=209\ 350$ kJ/mol，误差为 0.5%以内时，后面各项可忽略不计，因而有：

$$\Delta T = T_B - T_0 \approx \frac{RT_0^2}{E} \tag{3-12}$$

式(3-12)说明，在着火条件下，混合气着火温度 T_B 与适应于着火条件的起始温度 T_0(容器壁温度)之间的差值是较小的。

(2) 着火时混合气压力与其他参数的关系

将式(3-11)中 T_B 值代入式(3-7)，可得：

$$k_0 QV c_A c_B e^{-\frac{E}{R\left(T_0+\frac{RT_0^2}{E}\right)}} = \alpha S \frac{RT_0^2}{E} \tag{3-13}$$

由于$\frac{RT_0}{E}=\frac{\Delta T}{T_0}\ll 1$，式(3-13)中：

$$T_0 + \frac{RT_0^2}{E} = T_0\left(1+\frac{RT_0}{E}\right) \approx T_0$$

因而式(3-13)可写为：

$$\frac{k_0 QV c_A c_B E}{\alpha SRT_0^2} e^{-\frac{E}{RT_0}} = 1 \tag{3-14}$$

设反应物总物质的量浓度为 c，即 $c=c_A+c_B$，X_A 表示燃料的摩尔分数，X_B 表示空气(氧)的摩尔分数，则：

$$c_A = cX_A$$
$$c_B = cX_B$$

同时，在着火条件下，根据理想气体状态方程有：

$$c=\frac{p_{c}}{RT} \tag{3-15}$$

式中，p_c 为混合气的临界压力(即着火时混合气压力)。

将式(3-14)中 c_A、c_B 换成压力和温度的函数，则得：

$$\frac{k_0 QVEp_c^2 X_A X_B}{\alpha SR^3 T_0^4} e^{-\frac{E}{RT_0}}=1 \tag{3-16}$$

式(3-16)就是着火条件下混合气压力与温度及其他参数的关系。若其他条件已知，混合气压力如小于式(3-16)中的 p_c 值则这种混合气不能着火，如大于该值则可以着火。式(3-16)便是着火条件的基本公式。它也可以写成对数形式：

$$\ln\frac{p_c}{T_0^2}=\frac{E}{2RT_0}+\frac{1}{2}\ln\frac{\alpha SR^3}{k_0 QVEX_A X_B} \tag{3-17}$$

在一定的容器和混合气成分条件下，式(3-17)也可写成：

$$\ln\frac{p_c}{T_0^2}=\frac{A}{T_0}+B \tag{3-18}$$

式中，A，B 均为常数。

从着火条件的基本公式可以看出着火的一些基本规律。

① 当混合气成分和容器形状不变时，外界温度 T_0(容器温度)越高，则着火所需的临界压力越小。式(3-16)至式(3-18)中 p_c 值随 $e^{-\frac{E}{RT_0}}$ 项的变化远超过分母中 T_0 的变化。因此，当 T_0 值增大时，p_c 总是减小的。在实际试验中，各种烃类着火的临界压力与容器温度的关系如图 3-3 所示。在图 3-3 中曲线的左下方(无爆炸区)，燃料不能着火；在曲线的右上方(爆炸区)则能引起着火。从图中可以看出：当容器温度降低时，所需引起着火的混合气压力升高；当混合气压力降低时，必须提高外界温度才能保证着火。压力或温度降低时，混合气着火范围均缩小；反之，提高混合气压力或温度，均有利于燃料的着火。

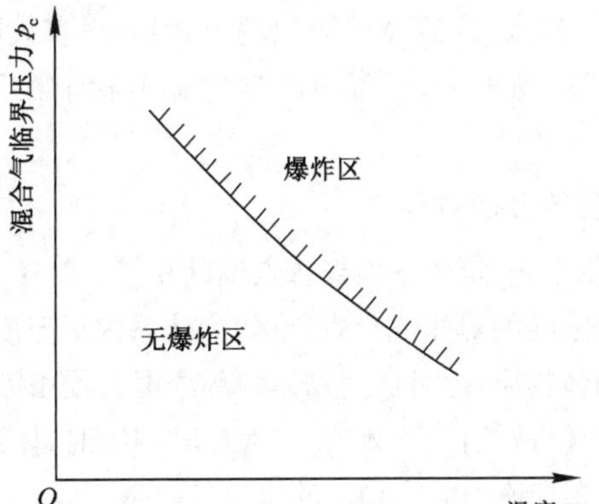

图 3-3　着火临界压力与容器温度的关系

飞机发动机在飞行高度增加时，燃烧性能变坏，如再启动性能降低、燃烧不完全等，其主要原因就是燃烧室内压力和温度降低，引起反应速率减小，散热速率增加，从而使燃料着火困难。汽车在高原或寒区行驶时启动特别困难的主要原因也在于此。

② 混合气的成分与着火有密切的关系。当温度不变、燃料的浓度(摩尔分数 X_A)开始减小时,由式(3-17)可知 p_c 会逐渐减小,但超过一定值后,由于空气浓度 X_0 的增大,p_c 又逐渐增加。它们之间的关系如图 3-4 所示。当压力不变时,混合气浓度和着火温度之间的关系也是如此,如图 3-5 所示。

由图 3-4 和图 3-5 还可以看到,在一定的压力和外界温度下,并不是任何成分的混合气都能引起着火,而只是在一定浓度极限范围内的混合气才能着火。例如,在图 3-5 中外界温度为 T_{01}条件下,混合气浓度只有在 X_{A1}和 X_{A2}之间才能引起着火,这个范围就称为混合气在该温度下的燃烧极限或爆炸极限。当混合气温度或压力增大时,爆炸极限也随之增大。反之,当 T_0 及 p_c 减小时,爆炸极限也随之缩小。低于一定的 T_0 及 p_c 值时,任何混合气均不能着火。一般当燃料与空气按化学恰当比混合时的 p_c 值最小。

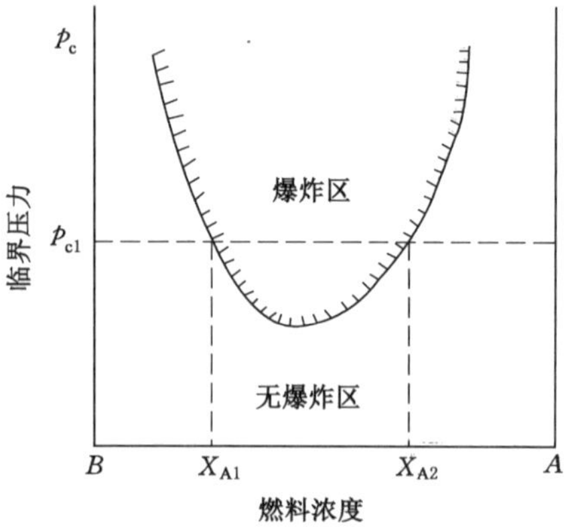

图 3-4 混合气成分与着火临界压力的关系

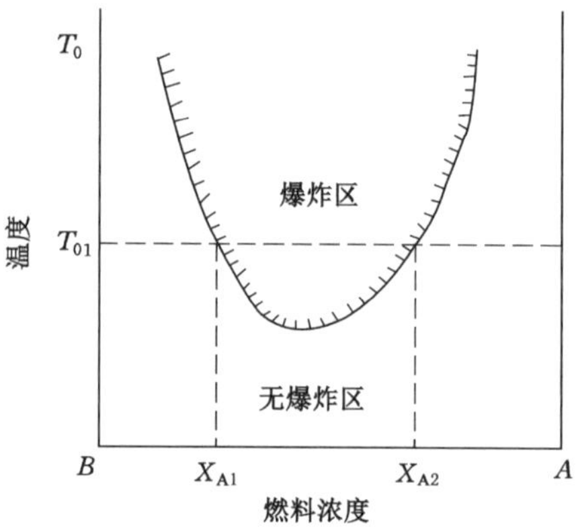

图 3-5 混合气成分与着火温度的关系

③ 燃烧室的容积和容器散热面积之比对着火临界压力也有影响。由式(3-16)可以看出,燃烧室容积(混合气体积 V)越大,或容器壁面积越小,混合气着火临界压力 p_c 越低,即越有利于着火。因此,在涡轮喷气发动机中,小直径的燃料室不利于在飞行高度很高的条件下工作。

弗兰克-卡门涅茨基热自燃理论

3.2.2 弗兰克-卡门涅茨基热自燃理论

在谢苗诺夫热自燃理论中,假定体系内部各点温度相等。对于气体混合物,由于温度不同的各部分之间的对流混合,可以认为体系内部温度均一;对于毕奥数 Bi 较小的堆积固体物质,也可认为物体内部温度大致相等。上述两种情况均可由谢苗诺夫热自燃理论进行分析。但是,当毕奥数 Bi 较大($Bi>10$)时,体系内部各点温度相差较大,在这种情况下,谢苗诺夫热自燃理论中温度均一的假设显然是不成立的,如图 3-6 所示。

因此,需要建立一种新的理论模型,对大毕奥数 Bi 下的物质体系进行分析,这就是弗兰克-卡门涅茨基热自燃理论。该理论考虑了大毕奥数 Bi 条件下物质体系内部温度分布的不均匀性,它以体系最终是否能得到稳态温度分布作为自燃着火的判断准则,提出了热自燃的稳态分析方法。

(1) 弗兰克-卡门涅茨基热自燃理论

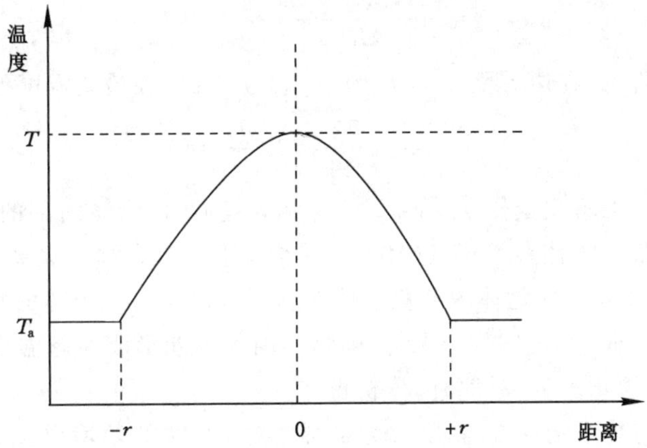

图 3-6　弗兰克-卡门涅茨基热自燃理论反应体系中的温度轮廓

该理论认为，可燃物质在堆放情况下，空气中的氧将与之发生缓慢的氧化反应，反应放出的热量一方面使物体内部温度升高，另一方面通过堆积体边界向环境散失。如果体系不具备自燃条件，则从物质堆积时开始，内部温度逐渐升高，经过一段时间后，内部温度分布趋于稳定，此时化学反应放出的热量与边界传热向外流失的热量相等。如果体系具备了自燃条件，则从物质堆积开始，经过一段时间(称为着火延滞期)后，体系着火。显然，在后一种情况下，体系自燃着火之前，物质内部不可能出现不随时间而变化的稳态温度分布。因此，体系能否达到稳态温度分布就成为判断物质体系能否自燃的依据。

当体系不具备自燃条件时，有稳态温度分布方程成立：

$$\frac{\partial^2 T}{\partial x^2}+\frac{\partial^2 T}{\partial y^2}+\frac{\partial^2 T}{\partial z^2}+\frac{Q'''}{\lambda}=0 \tag{3-19}$$

式中，Q'''为反应体系放热速率；λ 为导热系数。

$$Q'''=\Delta H_c k_n c_{A0}^n \exp[-E/(RT)] \tag{3-20}$$

为便于分析，引入无因次温度 θ 和无因次距离 x_1,y_1,z_1：

$$\theta=(T-T_0)/(RT_0^2/E) \tag{3-21}$$

$$x_1=x/x_0,y_1=y/y_0,z_1=z/z_0 \tag{3-22}$$

这里 x_0,y_0,z_0 是体系的特征尺寸，分别定义为体系在 x,y,z 轴方向上的长度。

将式(3-21)、式(3-22)代入式(3-19)并整理得：

$$\frac{\partial^2\theta}{\partial x_1^2}+(\frac{x_0}{y_0})^2\frac{\partial^2\theta}{\partial y_1^2}+(\frac{x_0}{z_0})^2\frac{\partial^2\theta}{\partial z_1^2}=-\frac{\Delta H_c k_n c_{AO}^n E x_0^2}{\lambda R T_0^2}e^{-E/(RT)} \tag{3-23}$$

由于$(T-T_0)\ll T_0$，式(3-23)中的指数项可以按照当 Z 为小量时，$(1+Z)^{-1}=(1-Z)$的等式来简化，即

$$e^{-E/(RT)}=e^{-E/[R(T+T_0-T_0)]}=e^{-[E/(RT_0)][1+(T-T_0)/T_0]^{-1}}\approx e^{-[E/(RT_0)][1-(T-T_0)/T_0]}=e^{\theta}\cdot e^{-E/(RT_0)}$$

将上式代入式(3-23)得：

$$\frac{\partial^2\theta}{\partial x_1^2}+(\frac{x_0}{y_0})^2\frac{\partial^2\theta}{\partial y_1^2}+(\frac{x_0}{z_0})^2\frac{\partial^2\theta}{\partial z_1^2}=-\delta\exp(\theta) \tag{3-24}$$

式中

$$\delta = \frac{\Delta H_c k_n c_{AO}^n E x_0^2}{\lambda R T_0^2} e^{-E/(RT_0)} \tag{3-25}$$

相应的边界条件为：在边界面 $z_1 = f_1(x_1, y_1)$ 上 $\theta = 0$；在最高温度处：

$$\frac{\partial\theta}{\partial x_1} = 0, \frac{\partial\theta}{\partial y_1} = 0, \frac{\partial\theta}{\partial z_1} = 0$$

显然方程(3-24)的解完全受 x_0/y_0，x_0/z_0 和 δ 控制，即物体内部的稳态温度分布取决于体系的形状和 δ 值。当体系的形状确定后，其稳态温度分布则仅取决于 δ 值。

由式(3-25)可知，δ 表征物体内部化学放热和通过边界向外传热的相对大小。因此，当 δ 大于某一临界值 δ_{cr} 时，方程(3-24)无解，即物体内部不能形成稳态温度分布。显然，δ_{cr} 仅取决于体系的外形，可由方程(3-24)的分析得知。

当 $\delta_{cr} = \delta$ 时，与体系有关的参数均为临界参数，此时的环境温度称为临界环境温度 $T_{a,cr}$，体系的尺寸 x_0 称为自燃的临界尺寸 x_{0c}，由式(3-25)得：

$$\delta_{cr} = \frac{\Delta H_c k_n c_{AO}^n E x_{0c}^2}{\lambda R T_{a,cr}^2} e^{-E/(RT_{a,cr})} \tag{3-26}$$

如果物质以无限大平板、无限长圆柱体、无限大球体和立方体等简单形状堆积，则内部导热均可归纳为一维导热形式，建立如图 3-6 所示的坐标系，则相应的稳态导热方程式为：

$$\frac{d^2 T}{dx^2} + \frac{\beta}{x}\frac{dT}{dx} + \frac{Q'''}{\lambda} = 0 \tag{3-27}$$

对厚度为 $2x_0$ 的平板，$\beta = 0$；对半径为 x_0 的无限长圆柱体，$\beta = 1$；对半径为 x_0 的球体，$\beta = 2$；对边长为 $2x_0$ 的立方体，$\beta = 3.28$。

相应地，将方程(3-27)无量纲化可得：

$$\frac{d^2\theta}{dx_1^2} + \frac{\beta}{x_1}\frac{d\theta}{dx_1} = -\delta\exp(\theta) \tag{3-28}$$

式中，δ 的表达式与式(3-25)相同。

对这些简单外形体系，经过数学求解，得出各自的自燃临界准则参数 δ_{cr}：对无限大平板，$\delta_{cr} = 0.88$；对无限长圆柱体，$\delta_{cr} = 2$；对球体，$\delta_{cr} = 3.32$；对立方体，$\delta_{cr} = 2.52$。当体系 $\delta > \delta_{cr}$ 时，体系自燃着火。

(2) 自燃临界准则参数 δ_{cr} 的求解

对具有简单几何外形的体系，δ_{cr} 可以通过数学方法求解。这里以无限大平板为例，说明 δ_{cr} 的求解过程。

无因次导热方程和边界条件分别为：

$$\frac{d^2\theta}{dx_1^2} + \delta e^{\theta} = 0 \tag{3-29}$$

$x_1 = 1$ 时：

$$\theta = 0 \tag{3-30}$$

$x_1 = -1$ 时：

$$\theta = 0 \tag{3-31}$$

解方程(3-29)，当 $x_1 \geqslant 0$ 时：

$$x_1 = -\frac{1}{\sqrt{2a\delta}} \ln \frac{1 - \sqrt{1 - e^{\theta}/a}}{1 + \sqrt{1 - e^{\theta}/a}} + b$$

当 $x_1<0$ 时：
$$x_1=\frac{1}{\sqrt{2a\delta}}\ln\frac{1-\sqrt{1-\mathrm{e}^{\theta}/a}}{1+\sqrt{1-\mathrm{e}^{\theta}/a}}+b$$

式中，a，b 为待定积分常数。

应用边界条件式(3-30)、式(3-31)分别得：

$$1=-\frac{1}{\sqrt{2a\delta}}\ln\frac{1-\sqrt{1-\mathrm{e}^{\theta}/a}}{1+\sqrt{1-\mathrm{e}^{\theta}/a}}+b$$

$$-1=\frac{1}{\sqrt{2a\delta}}\ln\frac{1-\sqrt{1-\mathrm{e}^{\theta}/a}}{1+\sqrt{1-\mathrm{e}^{\theta}/a}}+b$$

两式相减并整理得：

$$\delta=\frac{1}{2a}\left(\ln\frac{1-\sqrt{1-1/a}}{1+\sqrt{1-1/a}}\right)^2 \tag{3-32}$$

图 3-7 给出了 δ 随 a 的变化关系。从图中可以看出，存在一个 δ 的最大值，当 δ 大于此最大值时，a 无解，相应地稳态导热方程也无解，因此，此最大值即所要求的自燃临界准则参数 δ_{cr}，图中 $\delta_{cr}\approx0.88$。

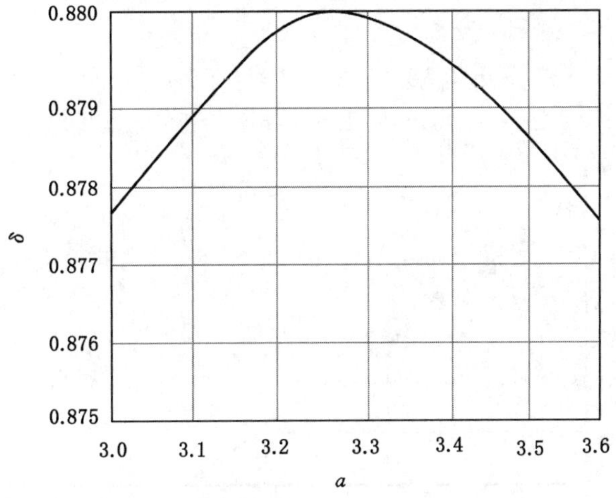

图 3-7　δ 随 a 的变化关系

(3) 理论应用

应用弗兰克-卡门涅茨基热自燃理论模型，并辅助一定的试验手段，可以研究各种物质体系发生自燃的条件。这对于防止物质发生自燃和确定火灾原因，无疑是有重要意义的。整理关系式(3-25)，两边取对数得：

$$\ln\frac{\delta_{cr}T_{a,cr}^2}{x_{0c}^2}=\ln\frac{E\Delta H_c k_n c_{AO}^n}{\lambda R}-\frac{E}{RT_{a,cr}} \tag{3-33}$$

式(3-33)表明，对特定的物质，等号右边第一项为常数，左边是 $1/T_{a,cr}$ 的线性常数。对于许多体系，这种线性关系是成立的。对于给定几何形状的体系，$T_{a,cr}$ 和 x_{0c}(即体系特征尺寸)之间的关系可通过试验确定。下面举例说明应用弗兰克-卡门涅茨基热自燃理论模型预测物质发生自燃的可能性。

【例 3-1】 经试验得到立方堆活性炭的数据如表 3-1 所示。由外推法计算,该材料以无限大平板形式堆放时,在 40 ℃有自燃着火危险的最小堆积厚度。

表 3-1 试验数据

$2x_0$(立方堆边长)/mm	26.30	19.70	16.00	12.70	10.44
$T_{a,cr}$(临界温度)/K	400	411	420	431	445

【解】 根据提供的试验数据制作表 3-2。

表 3-2 由试验数据推导的数据

$\ln(2.52T_{a,cr}^2/x_{0c}^2)$	7.78	8.38	8.84	9.36
$1\,000/T_{a,cr}$	2.50	2.43	2.38	2.32

利用表 3-2 中数据,以 $1\,000/T_{a,cr}$ 为横坐标,以 $\ln(2.52T_{a,cr}/x_{0c}^2)$ 为纵坐标作图,如图 3-8所示。

从图 3-8 中得出,$T_{a,cr}=40$ ℃时,$\ln(\delta_c T_{a,cr}^2/x_{0c}^2)=-1.7$。对半无限大平板堆积方式,$\delta_c=0.88$,所以:

$$\ln(0.88\times313^2/x_{0c}^2)=-1.7$$

由此得:

$$x_{0c}=125.5\ \text{mm}$$

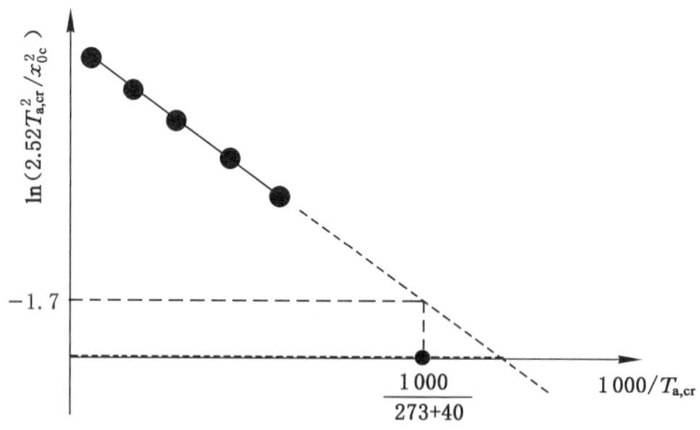

图 3-8 立方堆活性炭自燃数据之间的关系

即在环境温度为 40 ℃时,为避免自燃,以半无限大平板形式堆积的活性炭厚度不能大于 251 mm($2x_{0c}$)。

对于可燃气体-空气混合物,着火延滞期很少超过 1 s;而对于固体堆,其着火延滞期可以是若干小时或者若干天甚至若干月,这要看所储存的材料多少和环境温度。试验表明,边长为 1.2 m 的立方堆活性炭其着火延滞期为 68 h。尺寸更大的堆积固体,其着火延滞期更长,即使试验条件和经费允许,人们也不愿意花如此长的时间来做试验。因此,弗兰克-卡门涅茨基热自燃理论模型为人们提供了一种很好的方法。借此方法,我们可以通过小规模试验来确定大量堆积固体发生自燃的条件,为预防堆积固体自燃和确定自燃火灾的原因提供理论依据。

3.2.3　链锁自燃理论

链锁反应着火理论

（1）链式着火概念

如前所述，谢苗诺夫热自燃理论表明，自燃之所以会发生，主要原因是感应期内系统化学反应放出的热量大于系统向周围环境散失的热量，热量积累而导致反应速率自动加快。这一理论可以解释混合气热自燃过程中的不少现象和很多碳氢化合物在空气中的自燃。但在实践中，发现有不少现象和试验结果无法用热自燃理论解释，如烃类氧化过程、氢-氧混合气的可燃界限的试验结果与热自燃理论对双分子反应的分析结论是矛盾的以及“着火半岛”现象。这些现象说明着火并非在所有情况下都是由于热量积累而引起的自动加速反应。由于链反应的基元反应由一些简单反应所构成，因此，热自燃理论还是能够解释一些实际燃烧现象。但整个反应的真正机理并不是简单的双分子反应，而是比较复杂的链反应，故仍有一些着火现象，如着火半岛、冷焰等是无法用热自燃理论解释的，此时就要用链式着火理论。这一理论认为，反应自动加速并不一定仅仅依靠热量积累，也可以通过链反应的分支，迅速增加活化中心来使反应不断加速直至着火爆炸。它由三个步骤组成：链引发、链传递和链终止；分为两大类：直链反应（如 H_2+Cl_2）与支链反应（如 H_2+O_2），前者在发展过程中不产生分支链，后者将产生分支链。

例如：　$H_2+Cl_2 \longrightarrow 2HCl$　（总反应）

（1）　$Cl_2+M \longrightarrow 2Cl\cdot+M$　（链引发）

（2）　$H_2+Cl\cdot \longrightarrow HCl+H\cdot$　（链传递）

$H\cdot+Cl_2 \longrightarrow HCl+Cl\cdot$

……

（3）　$2Cl\cdot+M \longrightarrow Cl_2+M$　（链终止）

上述链反应中，一旦形成 Cl·，(2)、(3)反应就会反复进行。在整个链传递过程中，Cl·始终保持不变。

（2）链锁自燃着火条件（链锁分支反应的发展条件）

我们知道，简单反应的反应速率随时间的延长由于反应物浓度的不断减小而逐渐减小，但在某些复杂的反应中，反应速率却随生成物浓度的增加而自动加快。链反应就属于后一类型，其反应速率受到中间某些不稳定产物浓度的影响，在某种外加能量使反应产生活化中心后，链的传播就不断进行下去，活化中心的数目因分支而不断增多，反应速率急剧加快，从而导致着火爆炸。但是，在链反应过程中，不但有导致活化中心形成的反应，也有使活化中心消失和链锁中断的反应，因此，链反应速率能否增长导致着火爆炸，还取决于这两者之间的关系，即活化中心浓度增加的速度。

在链反应中，活化中心浓度增大的原因有两种：一是热运动；二是链分支。另外，在反应的任何时刻都存在活化中心被消灭的可能，它的速率也与活化中心本身浓度成正比。

假设 n_0 为反应开始时由于热作用而生成活化中心的速率，f 为链分支反应的动力学系数，g 为链中断反应的动力学系数，n 为活化中心浓度，则活化中心浓度随时间的变化为：

$$\frac{dn}{dt}=n_0+fn-gn \tag{3-34}$$

令 $f-g=\varphi$，则式(3-34)变为：

$$\frac{\mathrm{d}n}{\mathrm{d}t}=n_0+\varphi n \tag{3-35}$$

设 $t=0$ 时，$n=0$，对式(3-35)积分得：

$$n=\frac{n_0}{\varphi}(\mathrm{e}^{\varphi t}-1) \tag{3-36}$$

如果以 a 表示一个活化中心参加反应后生成最终产物的分子数，那么生成最终产物的速率(即反应速率)为：

$$w=afn=af\frac{n_0}{\varphi}(\mathrm{e}^{\varphi t}-1) \tag{3-37}$$

由于分子活化能一般都很大，以及在正常温度下 n_0 的数值很小，分子活化能对链的发展影响很小。链的分支与中断速率是影响链发展的主要因素。而 g 与 f 随外界条件(压力、温度、容器大小等)的改变而改变，然而这些条件对 f 和 g 的影响程度又各不相同。由于链的中断反应属于原子间的化学作用，其活化能很小，因此，事实上它与温度无关；但链的分支速率则不然，因为其活化能很大，温度的升高对链分支反应速率影响越来越大，能促进活化中心的形成。这样，随着温度的变化，由于 g、f 变化的速率不同，φ 值将发生变化。此时反应速率 w 随时间的变化有不同的规律。例如，在低温下，链分支的速率很缓慢，而链中断的速率却很快，因此，$\varphi<0$，此时，由式(3-37)可知，反应速率随时间增加而趋于某一定值，$w=an_0f/|\varphi|$，也就是说，此时活化中心并不能自动积累以加速反应。然而，当温度升高时，链分支的速率不断增大，而链中断的速率并没有发生变化，因而，可以使 $\varphi>0$。此时，由式(3-37)可以看出，反应速率将随时间按指数规律增长，但由于 n_0 很小，在开始一段时间即在着火延滞期内，反应非常缓慢。在着火延滞期后，由于活化中心的不断积累，反应速率自动加快而着火，这种着火方式称为链式自燃。其反应速率随时间的变化如图 3-9 所示。这种情况下，反应的自动加速主要取决于系统内活化中心的自动积累。当 $\varphi=0$ 时，对式(3-35)积分可得：

$$n=n_0t$$

而反应速率为：

$$w=fan_0t$$

所以，在这种情况下，反应速率随时间的延长直线增加，直至反应物耗尽为止。然而，这种反应不同于 $\varphi>0$ 的情况，它不会引起着火。

若将上述三种情况画在同一图上进行比较，则很容易找到着火的临界条件。图 3-10 中直线 4($\varphi=0$)相当于着火的临界工况。只有当 $\varphi>0$ 时，即链分支形成活化中心的速率大于链中断的速率时，才可能发生着火。我们称对应 $\varphi=0$ 的极限情况的温度为自燃温度。

从图 3-10 中可以看出，当 φ 增大时，着火延滞期 τ 减小。假设 φ 较大，则 $\varphi\approx f$，并相应略去式(3-37)中的 1，可得：

$$w=\frac{fan_0}{\varphi}\exp(\varphi\tau)=an_0\exp(\varphi\tau)$$

对上式取对数得：

$$\tau=\frac{\ln\frac{w}{an_0}}{\varphi}$$

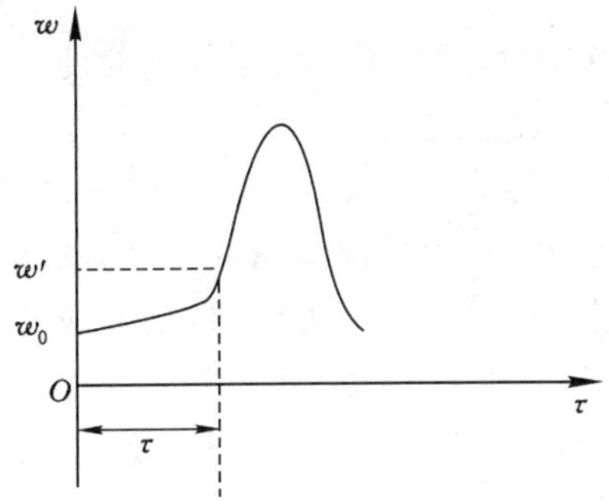

图 3-9　链式自燃反应速率与时间关系示意图

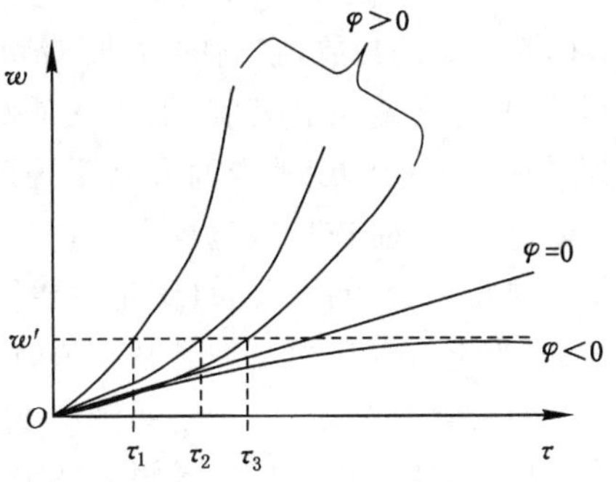

图 3-10　反应速率与时间关系

事实上，$\ln \dfrac{w}{an_0}$受外界影响很小，可近似认为是常数，所以：

$$\tau\varphi = 常数$$

这一结论已被试验所证实。

(3) 着火半岛现象

氢、氧的混合气体，其临界着火温度和临界着火压力之间的关系如图 3-11 所示，即氢、氧反应有三个着火极限，现用链锁反应着火理论进行简单解释。

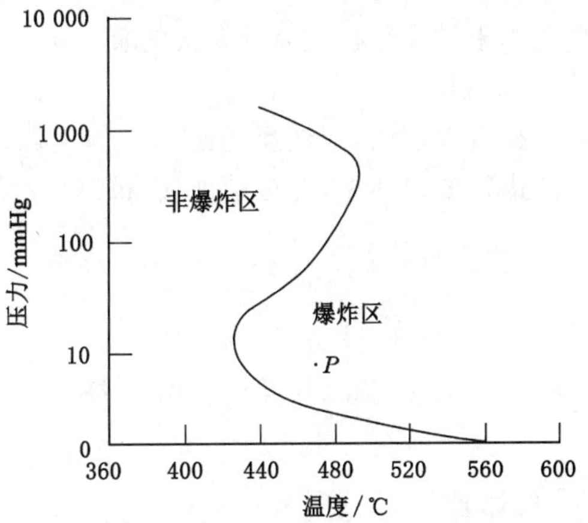

图 3-11　氢、氧着火半岛现象(1 mmHg=133.3 Pa)

设第一、二极限之间的爆炸区内有一点 P，保持系统温度不变而降低系统压力，P 点向下垂直移动，此时，因氢氧混合气压力较低，自由基扩散较快，氢自由基很容易与容器壁碰撞，自由基销毁主要发生在容器壁上。压力越低，自由基销毁速度越大，当压力下降到某一数值后，自由基销毁速度有可能大于链传递过程中由于链分支而产生的自由基增长速度，于是系统由爆炸转为不爆炸，爆炸区与非爆炸区之间就出现了第一极限。如果在混合气中加入惰性气体，则能阻止氢自由基向容器壁扩散，从而导致下限下移。由着火半岛图 3-11 可以看出，若提高混合气的温度，可使其临界着火压力降低，也就是说，两者成反比。谢苗诺夫把这一关系归纳为：

$$p_i = A\mathrm{e}^{\frac{B}{T_i}} \tag{3-38}$$

式中，A 和 B 都是常数，它们的数值与活化中心，反应的物质和不可燃添加剂的性质以及容器壁形状、尺寸等有关。其实，上式就是着火低界限的表达式。

如果保持系统温度不变而升高系统压力，则 P 点向上垂直移动。此时因氢、氧混合气体压力较高，自由基在扩散过程中，与气体内部大量稳定分子碰撞而消耗掉自身的能量，自由基结合成稳定分子，因此，自由基主要销毁在气相中。混合气压力增加，自由基气相销毁速度增加，当混合气压力增加到某一值时，自由基销毁速度可能大于链传递过程中因链分支而产生的自由基增长速度，于是系统由爆炸转为不爆炸，爆炸区与非爆炸区之间就出现了第二极限。同样，谢苗诺夫把该界限表达为：

$$p_i = A'\mathrm{e}^{-\frac{B'}{T_i}} \tag{3-39}$$

式中，A'和 B'都是常数。

压力再增高，又会发生新的链反应，即

$$H\cdot + O_2 + M \longrightarrow HO_2 + M$$

HO_2 在未扩散到容器壁前，又会发生如下反应而生成 $OH\cdot$：

$$HO_2 + H_2 \longrightarrow H_2O + OH\cdot$$

从而导致自由基增长速度增大，于是又能发生爆炸，这就是爆炸的第三极限，该界限的放热量大于散热量，属于一种热力爆炸，完全遵循热自燃理论的规律。因此，着火半岛现象中的第三界限本质上是热自燃界限。

试验表明，上两式不仅能用来计算分析氢氧混合气的着火半岛现象，而且能用来计算分析 CO 和 O_2 混合气的着火半岛现象。

目前，人们还提出了第三种着火理论，即链反应热爆炸理论。该理论认为，反应的初期可能是链反应，而随着反应的进行放出热量，并自动加热，最终变为纯粹的热爆炸。

3.3 强迫着火

强迫着火与灭火理论

本节将详细介绍强迫着火与自燃的区别，以及常用的强迫点燃方法。

3.3.1 强迫着火与自发着火的比较

强迫着火也称点燃，一般指用炽热的高温物体引燃火焰，使混合气的一小部分着火，形成局部的火焰核心，然后该火焰核心再把邻近的混合气点燃，这样逐层依次地引发火焰传播，从而使整个混合气燃烧起来。一切燃烧装置和燃烧设备都需经过点火过程而后才能开始工作，因此，研究点火问题具有重要实际意义。下面首先分析强迫着火与自发着火的不同。

第一，强迫着火仅仅在混合气局部(点火源附近)进行，而自发着火则在整个混合气空间进行。

第二，自发着火是全部混合气都处于环境温度 T_0 下，由于反应自动加速，全部可燃混合气的温度逐步提高到自燃温度而引起的。强迫着火时，混合气处于较低的温度下，为了保证火焰能在较冷的混合气中传播，点火温度一般要比自燃温度高得多。

第三，可燃混合气能否被点燃，不仅取决于炽热物体附面层内局部混合气能否着火，而且还取决于火焰能否在混合气中自行传播。因此，强迫着火过程要比自发着火过程复杂得多。

强迫着火过程和自发着火过程一样，两者都具有依靠热反应和(或)链反应推动的自身加热和自动催化的共同特征，都需要外部能量的初始激发，也有点火温度、点火延滞和点火可燃界限问题。但它们的影响因素不同，强迫着火比自发着火影响因素复杂，除了可燃混合气的化学性质、浓度、温度和压力外，还与点火方法、点火能和混合气体的流动性质有关。

3.3.2　常用点火方法

工程上常用的点火方法大致有以下几类，不论采用哪一种点火方法，其基本原理都是使混合气局部受到外来的热作用而着火燃烧。

3.3.2.1　炽热物体点火

常用金属板、柱、丝或球作为电阻，通以电流使其炽热，也有用热辐射加热耐火砖或陶瓷棒等，形成各种炽热物体，在可燃混合气中进行点火。下面以高温质点为例说明炽热物体的引燃机理。

假定如图 3-12 所示，在无限的可燃混合气(其温度为 T_0，小于 T_w)中有一个热的金属质点(其温度为 T_w)。由于温度差，质点向邻近的混合气散失热量，热流的速率是混合气的流动和热性质的函数。在质点周围薄的边界层内，混合气温度从 T_w 下降到 T_0。对可燃混合气，由于化学反应放热会加热混合气，因此热边界层内的温度分布曲线高于不可燃混合气的温度分布曲线。图 3-12 表示了这种温度分布，其中 a 曲线表示混合物不可燃，b 曲线表示混合物可燃。根据壁面的温度梯度可见，在气体反应放热时，由壁面向混合气传递的热流要小于当混合气为惰性气体时的情况。

如果选择较前述更高的质点温度，反应气体和惰性气体温度分布的差别就更显著。反应气体质点温度越高，由壁面传来的热流越小。如图 3-13 所示，在临界质点温度为 T_c 时，由壁面向反应混合物传速的热流等于零，曲线 b 在 $x=0$ 处的斜率为零。此时，热边界层内化学反应放出的热量全部向外界的冷混合气传递。当质点温度稍高于 T_c 时，化学反应速率增大，以至于化学反应的放热速率大于热边界层向外的热传递速率，故热边界层内的温度升高，其温度最大值出现在离质点表面很小距离处，于是热流就部分地传向质点。在这样的条件下，稳定的温度分布就变得不可能，因为此时温度最大值不断离开质点表面。当质点表面处的温度梯度等于零时，气体反应层(即火焰)开始向未燃混合气传播。这种火焰传播的开始被认为是强迫着火的判据。

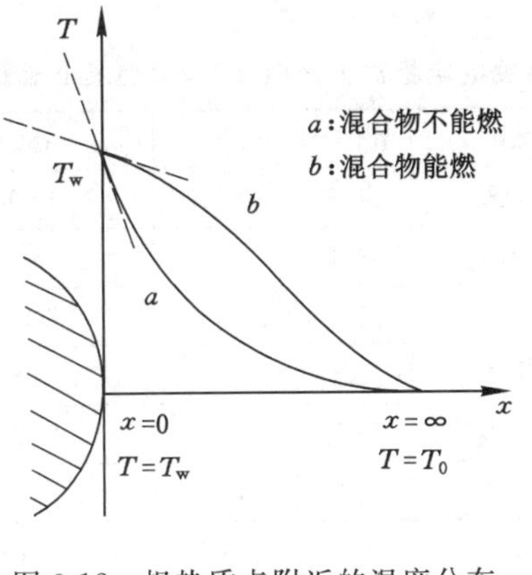

图 3-12　炽热质点附近的温度分布

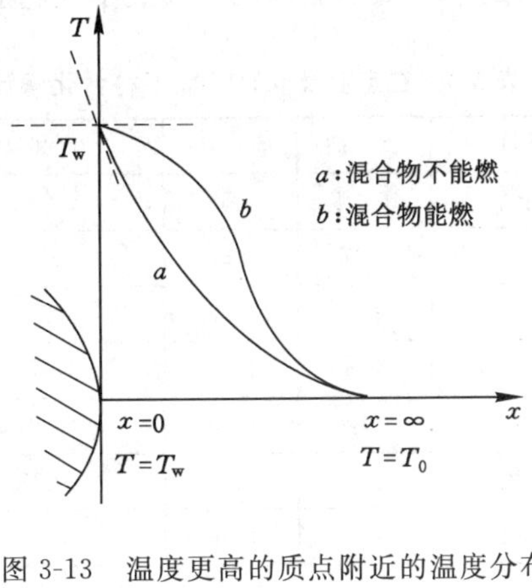

图 3-13　温度更高的质点附近的温度分布

3.3.2.2 火焰点火

所谓火焰点火，是指先用其他方法将燃烧室中易燃的混合气点燃，形成一股稳定的小火焰，并以它作为热源去点燃较难着火的混合气。在工程燃烧设备中，这是一种常用的点火方法，其最大优点在于具有较大的点火能量。

3.3.2.3 电火花引燃

关于电火花点火的机理有两种理论：一是着火的热理论，它把电火花看作一个外加的高温热源，电火花使靠近它的局部混合气温度升高，以致达到着火临界工况而被点燃，然后再靠火焰传播使整个容器内混合气着火燃烧；二是着火的电理论，它认为混合气的着火是由于靠近电火花的气体被电离而形成活性中心，提供了进行链反应的条件，链反应的结果使混合气燃烧起来。试验表明，两种机理同时存在，一般低温时电离起主要作用，而当温度升高后主要是热的作用。

电火花点火的特点是所需能量不大，如符合化学计量比的氢-空气混合气，所需的电火花点火能量仅仅为 2.01×10^{-5} J。其点火如图 3-14 所示，由放在可燃混合气中两根电极间的电火花放电来实现。电极可以是有凸缘电极，也可以是无凸缘电极，通常用不锈钢制成。

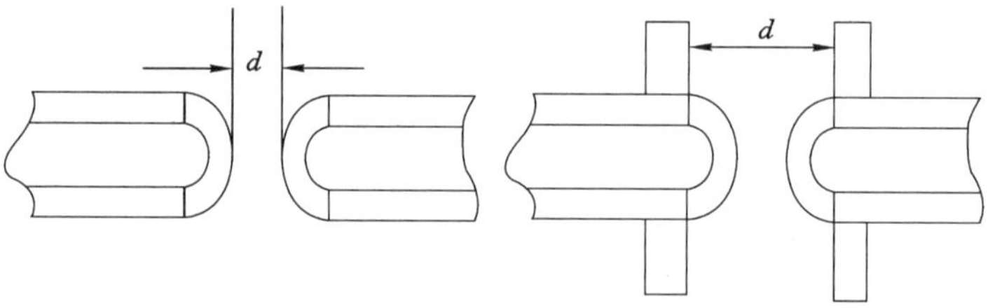

(a) 无凸缘电极　　(b) 有圆形凸缘电极

d——电极距离。

图 3-14 电火花引燃的有无凸缘电极的几何布置

(1) 引燃最小能量

试验表明，当电极间隙内的气体混合比、温度、压力一定时，为形成初始火焰中心，电极放电能量有一最小值。放电能量大于此最小值，初始火焰中心就可能形成；小于此最小值，初始火焰中心就不能形成。该最小放电能量就是引燃最小能量，见表 3-3。

表 3-3 在室温及 0.1 MPa 下符合化学计量比的混合物的电极熄火距离 d_p 和引燃最小能量

燃料	氧化剂	d_p/mm	$E_{min}/4.186\times10^{-5}$ J	燃料	氧化剂	d_p/mm	$E_{min}/4.186\times10^{-5}$ J
氢气	45%溴	3.65		*n*-戊烷	空气	3.30	19.60
氢气	空气	0.64	0.48	苯	空气	2.79	13.15
氢气	O_2	0.25	0.10	环己烷	空气	3.30	20.55
甲烷	空气	2.55	7.90	*n*-己烷	空气	3.56	22.71
甲烷	O_2	0.30	0.15	*n*-庚烷	空气	3.81	27.49
乙炔	空气	0.76	0.72	异辛烷	空气	2.84	13.71
乙炔	O_2	0.09	0.01	丙烷	O_2	0.24	0.10

表 3-3(续)

燃料	氧化剂	d_p/mm	$E_{min}/4.186\times10^{-5}$ J	燃料	氧化剂	d_p/mm	$E_{min}/4.186\times10^{-5}$ J
乙烯	空气	1.25	2.65	1-3 丁二烯	空气	1.25	5.62
乙烯	O_2	0.19	0.06	异丁烷	空气	2.20	8.22
丙烷	空气	2.03	7.29	n-丁苯	空气	2.28	8.84
丙烷	Ar+空气	1.04	1.84	二硫化碳	空气	0.51	0.36
丙烷	He+空气	2.53	10.83				

从表 3-3 中可以看出，不同的混合气所需的引燃最小能量 E_{min} 是不相同的。对于给定的混合气，混合气的压力及初始温度不同时，引燃最小能量 E_{min} 也不相同。

(2) 电极熄火距离

试验还表明，当其他条件给定时，引燃最小能量 E_{min} 与电极距离 d 有关，见图 3-15。

从图 3-15 中可以看出：电极距离 d 小于 d_p 时，无论多大的电火花能量都不能将混合气引燃，不能引燃混合气的电极最大距离 d_p 称为电极熄火距离。电极距离小于或等于电极熄火距离 d_p 时，由于间隙太小，电极散热太大，以致初始火焰中心不能向周围混合气传播。d_p 与 E_{min} 间具有如下关系：

$$E_{min}=Kd_p^2 \tag{3-40}$$

式中，K 为比例常数，对于大多数碳氢化合物，K 约为 7.02×10^{-3} J/cm^3。

在给定条件下，电极距离有一最危险值。电极距离大于或小于最危险值时，引燃最小能量增加。电极距离等于最危险值时，引燃最小能量最小。

(3) 静止混合气中电火花引燃最小能量的半经验公式

① 假设条件

在静止混合气中，电极间的电火花能加热气体；当在下列条件时，物理模型如图 3-16 所示。a. 火花加热区呈球形，最高温度为混合气理论燃烧温度 T_m，温度均匀分布，环境温度为 T_∞；b. 引燃时，在火焰厚度 δ 内形成由温度 T_m 变成 T_∞ 的线性温度分布区；c. 电极距离足够大，忽略电极的熄火作用；d. 反应为二级反应。

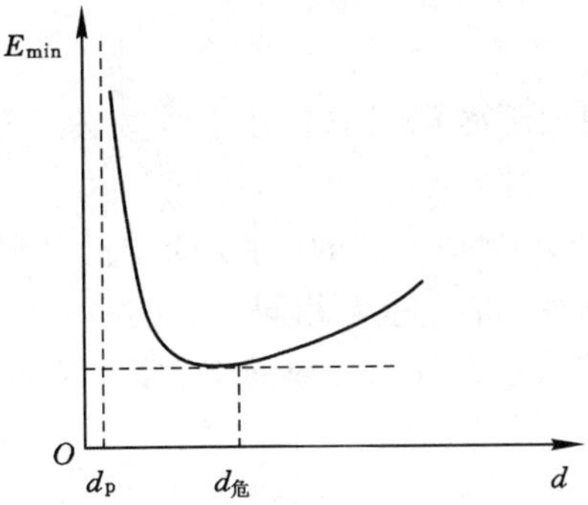

图 3-15　引燃最小能量 E_{min} 与电极距离 d 的关系

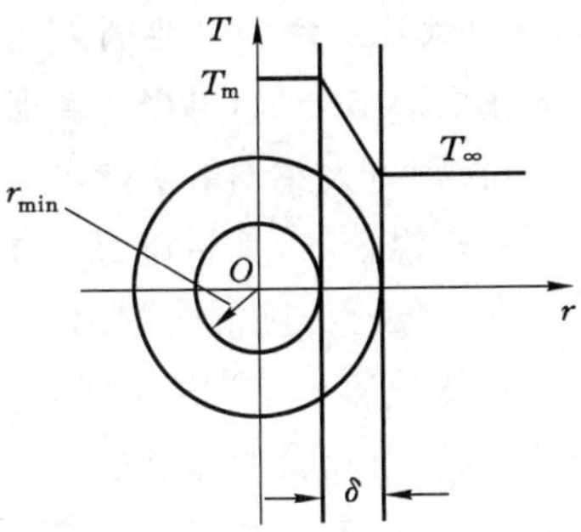

图 3-16　电火花点火模型

② 最小火球半径

当火球半径达到最小火球半径时，其对应的能量为引燃最小能量，引燃成功。下面求最小火球半径。

火球区的混合气在电火花加热下进行化学反应并放出热量，同时，火球又通过表面向未燃混合气散失热量。根据前面的分析，如果引燃，在传播开始瞬间，化学反应放出的热量应等于火球导走的热量，火球的温度才会回升，并形成稳定的温度分布，同时向未燃混合气传播热量，即

$$\frac{4}{3}\pi r_{\min}^{3}K_{os}\Delta H_{c}\rho_{\infty}^{2}f_{F}f_{ox}e^{-\frac{E}{RT_{m}}}=-4\pi r_{\min}^{2}K\left(\frac{dT}{dr}\right)_{r=r_{\min}} \tag{3-41}$$

式(3-41)等号右边的温度梯度可以近似简化为：

$$-\left(\frac{dT}{dr}\right)_{r=r_{\min}}=\frac{T_{m}-T_{\infty}}{\delta} \tag{3-42}$$

式中，δ 为层流火焰前沿厚度。进一步假定：

$$\delta=Cr_{\min} \tag{3-43}$$

式中，C 为常数。将式(3-42)、式(3-43)代入式(3-41)得：

$$r_{\min}=\left[\frac{3K(T_{m}-T_{\infty})e^{\frac{R}{RT_{m}}}}{CK_{os}\Delta H_{c}\rho_{\infty}^{2}f_{F}f_{ox}}\right]^{1/2} \tag{3-44}$$

③ 电火花引燃最小能量 $E_{\min}$ 半经验公式

半径为 $r_{\min}$ 的火球内的混合气，温度从初始温度 T_{∞} 升到理论燃烧温度 T_{m}，其能量是由电火花供给的，该能量就是引燃最小能量 $E_{\min}$：

$$E_{\min}=\frac{4}{3}\pi r_{\min}^{3}K_{1}\bar{c}_{p}\rho_{\infty}(T_{m}-T_{\infty}) \tag{3-45}$$

式中，K_{1} 为经验修正系数，由于电火花提供的引燃最小能量 $E_{\min}$ 不一定恰好使混合气温度升高到理论燃烧温度 T_{m}，往往比 T_{m} 高，所以用 K_{1} 修正所做的假定；$\bar{c}_{p}$ 为混合气平均定压热容。将式(3-44)代入式(3-45)得：

$$E_{\min}=K\bar{c}_{p}\lambda^{\frac{3}{2}}\Delta H_{c}^{-3/2}f_{F}^{-3/2}f_{ox}^{-3/2}\rho_{\infty}^{-2}(T_{m}-T_{\infty})^{5/2}e^{\frac{3E}{2RT_{m}}} \tag{3-46}$$

式(3-46)即电火花引燃最小能量的半经验公式。式中，K 为常数，λ 为导热系数。

$$K=\frac{4}{3}\pi K_{1}\left(\frac{3}{CK_{os}}\right)^{3/2} \tag{3-47}$$

④ 影响电火花引燃的主要因素

用电火花引燃混合气，电极距离必须大于电极熄火距离 d_{p}，同时，放电能量必须大于引燃最小能量，否则电火花不能引燃混合气。

不同的可燃混合气，其引燃最小能量和电极熄火距离是不同的；对于给定的某种混合气，混合比、混合气压力和混合气温度不同时，其引燃最小能量也不相同。

a. 平均定压热容 $\bar{c}_{p}$ 越大，引燃最小能量 $E_{\min}$ 越大，混合气越不容易引燃。这是因为热容大，混合气升温时吸收的热量多。

b. 导热系数 λ 越大，引燃最小能量 $E_{\min}$ 越大，混合气越不容易引燃。这是因为导热系数大，电火花能量被迅速传导出去，与电火花接触的混合气温度不易升高。

c. 燃烧热大，引燃最小能量 $E_{\min}$ 小，混合气容易引燃。

d. 混合气压力大，即密度大，引燃最小能量 $E_{\min}$ 小，混合气容易引燃。

e. 混合气初始温度高，引燃最小能量 $E_{\min}$ 小，混合气容易引燃。

f. 混合气活化能 E 大，引燃最小能量 E_{min} 大，混合气不容易引燃。

3.4 灭火分析

前面关于着火问题的研究，为防止火灾的发生提供了重要的理论指导。对消防工作而言，火灾的扑救同样是非常重要的。本节将对已着火系统的灭火问题从热理论和链反应理论两方面进行分析讨论。

3.4.1 热理论中的灭火分析

在前面介绍的着火分析方法中，我们都假定反应物浓度在着火之前变化不大，这是合理的。但如果要讨论熄火问题，则情况就大不一样了，因为一旦着火就建立了燃烧工况，则燃料的浓度就会变小，此时放热规律则大不一样。

以最简单的开口系统为例，假设容器中充满了进行反应的混合气体及已燃气体(图 3-17)。

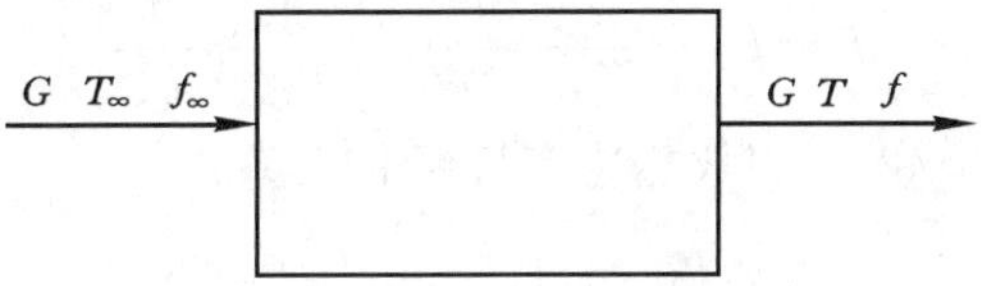

图 3-17　简单开口系统

假设混合气体的初始温度为 T_∞，浓度为 f_∞，且反应物一旦进入容器即迅速反应；反应过程中混合气的温度为 T，浓度为 f，且由容器出口排出的产物浓度和温度也是 f、T；容器壁为绝热壁；反应为单分子或者一级反应。

利用这个理想模型的好处是，通过热量、质量的输入、输出分析，可以写出形式十分简单的热平衡和质量平衡关系。由这两个关系很容易得到浓度和温度的关系，从而把两个变量转化成一个变量。

简单开口系统的放热速率近似为：

$$\dot{q}_g = \Delta H_c \dot{W}^m = \Delta H_c K \rho_\infty f e^{-E/(RT)} \tag{3-48}$$

式中，$\dot{W}^m$ 为反应速率。

系统散热实际上是燃烧产物带走的热量，因此，散热速率(指单位体积、单位时间内散失的热量)为：

$$\dot{q}_l = \frac{Gc_p}{V}(T - T_\infty) \tag{3-49}$$

式中，G 为质量流量；c_p 为定压热容。

系统单位时间内反应的物质量为：

$$\dot{g}_g = V\dot{W}''' = VK\rho_\infty f e^{-E/(RT)} \tag{3-50}$$

系统单位时间内反应物的减少量为：

$$\dot{g}_l = G(f_\infty - f)$$

由热量平衡和质量平衡，可知在稳态情况下有：

$$\dot{q}_g = \dot{q}_l, \dot{g}_g = \dot{g}_l$$

即有：

$$\Delta H_c K\rho_\infty f \mathrm{e}^{-E/(RT)} = \frac{G}{V}c_p(T - T_\infty) \tag{3-51}$$

$$VK\rho_\infty f \mathrm{e}^{-E/(RT)} = G(f_\infty - f) \tag{3-52}$$

由式(3-51)和式(3-52)可得：

$$c_p(T - T_\infty) = \Delta H_c(f_\infty - f)$$

于是有：

$$\frac{T - T_\infty}{f_\infty - f} = \frac{\Delta H_c}{c_p} = T_m - T_\infty \tag{3-53}$$

式中，T_m 为系统绝热燃烧温度。整理式(3-53)又可得：

$$f_\infty - f = \frac{T - T_\infty}{T_m - T_\infty} \tag{3-54}$$

对于单分子反应，由于 $f_\infty = 1$，因此式(3-54)可进一步简化为：

$$f = f_\infty - \frac{T - T_\infty}{T_m - T_\infty} = \frac{T_m - T}{T_m - T_\infty} \tag{3-55}$$

将式(3-55)代入式(3-48)可得放热速率与 T 的关系：

$$\dot{q}_g = \Delta H_c \rho_\infty K\left(\frac{T_m - T}{T_m - T_\infty}\right)\mathrm{e}^{-E/(RT)} \tag{3-56}$$

其中，K 为常数。

如果按式(3-56)考察放热速率、散热速率的关系，情况就大不相同了，如图 3-18 所示。

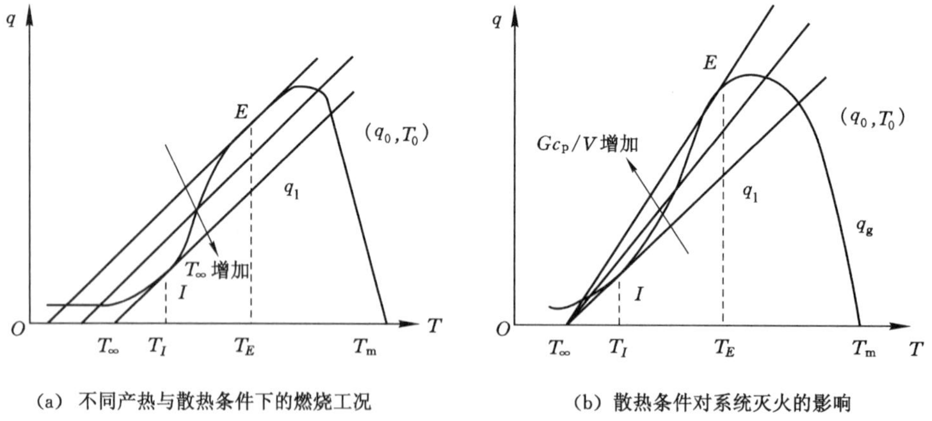

图 3-18 燃烧工况

由于反应物的消耗，其反应速率和放热速率随温度升高先由小变大，再由大变小。散热速率没有变化。此时的工作点可能有三个：① 缓慢的氧化工况。② 强烈反应的燃烧工况。③ 中间工况，该工况是不稳定的，它不是向燃烧工况发展，就是向缓慢氧化工况发展。此时，系统一旦着火，则工作点立即移到燃烧工况，在连续供给燃料的情况下就会建立稳定的燃烧工况。相反，在燃烧工况下，由于某些条件的恶化，如散热增加(即 Gc_p/V 增加)或者 T_∞ 下降，则燃烧工况将逐步向 E 点靠近，切点 E 是极限工况；若工作条件继续恶化，则反应立即过渡到缓慢氧化工况，即反应系统熄火。

例如，设想有一个如图 3-19 所示的理想燃烧室。该燃烧室两端是开口的，其中充满了进行反应的混合气体以及已燃气体，温度与浓度在燃烧室中均匀分布。具有初始温度 T_∞、浓度 f_{ox}、f_F 和流量 G 的混合物一旦进入燃烧室，就立即反应，并快速与已燃产物混合，形成的燃烧产物在燃烧室出口排出。实际的燃烧室不会如此简单，但这种简单的燃烧室能忽略一些次要因素，而突出主要因素，从而使我们对熄火过程有一个清楚的了解。在此要指出熄火的一个重要特点，即过程的“S”形特点。

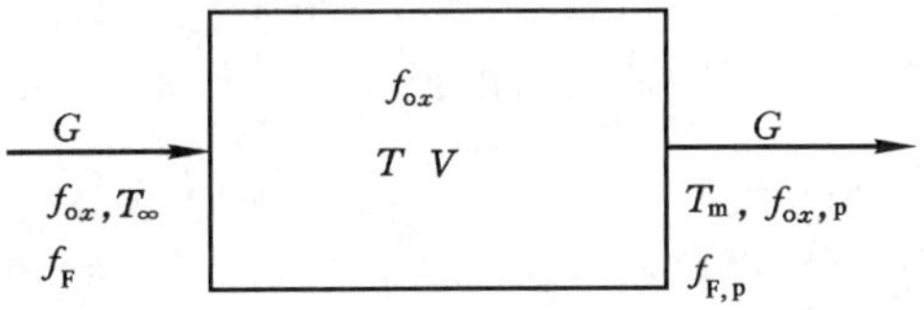

图 3-19　理想燃烧室

当 T_∞ 由低到高变化时，则可得到一系列 q_g、q_1 的交点，即可能的工作点(q_0，T_0)。同样，当改变散热条件时，也可得到一系列的工作点(q_0，T_0)。将一系列(q_0，T_0)点画在图中就得到“S”形曲线(图 3-20)。“S”形曲线有如下几个特点。

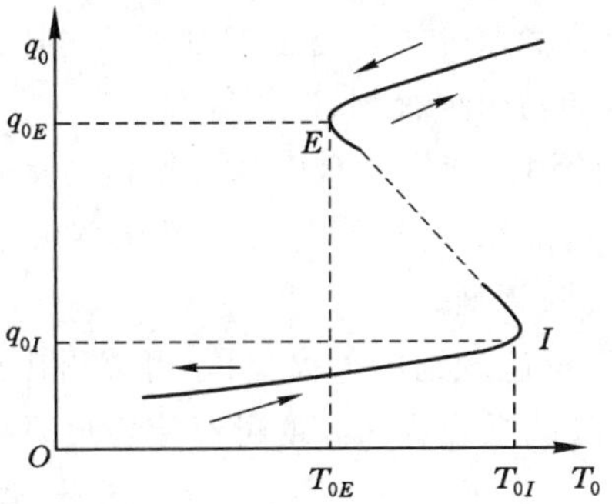

图 3-20　“S”形曲线

① 在缓慢氧化状况下有一个拐点 I，它是着火的临界状况，此时反应将由缓慢氧化工况突跃到剧烈的燃烧工况，即着火。相反，当燃烧工况恶化时则过程会沿“S”形曲线的上部移向另一个拐点 E，此时反应将由剧烈的燃烧工况突跃到缓慢氧化工况，即熄火。

② 着火与熄火过程并不可逆，或者说熄火过程带有滞后性。也就是说，着火时的工况参数与熄火时的工况参数并不相同，熄火的发生条件要比着火时的更苛刻，即有滞后性。如从“S”形曲线中可知，若着火在 T_{0I} 时发生，则当燃烧工况恶化时，工作点经过 T_{0I} 时不会熄火，只有当燃烧工况继续恶化到达工作温度 T_{0E} 时才会熄火。也就是说，熄火要在比着火更恶劣的条件下才能发生。再如，当混合气被点燃时有一定的浓度界限，但当熄火时，它的熄火浓度界限要比点火浓度界限宽得多，这种滞后现象的发生是在高温下的化学反应条件与常温下的化学反应条件不同造成的。

更进一步的研究得出：改变初始温度 T_∞ 对着火的影响比较大，对灭火的影响比较小；改变混合气浓度(或者氧浓度)对灭火的影响比较大，对着火的影响比较小。

综上，在热理论中，要使已着火的系统灭火，必须采取下列措施：

① 降低系统氧或者可燃气浓度。

② 降低系统环境温度。

③ 改善系统的散热条件，使系统的热量更容易散发出去。

④ 降低环境温度和改善散热条件，都必须使系统处于比着火更不利的状态，系统才能灭火，即灭火具有滞后现象。

⑤ 降低氧浓度或者可燃气浓度，对灭火来讲比降低环境温度作用更大；相反，对防止着火来讲，降低环境温度的作用大于降低氧浓度或者可燃气体浓度的作用。

3.4.2　链反应理论中的灭火分析

根据链反应着火理论，要使系统不发生着火，或者已着火系统灭火，必须使系统中的自由基增长速度（主要是链传递过程中由于链分支而引起的自由基增长）小于自由基的销毁速度。为此，可采取下列措施：

① 降低系统温度，以减慢自由基增长速度。这是因为在链传递过程中由链分支而产生的自由基增长是一个分解过程，需要吸收能量。温度高，自由基增长快；温度低，自由基增长慢。所以降低系统温度可以减慢自由基增长速度。

② 加快自由基在固相容器壁的销毁速度。自由基碰到固相容器壁，会把大部分能量传递给固相容器壁，本身则结合成稳定分子。为增加自由基碰撞固相容器壁的机会，可以在着火系统中加入惰性固体颗粒，如粉末灭火剂、砂子等。

③ 加快自由基在气相中的销毁速度。自由基在气相中碰到稳定分子后，会把自身能量传递给稳定分子，自由基则结合成稳定分子。为此，可在着火系统中喷洒卤代烷等灭火剂，或者在防火材料中加入卤代烷阻燃剂。

根据上面对热理论以及链反应理论的灭火分析，可以得出以下灭火措施。

① 降低系统着火温度。降低系统着火温度可以使着火系统中的可燃物冷却，液体蒸发速率和固体可燃物裂解释放可燃挥发分的速率都变小；同时，着火系统中的自由基增长速度会因降温而减慢，当可燃物冷却到临界温度以下时，燃烧将熄灭。

② 断绝可燃物。没有可燃物，燃烧就会中止。如关闭有关阀门，切断流向着火区的可燃气体和液体的通道；打开有关阀门，使已经燃烧的容器或者受到火势威胁的容器中的液体可燃物通过管道导至安全地带；将灭火区的固体可燃物移走；等等。这些都是常见的断绝可燃物的方法。

③ 稀释空气中的氧浓度。将水蒸气、二氧化碳等惰性气体引入着火区，使着火区空间氧浓度降低，当氧浓度低于12%，或者水蒸气浓度高于35%，或者二氧化碳浓度高于30%～35%时，绝大多数燃烧会熄灭。

④ 抑制着火区内的链反应。要使着火区的链反应受到抑制，必须使自由基在气相或者固相壁上被大量销毁。当自由基销毁速度大于自由基增长速度时，燃烧就会熄灭。

3.4.3　基本灭火措施

根据火灾燃烧材料的种类和特点，火灾分为A、B、C、D四类。其中，A类火灾指普通可燃物如木材、布等燃烧而形成的火灾；B类火灾指油脂以及液体，如原油、汽油、煤油等燃烧引起的火灾；C类火灾指可燃气体如氢气等燃烧引起的火灾；D类火灾指可燃金属如钠、钾等燃烧引起的火灾。

针对以上不同类型的火灾特点，采取以下不同的灭火措施。

对A类火灾，一般可采用水冷却法，但对于忌水物质，如布、纸等应尽量减少水浸所造成的损失；对珍贵图书、档案资料等应使用二氧化碳、卤代烷以及干粉灭火剂进行灭火。

对B类火灾，应及时使用泡沫灭火剂进行扑救，同时用水冷却容器壁，以减慢液体蒸发速率；关闭阀门，切断可燃液体来源，并把燃烧区域容器中的可燃液体通过管道抽至安全地区；采取措施，防止燃烧区的可燃液体在地上流散；在扑救原油油罐火灾时，若出现火焰增大、发亮、变白，烟色由浓变淡，金属原油罐壁发生颤抖并伴有强烈的噪声等喷溅苗头，应及时将人员撤离火灾现场，以避免不必要的人员伤亡。

对C类火灾，因气体燃烧速率快，极易造成爆炸，一旦发现可燃气体着火，应立即关闭阀门，切断可燃气体来源，同时使用干粉灭火剂将气体燃烧火焰扑灭。

对D类火灾，如钠、钾等的火灾燃烧时温度很高，水及其他普通灭火剂在高温下会因分解而失去作用，应使用特殊灭火剂。少量金属燃烧时，可用干砂、干食盐等扑救。

火灾现场若有电气设备，在进行火灾扑救时，应先切断电源，但对于商场、影剧院等人员密集的场所，照明线路则应在人们撤离之后再切断；对精密仪器、贵重电气设备，要用二氧化碳扑救，这是因为二氧化碳不导电、不含水、灭火后很快散逸、不留痕迹、不污染仪器设备。

本章习题

1. 简述自燃理论及自燃条件。

2. 简述自燃与强迫点燃的区别。

3. 分析自燃的影响因素。

4. 强迫点燃有哪些方式？炽热物点燃的着火条件是什么？

5. 经试验得到立方堆活性炭的数据如下表所示。

x_0（立方堆半边长）/mm	25.40	18.60	16.00	12.50	9.53
$T_{a,cr}$（临界温度）/K	408	418	426	432	441

(1) 计算该活性炭氧化反应的活化能。

(2) 由外推法计算，该材料以无限长圆柱形式堆放时，在25 ℃有自燃着火危险的最小圆柱直径。

6. 采取哪些方法可使不自燃的体系达到临界着火条件？并用示意图表示。另外，说明采用不同方法时体系的自燃点是否相同，并比较其大小。

7. 根据热自燃理论，正在稳定燃烧的体系，使之熄灭的条件是什么？用图示法表示几种灭火的可能措施。

8. 简述谢苗诺夫热自燃理论，并从理论上分析着火条件。

9. 在自由基链锁着火理论中，着火的条件是什么？基于该理论，灭火的措施有哪些？并说明这些措施的灭火作用机理。

10. 下列现象或试验结果可用哪种着火理论解释？

(1) 可燃气体爆炸存在浓度极限。

(2) 可燃物燃烧或爆炸存在着火感应期。

(3) 氢气、氧气体系有三个着火极限。

(4) 当可燃气体的压力低于某一极限压力时,不能燃烧或爆炸。

(5) 卤代烷有很好的灭火效能。

11. 试用自由基链式着火理论解释 H_2、O_2 体系的三个爆炸极限。

第 4 章　气 体 火 灾

本章重点：本章介绍气体燃烧的形式、可燃限的测量和可燃性问题的分析方法、预混气体的爆炸和爆轰。

本章难点：可燃性的测试、可燃预混气体爆炸极限理论、爆轰波形成及相关理论。

4.1　可燃气体燃烧的分类

可燃气体燃烧的分类

气体燃烧是火灾中最主要的燃烧形式，即使是液体可燃物或固体可燃物受热后也一般先蒸发或热解形成可燃蒸气或可燃热解气，而后与氧化剂发生混合而燃烧。因此，掌握可燃气体的燃烧特性和燃烧规律具有重要的意义。

可燃气体燃烧的分类方法有很多，可以根据火焰的传播形式、燃烧中可燃物与氧化剂混合模式以及燃烧物质的流动状态进行划分，具体如下。

(1) 按照火焰的传播形式分类

按照火焰的传播形式，气体燃烧分为缓燃和爆轰两种形式。火焰的缓燃依靠导热与分子扩散使未燃混合气温度升高，并进入反应区引起化学反应，进而使燃烧波不断向未燃混合气中传播，其传播速度一般不大于 1～3 m/s，该过程中火焰传播是稳定的。

爆轰波的传播不是依靠传热、传质发生的，而是通过激波的压缩作用使未燃混合气的温度不断升高而引起化学反应，从而使燃烧波不断向未燃混合气中传播。爆轰的传播速度很高，常大于 1 000 m/s。

(2) 按照燃烧中可燃物与氧化剂混合模式分类

按照燃烧中可燃物与氧化剂的混合模式，气体燃烧分为扩散燃烧和预混燃烧两种。扩散燃烧是指化学反应发生前，燃料和氧化剂是分开的，依靠分子扩散和整体对流运动(湍流扩散)使反应物分子在某一区域混合，边混合边燃烧。

预混燃烧是指可燃气体与助燃气体在管道、容器或空间预先混合，其混合物含量达到爆炸极限，遇火源时而发生的燃烧。这种燃烧易在混合气所分布的空间中快速进行，从而形成爆炸。常说的化学爆炸实际上就是预混燃烧，如煤气或液化石油气泄漏在厂房或空间内，遇明火发生燃烧爆炸。

(3) 按照燃烧物质的流动状态分类

按照燃烧物质的流动状态，气体燃烧分为层流火焰与湍流火焰两类。层流火焰与湍流火焰存在明显的差别：层流火焰前沿是区分新鲜混合气和燃烧产物的一层薄的(毫米量级甚至更小)、平滑的发光锥面；而湍流火焰前沿厚度很大(几毫米)，其发光区呈毛刷褶皱状，并且比较模糊，火焰长度也比层流火焰短。

图 4-1 是用纹影法在不同时刻记录下的一种湍流火焰结构示意图，各曲线代表了湍流火焰瞬时的薄反应区轮廓线。可以看出，瞬时火焰前沿在火焰顶部高度卷曲。反应区的位置随反应的进行一直在变化，从时均视觉效果来看，呈现很厚的火焰发光区域，这一有明显厚度的区域称为湍流火焰刷。

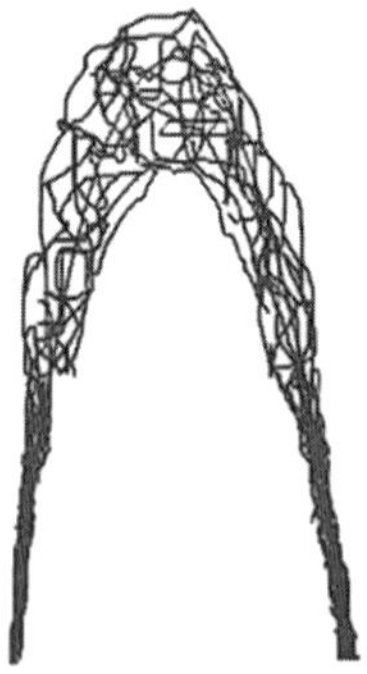

(a) 瞬间反应锋面的叠合图

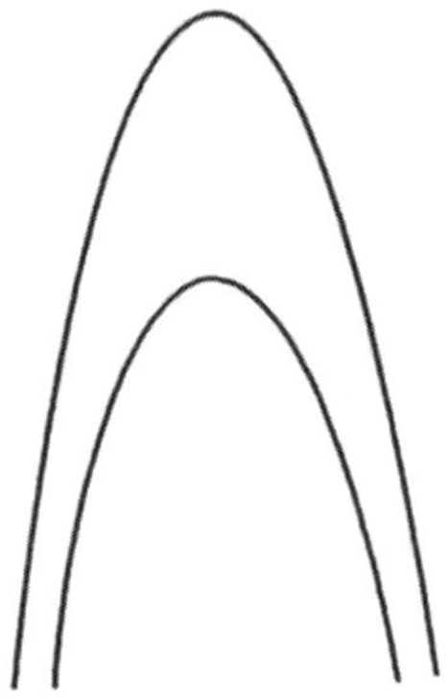

(b) 湍流火焰刷（时均图）

图 4-1 湍流火焰结构示意图

此外，湍流火焰传播过程明显快于层流火焰传播过程。层流火焰传播的速度取决于预混可燃气体的物理化学性质，在标准状况下仅为 20～100 cm/s，相对较小。而湍流火焰传播速度不仅取决于燃料的物理化学性质，还和湍流性质有关。火焰传播速度会随着湍流强度的增大而增加，火焰也会变得更短，且向外界散热损失较小，这使得采用湍流火焰的炉子或燃烧室尺寸更紧凑，也更为经济。

与层流火焰相比，湍流火焰传播速度的增大主要受到以下几个因素的影响：

① 湍流流动可能使火焰变形、褶皱，从而增大反应表面积。但褶皱表面上的法向火焰传播速度仍然保持层流火焰传播速度。

② 湍流火焰中，湍流流动可能加剧热传导速度或活性物质的扩散速度，从而增大火焰前沿法向的实际传播速度。

③ 湍流使可燃预混气与燃烧产物间的混合加快，使火焰本质上成为均匀预混可燃混合物，而预混可燃气的反应速率取决于混合物中可燃气体与燃烧产物的比例。

另外，湍流火焰往往伴随着噪声，其燃烧产物内氧化氮的含量较少，对环境的污染也较小。

可燃性的测试

4.2 可燃性的测试

可燃性是指可燃物质（如燃气、粉尘等）与氧化剂（通常为氧气）在一定条件下发生自持燃烧的能力，其核心指标为可燃限。对于可燃限的系统性研究与应用始于 19 世纪初期，如 1816 年戴维爵士利用蜡烛火焰测试甲烷（煤气）可燃性的经典方法。

测量预混气体可燃性最著名的设备是美国矿务局开发的 BOM 装置[图 4-2(a)]。该装置采用垂直放置的 1.5 m 长玻璃管，测试时将空气与燃气的预混气体（有时含惰性气体替代组分)通入管中并静置10～30 min,然后从底部引燃。若火焰能向上传播超过75 cm(管长的50%),则判定该混合气体具有可燃性,否则需吹扫后变换浓度重新测试。该装置特别选用火焰向上蔓延模式,利用浮力效应扩大可燃限测量范围,从而获得更保守的安全数据,这一特性使其长期作为标准测试装置。但这种方法非常耗时,吹扫不便,逐渐被5 L玻璃球装置(ASTM E681标准)替代[图4-2(b)],后者通过优化容器结构减少壁面散热影响,提升测试效率与结果一致性。值得注意的是,目前公开的可燃性数据若无特殊标注,仍多源自BOM装置的测试结果。

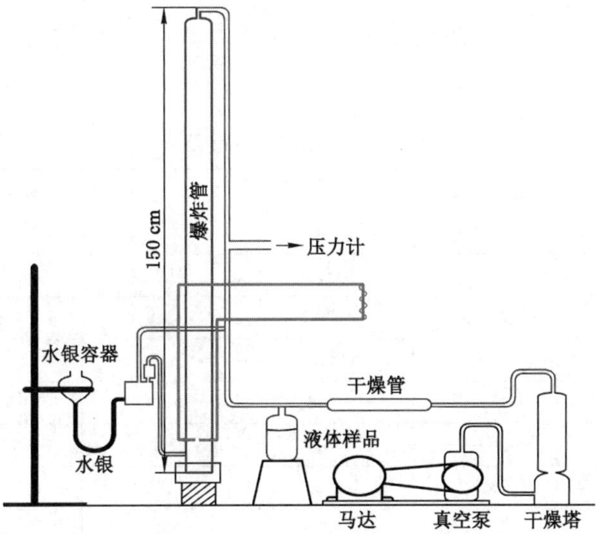

(a) BOM装置

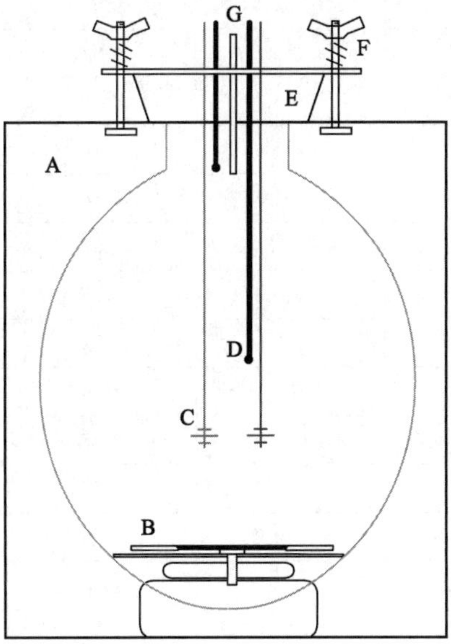

(b) ASTM E681标准装置

A—加热炉;B—磁力搅拌装置;C—放电电极;D—热电偶;E—硅制瓶塞;F—弹簧紧固装置;G—加料入口。

图4-2　典型的可燃性测试装置

火焰传播的测试原则基于以下 3 个方面：

① 尺寸无关性。可燃限需应用于模拟真实大体积燃气混合物的场景，因此蔓延过程与尺寸无关很重要。

② 点火强度。点火强度必须足够大，让燃气混合物达到点火温度，而火焰的传播本身不受点火源的影响。

③ 边界影响。边界热损失是影响试验平台选择的重要因素。

可燃性测量的最大问题是点火判据，真正的点火是很难判断的，在大多数情况下，火焰涉及强烈的放热反应，产生高温燃烧产物，通常形成 1 400 K 以上的高温，伴随着发光，并在封闭条件下产生高压。通常通过测量温度、辐射和压力来判断是否发生点火。常见燃料的可燃限见表 4-1。

表 4-1 常见燃料的可燃限

燃料	分子式	摩尔质量 /(g/mol)	燃烧热 /(kJ/mol)	化学计量浓度 /%	低燃限 /%	高燃限 /%
氨气(g)	NH_3	17.03	316.8	21.85	15	28
二硫化碳	CS_2	76.13	1 774.9	4.98	1.3	50
一氧化碳(g)	CO	28.01	283	29.54	12.5	74
甲烷(g)	CH_4	16.04	802.3	9.49	5	15
甲醇	CH_4O	32.04	638.8	12.26	6.7	36
乙炔(g)	C_2H_2	26.04	1 255.5	7.74	2.5	100
乙烷(g)	C_2H_6	30.07	1 428.6	5.65	3	12.4
乙醇	C_2H_6O	46.07	1 235.5	6.53	3.3	19
乙烯(g)	C_2H_4	28.05	1 323.1	6.53	2.7	36
丙烷(g)	C_3H_8	44.1	2 043.1	4.02	2.1	9.5
正丙醇	C_3H_8O	60.1	1 845.3	4.45	2.2	14
丙烯(g)	C_3H_6	42.08	1 926.4	4.45	2.4	11
2-甲基丙烯(g)	C_4H_8	56.11	2 503.8	3.38	1.8	8.8
甲基乙基酮	C_4H_8O	72.11	2 268	3.67	1.9	11
异戊烷	C_5H_{12}	72.15	3 240.3	2.55	1.4	7.6
2-戊醇	$C_5H_{12}O$	88.15	3 053.3	2.72	1.2	8
己烷	C_6H_{14}	86.18	3 855.1	2.16	1.2	7.4
己醇	$C_6H_{14}O$	102.18	3 676.3	2.28	1.2	7.7
庚烷	C_7H_{16}	100.2	4 464.7	1.87	1.05	6.7
甲苯	C_7H_8	92.14	3 733.9	2.28	1.2	7.1
1-庚醇	$C_7H_{16}O$	116.2	4 285.7	1.96	1	7.2
正辛烷	C_8H_{18}	114.23	5 074.2	1.65	0.95	6.5
1-辛醇	$C_8H_{18}O$	130.23	4 897.9	1.72	0.9	6.4
1-辛烯	C_8H_{16}	112.21	4 960.8	1.72	0.9	7.1

4.3 可燃预混气的爆炸

可燃预混气的爆炸

可燃气体与空气的预混气遇火源时会发生爆炸，但在不同形式的空间内，爆炸特性会有所不同。在密闭空间内，容器尺寸不变，预混气爆炸前后的体积不会发生变化，并且在爆炸过程中产生的热量也难以释放；而在敞开空间中，预混气爆炸后体积膨胀，而且热量也很容易向外散失。所以，与敞开空间的预混气爆炸相比，在密闭空间爆炸更危险。下面将重点讨论密闭空间内可燃预混气的爆炸特性。

4.3.1 可燃气体爆炸参数

4.3.1.1 可燃气体的爆炸温度

可燃气体的爆炸温度是指在可燃气体与空气按照化学计量比配比、可燃气体完全反应、没有通过容器壁散热（即绝热）等条件下，反应放热全部用来加热气体产物使其能达到的最高温度。下面以甲烷为例来计算其爆炸温度。

甲烷与空气反应的化学方程式为：

$$CH_4 + 2O_2 + 7.52N_2 \longrightarrow CO_2 + 2H_2O + 7.52N_2$$

由于反应产生的气体产物温度很高，水蒸气以气态形式存在，所以选用甲烷的低位发热量(802.34 kJ/mol)作为其燃烧热。在高温环境下，气体产物被快速加热，但密闭空间会限制气体产物的膨胀，同时燃烧过程中产生的热量来不及散发，因此视该过程为定容绝热过程，结合表4-2给出的常见气体的平均定容摩尔热容，可以计算出气体产物温度每升高1 K所吸收的热量为：$7.52\times(20.8+0.002\,88T)+2\times(16.74+0.009T)+(37.66+0.002\,43T)$。

表 4-2 常见气体的平均定容摩尔热容

气体	平均定容摩尔热容计算式/[J(/mol·K)]
单原子气体（Ar、He、金属蒸气）	20.84
双原子气体（N_2、O_2、H_2、CO、NO 等）	$20.8+0.002\,88T$
CO_2、SO_2	$37.66+0.002\,43T$
H_2O、H_2S	$16.74+0.009\,00T$
所有四原子气体（NH_3 及其他）	$41.84+0.001\,88T$
所有五原子气体（CH_4 及其他）	$50.21+0.001\,88T$

则产物最终能达到的温度满足以下方程：

$$[7.52\times(20.8+0.002\,88T)+2\times(16.74+0.009T)+(37.66+0.002\,43T)]T=802\,340$$

简化为：

$$(227.56+0.042T)T=802\,340$$

求解得：

$$T=\frac{-227.56+\sqrt{227.56^2+0.042\times 802\,340}}{2\times 0.042}=2\,433.16\ (℃)$$

上述计算基于可燃气体在化学计量比下完全反应，若化学反应配比大于化学计量比，则计算出的爆炸温度将偏低。另外，上述计算中假定产物和反应物的初始温度为 0 ℃，而如果混合气体初始温度不为 0 ℃，则计算出的温度也会有所偏差，但和很高的爆炸温度相比，偏差可以忽略不计。

4.3.1.2　可燃气体的爆炸压力

(1) 爆炸压力波形

图 4-3 给出了球形密闭容器内爆炸时间与压力关系的示意图。图 4-3 中，虚线 a 表示的是理论定容爆炸压力波形，它对应绝热系统的瞬时整体点火，整个系统没有任何耗散效应，也不会通过容器壁与外界进行热交换。实际上，这种理想化的波形是不存在的。在没有热损失的情况下，燃烧过程中压力极限能维持一段时间(如图 4-3 中曲线 b 所示)，而在真实的燃烧过程中都会发生热量的交换与传递，所以压力在没有达到理论极限值之前就开始衰减(如图 4-3 中曲线 c 所示)。曲线 c 是在密闭容器内实测到的压力波形，据此可以将爆炸过程分为 3 个阶段：

① 爆炸压力上升阶段。该阶段的特点是爆炸反应放出能量的速度大于热量的耗散(主要为热传导方式)速度，反应过程中能量不断积累，从而导致压力不断上升，此阶段压力上升速率与化学反应动力学和燃烧速率等因素有关。

② 爆炸压力最高阶段。在此阶段，爆炸压力达到整个过程的最大值，其值与化学反应热效应和热力学参数有关，也可由热量的传递来解释该状态存在的原因：此刻爆炸反应放出的能量等于向周围热传导而损失的能量。

③ 爆炸压力衰减阶段。随着反应的继续进行，由于容器壁的冷却效应和气体泄漏带走能量，爆炸反应放出的能量小于向周围热传导而损失的能量，压力开始逐渐下降。从能量损失的途径来看，压力衰减速度与热传导和可压缩气体的流动有关。

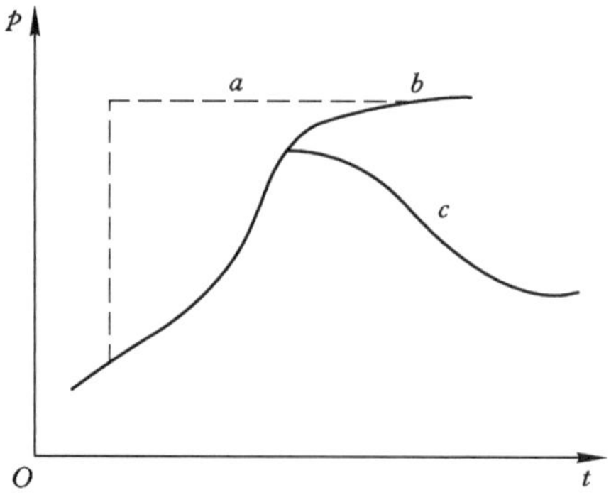

图 4-3　球形密闭容器内爆炸时间与压力的关系

(2) 爆炸压力的简化计算

根据理想气体状态方程对爆炸压力进行简化计算，假设爆炸气体为理想气体。爆炸前未燃混合气的物质的量、温度、压力和体积分别为 n_1、T_1、p_1、V_1，其中，p_1 通常取常压 101 325 Pa，爆炸后燃烧产物的相应参数分别为 n_2、T_2、p_2、V_2，其中 $V_2=V_1$。爆炸前后理想气体状态方程为：

$$p_1V_1=n_1RT_1 \tag{4-1}$$

$$p_2V_2=n_2RT_2 \tag{4-2}$$

两式相除得：

$$p_2=\frac{n_2T_2}{n_1T_1}p_1 \tag{4-3}$$

例如，计算甲烷的爆炸压力，可将甲烷的相关数据代入式(4-3)，得到其最大爆炸压力：

$$p_2=\frac{10.52\times(2\ 433.16+273.15)}{10.52\times 273.15}\times 101\ 325=1.004\times 10^6\ \mathrm{Pa}$$

4.3.1.3 爆炸压力上升速率

上述计算的爆炸压力 p_2 实际就是可燃气在爆炸过程中的最大压力。如果考虑时间因素，即从初始压力上升到最大爆炸压力需要一定的时间。图 4-4 所示为甲烷爆炸压力与时间的关系，可以看出在这段时间内压力是逐渐上升的。因此，爆炸压力上升速率也是预混可燃气爆炸的一个重要参数。

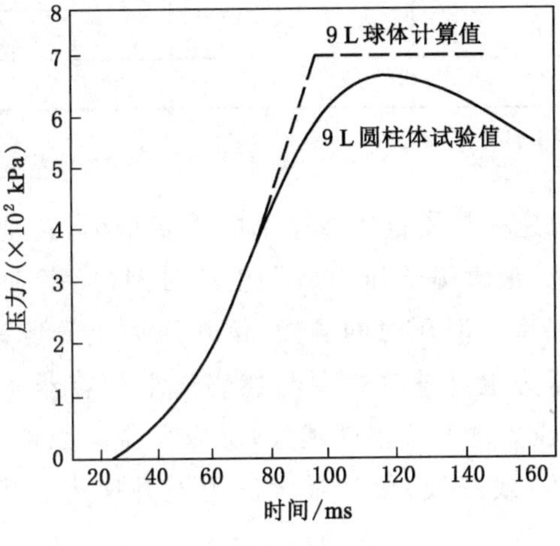

图 4-4 甲烷爆炸压力与时间的关系

爆炸过程中压力随时间的变化可以用式(4-4)和式(4-5)表示：

$$p=K_{\mathrm{d}}\frac{S_{\mathrm{L}}^3t^3}{V_1}p_1+p_1 \tag{4-4}$$

$$K_{\mathrm{d}}=\frac{4}{3}\pi\left(\frac{n_2T_2}{n_1T_1}\right)^2\left(\frac{n_2T_2}{n_1T_1}-1\right)\gamma \tag{4-5}$$

式中 p——瞬时压力；

S_{L}——试验测定的参考燃烧速率；

K_{d}——爆炸压力增长系数；

γ——比热容比，取 1.4；

t——时间。

根据式(4-3)计算的最终压力,并结合对应的时间,即可计算平均压力上升速率 v(单位为 Pa/s):

$$v=\frac{p_2-p_1}{t} \tag{4-6}$$

从爆炸压力随时间的变化来看,可燃气的爆炸压力和火焰传播速度因气体种类不同而有所差异,达到最大压力所需的时间也不同,从而造成不同可燃气体爆炸压力上升速率的不同,见表 4-3。

表 4-3 常见可燃气体和蒸气的最大爆炸压力和爆炸压力上升速率

名称	体积分数 /%	最大爆炸压力 /($\times 10^5$ Pa)	最大压力上升速率 /($\times 10^5$ Pa/s)	平均压力上升速率 /($\times 10^5$ Pa/s)
环乙烷	3	8.6	452	121
乙烷	3	8.7	456	117
苯	4	8.6	500	118
乙烷	7	7.9	464	128
甲烷	10	7.35	334	92
氢气	35	7.3	2 703	730

注:以上数据的初始压力均为 1.01×10^5 Pa。

爆炸的最大压力上升速率是衡量燃烧速率的重要指标,它是整个爆炸过程中最快的压力上升速率,它并不处于最大爆炸压力所发生的时刻(速率应为 0),而是压力-时间曲线上升段拐点处的切线斜率。泄压时间越短,爆炸压力上升速率越快,爆炸产生的破坏力就越大。爆炸的最大压力上升速率主要与燃烧速率和容器体积有关。可燃气体燃烧速率越快,其爆炸的最大压力上升速率就越大;反应容器体积越大,其爆炸的最大压力上升速率就越小。可燃气体(或蒸气)爆炸最大压力上升速率与容积的关系可用“次方定律”表示,即

$$\left(\frac{\mathrm{d}p}{\mathrm{d}t}\right)_{\mathrm{m}}V^{\frac{1}{3}}=K_{\mathrm{G}} \tag{4-7}$$

需要说明的是,式(4-7)成立必须满足以下条件:① 容器形状相同;② 可燃气的最佳混合浓度相同;③ 可燃气与空气混合气的湍流度相同;④ 点火源或点火能相同。式(4-7)表明,对于特定的可燃预混气,其爆炸的最大压力上升速率与容器容积的立方根的乘积是一个定值,通常把这个值称为可燃预混气的“爆炸指数”,用来评价各种可燃预混气的爆炸危险程度,该指数越大,爆炸危险程度越高。另外,式(4-7)中的最大压力上升速率与初始压力(p_0)存在以下类似线性关系:

$$\left(\frac{\mathrm{d}p}{\mathrm{d}t}\right)_{\mathrm{m}}=\frac{\tau S_{\mathrm{L}}A}{V}\left(\frac{p_{\mathrm{m}}}{p_0}-1\right)p_{\mathrm{m}} \tag{4-8}$$

式中 p_{m}——最大压力;

τ——湍流度,即脉动速度的均方根与当地平均速度绝对值之比;

S_L——试验测定的参考燃烧速率；

A——火焰波阵面的面积；

V——试验中所用容器的容积。

4.3.1.4 爆炸威力指数

可燃预混气爆炸会对设备造成一定程度的破坏。这里用爆炸威力指数表征破坏程度。爆炸威力指数是指最大爆炸压力与平均压力上升速率的乘积，即

$$爆炸威力指数=最大爆炸压力\times平均压力上升速率$$

由上式可以看出，爆炸威力指数不仅与最大爆炸压力有关，还与平均压力上升速率有关。表4-4给出了几种常见可燃气体的爆炸威力指数。值得注意的是，上文中提到的爆炸指数也是一个可用以评价可燃预混气爆炸危险程度的重要参数，但它采用的是最大压力上升速率。

表4-4 常见可燃气体的爆炸威力指数

气体名称	爆炸威力指数	气体名称	爆炸威力指数
甲烷	676	环乙烷	1 041
乙烷	1 011	氢气	5 329
丙酮	1 012	乙炔	8 859
已烷	1 018	苯	1 014

4.3.1.5 爆炸总能量

爆炸过程中产生的总能量也是衡量爆炸危险程度的一个重要参数。根据爆炸反应的特点，爆炸总能量与可燃气体的热值和体积呈正比关系，即用式(4-9)计算：

$$E=Q_v V \tag{4-9}$$

式中 E——可燃气体爆炸总能量，kJ；

Q_v——可燃气体热值，kJ/m^3；

V——可燃气体积，m^3。

4.3.2 爆炸极限理论及计算

4.3.2.1 爆炸极限的含义

可燃气体或液体蒸气与空气并非只要按比例混合就可以燃烧或爆炸，即便会发生，燃烧速率也会受到混合比例的影响。试验证明，氢气在空气中的含量为4.1%～74%时，混合气遇到明火时才会发生爆炸。理论上，当混合物中可燃气体含量等于化学计量浓度时，燃烧速率最快。但试验结果表明，火焰传播速度最大、燃烧最剧烈时，可燃气体含量实际上与化学计量浓度有所偏差，但一般都在化学计量浓度附近；而当含量低于或高于某一极限值时，火焰便不再蔓延。

以上含量的极限即爆炸极限，具体地，对可燃气体或液体蒸气的爆炸极限可作如下定义。

① 爆炸下限：可燃气体或液体蒸气与空气组成的气体混合物能使火焰蔓延的可燃气体的最低含量(体积分数，下同)。

② 爆炸上限：可燃气体或液体蒸气与空气组成的气体混合物能使火焰蔓延的可燃气体

的最高含量。气体混合物中，可燃气体含量若在下限之下或上限之上，一般情况下不会着火或爆炸。但上限之上的气体混合物，如混合气泄漏到敞开空间，由于扩散及与空气的混合稀释作用，仍具有很高的燃烧或爆炸危险性。

4.3.2.2 爆炸极限测定

可燃气体或液体蒸气的爆炸极限一般通过试验测得，爆炸极限在数值上与可燃限非常接近，难以区分。下面将详细介绍测定过程，主要包括试验装置和试验步骤。

(1) 试验装置

通常采用由反应管、真空泵、搅拌泵、点火电极、压力计等设备组成的系统装置来测定爆炸极限，试验装置如图 4-5 所示。

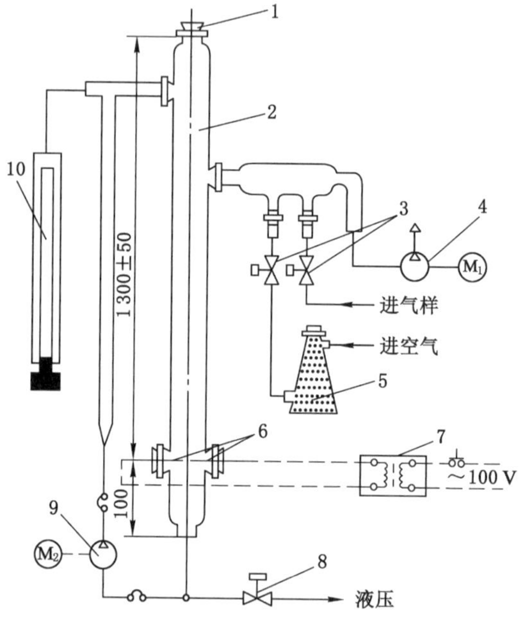

1—安全塞；2—反应管；3—电磁阀；4—真空泵；5—干燥瓶；6—点火电极；7—电压互感器；8—泄压电磁阀；9—搅拌泵；10—压力计。

图 4-5 爆炸极限测定装置示意图

(2) 试验步骤

爆炸极限的测定步骤如下：

① 检查装置的气密性。具体过程为先利用真空泵把容器抽真空至 668 Pa(绝对压力)，然后停泵等待 5 min，如果容器内气压变化不大，则认为气密性良好。

② 搅拌混合。按照分压法确定空气和可燃气体的流量来配比预混气，并使用无油搅拌泵将空气与可燃气体搅拌 5～10 min，以保证均匀混合。

③ 开始试验。打开点火装置，并观察是否有火焰传播到管顶。

在试验过程中需要注意的是，每次试验完成后都要用相对湿度小于 30%的空气冲洗反应管，反应管壁与点火电极有污染时也应冲洗。如果在同样条件下进行的 3 次试验中均没有发现火焰传播现象，则可改变配比进行下一个含量(体积分数，下同)的试验。测爆炸下限时每次含量增加量≤10%，测爆炸上限时每次含量减少量≤2%，用渐近法逐渐逼近可燃气体的爆炸极限。

参见《空气中可燃气体爆炸极限测定方法》(GB/T 12474—2008)，在每次试验中，找到最接近的火焰传播与不传播的可燃气体体积分数，并取其平均值作为爆炸极限。

4.3.2.3 爆炸极限计算方法

爆炸极限的计算方法有多种，下面介绍几种常用方法。

① 根据 1 mol 可燃气在燃烧反应中所需氧原子的物质的量(N)计算爆炸极限

$$\begin{cases} x_{下} = \dfrac{1}{4.76(N-1)+1} \times 100\% \\ x_{上} = \dfrac{4}{4.76N+4} \times 100\% \end{cases} \tag{4-10}$$

式中 $x_{下}$——可燃气的爆炸下限，%；

$x_{上}$——可燃气的爆炸上限，%。

以 CH_4 为例，给出使用该方法计算 CH_4 爆炸极限的过程。

首先给出 CH_4 的化学反应方程式：

$$CH_4 + 2O_2 + 7.52N_2 \longrightarrow CO_2 + 2H_2O + 7.52N_2$$

然后计算 1 mol CH_4 完全燃烧所需要氧原子的物质的量：

$$N = 4$$

最后确定 CH_4 的爆炸极限：

$$x_{下} = \frac{1}{4.76(N-1)+1} \times 100\% = \frac{1}{4.76 \times (4-1)+1} \times 100\% = 6.54\%$$

$$x_{上} = \frac{4}{4.76N+4} \times 100\% = \frac{4}{4.76 \times 4+4} \times 100\% = 17.36\%$$

② 根据可燃气在空气中完全燃烧时的化学计量浓度 x_0 计算爆炸极限

$$\begin{cases} x_{下} = 0.55x_0 \\ x_{上} = 0.48\sqrt{x_0} \end{cases} \tag{4-11}$$

式中 x_0——可燃气在空气中完全燃烧时的化学计量浓度，%。

同样用该方法计算 CH_4 的爆炸极限：

$$x_0 = \frac{1}{1+2+7.52} \times 100\% = 9.5\%$$

$$x_{下} = 0.55x_0 = 0.55 \times 9.5\% = 5.23\%$$

$$x_{上} = 0.48\sqrt{x_0} = 0.48 \times \sqrt{9.5\%} = 14.8\%$$

注意：式(4-11)适用于饱和烃类为主的有机可燃气体，不适用于无机可燃气体。

③ 根据燃烧热计算有机可燃气的爆炸下限

当爆炸下限用体积分数表示时，大多数同系列的可燃气，如烷烃类、醇类、醛类以及烯烃类等，其爆炸下限和燃烧热的乘积近似为常数。即

$$x_{1下}Q_1 = x_{2下}Q_2 = x_{3下}Q_3 = \cdots = C_x \tag{4-12}$$

式中，C_x 为常数。对于烷烃类，$C_x \approx 43$ kJ；对于醇类、醛类、烯烃类，$C_x \approx 41.5$ kJ。

式(4-12)说明爆炸下限与燃烧热呈反比关系，即燃烧热越大，爆炸下限越小；燃烧热越小，爆炸下限越大。利用式(4-12)计算，如果已知两种可燃气燃烧热和其中一种可燃气的爆炸下限，便可确定另一种可燃气的爆炸下限。该方法可利用燃烧反应的活化能与放热量之间的关系证明，具体可参阅相关文献。

④ 多种可燃气组成的混合可燃气爆炸极限的计算方法(勒夏特列公式)

$$x = \frac{100}{\dfrac{P_1}{x_1} + \dfrac{P_2}{x_2} + \dfrac{P_3}{x_3} + \cdots + \dfrac{P_i}{x_i}} \tag{4-13}$$

式中 x——混合可燃气的爆炸极限，%；

$P_1, P_2, P_3, \cdots, P_i$——混合气中各组分的体积分数，%；

$x_1, x_2, x_3, \cdots, x_i$——混合气中各组分的爆炸极限，%。

把可燃混合气各组分的爆炸下限代入式(4-13)，可以计算出混合气的爆炸下限；同样地，将各组分的爆炸上限代入式(4-13)，可以计算出混合气的爆炸上限。

值得注意的是，只有满足混合气体各组分之间不发生化学反应的条件时，勒夏特列公式才适用。而对于同时含有氢气-硫化氢、氢气-乙炔或硫化氢-甲烷等的混合气体，利用勒夏特列公式计算的爆炸下限与实际比较接近，但计算爆炸上限时则存在较大偏差。

⑤ 含有惰性气体的可燃混合气爆炸极限的计算方法

勒夏特列公式同样适用于可燃混合气中含有氮气、二氧化碳等惰性气体的情况。只是在计算爆炸极限时，需要把惰性气体与一种可燃气体编成一组，将该组中惰性气体和可燃气体的体积分数之和代入勒夏特列公式，并结合惰性气体与可燃气体的组合比来确定该组气体的爆炸极限。

【例 4-1】 求煤气的爆炸极限。煤气的组成为：12.4% H_2、27.3% CO、6.2% CO_2、0.7%CH_4、53.4%N_2。

【解】 将煤气中的惰性气体与可燃气体编为三组：CO_2 与 H_2 为第一组；N_2 和 CO 为第二组；CH_4 单独为第三组。第一组在整个混合气中的体积分数为 18.6%；第二组在整个混合气中的体积分数为 80.7%；第三组则为 0.7%。

各组中惰性气体与可燃气体的组合比为：

$$\frac{P_{CO_2}}{P_{H_2}} = \frac{6.2\%}{12.4\%} = 0.5, \frac{P_{N_2}}{P_{CO}} = \frac{53.4\%}{27.3\%} = 1.96$$

查图 4-6：$H_2 + CO_2$ 组的爆炸极限为 6%～70%；$CO + N_2$ 组的爆炸极限为 40%～73%；CH_4 的爆炸极限为 5%～15%。

将已知参数代入式(4-13)，即可计算出该煤气的爆炸极限：

$$x_{下} = \frac{100}{\dfrac{18.6}{6} + \dfrac{80.7}{40} + \dfrac{0.7}{5}}, x_{上} = \frac{100}{\dfrac{18.6}{70} + \dfrac{80.7}{73} + \dfrac{0.7}{15}}$$

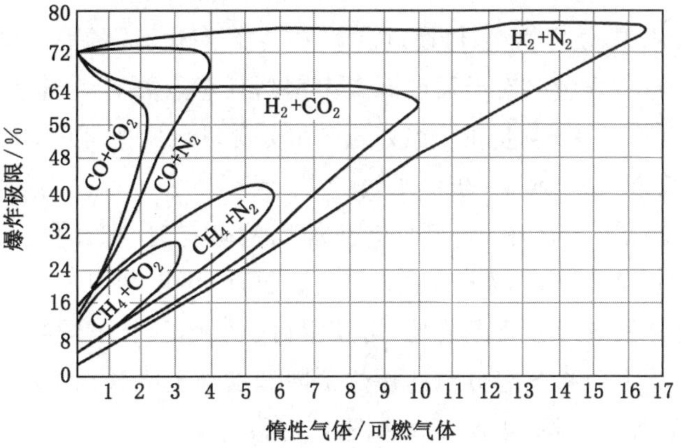

图 4-6　可燃气体与惰性气体的爆炸极限

4.3.2.4　爆炸极限的影响因素

爆炸极限是可燃混合气的物性参数，其大小不仅取决于可燃气的性质，还受到初始温度、系统压力、惰性介质含量等参数的影响。

爆炸性混合物的初始温度越高，则爆炸极限范围越大，即爆炸下限降低而爆炸上限增大。这是因为系统温度升高，其分子内能增加，从而使原来不燃的混合物成为可燃、可爆系统，爆炸危险性增大。

系统压力增大通常也会导致爆炸极限范围扩大。这是因为系统压力增大，其分子间距更为接近，分子碰撞概率增高，燃烧反应更易进行，从而使爆炸极限范围扩大。相反，系统压力降低，则爆炸极限范围缩小。当系统压力降至一定值时，爆炸上下限重合，此时对应的压力称为爆炸的临界压力。压力降至临界压力以下，除个别气体反常外，系统将成为不可爆系统。

若混合物中含惰性气体的比例增加，则爆炸极限的范围缩小，惰性气体的浓度提高到某一数值时，可使混合物失去爆炸性。

4.3.2.5　三元系统爆炸极限图

前述爆炸极限都是可燃气体在空气中的爆炸极限，由于空气中氮气和氧气比例是固定的，可以把氮气和氧气看作一种组分，则可燃气体与空气组成的爆炸系统可以看作二元系统。而如果氮气和氧气不符合空气中的组成比例，由此组成的体系称为三元系统，三元系统中可燃气体的爆炸极限比较复杂，一般有以下情况：① 由可燃气体 F、助燃气体 S 和一种惰性气体 I 组成；② 由两种可燃气体 F1、F2 和助燃气体 S 组成；③ 由可燃气体 F 和助燃气体 S1、S2 组成。比较常见的是第一种情况。

① 三角坐标表示方法。三元系统的组成可用三角坐标系表示，如图 4-7 所示，图中每种组分的坐标分别占据三角形的一条边，三角形每边的两个顶点各表示一种纯组分；边上任意一点 N 则表示其由该边所对应的组分 F、I 按一定的比例组成，而 N 点分割的线段长度之比即代表这两组分的含量之比，即 $F\%/I\%=\overline{IN}/\overline{FN}$；三角形内任意一点 M，则代表三元系统三种组分 F、I、S 所对应的任一组合。对于三角形中的任意点，这三种组分的浓度之和都等于 100%。M

点中各组分在系统中的含量可利用该点作所对应组分顶点对边的平行线，平行线与该顶点邻边的交点进行表示。以组分F为例，可通过点 M 作点 F 对边 SI 的平行线，平行线与 FS 的交点 A，即可表示组分 F 的含量。对于顶点 F 与其对边任意点如 P 的连线 FP 上的某一点 B，它所代表的三元混合系统中所对应的I组分与S组分含量之比便可用 SI 被点 P 所分割的两线段长度之比来计算，即 $I\%/S\%=\overline{PS}/\overline{IP}$。

② 爆炸极限图。在图4-7中，当组分S、I的比例确定时，如比例为 $I\%/S\%=\overline{PS}/\overline{IP}$ 时，则可燃气体F的爆炸上下限都会落在 FP 上。据此，可以利用试验测试数据绘制爆炸极限图，通过改变I组分和S组分含量之比，可获得可燃气体F在不同组分比例时的爆炸上下限，将所测得的含有I组分和S组分时的爆炸下限和爆炸上限分别对应连接起来，即可得到该可燃气体的三元爆炸极限图，如图4-8和图4-9所示。

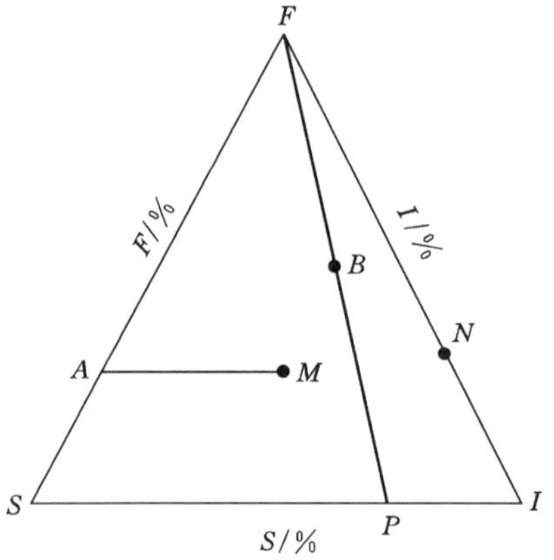

图4-7　三角坐标系爆炸极限图

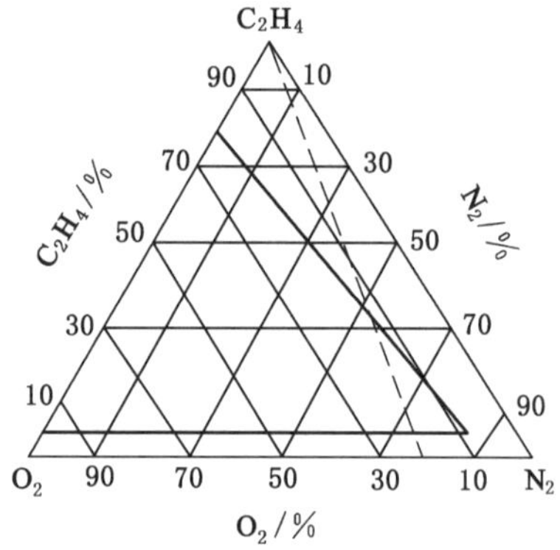

图4-8　乙烯-氮气-氧气系统爆炸极限图

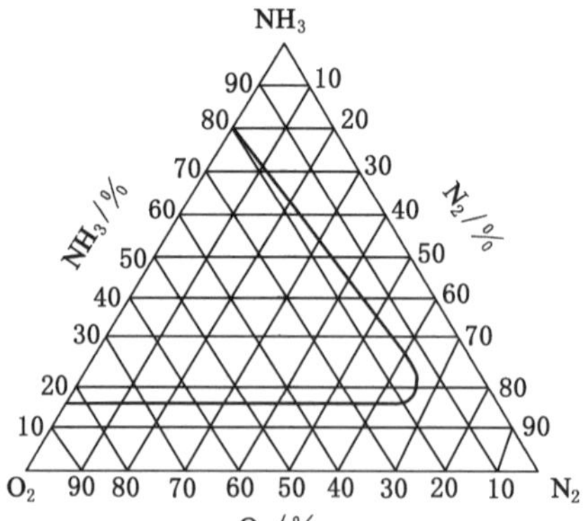

图4-9　氨气-氮气-氧气系统爆炸极限图

根据爆炸极限图可以非常方便地求出可燃气体在其他两组分不同比例下的爆炸极限。如求乙烯在空气中的爆炸极限，就可以将乙烯顶点与对边氧气含量与氮气含量之比为21∶79的点连接起来，该线与爆炸极限的交点对应的乙烯含量即乙烯在空气中的爆炸极限，具体为4%～35%。

4.3.3　可燃气体爆炸的预防

可燃气体与空气形成的可燃预混气，如果遇到火源就会发生爆炸，从而造成重大事故。气体爆炸是常见的爆炸之一，采取有效的措施预防气体爆炸具有重要意义。气体爆炸必须满足一定的条件：① 有可燃气体；② 有空气，且与可燃气体的配比要在爆炸极限范围内；③ 有火源。

7.5%的甲烷-空气预混燃烧试验管道出口实录

针对上述气体爆炸须满足的条件，可以提出预防可燃气体爆炸的方法：① 控制火源；② 预防爆炸性可燃预混气的形成；③ 设置安全水封及阻火器；④ 设置泄压装置。下面将详细进行阐述。

9.5%的甲烷-空气预混燃烧试验管道出口实录

4.3.3.1　控制火源

为了预防可燃气体爆炸，在存在可燃气体的场合，均需要严格控制各种形式的火源。表 4-5 给出了几种常见的火源种类。

表 4-5　常见的火源种类

火源种类	举　例
明火	气焊、电焊等产生的明火
电火花	电气设备的开关、短路时出现的电火花，静电火花
物理火花	物体的机械撞击、摩擦等产生的火花
其他	高温炽热表面

总体而言，电火花或电弧是常见的可燃气体爆炸的主要火源；在设备的运行过程中线路可能短路，电气设备或线路接触电阻过大，超负荷或散热不良等均可造成环境的温度迅速升高，从而引起气体爆炸。根据爆炸的危险程度不同，在具有爆炸风险的场所，需要采用防爆电气设备。按照防爆结构和防爆性能的不同，防爆电气设备可分为增安型、隔爆型、充砂型、通风充气型、本质安全型、无火花型、特殊型等类型，选用合适的防爆电气设备有利于保证工作环境的安全，选用是否合理应根据防爆等级确定。

11.5%的甲烷-空气预混燃烧试验管道出口实录

4.3.3.2　预防爆炸性可燃预混气的形成

(1) 密封与监控。将空间密封，能防止可燃气体向大气中泄漏，从而预防爆炸性可燃预混气的形成。在要求较高的防爆场所安装检测仪，可实现对现场可燃气体含量的实时监控。因此，采取密封的方法，并加强对现场可燃气体含量等参数的实时监控，能有效地预防可燃预混气的形成，这种方法尤其适用于生产、储存或输送可燃气体的设备和管线等场合。

(2) 通风措施。实际中，有些场合很难密封(如厂房、车间等大空间场合)，此时，就要使其保持良好的通风状态，保证泄漏的少量可燃气体可以随时排走，使其不会发生积聚而形成爆炸性的预混气。同时，在进行通风系统设计时，应考虑所存放可燃气体的相对密度，这是因为气体的相对密度与可能形成的爆炸性预混气的分布部位有关。如图 4-10(a)所示，密度相对空气密度小的可燃气体(如氢气、氨气和甲烷等)泄漏后，应在屋顶采取通风措施；如

图 4-10(b)所示，一些比空气密度大的可燃气体(如丙烷、苯等)泄漏后，应在地沟等低洼处采取通风措施。当然，所采用的通风设备，必须考虑防爆功能，避免产生火花。

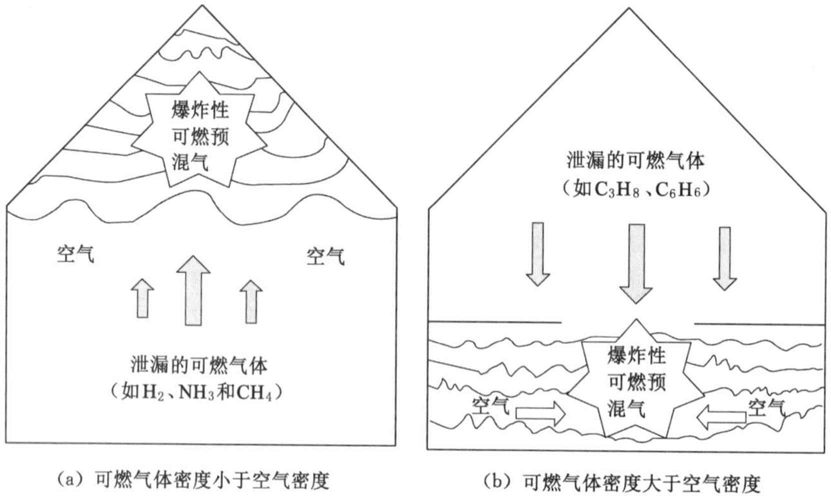

图 4-10　可燃气体泄漏形成爆炸性可燃预混气方式

(3) 惰性气体保护。惰性气体因其不燃且无助燃作用可作为保护气体，用于限制可燃气体、可燃蒸气及可燃粉尘与空气等助燃性气体形成爆炸性混合物。工业生产中常用的惰性气体有氮气、二氧化碳、水蒸气和烟道气等。用惰性气体进行稀释，使形成的混合气在爆炸极限范围之外，常用于以下几种场合：

① 生产和处理可燃气体和可燃液体的设备。

② 可燃固体的粉碎、研磨及可燃粉尘的筛分、混合和输送过程。

③ 使用非防爆电气设备或仪表的爆炸危险场所。

④ 可燃液体压送。

⑤ 使用气体燃料或液体燃料的反应炉膛。

⑥ 有爆炸危险的工艺设备在停车检修时的清洗和置换。

⑦ 有爆炸危险的工艺设备、储罐等。

4.3.3.3　设置安全水封及阻火器

一般通过切断火焰传播途径来防止火灾的进一步蔓延，例如，在设备、容器与管道中设置安全水封和阻火器。

① 安全水封。在气体发生器中，常用水封阻火。常用的安全水封有敞开式安全水封和封闭式安全水封两种，具体见图 4-11 和图 4-12。

可燃气体在运输过程中经过安全水封时，即使一端着火，在水的阻碍下，火焰传播也会被终止，从而不会引起火灾的蔓延。当然，安全水封内的水面高度决定了其可靠性，对于压力较大的可燃气体，水封的水面位置要相对高些，这是因为若水封液面低于进气管管口，则达不到阻火作用，因此要经常检查水面高度，保证水封的阻火功能。另外，在采用水封法时，还应在水中加入盐或者氯化钙等防冻剂，防止水在较低温度下结冰，从而保证可燃气体的正常输送。

② 阻火器。阻火器的阻火原理为：火焰在管道中传播时，如果管径变小，管子的比表面

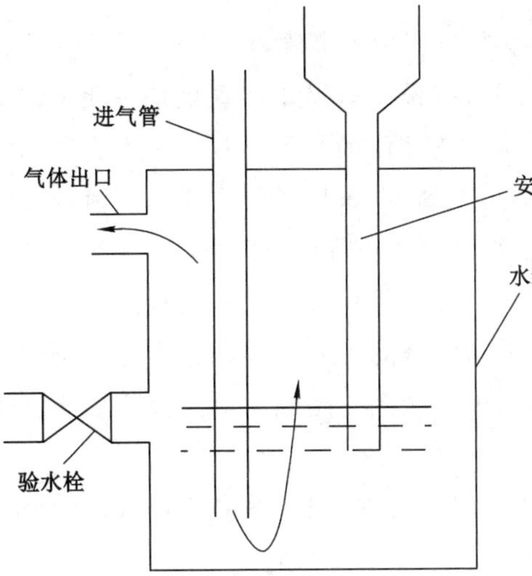

图 4-11　敞开式安全水封

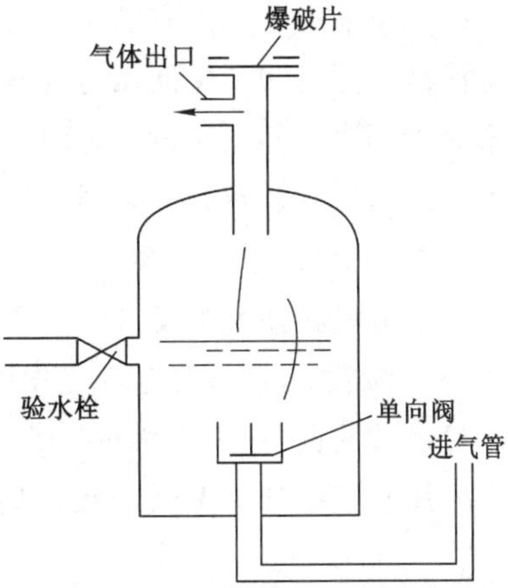

图 4-12　封闭式安全水封

积增加，散热作用增强，会导致自由基的销毁；另外，自由基碰撞容器壁的概率增大，自由基销毁速度增加，火焰传播速度减小。阻火器常用在易爆的高热设备、燃烧室、高温反应器等与输送可燃气体的管线之间，以及易燃液体、可燃气体的容器、管道、设备的排气管上。当管径小于一定数值时，火焰不能在管子中传播。不能传播火焰的管子的最大直径，称为消焰直径，不同种类混合气体的燃烧速率不同，因此其消焰直径也有所差异。表 4-6 给出了常见的阻火器种类及适用范围。

表 4-6　常见的阻火器种类及适用范围

阻火器种类	适用范围或说明
波纹阻火器	适用于管道、闪点低于 28 ℃的甲类油品、氢氧液化类和闪点低于 60 ℃的煤油、柴油、甲苯、原油等，可与呼吸阀配套使用，也可单独使用，用于内浮顶油罐通气管上和加油站地下油罐通气管上
网型阻火器	适用于储存闪点低于 28 ℃的甲类和乙类油品，也适用于储存物料以氮气封顶的拱顶罐，可与呼吸阀、呼吸人孔配套使用，亦可单独使用
抽屉式波纹阻火器	适用于原油、汽油、煤油、柴油、芳烃、硫等各类油品或其他化工物料的固定顶式储罐，可以与通气管配套使用或单独使用
阻爆燃型管道阻火器	适用于输送可燃气体的管道，火炬系统，油气回收系统，加热炉燃料气的网管，气体净化管道系统，气体分析系统，煤矿瓦斯抽采系统
氧气管道阻火器	采用特种铜合金和不锈钢焊接而成，可以有效防止氧气管道阀门在突然开启时易形成的“绝热压缩”、局部温度骤升而成为着火能源；可以防止在阀门前后压差作用下，高速运动的物质微粒（如铁锈、粉尘、焊渣等）与阀门及管道摩擦、撞击产生火花而成为着火能源
天然气阻火器	适用于输送可燃气体如加热炉燃料气、天然气、液化石油气、煤矿瓦斯的管网，也适用于民用煤气管道，防止在非正常情况下火焰在管道中的逆向传播

4.3.3.4　设置泄压装置

为了确保压力容器安全运行，防止设备由于过量超压而发生事故，除了从根本上采取措施消除或减少可能引起压力容器超压的各种因素以外，装设安全泄压装置也是一项关键措施。安全泄压装置是为了保证压力容器安全运行，防止它超压的一种器具。压力容器的安全泄放量是指压力容器在超压时为保证它的压力不再升高，在单位时间内所必须泄放的气量。常见的防爆泄压装置有安全阀和爆破片。安全阀主要用来防止物理爆炸。安全阀的排放量是一个重要参数，指安全阀处于全开状态时在排放压力下单位时间内的排放量。选用安全阀时其排放量必须大于设备的安全泄放量，并根据设备的工艺条件和工作介质特性选用安全阀的结构形式，按最大允许工作压力选用合适的安全阀。爆破片则主要适用于爆炸时要求全量泄放的设备，用来防止化学爆炸。

安全泄压装置按其工作原理和结构形式可以分为阀型、断裂型、熔化型和组合型等几种，其介绍见表 4-7。

表 4-7　安全泄压装置的种类及适用范围

种　　类	优　　点	适用范围
阀型泄压装置	仅排放压力容器内高于规定的部分压力，而当容器内的压力降至正常操作压力时，即自动关闭，可重复使用多次，安装调整容易	适用于介质为比较洁净的气体（如空气、水蒸气等）的设备，不宜用于介质具有毒性的设备，更不能用于有可能产生剧烈化学反应而使压力急剧升高的设备
断裂型泄压装置	密封性能好，在容器正常工作时不会泄漏；爆破片的破裂速度高，故泄压反应较快；介质中若含有油污等杂物也不会对装置元件的动作压力产生影响	宜用于可能发生压力急剧升高的化学反应，或介质具有剧毒性的容器，不宜用于液化气体储罐，压力波动较大，即超压机会较多的容器也不宜采用
熔化型泄压装置	结构简单，容易更换；利用合金的熔化温度，对动作压力的控制较为容易	只能用于压力完全取决于温度的小型容器，如气瓶等
组合型泄压装置	同时具有阀型和断裂型的优点，既可防止单独用安全阀的泄漏，又可以在完成排放过高压力的动作后恢复容器的使用	一般用于介质为具有腐蚀性的液化气体或剧毒、稀有气体的容器。由于装置中的安全阀有滞后作用，不能用于升压速度极高的反应容器

4.3.3.5　分解爆炸的预防

前面介绍的都是可燃气体与空气或氧气混合发生的爆炸问题，实际上如果条件合适，对于一些气体，由于其分解反应是放热反应，例如，乙炔、乙炔系列的化合物、乙烯、氧化乙烯、四氟乙烯、丙烯、臭氧、NO 和 NO_x 等，也可能发生分解爆炸，由于不需要氧气的参与，故其爆炸上限为 100%，因此也更具有危险性和隐蔽性。

一般地，要发生分解爆炸，气体需要同时满足以下条件：① 存在能量足够的火源或热源；② 分解爆炸过程是放热反应；③ 初始压力不小于分解爆炸的临界压力（低于该压力时，系统不会发生分解爆炸)。表 4-8 给出了几种物质的分解爆炸临界压力。

表 4-8　几种物质的分解爆炸临界压力

物质名称	分解爆炸临界压力/Pa	分解爆炸临界压力/初始压力
乙烯	5.978×10^{6}	6.3
乙炔	1.4×10^{5}	20～50
氧化乙烯	4.0×10^{4}	10
一氧化二氮	$>2.53\times10^{5}$	
一氧化氮	$>1.52\times10^{6}$	>10

针对分解爆炸形成所需要的条件,可以采取加入惰气等方法进行保护。但应注意若火源能量很大,即使低于临界压力,这些气体也可能发生爆炸。还应注意的是,以上气体的一些化合物(如乙炔铜、乙炔银等)在微撞击的情况下就会发生爆炸,所以盛乙炔的容器不能用铜或含铜多的合金制造,用乙炔焊接时不能使用银焊料。

4.4　可燃预混气的爆轰

可燃预混气的爆轰

4.4.1　爆轰的发生

爆轰的发生可以分为三个阶段:激波形成、爆轰发生和爆轰稳定。

(1) 激波形成

封闭长管中装有可燃预混气,并在封闭的一端点燃混合气,点燃后的混合气由于化学反应放热膨胀,将产生一道燃烧波。刚开始的火焰是以导热为主的缓慢燃烧,而后由于燃烧产物温度升高,体积膨胀。体积膨胀的燃烧产物类似于一个活塞,对其后的未燃气体具有压缩作用,这样就产生了一系列的压缩波。这些压缩波在未燃混合气中传播,各自使波前未燃混合气的压力 p 和温度 T 产生一个微小的增量,并使其前端的未燃混合气获得一个微小的向前运动的速度。由于后面压缩波的波速比前面的大,当管子足够长时,后面的压缩波由于速度快就有可能赶上其前面的压缩波,最后这些压缩波重叠在一起,即形成激波。

(2) 爆轰发生

当开始形成的火焰前锋产生激波后,由于激波所产生的压力非常高,它对未燃混合气产生的剧烈压缩将使混合气的温度急剧升高而着火。经过一段时间以后,正常火焰传播与激波所点燃的火焰将合二为一,于是燃烧在管子开口至激波面的整个前段进行,同时又将对其后段未燃的气体形成更大的压缩作用,燃烧以超音速传播。

(3) 爆轰稳定

激波经过的地方未燃气体都将被点燃,火焰传播速度也就等于激波的波动速度。激波后的已燃气体又连续产生一系列的压缩波,继续向前传递,并不断提供能量维持这种激波的传递,这样便形成了稳定的爆轰波。图 4-13 为爆轰形成过程示意图。

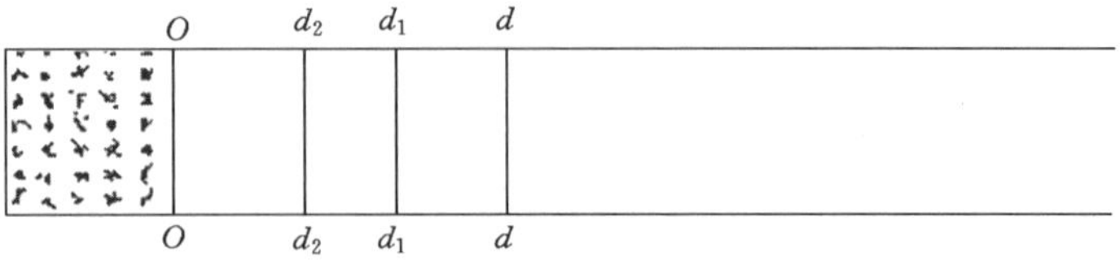

(a) 正常火焰传播O-O前面形成一系列压缩波d-d、d_1-d_1、d_2-d_2

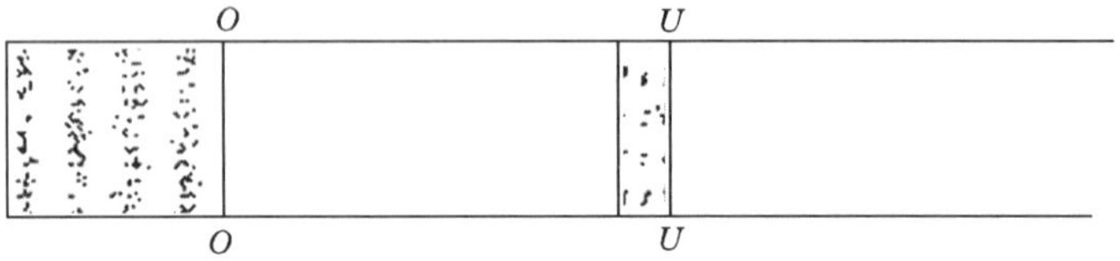

(b) 正常火焰传播O-O前面爆轰波U-U已形成，并使未燃气体着火

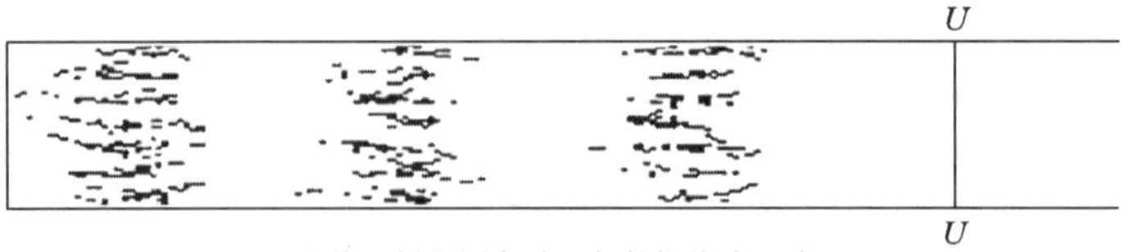

(c) 正常火焰传播与爆轰波引起的燃烧合二为一

图 4-13 爆轰的形成过程

4.4.2 爆轰形成的条件

(1) 初始正常火焰传播能形成压缩扰动

从本质上讲，爆轰波就是一个激波，而这种激波形成的直接原因是燃烧所产生的压缩扰动。所以，初始正常火焰传播能否产生压缩扰动，是能否最终导致爆轰形成的关键。因为要形成激波，就必须要使产生的一系列波在某个时刻能够叠加在一起，而只有压缩扰动才具有这样的特点。

(2) 预混气容器或管子的尺寸必须足够大

从压缩波的形成到最终的叠加需要一定的过程，因此，预混气容器或管子的尺寸必须足够大，这样才能保证这些波能够在碰到容器壁或管子的端部前叠加在一起，进而形成重叠波，这是发生爆轰的基本条件。一般来说，初始的正常火焰传播不能形成激波的原因可能是管子较短，或者自由空间的预混气体积太小。一般将正常火焰锋面与爆轰形成位置之间的距离称为爆轰前期间距。爆轰前期间距与管子的内径和粗糙度有关，一般对于表面较为粗糙的管子，其爆轰前期间距为管径的 2～4 倍，而如果管内壁比较光滑，其爆轰前期间距将可达管径的几十倍。

(3) 管子直径大于爆轰临界直径

如果管子直径太小，火焰的热损失就很大，同时，火焰中的自由基也更容易碰撞到管子的内壁而失去活性。所以要形成爆轰，管径必须大于某一临界值(可称为爆轰临界直径)。一般可燃气体的爆轰临界直径为 12～15 mm。

(4) 可燃气体含量要在爆轰极限范围内

只有可燃气体的含量达到一定值时，爆轰才能形成，如果含量太高或太低，都不利于爆轰的发生。一般地，爆轰极限范围比爆炸极限范围要窄，见表 4-9。

表 4-9 可燃混合气的爆炸极限与爆轰极限

可燃混合气	爆炸极限(体积分数)/%		爆轰极限(体积分数)/%	
	下限	上限	下限	上限
乙炔+空气	1.5	82.0	4.2	50.0
乙炔+氧气	2.5		3.5	92.0
乙醚+空气	1.7	36.0	2.8	4.5
乙醚+氧气	2.1	82.0	2.6	24.0
丙烷+氧气	2.3	55.0	3.2	37.0
氢气+空气	4.0	75.0	18.3	59.0
氢气+氧气	4.7	93.0	15.0	90.0
氨气+氧气	13.5	79.0	25.4	75.0
一氧化碳+氧气	15.7	94.0	38.0	90.0

4.4.3 爆轰波的破坏特点

从爆轰波的形成过程看，由于相对波前气体是超音速的，爆轰波造成了巨大的破坏，其在形成和传播过程中具有以下破坏特点：

① 爆轰波波速快。较快的波速将会导致设备中常用的泄压装置失效。

② 爆轰波压力大。尤其是碰到容器壁反射时，爆轰波会产生更大的压力，其对建筑物具有很强的破坏性。表 4-10 给出了爆轰波对建筑物的破坏情况。

表 4-10 爆轰波对建筑物的破坏情况

超压值/($\times 10^5$ Pa)	建筑物的损坏情况
<0.02	基本上没有破坏
0.02～0.12	玻璃窗部分或全部破坏
0.12～0.30	门窗部分破坏，砖墙出现小裂纹
0.30～0.50	门窗大部分破坏，砖墙出现严重裂纹
0.50～0.76	门窗全部破坏，砖墙部分倒塌
>0.76	墙倒屋塌

③ 爆轰波实际上就是一种激波，因此，它产生的冲击波对人具有杀伤作用，见表 4-11。

表 4-11 爆轰波对人的杀伤作用

超压值/($\times 10^5$ Pa)	人的损伤情况
<0.10	无损伤
0.10～0.25	轻伤，出现 1/4 的肺气肿，内脏有 2～3 个出血点
0.25～0.45	中伤，出现 1/3 的肺气肿，1～3 片内脏出血，1 个大片内脏出血
0.45～0.75	重伤，出现 1/2 的肺气肿，3 个以上片状内脏出血，2 个以上大片内脏出血
>0.75	伤势严重，无法挽救，死亡

为了防止爆轰波的产生，必须在爆轰波生成前，阻止火焰向其转变。为此，可采取以下措施：① 在管子中安装阻火器，减小孔径；② 在爆轰波刚生成时，急剧增大管径，减轻压缩作用，阻断爆轰。

本章习题

1. 用燃烧反应所需的氧原子的物质的量和化学计量浓度两种方法计算丙烷（C_3H_8）在空气中的爆炸极限，并比较计算结果。

2. 已知乙烷爆炸下限为3%，燃烧热为1 426.6 kJ/mol，丙烷的燃烧热为2 041.9 kJ/mol，求丙烷的爆炸下限。

3. 已知某天然气组成——甲烷：80%，$x_{下}=5\%$；乙烷：12%，$x_{下}=3\%$；丙烷：6%，$x_{下}=2.1\%$；丁烷：2%，$x_{下}=1.5\%$。试求该天然气的爆炸下限。

4. 容器中装有甲烷和空气预混气，体积为9 L，甲烷的体积分数为9.5%，爆炸前温度$T_1=298$ K，初始压力$p_1=1.013\ 25\times10^5$ Pa，爆炸时温度$T_2=2\ 300$ K，压力$p_2=8.075\ 6\times10^5$ Pa，甲烷的火焰传播速度$S_L=34.7$ cm/s，取比热容比γ为1.4，求甲烷爆炸时的平均压力上升速率。

5. 形成爆轰要具备哪些条件？爆轰对设备的破坏有什么特点？

6. 某容器中装有丙烷和氧气的预混气，体积为2.24 m^3，丙烷的体积分数为3%，爆炸前温度$T_1=298$ K，初始压力$p_1=1.013\ 25\times10^5$ Pa（即1.0 atm）。丙烷的低热值为83 470 kJ/m^3，火焰燃烧速度为45.7 cm/s。

（1）计算该预混气的爆炸温度与爆炸压力，其爆炸压力能否导致人员的直接死亡？

（2）计算该预混气爆炸过程的平均压力上升速率及爆炸威力指数（τ取3.14）。

（3）如果该容器为圆柱形容器，直径为2.0 m，湍流度为0.5，计算该预混气最大压力上升速率及爆炸指数。

第5章 液体火灾

可燃液体是指在常温下容易燃烧的液态物质，其种类繁多，应用范围十分广泛。作为火灾学领域重要的研究课题之一，本章将论述液体燃料的特性，以及液体在火灾中的行为。例如，液体火灾中涉及的沸溢与喷溅、油池燃烧的机制等。通过对液体火灾的深入了解，我们能够更好地理解不同类型液体在火灾中的行为和响应，为火灾预防、应对和灭火提供重要的科学依据。

本章重点：掌握可燃液体燃烧的特点，准确计算可燃液体的闪点和爆炸温度极限，掌握油池燃烧、油面燃烧相关知识；掌握沸溢与喷溅的形成条件。

本章难点：准确计算可燃液体的闪点和爆炸温度极限，理解油池燃烧的速度分析方法。

5.1 可燃液体燃烧的特点

可燃液体的燃烧首先需经过蒸发这一过程，根据图5-1，可燃液体蒸发为可燃气体后，有两种燃烧方式：一种是和空气预先混合，形成预混燃烧；另一种是可燃气体与空气边扩散边燃烧，形成扩散燃烧。因此，可燃液体燃烧的本质是可燃蒸气的燃烧。液体能否发生燃烧，以及燃烧速度与液体的蒸气压、闪点、沸点和蒸发速度等性质密切相关。由于液体的燃烧受蒸发过程控制，因而其燃烧比较稳定，同时受蒸发速度与燃烧速度的影响，会出现闪燃现象。

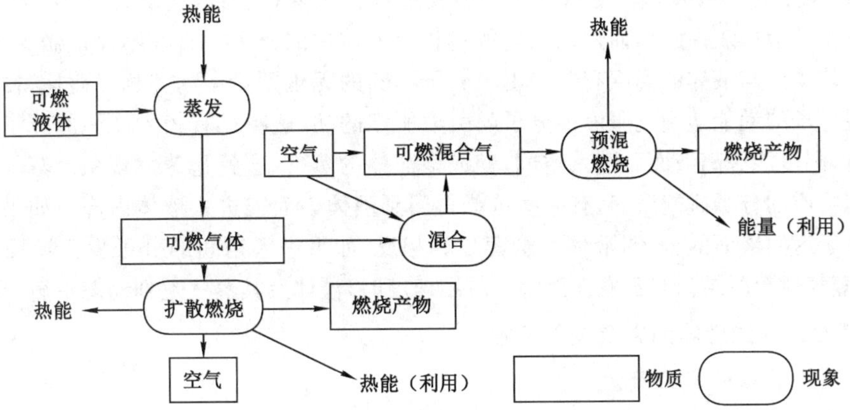

图5-1 可燃液体燃烧的一般过程

另外，敞口储罐中的油类发生火灾时也容易出现沸溢、喷溅等现象，这主要是由于液体在燃烧过程中，不断由液面向液层内传热，使所含的黏度大、沸点在100 ℃以上的重油、原油产生沸溢、喷溅，进而造成大面积火灾。

根据液体燃料蒸发与汽化的特点，可将其燃烧分为液面燃烧、灯芯燃烧、蒸发燃烧和雾化燃烧四种形式。

① 液面燃烧是指直接在液体燃料表面发生的燃烧。若液体燃料容器附近有热源或火源，则在辐射和对流的影响下，液体表面被加热，从而导致蒸发加快、液面上方的可燃蒸气增加；当其与周围的空气形成一定浓度的可燃混合气并达到着火温度时，便会发生燃烧。在液面燃烧过程中，若燃料蒸气与空气混合不均，则会导致燃料严重热分解，其中的重质成分通常不发生燃烧反应，只会冒出大量黑烟，污染环境。油罐火灾、海面浮油火灾等均属此类燃烧。因此，在工程燃烧中不宜采用此种燃烧形式。

② 灯芯燃烧是指利用吸附作用将燃油从容器中吸上来，并在灯芯表面生成蒸气，然后蒸气与空气混合发生的燃烧。这种燃烧方式功率小，一般只用于家庭生活或其他小规模的燃烧器，如煤油炉、煤油灯等。

③ 蒸发燃烧是指令液体燃料通过一定的蒸发管道，利用燃烧时放出的部分热量（如高温烟气）加热管道中的燃料，使其蒸发，然后再像气体燃料那样燃烧。蒸发燃烧适用于黏度不大、沸点不高的轻质液体燃料，在工程燃烧中有一定的应用。

④ 雾化燃烧是指利用各种形式的雾化器，把液体燃料破碎雾化成直径从几微米到几百微米的小液滴，悬浮在空气中边蒸发边燃烧。燃料的雾化使其表面积增加了上千倍，因此有利于液体燃料迅速燃烧。雾化燃烧是工程燃烧的主要方式。

对于不同的液体燃料，应依据其蒸发的难易程度采用不同的雾化方式。对于易蒸发燃料（如汽油）的雾化，通常采用“汽化器”实现；而对于比较难蒸发的液体燃料，通常使用某种喷嘴实现雾化。

5.2　可燃液体的蒸发

可燃液体的蒸发

蒸发，就是物质从液态转化为气态的相变过程。从微观上看，蒸发就是液体分子从液体表面脱离而进入空间的过程。液体中的分子一直在不停地做无规则运动，它们的平均动能与液体的温度有关。由于分子不断的无规则热运动和相互碰撞，在任何时刻总有一些分子的动能达到克服液体分子间引力所需的功，这些具有较大动能的分子如果处于液面附近，则可能脱离液面而进入空间，变成该液体的蒸气，这就是蒸发现象。蒸气分子在与其他气态物质的分子碰撞后，又有一些可能再回到液体表面或进入液体内部。如果进入空间的分子多于返回液面的分子，液体就会蒸发。相反，如果进入空间的分子少于返回液面的分子，那么蒸气就会凝结。当蒸发速度等于凝结速度时，液体及其蒸气达到动态平衡。

5.2.1　蒸发过程的影响因素及主要参数

5.2.1.1　蒸发过程的影响因素

（1）空气回流

当进入空气中的蒸气分子与空气分子或其他蒸气分子发生碰撞时，有可能被碰回到液体中。如果液面空气流动快、通风好，蒸气分子随风逸散，重新返回液体的概率变小，也就意味着蒸发越快。

（2）液体温度

温度越高，蒸发越快；反之，蒸发越慢。无论在什么温度下，液体中总有一些具有较大速度的分子能够脱离液面而成为蒸气分子。因此，在任何温度下液体都会蒸发。而随着液体温度的升高，分子的平均动能将进一步增大，会有更多分子克服液面束缚，此时从液面脱离出去的分子数量增多。所以液体的温度越高，蒸发越快。

(3) 液体面积

如果液体表面面积增大，则处于液体表面附近的分子数目将会增加，这使得从液面进入空间的分子数增多。因此，液体面积增大，蒸发加快。

(4) 液体种类

对于不同的液体，即使外界条件相同，由于液体分子之间内聚力不同，液体的蒸发速度也不尽相同。例如，乙醚，其分子间的内聚力很小，能够溢出液面的分子数较多，所以蒸发较快；而对于一些分子间内聚力很大的液体，如水银，只有极少数动能足够大的分子才能从液面溢出，所以水银的蒸发很慢。

以上因素也间接影响着液体的燃烧过程，是决定液体火灾行为的重要因素。

5.2.1.2　蒸发过程的主要参数

(1) 蒸发热

蒸发过程是吸热过程。因此，如果使液体在恒温恒压下蒸发，则必须从周围环境中吸收热量。通常定义，在一定温度和压力下单位质量液体完全蒸发所吸收的热量为液体的蒸发热，又叫汽化热。

蒸发热使液体分子动能增加、速度加快，克服分子间引力。因此，分子间引力或者分子间色散力越大，其蒸发热越高。此外，蒸发热还用于汽化时体积膨胀对外所做的功。所以蒸发热越高，越不利于液体的蒸发和燃烧。

(2) 沸点

当液体的蒸气压与外界压力相等时，蒸发在整个液体中进行，这种现象称为液体沸腾。当蒸气压低于环境压力时，蒸发仅在液面部分进行。换句话说，沸腾是指在一定温度下液体内部和表面同时发生的剧烈汽化现象。而所谓液体的沸点，是指液体的饱和蒸气压与外界压力相等时液体的温度。很显然，液体沸点除了与液体种类有关外，还与外界气压密切相关。表 5-1 是一些常见液体在常压下的沸点。

表 5-1　常见液体在常压下的沸点

物质名称	沸点/℃	物质名称	沸点/℃	物质名称	沸点/℃	物质名称	沸点/℃
甲烷	−161	苯	80.1	异戊烷	27.8	碘化氢	−37
乙烷	−89	甲苯	110.6	癸烷	160	硫化氢	−61
丙烷	−30	乙醇	78.4	氨	−33	磷化氢	−88
丁烷	0	乙醚	34.6	水	100	溴化氢	−70
正戊烷	36.1	硅烷	−112	氟化氢	17	氯化氢	−84
丙酮	56.1	甲醇	64.8	甲醛	−19.5	乙酸	117.9

(3) 蒸气压

在一定外界条件下，液体中的液态分子会蒸发为气态分子，同时气态分子也会撞击液面回归液态。这是单组分系统发生的气液两相变化，该过程持续一定时间后，即可达到平衡。平衡时，气态分子含量达到最大值，这些气态分子对液体产生的压强称为饱和蒸气压，简称蒸气压。蒸汽压是液体的重要性质，它与液体的数量及液面上方空间的大小无关，仅与液体的物理化学性质和液体温度有关。

在相同温度下，液体分子之间的引力弱，则液体分子容易克服引力进入空间，蒸气压就高；反之，蒸气压就低。分子间的引力称为分子间力，又称范德瓦尔斯力，其中最重要的是色散力。色散力是由于分子在运动过程中，原子核和电子云发生瞬时相对运动，产生瞬时偶极而出现的分子间吸引力。分子量越大的液体，分子越容易变形，色散力越大。因此在同类液体中，分子量越大，蒸发越难，蒸气压越低。但在水（H_2O）、氨（NH_3）、氟化氢（HF）分子中，以及多数有机化合物中，由于存在氢键，分子间力大大增强，蒸发难以进行，从而导致蒸气压较低。可见，液体性质是影响蒸气压的重要因素。

一般讨论的蒸气压均为大量液体的蒸气压，而当液体为很小的液滴时，由于表面张力而产生的附加压力增大，蒸气压变高，从而形成过热液体、过饱和溶液等亚稳态体系。这也会影响液滴或喷雾的燃烧性质。

饱和蒸气压是液体的一个重要物理性质，如液体的沸点、液体混合物的相对挥发度等都与之有关，从而也决定液体的闪点、燃点等与饱和蒸气压有关。

5.2.2 克劳修斯-克拉佩龙方程

液体的蒸气压与温度之间的关系服从克劳修斯-克拉佩龙方程，下面对该方程进行介绍。

为了确定描述不同平衡系统时所需的独立参数，1875 年美国科学家吉布斯（Gibbs）导出了著名的相律，即对于一个平衡系统，独立强度参数的数目与系统包含的相数和组元数有一定的关系。对于无化学反应的系统，吉布斯相律为：

$$I = C - P + 2 \tag{5-1}$$

式中 I——系统中独立强度参数的数目，或称为自由度；

C——系统包含的组元数；

P——系统包含的相数。

根据吉布斯相律，纯物质处于饱和状态，即两相平衡共存时，饱和压力与饱和温度之间存在着一定的关系，彼此并不独立。克劳修斯-克拉佩龙方程就是按照平衡条件导出的饱和压力与饱和温度之间的关系式，其可以表示为：

$$\frac{\mathrm{d}p_s}{\mathrm{d}T_s} = \frac{L_v'}{(v^\beta - v^\alpha)T_s} \tag{5-2}$$

式中 p_s——饱和压力；

T_s——饱和温度；

L_v'——单位质量物质的相变潜热；

v^β，v^α——两相的比容。

式(5-2)是一种普遍适用的微分形式的方程式，结合物质的特性条件，对其进行积分，便可获得饱和曲线的具体函数形式。为了简化，此处只讨论低压下的情况，此时认为蒸气的比容（单位质量物质所占有的体积）v^β 比液体的 v^α 大得多，在计算过程中，v^α 可以忽略；同时，对于蒸气应用理想气体状态方程 $v^\beta = RT_s/(M_s p_s)$，代入式(5-2)有：

$$\frac{dp_s}{dT_s}=\frac{M_s p_s L_v'}{RT_s^2}=\frac{p_s L_v}{RT_s^2} \tag{5-3}$$

式中　M_s——摩尔质量；

L_v——每摩尔物质的相变潜热；

R——摩尔气体常数，又称通用气体常数，$R=8.314$ J/(mol·K)$=1.987$ cal/(mol·K)。

式(5-3)可写成：

$$\frac{dp_s}{p_s}=\frac{L_v}{R}\frac{dT_s}{T_s^2} \tag{5-4}$$

如果温度变化范围较小，则相变潜热可视为常数，对式(5-4)进行积分，可得：

$$\ln p_s=-\frac{L_v}{R}\frac{1}{T_s}+C \tag{5-5}$$

$$\ln\frac{p_{s,2}}{p_{s,1}}=-\frac{L_v}{R}\left(\frac{1}{T_{s,2}-T_{s,1}}\right) \tag{5-6}$$

取 $R=1.987$ cal/(mol·K)时，式(5-5)变成：

$$\ln p^0=\left(-0.218\ 5\times\frac{L_v}{T}\right)+C' \tag{5-7}$$

式中　p^0——平衡压力，Pa；

T——温度，K；

L_v——每摩尔物质的相变潜热，cal/mol；

C, C'——常数。

表 5-2 给出了常见有机化合物的 C' 和 L_v 的值。

表 5-2　常见有机化合物的 C' 和 L_v 的值

化合物	分子式	C'	L_v/(cal/mol)	化合物	分子式	C'	L_v/(cal/mol)
正戊烷	C_5H_{12}	9.614 6	6 595.1	乙醇	C_2H_5OH	10.952 3	9 673.9
正己烷	C_6H_{14}	9.842 0	7 627.2	正丙醇	C_3H_7OH	11.062 2	10 421.1
环己烷	C_6H_{12}	9.787 0	7 830.9	丙酮	$(CH_3)_2CO$	10.028 9	7 641.5
正辛烷	C_8H_{18}	10.018 9	9 221.0	丁酮	$CH_3COCH_2CH_3$	10.084 2	8 149.5
异辛烷	C_8H_{18}	10.059 8	8 548.0	苯	C_6H_6	9.958 6	8 146.5
正癸烷	$C_{10}H_{22}$	10.373 0	10 912.0	甲苯	$C_6H_5CH_3$	9.844 3	8 580.5
正十二烷	$C_{12}H_{26}$	10.275 9	11 857.7	苯乙烯	$C_6H_5CH=CH_2$	10.046 9	9 634.7
甲醇	CH_3OH	10.764 7	8 978.8				

5.2.3　拉乌尔定律

克劳修斯-克拉佩龙方程虽然可以求解液体的饱和蒸气压，但是它仅适用于纯液体。对于稀释溶液，则需要用拉乌尔定律求解。在任何浓度下均符合拉乌尔定律的溶液称为理想溶液。理想溶液溶剂的蒸气压 p_A 等于纯溶剂的蒸气压 p_A^0 乘以溶液中溶剂的摩尔分数 x_A，即

$$p_A=p_A^0 x_A \tag{5-8}$$

对于非理想溶液，拉乌尔定律应修正为：

$$\begin{cases} p_i = p_i^0 a_i \\ a_i = r_i x_i \end{cases} \tag{5-9}$$

式中 p_i——溶液中 i 组分的蒸气压；

p_i^0——i 组分纯物质的蒸气压；

a_i——i 组分的活度；

r_i——i 组分的活度系数。

需要注意的是，当 $r_i=1, a_i=x_i$ 时，式(5-9)也就是式(5-8)的形式，即式(5-9)是一个通用公式。

【例 5-1】 含有 45%(体积分数)乙醇和 55%(体积分数)环已烷的混合物，可近似地看作理想溶液。试计算在 30 ℃和 60 ℃条件下，液体表面的饱和蒸气压 $p_{乙醇}$ 与 $p_{环已烷}$。已知 $\rho_{乙醇}=790\ \text{kg/m}^3$，$\rho_{环已烷}=660\ \text{kg/m}^3$。

【解】

$$x_{乙醇}=\frac{45\times\frac{790}{46}}{45\times\frac{790}{46}+\frac{55\times 660}{84}}=0.641$$

$$x_{环已烷}=1-x_{乙醇}=0.359$$

根据表 5-2，有 $L_{v乙醇}=9\ 673.9\ \text{cal/mol}$，$L_{v环已烷}=7\ 830.9\ \text{cal/mol}$，$C_{乙醇}'=10.952\ 3$，$C_{环已烷}'=9.787\ 0$，将相关数值代入克劳修斯-克拉佩龙方程得：

$$\lg p_{乙醇}^0=-\frac{0.218\ 5\times 9\ 673.9}{T}+10.952\ 3$$

$$\lg p_{环已烷}^0=-\frac{0.218\ 5\times 7\ 830.9}{T}+9.787\ 0$$

将 $T=303$ K、$T=333$ K 代入得：

$$(p_{乙醇}^0)_{303\ \text{K}}=9\ 550\ \text{Pa}$$

$$(p_{环已烷}^0)_{303\ \text{K}}=13\ 803\ \text{Pa}$$

$$(p_{乙醇}^0)_{333\ \text{K}}=40\ 244\ \text{Pa}$$

$$(p_{环已烷}^0)_{333\ \text{K}}=44\ 543\ \text{Pa}$$

根据拉乌尔定律计算液面上的蒸气压：

$$(p_{乙醇})_{303\ \text{K}}=9\ 550\times 0.641=6\ 121.55\ (\text{Pa})$$

$$(p_{环已烷})_{303\ \text{K}}=13\ 803\times 0.359=4\ 955.28\ (\text{Pa})$$

$$(p_{乙醇})_{333\ \text{K}}=40\ 244\times 0.641=25\ 796.40\ (\text{Pa})$$

$$(p_{环已烷})_{333\ \text{K}}=44\ 543\times 0.359=15\ 990.94\ (\text{Pa})$$

5.3 可燃液体的闪燃与爆炸温度极限

液体的闪燃、爆炸温度极限与稳定燃烧

煤气罐使用安全教育

5.3.1 可燃液体的闪燃与闪点

5.3.1.1 闪燃与闪点的定义

当液体温度较低时，由于蒸发速度慢，液面上蒸气浓度小于爆炸下限，蒸气与空气的混合气体遇到火源时不会被点燃。随着液体温度升高，蒸气分子浓度增大，当蒸气分子浓度增大到爆炸下限时，蒸气与空气的混合气体遇火源能闪出火花，但随即熄灭。这种在可燃液体的上方，蒸气与空气的混合气体遇火源发生的一闪即灭的瞬间燃烧现象称为闪燃。在规定的试验条件下，液体表面能够产生闪燃的最低温度称为闪点。

液体发生闪燃，是因为其表面温度不高，蒸发速度小于燃烧速度，蒸气来不及补充被消耗的部分，而仅能维持一瞬间的燃烧。液体的闪点一般要用专门的开杯式或闭杯式闪点测定仪(也可称为开口式闪点测定仪或闭口式闪点测定仪)测得。采用开杯式闪点测定仪时，由于气相空间不能像闭杯式闪点测定仪那样产生饱和蒸气-空气混合物，所以测得的闪点大于采用后者测得的闪点。开杯式闪点测定仪一般适用于闪点高于 100 ℃的液体，而闭杯式闪点测定仪适用于闪点低于 100 ℃的液体。

(1) 开杯闪点

用规定的开杯式闪点测定仪[见图 5-2(a)]测得的闪点为开杯闪点，以℃表示。

测量开杯闪点时，把试样装入试验杯并达到规定的刻度线后，首先利用电炉加热使试样温度迅速升高，然后再减缓升温速度，在接近闪点时保持恒速升温，在规定的温度间隔内，用点火器火焰按规定速度通过试样表面，以点火器火焰使试样表面上的蒸气发生闪燃时试样的最低温度作为开杯闪点。为了准确测量闪点，必须严格控制操作条件，特别是升温速度。该方法重复性结果之差不得大于 8 ℃，而再现性结果之差不得大于 16 ℃，其中重复性是指同一操作者用同一台仪器重复试验，而再现性是指在两个实验室对同一个样品进行检测。

(2) 闭杯闪点

用规定的闭杯式闪点测定仪[见图 5-2(b)]测得的闪点为闭杯闪点，以℃表示。

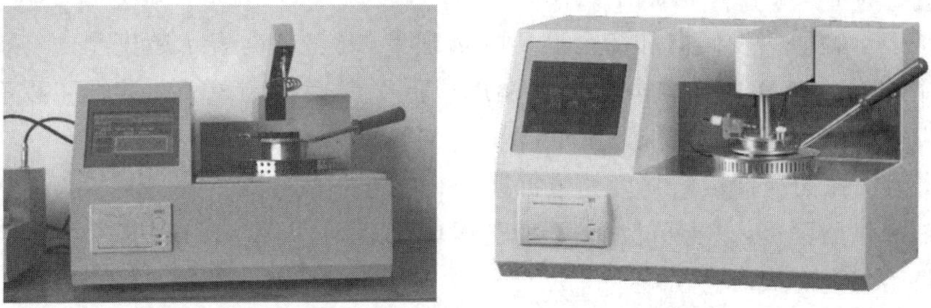

(a) 开杯式闪点测定仪　　(b) 闭杯式闪点测定仪

图 5-2　闪点测定仪

测量闭杯闪点时，首先将样品倒入试验杯，在规定的速率下连续搅拌，并以恒定速率加热样品。在规定的温度间隔内并中断搅拌的情况下，将火源引入试验杯开杯处，使样品蒸气发生瞬间闪燃，此时试样的最低温度即环境大气压下的闪点，用公式修正后可得到标准大气压下的闪点。对于闪点低于 104 ℃的液体，该方法重复性结果之差不得大于 2 ℃，再现性结果之差不得大于 3.5 ℃；而对于闪点高于 104 ℃的液体，该方法的重复性结果之差不得大于 5.5 ℃，再现性结果之差不得大于 8.5 ℃。相对而言，闭杯闪点较开杯闪点精度高。

5.3.1.2 闪点的实用意义

(1) 用于评定可燃液体火灾危险性

可燃液体生产、储存厂房和库房的耐火等级、层数、占地面积、安全疏散设施、防火间距、防爆设施等的确定和选择要以闪点为依据;液体储罐、堆场的布置、防火间距,液化石油气储罐的布置、防火间距等也要以闪点为依据。

闪点越低的液体,其火灾危险性越大。有的液体在常温下甚至冬季,只要遇到明火就可能发生闪燃。例如,苯的闪点为−14 ℃,酒精的闪点为 11 ℃,则苯的火灾危险性比酒精的大。煤油的闪点是 40 ℃,它在室温下与明火接近不能立即燃烧,因为此时煤油蒸气量很少,不能闪燃,更不能燃烧。只有把煤油加热到 40 ℃ 时才能发生闪燃,继续加热到燃点时才能燃烧。

(2) 作为可燃液体的分类、分级标准

在消防工程设计及应用中,根据闪点的不同将可燃液体分为三大类,见表 5-3。

表 5-3 可燃液体的分类

类别		条件	举例
甲类液体		闪点<28 ℃	原油、汽油等
乙类液体	A类	28 ℃<闪点<45 ℃	喷气燃料、灯用煤油等
	B类	45 ℃<闪点<60 ℃	
丙类液体	A类	60 ℃<闪点<120 ℃	重油、柴油、润滑油等
	B类	闪点>120 ℃	

(3) 用于确定安全生产措施

闪点是表示物质蒸发倾向和安全性质的物理量,闪点越高表示越安全。在储存使用中禁止将油品加热到它的闪点,加热的最高温度应低于闪点 20～30 ℃,这样可以有效避免液体闪燃的发生,降低火灾发生的概率。

(4) 作为选择灭火剂供给强度的依据

灭火剂的供给强度,是指单位面积、单位时间内,供给灭火剂的数量。闪点越低的液体,其灭火剂供给强度越大。

5.3.1.3 闪点的主要影响因素

(1) 可燃液体的性质

可燃液体的种类与性质对液体闪点的影响较大,主要原因是可燃液体的分子间力和化学键力不同。可燃液体分子间力越大,蒸发越困难,液体上方蒸气浓度越低,越不容易发生闪燃,即闪点越高。可燃液体化学键力对闪点的影响与分子间力类似。

(2) 混合情况

可燃液体的混合情况也是影响液体闪点的重要因素。可燃液体与非可燃液体互溶时,由于非可燃液体会蒸发出蒸气,可燃液体蒸气会被稀释,从而造成可燃液体闪点升高。两种可燃液体的混合物,其闪点不等于两种物质闪点的算术平均值。

① 完全互溶的可燃混合液体的闪点

完全互溶的可燃混合液体的闪点一般比其各组分闪点的算术平均值低,且接近高占比组分的闪点。例如，纯乙酸戊酯的闪点为 28 ℃，纯甲醇的闪点为 7 ℃。当 20%的乙酸戊酯和 80%的甲醇混合时，其闪点并不等于(28×20%＋7×80%)℃＝11.2 ℃，而是约等于 9 ℃，如图 5-3 所示。

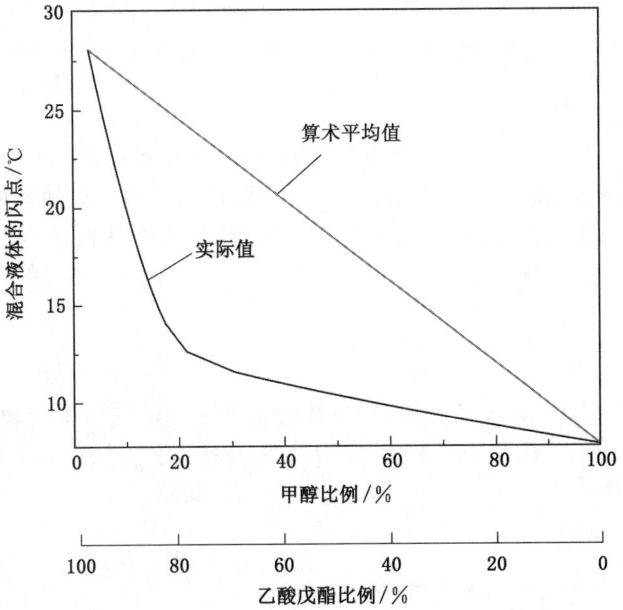

图 5-3　乙酸戊酯与甲醇混合液体的闪点

② 可燃液体与不可燃液体混合时的闪点

若将不燃液体加入互溶的可燃液体，则混合液体的闪点将随着不燃液体比例的增加而增大，当不燃组分含量超过某一临界值时，混合液体将无法发生闪燃。表 5-4 给出了醇水溶液的闪点。

表 5-4　醇水溶液的闪点

溶液中醇的含量/%	闪点/℃		溶液中醇的含量/%	闪点/℃	
	甲醇	乙醇		甲醇	乙醇
100	11	12	20	44.25	36.75
80	16.75	19	10	58.57	49
60	22.75	22.75	5		62
40	30	26.75	3		

(3) 压力

总压力升高，根据分压定律，为了使蒸气浓度达到爆炸极限，其饱和蒸气压就要相应提高，而对应的温度也要增高。所以，压力越高，液体闪点越高。例如，压力为74 078 Pa 时，甲苯闭杯闪点仅为 0.1 ℃，而当压力为 197 368 Pa 时，甲苯闭杯闪点升高到 16.3 ℃，见表 5-5。

表 5-5 压力对甲苯闭杯闪点的影响

压力/Pa	甲苯饱和蒸气压/Pa	甲苯闭杯闪点/℃
74 078	889	0.1
100 000	1 200	4.9
197 368	2 368	16.3

(4) 点火时间和火源强度

在其他条件相同的情况下，点火时间越长，液面上的火源强度越高，液体的闪点越低。这主要是因为液体接收的热量增多，其表层温度将有所升高，从而促使液面上方蒸气浓度升高。例如，当电焊电弧作用于液面时，由于电弧的能量很高，液体在初始温度低于正常试验条件下的闪点时也能够发生闪燃。

5.3.2 可燃液体的闪点计算

5.3.2.1 直接计算液体闪点

直接计算液体闪点有两种方法，分别为利用液体分子中的碳原子数和波道查公式计算。

① 利用液体分子中的碳原子数计算。对于可燃液体，可按式(5-10)计算闪点：

$$t_f = \sqrt{10\,410 n_c} - 277.3 \tag{5-10}$$

式中 t_f——可燃液体闪点；

n_c——可燃液体分子中的碳原子数。

② 利用波道查公式计算。对于烃类可燃液体，其闪点可用波道查公式计算：

$$t_f = 0.694 t_b - 73.7 \tag{5-11}$$

式中 t_b——可燃液体的沸点，℃。

5.3.2.2 间接计算液体闪点

除了直接计算液体闪点外，也可以采用间接方法计算液体闪点。首先利用道尔顿公式、布里诺夫公式等计算可燃液体饱和蒸气压，然后利用插值法或克劳修斯-克拉佩龙方程计算可燃液体的闪点。

① 利用道尔顿公式计算可燃液体饱和蒸气压。道尔顿公式为：

$$p_f = \frac{p}{1 + 4.76(N - 1)} \tag{5-12}$$

式中 p_f——闪点下可燃液体饱和蒸气压，Pa；

N——燃烧 1 mol 可燃液体所需氧原子数；

p——可燃液体蒸气和空气混合气体的总压力，通常等于 $1.013\,25 \times 10^5$ Pa。

② 利用布里诺夫公式计算可燃液体饱和蒸气压。布里诺夫公式为：

$$p_f = \frac{2A_p}{D_0 N} \tag{5-13}$$

式中 A_p——仪器常数；

D_0——标准状态下可燃液体蒸气在空气中的扩散系数。

③ 利用可燃液体蒸气爆炸下限计算可燃液体饱和蒸气压。处于闪点时液体的蒸气浓度就是该液体蒸气的爆炸下限，因此可以利用可燃液体蒸气爆炸下限计算液体的闪点。液体的饱和蒸气浓度和蒸气压的关系为：

$$p_f = \frac{L_p}{100} \tag{5-14}$$

式中　L_p——蒸气爆炸下限。

在实际应用中，可以先利用上述道尔顿公式、布里诺夫公式或者可燃液体蒸气爆炸下限计算可燃液体饱和蒸气压，然后根据表 5-6 中的数据，利用插值法求出可燃液体的闪点，也可在计算出饱和蒸气压后，根据克劳修斯-克拉佩龙方程计算可燃液体的闪点。

表 5-6　常见的易燃与可燃液体的饱和蒸气压

液体名称	饱和蒸气压/Pa								
	−20 ℃	−10 ℃	0 ℃	10 ℃	20 ℃	30 ℃	40 ℃	50 ℃	60 ℃
甲醇	835.93	1 795.85	3 575.70	6 690.10	11 821.66	19 998.3	32 463.91	50 889.01	83 326.25
甲苯	231.98	455.96	889.26	1 693.19	2 973.08	4 959.58	7 905.99	12 398.95	18 531.76
乙醇	333.31	746.60	1 626.53	3 137.06	5 866.17	10 412.45	17 785.15	29 304.18	46 862.08
乙酸甲酯	2 533.12	4 686.27	8 279.29	13 972.15	22 638.08	35 330.33			
乙酸乙酯	866.59	1 719.85	3 226.39	5 839.50	9 705.84	15 825.32	24 491.25	37 636.8	55 368.63
乙酸丙酯			933.25	2 173.25	3 413.04	6 432.79	9 452.53	16 185.29	22 918.05
乙酸丁酯		479.96	933.25	1 853.18	3 333.05	5 826.17	9 452.53		
乙醚	8 932.57	14 972.06	24 583.24	38 236.75	57 688.43	84 632.81	120 923.05	168 625.66	216 408.27
丙醇			435.96	951.92	1 933.17	3 706.35	6 772.76	11 798.99	19 598.33
丙酮		5 159.56	8 443.28	14 708.08	24 531.25	37 330.16	55 901.91	81 167.77	115 510.18
丁醇				270.64	627.95	1 226.56	2 386.46	4 412.96	7 892.66
戊醇			79.99	177.32	369.30	738.60	1 409.21	2 581.11	4 546.28
苯	990.58	1 950.50	3 546.37	5 966.16	9 972.49	15 785.32	24 197.94	35 823.62	52 328.89
二硫化碳	6 463.45	10 799.08	17 595.84	27 064.37	40 236.58	58 261.71	82 259.67	114 216.95	156 040.06
车用汽油			5 332.88	6 666.1	9 332.54	13 065.56	18 131.79	23 997.96	
航空汽油			11 732.34	15 198.71	20 531.59	27 997.62	37 730.13	50 262.39	
松节油			275.98	391.97	593.28	915.92	1 439.88	2 263.81	

5.3.3　可燃液体爆炸温度极限

5.3.3.1　可燃液体爆炸温度极限

可燃液体能否发生爆炸与其蒸气在空气中的浓度有关。如果可燃液体蒸气浓度位于爆炸极限范围内，则可能发生爆炸；如果蒸气浓度不在爆炸极限范围内，则不会发生爆炸。但是，现实生活中，可燃液体蒸气浓度不易测量，根据蒸气压理论，对于给定的液体，任一饱和蒸气压对应唯一的液体温度。这启示我们，用爆炸温度表示爆炸浓度，这样便可直观了解该液体的爆炸危险性。

爆炸温度上限和下限，分别用 $t_上$、$t_下$ 表示。

在室温条件下，对于爆炸温度下限小于最高室温且爆炸温度上限大于最低室温的可燃液体，其蒸气与空气的混合物遇火源时能发生爆炸；对于爆炸温度下限大于最高室温的可燃液体，其蒸气与空气的混合物遇火源时不能发生爆炸；对于爆炸温度上限小于最低室温的可燃液体，其饱和蒸气与空气的混合物遇火源时不会发生爆炸，但是其非饱和蒸气与空气的混合物遇火源时能发生爆炸。

例如，表 5-7 中，苯的爆炸温度下限、上限分别为 −14 ℃、19 ℃，在常温下可能发生爆炸；而灯用煤油的爆炸温度下限、上限分别为 40 ℃、86 ℃，一般情况下室温不会超过 40 ℃、86 ℃，所以煤油蒸气不会发生爆炸。

表 5-7　常见液体的爆炸温度上限和下限

液体名称	爆炸温度极限/℃		液体名称	爆炸温度极限/℃	
	下限	上限		下限	上限
苯	−12	19	甲苯	5	31
酒精	12	40	松节油	33.5	53
灯用煤油	40	86	乙醚	−45	13
车用汽油	−38	−8			

5.3.3.2　可燃液体爆炸温度极限的计算

爆炸温度极限包括爆炸温度下限和爆炸温度上限。其中，爆炸温度下限为液体的闪点，其计算方法与液体闪点的计算方法相同。计算爆炸温度上限时，可根据已知的爆炸上限计算相应的饱和蒸气压，然后用克劳修斯-克拉佩龙方程或插值法等计算出饱和蒸气压所对应的温度。

【例 5-2】 已知苯的爆炸极限范围为 1.5%～9.5%，试用插值法求在 110 000 Pa 下苯的爆炸温度极限范围。

【解】 爆炸下限和上限分别对应的饱和蒸气压为：

$$p_{饱下}=(110\ 000\times1.5\%)\text{Pa}=1\ 650\ \text{Pa}$$

$$p_{饱上}=(110\ 000\times9.5\%)\text{Pa}=10\ 450\ \text{Pa}$$

查表 5-6，−20～−10 ℃对应的饱和蒸气压为 990.58～1 950.50 Pa，10～20 ℃对应的饱和蒸气压为 5 966.16～9 972.49 Pa。

所以苯的爆炸温度下限为：

$$t_{下}=\left\{-20+\frac{1\ 650-990.58}{1\ 950.5-990.58}\times[-10-(-20)]\right\}℃=-13.13\ ℃$$

苯的爆炸温度上限为：

$$t_{上}=\left\{10+\frac{10\ 450-5\ 966.16}{9\ 972.49-5\ 966.16}\times(20-10)\right\}℃=21.19\ ℃$$

【例 5-3】 环境压力为 1 atm，乙醚的蒸发热为 25.9 kJ/mol，爆炸上、下限分别为1.8%与 40%，在 293 K 时其蒸气压为 0.582 atm。(1) 计算其在温度为 310 K 时的蒸气压，液面上方蒸气的摩尔分数是多少？(e 取 2.72)；(2) 计算其爆炸温度的上、下限。

【解】 (1) 由克劳修斯-克拉佩龙方程有：

$$\ln=-\frac{L_q}{RT}+C$$

在 293 K 时：

$$\ln 0.582 = -\frac{25.9 \times 10^3}{8.314 \times 293} + C$$

在 310 K 时：

$$\ln p = -\frac{25.9 \times 10^3}{8.314 \times 310} + C$$

以上两式相减有：

$$\ln \frac{p}{0.582} = \frac{25.9 \times 10^3}{8.314 \times 293} - \frac{25.9 \times 10^3}{8.314 \times 308} = 0.583\ 1$$

$$\frac{p}{0.583\ 1} = e^{0.583\ 1} = 1.585$$

$$p = 0.924\ \text{atm}$$

摩尔分数为：

$$X = 0.924$$

(2) 爆炸温度下限 $t_下$ 所对应的饱和蒸气压为 0.018 atm，爆炸温度上限 $t_上$ 所对应的饱和蒸气压为 0.4 atm。

$$\ln \frac{0.018}{0.582} = \frac{25.9 \times 10^3}{8.314 \times 293} - \frac{25.9 \times 10^3}{8.314 t_下} = -3.476$$

$$t_下 = \left[\frac{1}{\left(\frac{25.9 \times 10^3}{8.314 \times 293} + 3.476\right) \times \frac{8.314}{25.9 \times 10^3}}\right] \text{K} = 220.8\ \text{K}$$

$$\ln \frac{0.4}{0.582} = \frac{25.9 \times 10^3}{8.314 \times 293} - \frac{25.9 \times 10^3}{8.314 t_上} = -3.75$$

$$t_上 = \left[\frac{1}{\frac{1}{293} + 0.375 \times \frac{8.314}{25.9 \times 10^3}}\right] \text{K} = 283\ \text{K}$$

5.4 可燃液体的稳定燃烧

可燃液体着火后将形成稳定的燃烧火焰，其稳定燃烧形态一般呈水平平面的“池状”燃烧，也有一些呈“流动”燃烧。可燃液体的着火形式主要有引燃和自燃两种。

5.4.1 液体的引燃

引燃是指一定温度的可燃液体产生的蒸气和空气形成的混合气遇到火源时发生的连续燃烧(不少于 5 s)现象。液体发生引燃着火时的最低温度称为该液体的燃点或着火点。

可燃液体被引燃后火焰在液面上的传播方向如图 5-4 所示。液体要形成稳定的火焰，其蒸发速度必须足够快，这样才能够保证燃烧的持续，具体来说，液体的蒸发速度需满足如下条件：

$$G_1 \leqslant \frac{\dot{Q}_E - \dot{Q}_1}{L_v - \varphi \Delta H_c} \tag{5-15}$$

式中　G_1——燃烧速度或蒸发速度，$g/(m^2 \cdot s)$；

ΔH_c——燃烧热，kJ/mol；

φ——燃烧热 ΔH_c 反馈回液体表面的百分数；

$\dot{Q}_E$——单位面积液面上外界热源的加热速率，kW/m^2；

$\dot{Q}_l$——单位面积液面的热损失速率，kW/m^2；

L_v——液体的蒸发潜热（相变潜热），kJ/g。

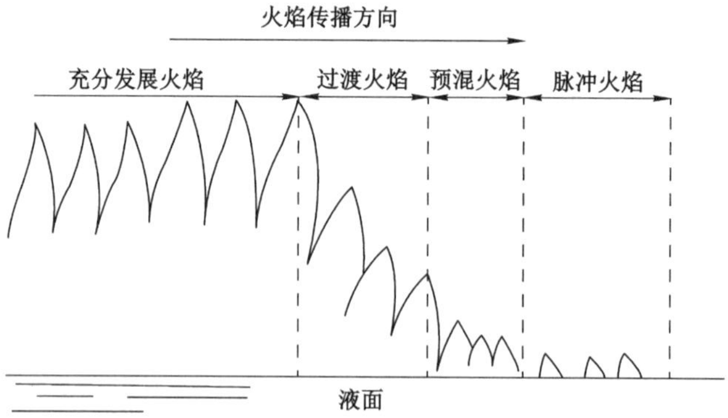

图 5-4　火焰在液面上的传播方向

由式(5-15)可知，液体能否被引燃，除了与液体本身的性质（燃烧热、蒸发潜热等）有关外，还受到外界条件的影响，如外界加热源和自身热损失。换言之，液体的燃点不是一个物性常数。

对于闪点低于环境温度的低闪点液体，由于其液面上的蒸气浓度已经达到着火浓度，其蒸气与空气的混合气遇火源就会被引燃，火焰迅速通过混合气传播到整个液面，从而形成稳定的燃烧。当液体的闪点高于环境温度时，液面上的蒸气浓度小于爆炸下限，此时无法用点火源快速引燃液体表面。引燃这类液体的常用方法有两种：一种方法是对液体进行整体加热，使其温度高于燃点，然后再点燃；另一种方法是利用灯芯点火，用小火焰或小的灼热体紧靠液面加热液体，引起燃烧。灯芯点火即利用毛细现象，将可燃液体吸附到灯芯中，由于灯芯比热容小，灯芯上液体的热对流运动被限制，因此，容易用小火焰加热，使得灯芯上的可燃液体温度达到燃点以上而被点燃；同时灯芯周围的液体受热后表面张力之间的平衡被破坏，从而使得液体产生回流，即在液体表面产生一个净作用力，驱使热流体离开受热区，而液面以下邻近的冷流体则流向受热区（图 5-5）。这种回流加热使液体的整体温度升高，当灯芯附近的液体温度达到燃点时，火焰就开始从灯芯向整个液面传播。

5.4.2　液体的自燃

与引燃和闪燃不同的是，液体的自燃着火是一种未用外界点火源，靠自热或外热达到一定温度后而自发燃烧形成稳定火焰的燃烧现象。根据热源的不同，自燃可以分为自热自燃和受热自燃。前者是指物质在空气中发生缓慢氧化造成热量积累而发生的自燃，后者是指由于外界的加热作用而发生的自燃。发生自燃着火的最低温度称为自燃点或自发着火点。

5.4.2.1　自燃点的影响因素

液体的自燃点不是物性常数，它不仅与液体本身性质有关，还受其他因素的影响，如空气中的氧含量、外界压力、容器特征、催化剂等。

(1) 氧含量

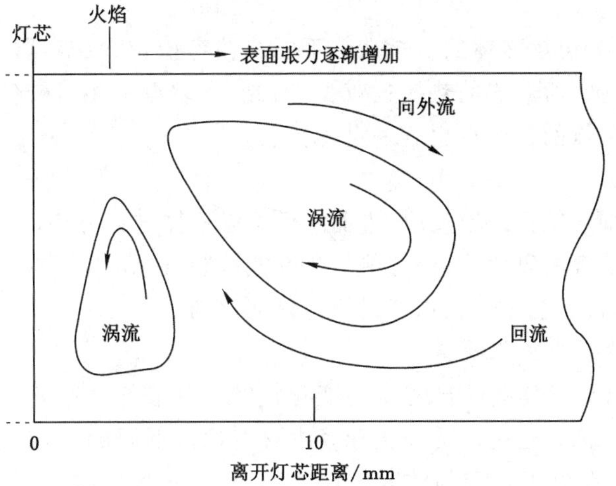

图 5-5 灯芯点火引起的液体流动示意图

提高空气中的氧含量会增加氧化还原反应的速度，进而降低可燃液体的自燃点；反之，减少氧含量则会导致液体的自燃点升高。图 5-6 为氧含量对 JP-6 燃料自燃点的影响。

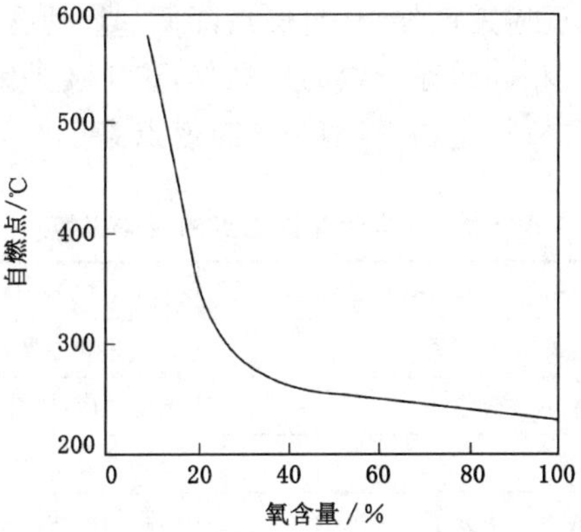

图 5-6 氧含量对 JP-6 燃料自燃点的影响

(2) 外界压力

可燃液体的自燃点与外界压力呈负相关关系。外界压力越小，自燃点越高；相反，外界压力越大，自燃点越低(表 5-8)。这是因为随着外界压力的增加，可燃蒸气和氧气的密度及浓度会增加，进而会加快化学反应，导致自燃点降低。

表 5-8 不同外界压力作用下部分液体的自燃点的变化情况

液体名称	自燃点/℃					
	1.0×10^5 Pa	5.0×10^5 Pa	1.0×10^6 Pa	1.5×10^6 Pa	2.0×10^6 Pa	2.5×10^6 Pa
汽油	480	350	310	290	280	250
煤油	460	330	250	220	210	200
苯	680	620	590	520	500	490

(3) 容器特性

容器的尺寸不同,可燃液体的自燃点也不同。在容积较大的容器中,由于其表体比(表面积与体积之比)较低,所造成的热损失较少,因此,自燃点也相对较低。此外,容器材料的导热特性等对可燃液体的自燃点也有一定的影响。

(4) 催化剂

有些催化剂可加速氧化还原反应,进而降低可燃液体的自燃点,这些催化剂称为活性催化剂,如钸、钴、铁、镍等的氧化物;而有些催化剂能抑制氧化还原反应的进行,使可燃液体的自燃点升高,如油品抗震剂——四乙基铅等钝化催化剂。

5.4.2.2 同类液体自燃点变化规律

表 5-9 给出了常见同类液体自燃点的变化规律。从表 5-9 中可以看出,饱和烃比相应的非饱和烃的自燃点高。这是因为非饱和烃中含有比较活跃的 π 键,易于氧化自燃。有机物中的同分异构体,在电子效应与空间效应的作用下,正构体的自燃点比异构体的自燃点低。异构体中 C 原子上的 H 原子被烷基 R 取代后,R 基的电负性小,与分子中电荷中心产生共振,使分子稳定化,故异构体的自燃点高。空间效应是指分子中 C 原子上的 H 原子被取代后,空间变得拥挤,分子中的反应中心难以和另一个分子接近,反应不易进行,自燃点升高。同系物的自燃点随分子量的增加而降低。同系物内化学键的键能随分子量的增大而减小,因此随着分子量的增加,反应速度加快,自燃点降低。烃的含氧衍生物(如醇类、醚类、醛类等)的自燃点比对应的含有相同碳原子数的烷烃低,这主要是因为含氧衍生物析出的氧使反应速度加快。另外,烃的含氧衍生物中,醇类的自燃点高于醛类。

表 5-9 同类液体自燃点的变化规律

序号	自燃点变化规律	原　因
1	烃类:饱和烃>相应的非饱和烃	非饱和烃中含有比较活跃的 π 键
2	同分异构体:异构体>正构体	电子效应和空间效应
3	环烷类>相应的烷类	环烷类分子结构稳定
4	同系物:分子量小的液体>分子量大的液体	同系物内化学键的键能随分子量的增大而减小
5	相同碳原子数的烷烃>烃的含氧衍生物	含氧衍生物析出的氧使反应速度加快

综上所述,同类液体自燃点的变化规律与其闪点的变化规律几乎相反。这是因为自燃点主要取决于活化能的大小,而闪点主要受分子间力的影响。

5.4.3 液体燃烧速度的表示方法

液体燃烧速度有两种表示方法:燃烧线速度和燃烧质量速度。

5.4.3.1 燃烧线速度

燃烧线速度表示单位时间内烧掉的液层厚度,可表示为:

$$v_L = \frac{H}{t} \tag{5-16}$$

式中 v_L——液体燃烧线速度,mm/h;

H——液体燃烧掉的液层厚度,mm;

t——液体燃烧所需时间,h。

5.4.3.2 燃烧质量速度

在单位时间内、单位面积上烧掉的液体质量即燃烧质量速度，其表达式为：

$$G_L = \frac{m_b}{A_L t} \tag{5-17}$$

式中 G_L——液体燃烧质量速度，kg/(m^2·h)；

m_b——液体燃烧质量损失量，kg；

A_L——液体燃烧的面积，m^2。

5.4.3.3 液体燃烧质量速度与线速度的关系

对于液体燃烧质量损失量 m_b，有：

$$m_b = \frac{H\rho_L A_L}{1\ 000} = \frac{v_L t \rho_L A_L}{1\ 000} \tag{5-18}$$

式中 ρ_L——可燃液体的密度，kg/m^3。

将式(5-18)代入式(5-17)，得到：

$$G_L = \frac{\rho_L v_L}{1\ 000} \tag{5-19}$$

式(5-19)即液体燃烧质量速度与线速度的关系式，图 5-7 所示为液体燃烧质量速度测定装置。

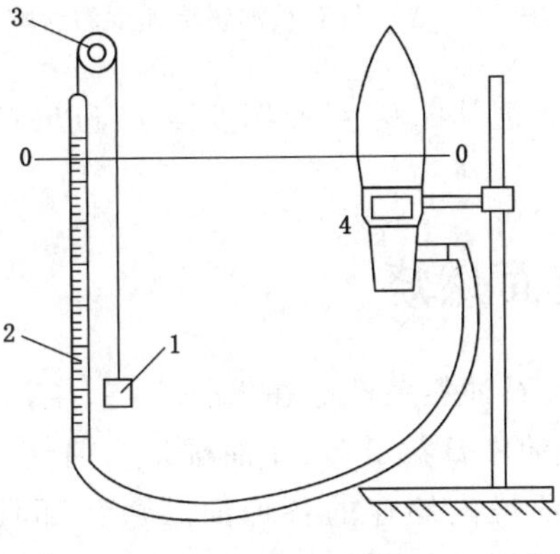

1—重锤；2—滴定管；3—滑轮；4—直径为 62 mm 的石英容器。

图 5-7 液体燃烧质量速度测定装置

5.4.3.4 液体燃烧速度的计算与影响因素

液体燃烧质量速度 G_L 可表示为：

$$G_L = \frac{\dot{Q}''}{L_v + \bar{c}_p (T_2 - T_0)} \tag{5-20}$$

式中 $\dot{Q}''$——液面接收的热量，kg/(m^2·h)；

L_v——液体的蒸发潜热，kJ/kg；

$\bar{c}_p$——液体的平均定压热容，kJ/(kg·K)；

T_2——燃烧时的液面温度，K；

T_0——液体的初始温度，K。

由式(5-20)可以看出，初始温度 T_0 升高，液体预热到 T_2 所需的热量减少，从而使更多的热量用于液体的蒸发，便会加快燃烧速度。

另外，容器中液位较低时，液面到火焰底部的距离增大，火焰向液面的传热速度降低，也会导致燃烧速度下降。

液体中含水时，从火焰传递出的热量有一部分用于水分蒸发，因此液体的燃烧速度下降，且含水量越多燃烧速度越慢。图 5-8 为含水量对重油燃烧速度的影响。

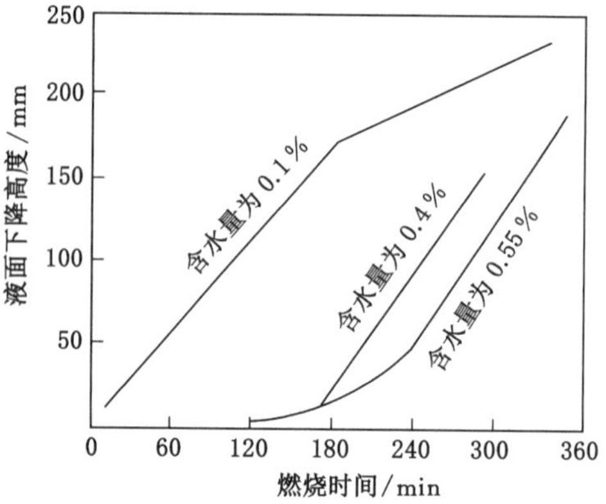

图 5-8　含水量对重油燃烧速度的影响

同系物液体的密度可以表征其挥发性，而挥发性又可以说明燃烧速度。一般地，液体的密度越小，其燃烧速度越快。

5.5　可燃液体的液面燃烧

可燃液体的液面燃烧

随着经济的发展，石油及石油相关产品在人们生产、生活中的应用越来越广泛，也越来越不可缺少，各类加油站、油库日益增多，而油罐是当前储存散装油料最普遍的储油方式，也是最为重要的设备。油罐内储存的各种油品通常都具有易挥发、易流失、易燃烧、易爆炸的性质，一旦引发火灾，必将造成大量的人员伤亡和经济损失，因此油罐火灾预防极为重要。

烈火英雄 1-液体爆炸

5.5.1　油池燃烧

将盛装于圆柱形立式容器中液体的燃烧，统称为油池燃烧。

5.5.1.1　油池燃烧时液层温度分布特点

烈火英雄 2-油罐爆炸

单组分液体(如甲醇、乙醇、苯等)在自由表面燃烧时，会在很短时间内达到稳定状态，此后燃烧速度基本不变。单组分液体燃烧时，液面温度总是稍低于沸点。液体燃烧时，火焰将热量传递到液面，使液面温度升高到沸点。液体在敞开空间燃烧时，其蒸发属于非平衡状态，热量不断地由液面向液体内部传递，因此液面温度不可能达到或高于沸点。

烈火英雄 3-救援油罐爆炸

一般地，单组分油品在油池稳定燃烧时，热量只在较浅的油层中传递，此时液面加热层很薄。图 5-9 给出了丁醇燃烧时液面下的温度分布情况，从图中可以看出，温度较高的区域只有几厘米厚。

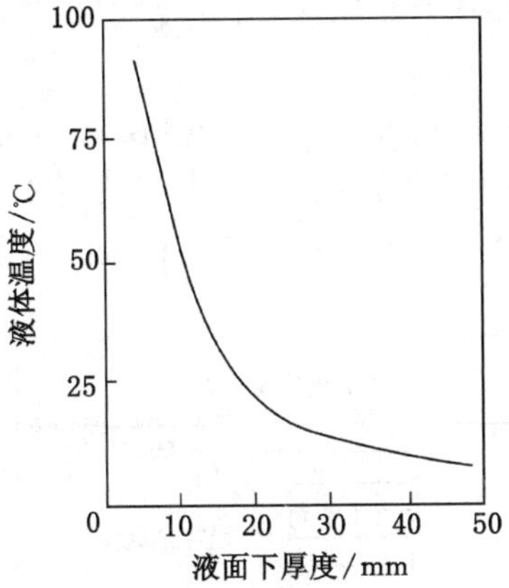

图 5-9　丁醇燃烧时液面下的温度分布情况

液体稳定燃烧时，蒸发速度、火焰的形状和热释放速率是一定的，这使得液面下的温度分布遵循一定的规律。

下面对液层的温度分布进行理论分析，设 y 是离开液面的深度，T 是 y 处的温度，则根据热扩散方程：

$$\lambda_L \frac{d^2 T}{dy^2} = -v_L \rho_L c_p \frac{dT}{dy} \tag{5-21}$$

式中　v_L——液体燃烧线速度；

λ_L——可燃液体的导热系数；

ρ_L——可燃液体的密度；

c_p——可燃液体的定压热容。

液体温度传导的边界条件为：

$$\begin{cases} y=0, T=T_s \\ y=\infty, T=T_0, \dfrac{dT}{dy}=0 \end{cases} \tag{5-22}$$

式中　T_s——液面温度；

T_0——液面初始温度。

联立方程求得：

$$\frac{T-T_0}{T_s-T_0} = \exp\left(-\frac{\rho_L c_p v_L}{\lambda_L} y\right) \tag{5-23}$$

从式(5-23)中可以看出，$\frac{\rho_L c_p v_L}{\lambda_L}$越大，沸点越高，$T_s$ 越大，则加热层厚度就越大，热量就更容易向内传播。

以上分析针对单组分液体燃烧时热量在液层中的传播。对于沸程较窄的混合液体(如煤油、汽油等)，也可以将之简化为单组分液体进行分析。需要说明的是，如果油池的直径很小，油池壁将产生很大一部分热量损失，从而导致计算结果误差较大。

5.5.1.2 油池燃烧的发生及发展过程

油池火灾中油面蒸发速度较大，火焰燃烧剧烈，属于湍流火焰。由于湍流燃烧中火焰的浮力作用，其底部与液面之间形成负压区，从而导致大量空气被卷入，并形成上下剧烈翻卷的气流团，产生蘑菇状的卷吸运动。

油池火灾中，可燃液体中的温度分布如图5-10所示，上层液面温度最高，下层温度为液体的初始温度 T_0，中间部分则为已加热区，温度介于两者中间。虽然在油池燃烧过程中火焰波及范围很大，但油池的燃烧主要发生在中间层位置。所谓中间层，是指油池火灾火焰底部与油面之间的中间区域。

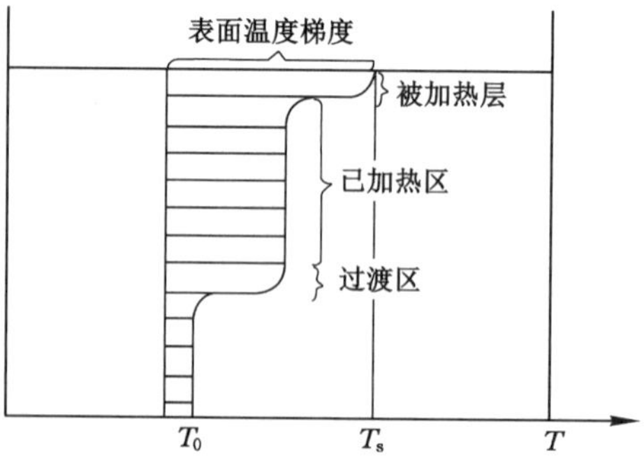

图5-10 油池火灾可燃液体温度分布示意图

按照火灾蔓延过程中中间层厚度的变化，可以将油池燃烧划分为三个阶段，如图5-11所示。

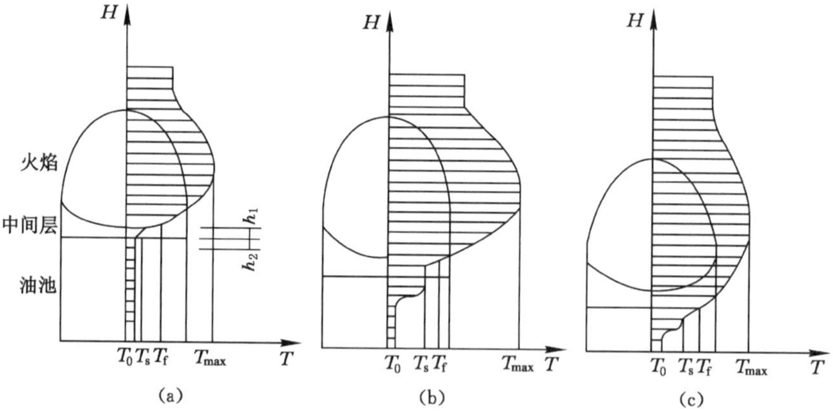

h_1—中间层厚度；h_2—被加热层厚度；T_0—初始温度；T_s—被加热层温度；T_f—火焰温度；T_{max}—最高温度。

图5-11 油池火灾的三个阶段

(1) 油池燃烧的初期

在该阶段，油表面被加热层厚度 h 很小，油的蒸发速度增加，燃烧速度随之增加，被加热层也逐步向深部扩展。由于燃烧初期时中间层厚度 h 较小且接近“透明体”，热屏蔽作用很小，所以火势发展迅速。

(2) 油池燃烧的中期

燃烧经过一段时间后即过渡到油池燃烧中期，此时燃烧速度比初期大，但已逐渐趋于稳定；油面蒸发速度、蒸气流速和中间层内负压很大，空气被吸入油罐形成剧烈的上下气流团，并且常会产生火焰脉动及蘑菇状烟柱；被加热层也以接近恒定速度向深部缓慢扩展。另外，随着中间层厚度增加，烟和其他燃烧产物进入中间层，使得其变为灰色气体层，并对油面有明显的热屏蔽作用。油池燃烧中期是油池火灾燃烧的相对稳定期。

（3）油池燃烧的晚期

随着燃烧的进行，中间层的厚度及“灰度”逐渐增大，对油面的热屏蔽作用也逐渐增强；当热屏蔽作用增强到一定程度后，油面所接收的辐射热不能使被加热层厚度进一步增大，燃烧速度、火焰温度及火焰高度下降。相应地，辐射热也减小。这一阶段称为油池燃烧的晚期(衰落期)。

5.5.1.3 油池燃烧速度分析

油池燃烧速度是油池火灾研究的重点，其中油面下降速度是描述油池燃烧速度常用的特征参数。大量的试验表明，液面下降速度与液池容器的直径有关。随着直径的增加，燃烧逐渐从层流状态发展到湍流状态。根据油池直径的变化，油池火灾存在三种燃烧状态：当油池直径 $d<0.03$ m 时，火焰为层流状态，这种情况下油池直径越大，燃烧线速度越低；当 $0.03\ \text{m}<d<1.0$ m 时，随着油池直径的增加，燃烧状态逐渐从层流状态过渡到湍流状态，燃烧线速度逐渐减小，并且在约 0.1 m 处达到最小值，之后燃烧速度随油池直径增加逐渐上升到湍流状态的恒定值；当 $d>1$ m 时，火焰已经完全发展为湍流状态，燃烧速度不再受油池直径变化的影响。

油池火灾中液面下降速度等于火焰向液体传入热量引起液体蒸发而导致液面下降的速度，液面上方液体蒸气的扩散速度决定了燃烧速度，所以这种燃烧形式为扩散燃烧。传入液体的热量主要来自三个方面：① 从容器壁向液体的传热，包括热传导等多种形式；② 液面以上的高温气体向液面的对流传热；③ 火焰及高温气体向液体的辐射传热。

在没有外界热源存在的情况下，Q''为火焰传递给液面的热量 Q_f''。整个液面接收火焰的热通量 Q_f 可表示为热传导、热对流、热辐射三项之和，即

$$Q_f=Q_{cond}+Q_{conv}+Q_{rad} \tag{5-24}$$

油池壁与火焰底部距离很近，故容器壁温度可以取火焰温度 T_f。容器壁附近气体的温差为 T_f-T_L，T_L 为液体温度。因此，从容器壁向液体的传热量可以表示为：

$$Q_{cond}=\pi DK_1(T_f-T_L) \tag{5-25}$$

式中 D——油池直径，m；

K_1——考虑火焰向容器壁传热、容器壁内传热和容器壁向液面传热三项的综合导热系数，W/(m·K)。

油池上方高温气体对油池中液体的对流传热量可以表示为：

$$Q_{conv}=\frac{\pi D^2}{4}K_2(T_f-T_L) \tag{5-26}$$

式中 K_2——表面传热系数，W/(m^2·K)。

油池上方火焰及高温气体向液体的辐射传热量为：

$$Q_{rad}=\frac{\pi D^2}{4}K_3[1-\exp(-K_4D)](T_f^4-T_L^4) \tag{5-27}$$

式中 K_3——考虑斯忒藩-玻耳兹曼常数和火焰向液面辐射的角系数等因素的常数；

K_4——考虑火焰向液面辐射的平均射线行程或火焰内的辐射粒子浓度和辐射率的常数。

传入液体的热量除了使液体温度升高外，还会导致液体蒸发。其中，使液体温度升高的

热量为 Q_c，表达式如下：

$$Q_c = \frac{\pi D^2}{4} v_L c_p \rho_L (T_L - T_0) \tag{5-28}$$

式中 c_p——液体的定压热容，J/(kg·K)；

ρ_L——液体的密度，kg/m³；

v_L——液面下降速度，m/s；

T_0——液体的初始温度，K。

使液体蒸发的热量可表示为：

$$Q_v = \frac{\pi D^2}{4} v_L \rho_L L_v \tag{5-29}$$

式中 L_v——室温条件下液体的蒸发潜热，J/kg。

根据能量守恒定律，有：

$$Q_{cond} + Q_{conv} + Q_{rad} = Q_v + Q_c \tag{5-30}$$

求解得：

$$v_L = \frac{1}{\rho_L L_v + c_p \rho_L (T_L - T_0)} \{ \frac{4K_1}{D}(T_f - T_L) + K_2(T_f - T_L) + K_3[1 - \exp(-K_4 D)](T_f^4 - T_L^4) \} \tag{5-31}$$

当油池直径 D 很小时，式(5-31)右端第一项较大，忽略其他各项后，v_L 与 D 呈反比关系，即 D 越大，v_L 越小。当 D 很大时，右端第一项相对很小，可以忽略不计，此时，v_L 与 D 呈正相关关系，即 D 越大，v_L 越大，并且随着 D 的增大，右端第三项趋于常数，那么 v_L 也趋于常数。在过渡阶段，热传导、热对流和热辐射共同起作用，由于燃烧从层流向湍流过渡，火焰向液面的传热增强，因此，燃烧速度随油池直径增加迅速减小到最小值，然后随油池直径增加而增大，直至达到最大值。

如果发生火灾的油池中有积水，由于水的密度大于油类，水一般沉在油池的底部。但水的沸点(标准大气压下为 100 ℃)远低于油的沸点(一般在 200 ℃以上)。火灾发生过程中被加热的油还会向沉积在油池底部的水传热，导致底部的水逐渐被加热，甚至沸腾。由于水面上有一层油，这层油的最上方又处于蒸发、燃烧的状态，沸腾的水蒸气将带着蒸发、燃烧的油一起沸腾，这种沸腾的水蒸气带着燃烧的油向空中飞溅的现象叫作扬沸。飞溅出油池的液滴在飞溅过程中和散落后将继续燃烧，会导致火灾蔓延到周围区域。研究表明，液体飞溅的高度和散落的面积与油层厚度、油池直径有关，一般来说，散落区域的直径 D_s 与油池直径 D 满足关系 $D_s/D > 10$。由于扬沸带出的燃油处于燃烧状态且喷出后燃烧条件得到改善，燃烧强度大大提高，危险性增加。

对于油池火灾而言，需要避免扬沸现象的发生。

5.5.2 油面燃烧

如果在大面积的水面上有一层较薄的浮油，那么这层浮油燃烧时引起的火称为油面火。油面火与油池火的区别在于，前者有一个不断扩大的过程，一旦着火，很快在整个油面上形成火焰，而后者主要集中在油池有限的范围内。

在静止环境中，油面初始温度对火焰蔓延速度有显著影响。当油面初始温度较低时，油面火焰蔓延速度随油面初始温度的升高而逐渐变大，且蔓延速度几乎呈线性增长；当油面初始温度达到某个临界值之后，油面火焰蔓延速度停止上升，趋于某个常数。对于甲醇油面火来说，上述临界值大约为20 ℃。甲醇的闪点为11 ℃，当温度达到20 ℃之后，在甲醇液面上方形成一定浓度的甲醇蒸气，该蒸气与空气混合后形成具有一定混合比的预混可燃气。由于预混可燃气的火焰传播速度是一定的，所以甲醇油面火焰的蔓延速度不会无限增大，而是趋于某个常数。显然，这个常数就是预混可燃气的层流火焰传播速度，从图5-12中可以看出，该常数大约为200 cm/s。

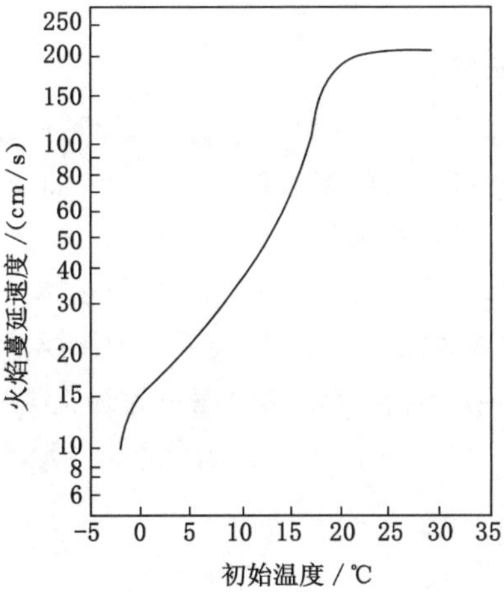

图5-12　甲醇油面火焰蔓延速度与初始温度的关系示意

油面的初始温度不同，所形成的燃烧类型也不一样。具体来说，当油面的初始温度低于闪点时，形成的燃烧主要为扩散燃烧；当油面的初始温度高于闪点时，形成的燃烧主要为预混燃烧。当油面初始温度小于闪点时，液面上方蒸气浓度较低，为了维持燃烧，需要提高液体的蒸发速度，换句话说，火焰必须向其前方的液体传递足够的热量，使该部分液体升温，这样在火焰前方的液体与火焰面正下方的液体之间才能产生足够大的温差，从而使温度较高的液体不断流向火焰面的前方，以保证液体的蒸发速度与火焰蔓延速度平衡。当油面初始温度大于闪点时，液面上方蒸气浓度足够大，蒸气与空气预先混合，这样就会形成预混燃烧。

在有外界环境风的情况下，顺风时液体的初始温度对火焰蔓延速度几乎没有影响，火焰蔓延速度主要受风速的影响，而逆风条件下液体的初始温度对火焰蔓延速度有显著影响。顺风时，火焰向未燃烧的油面方向倾斜，强化了火焰对液面的辐射传热和对流传热，所以风的作用较为显著，甚至起到主导作用，即风速越大，火焰蔓延速度越快；而逆风条件下，火焰向已燃烧的区域倾斜，受到逆向风的影响，辐射传热和对流传热的强化作用不明显，风速对火焰蔓延速度的影响微乎其微，相对而言，液体的初始温度对火焰蔓延速度影响显著。

油面火和油池火（含水）不同的是，油池中一般仅含有少量的水分，而油面火中仅仅是表面有一层油，下部有大量的水，所以水分对油池火与油面火的影响不同。上节提到，油池火灾中要防止扬沸现象，而在油面火灾中，由于油层薄、面积大，一般不会产生扬沸现象。相反，需要注意的是，因长时间燃烧，油层下面水的温度可能会升高到沸点，水的沸腾导致油的飞散，从而促进从油层向水层的传热，反而会使油面火容易熄灭。

5.6 原油和重质石油产品燃烧时的沸溢和喷溅

原油燃烧时，蒸气在液面上方与空气边混合边燃烧，燃烧放出的热量会向液体内部传播。由于原油由多种组分构成，不同组分受热后的蒸发与沉降性能也不同。在特定的条件下，油中会形成向深层液体传递热量的热波，从而引起液体的沸溢和喷溅。这将危及现场人员的生命安全，而且会导致火灾进一步蔓延。

5.6.1 原油燃烧时热波的传播速度

原油中密度最小、沸点最低的少部分烃类被称为轻组分；密度最大、沸点最高的少部分烃类则被称为重组分。轻组分沸腾时的温度叫作初沸点，而重组分沸腾时的温度叫作终沸点。初沸点和终沸点之间的范围被称为沸程。

沸程较宽的混合液体燃烧时，沸点较低的轻组分因较易蒸发而进入燃烧区，沸点较高的重组分将携带表面接收的热量向液体深层沉降，形成一个向深层液体移动的热锋面，通过这种方式，热量逐渐向液体深层传播，热量传播时的热锋面称为热波(图 5-13)。热波在液层中向下移动的速度称为热波的传播速度，它是一个十分复杂的技术参数，受到多种因素的影响。

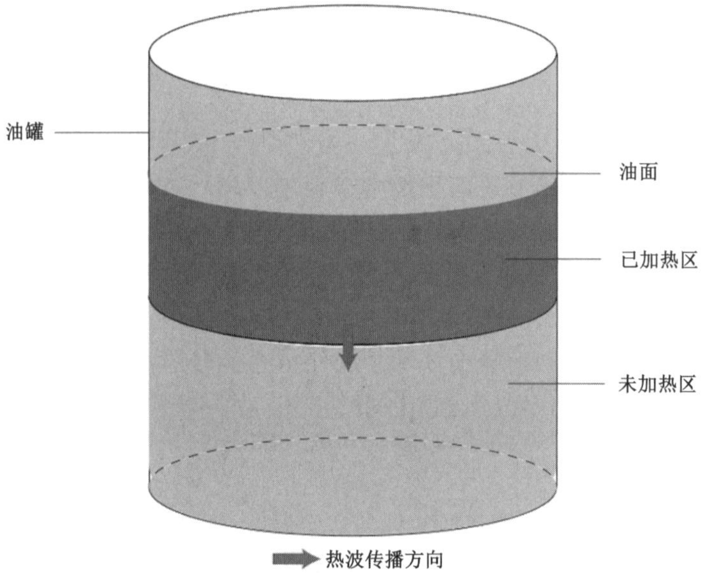

图 5-13 热波的传播

首先，原油燃烧时热波的传播速度受到原油本身性质的影响，如原油的含水量和油品的组成。

油品的含水量在一定的数值范围内时，随着含水量增大，热波传播速度随之加快。这是由于油品中含水量大导致其黏度小，油品中的高温层易沉降，即热波的传播速度变快。但当含水量超过 6%时，很难点燃，即使着火，燃烧也不稳定。

对于原油，当含水量小于 2%时，热波的传播速度 v_t(mm/min)可以表示为：

$$v_t = 4.69(\lg w[CH] - \frac{1}{2}) + 1.62\lg w[H_2O] + 5.12 \tag{5-32}$$

式中 $w[H_2O]$——含水量；

$w[CH]$——190 ℃以下馏分含量。

当含水量为2%～4%时，热波的传播速度 v_t 可以表示为：

$$v_t = 4.69(\lg w[CH] - \frac{1}{2}) + 0.5\lg w[H_2O] + 5.45 \tag{5-33}$$

油品中重组分越多，液面蒸发汽化速度越慢，燃烧越不容易进行。重组分含量越大，油品的黏性越大，热波传播速度越小。

对于含水量≤0.1%、190 ℃以下馏分含量为5%～6%的原油，热波传播速度可采用式(5-34)近似计算：

$$v_t = 4.69\lg w[CH] + 1.65 \tag{5-34}$$

其次，原油的储存条件也会影响原油燃烧时热波的传播速度，如储罐内的油品液位、油品储罐的直径。

储罐内油品发生液面燃烧时，油品液面越低，空气越难进入火焰区，燃烧速度越慢，火焰向液面传递的热量越少，热波传播速度也就越慢；反之，液位越高，热波传播速度越快。

在一定的储罐直径范围内，随着储罐直径的增大，油品的热波传播速度加快。但当储罐直径大于2.5 m后，热波传播速度基本与储罐直径无关。

除了以上因素外，外界条件也会影响热波传播速度，甚至影响热波的形成。例如，裂化汽油、煤油、二号燃料油和六号燃料油的混合物几乎无法形成热波，可见油品中的杂质、游离碳等对热波的形成具有较大影响。

5.6.2 重质油品的沸溢和喷溅

沸溢、喷溅和油罐火灾

重质油品(如原油、重油、沥青油等)燃烧时，由于含有水分且其黏度大，有可能产生沸溢和喷溅现象。沸溢和喷溅是原油火灾中两个极为严重的现象，为了避免原油火灾中伤亡事故的发生，有必要了解沸溢和喷溅的形成条件及特点。

5.6.2.1 沸溢

一般来说，原油中的水分主要以乳化水和水垫层两种形式存在。乳化水是指在开采运输过程中，原油中的水由于强力搅拌而形成细小的、悬浮在油中的水珠。水垫层是指原油放置较长时间后，水和油分离后沉降在原油底部的水层。

由于热波温度远高于水的沸点，它向液体深层运动时会使油品中的乳化水汽化，大量的蒸汽穿过油层向液面移动过程中形成油包汽的气泡。液体体积膨胀，向外溢出，同时部分未形成气泡的油品也因膨胀力被抛出罐外，从而使得液面猛烈沸腾，燃烧更剧烈，火焰通过溢出的油向四周蔓延，这种现象叫沸溢。沸溢可分为水沸溢和油沸溢。

水沸溢含义为：含水垫层的油品火灾，经过长时间的准稳态燃烧会形成某种特殊的临界燃烧状态，使得油品燃烧特性发生突变，大量油品溢出或溅出容器呈现的一种极为剧烈的灾害性燃烧现象。通常所称的沸溢或扬沸(如无特别说明)均指此情况。

油沸溢含义为：向正在燃烧着的热油表面施放水流而引起的沸溢现象。其发生条件是油的黏度较大且温度超过水的沸点。

沸溢的形成必须具备以下三个条件：

① 原油具有较宽的沸程，各组分的密度相差较大，即具有能够形成热波的特性。

② 原油中含有乳化水或自由水，水遇热波变成蒸汽。

③ 原油的黏度较大，水蒸气不容易从下向上穿过油层。

发生沸溢的时间与原油的种类、含水量有关。例如，试验表明，含有 1% 水分的石油经 45～60 min 燃烧后就可能发生沸溢。原油发生沸溢可由一些表观现象预测。例如，火焰由红变白变亮，高度突然增加；烟气由浓黑变稀白；油面蠕动，有轻微呼隆和嘶嘶声响。

5.6.2.2　喷溅

喷溅是指因热波下降到水垫层，使其中的水大量蒸发，蒸气压迅速升高，把上部的油品抛出罐外的现象。一般情况下，发生喷溅比发生沸溢的时间晚得多。与沸溢类似，喷溅也需要具备一定的条件才能发生：① 原油底部存在水垫层；② 高温层与水层接触；③ 原油具有能够形成热波的特性。

喷溅发生的时间与油层厚度、热波传播速度以及油的燃烧线速度有关，可近似用式(5-35)表示：

$$t=\frac{H-h}{v_t+v_L}-KH \tag{5-35}$$

式中　t——预计发生喷溅的时间，h；

H——储罐中油面高度，m；

h——储罐中水垫层的高度，m；

v_L——原油燃烧线速度，m/h；

v_t——原油的热波传播速度，m/h；

K——提前系数，储油温度低于燃点时取 0，储油温度高于燃点时取 0.1 h/m。

【例 5-4】 已知某油罐储存原油 10 001 t，油温为 30 ℃，发生了火灾。罐内有 40 根立柱，每根立柱横截面积为 0.25 m^2，油罐长为 48 m、宽为 48 m；原油密度为 0.9 t/m^3，含水量为 1%，原油燃烧线速度为 0.1 m/h，热波传播速度为 0.78 m/h。试预计该油罐着火后可能发生喷溅的时间。

【解】 (1) 油面高度为：

$$H=\frac{10\ 001}{0.9\times(48\times48-40\times0.25)}=4.844\ (\mathrm{m})$$

(2) 水垫层的高度为：

$$h=\frac{10\ 001\times0.01}{1\times(48\times48-40\times0.25)}=0.044\ (\mathrm{m})$$

(3) 预计发生喷溅的时间为：

$$t=\frac{4.844-0.044}{0.78+0.1}=5.45\ (\mathrm{h})$$

喷溅的发生也有一定的征兆：如油面出现蠕动、涌涨现象；出现油沫 2～4 次，烟色由浓变淡；火焰由红变白变亮，高度突然增加；罐体发生轻微的振动沸溢。

沸溢和喷溅虽然都是原油燃烧过程中由于热波的存在而发生的现象，但是它们之间具有一定的区别：① 发生的时间不同，一般是先沸溢后喷溅；② 水的来源不同，发生沸溢是原油中的乳化水、自由水，而发生喷溅则是水垫层中的水；③ 危害不同，沸溢的危害较大，而喷溅来势凶猛，危害更大。预防沸溢和喷溅，要减少油品中的含水量或者减小油品的黏度。另外，设置冷却系统降温也是行之有效的方法。

5.6.2.3 重质油品油罐火灾的扑救

由于重质油品具有易挥发、易流失、易燃烧、易爆炸等性质，一旦发生火灾，必将造成重大损失。扑救重质油品油罐火灾要掌握以下内容。

(1) 查明火灾相关情况

为了采取有效措施扑救重质油品油罐火灾，首先要查明发生火灾的油品种类、数量及液面高度；其次要查明罐体是否变形，对邻近设施的威胁程度以及是否出现流淌火、是否会发生喷溅等；最后还要查明罐区平面布局，以及周围道路、水源情况。

(2) 扑救重质油品油罐火灾的原则

由于重质油品油罐火灾的特殊性，扑救重质油品油罐火灾需要遵循一定的原则。从空间上来讲，扑救时应先外围，后中间；先地面，后油罐；先上风，后下风。从扑救措施上来讲，应先冷却，后灭火，或者边冷却，边灭火；也可只灭火，不冷却。

(3) 重质油品油罐火灾扑救措施的时机

重质油品油罐火灾初期，液体表面还未形成高温层，热油向下传递不深，温度也不高，此时不会发生沸溢，更不会出现喷溅现象，是灭火的最佳时期。这个时期要及时投入大量泡沫灭火设施进行灭火。

如果火灾已经发展到猛烈阶段，但进入了液面形成结焦层的燃烧低潮期，此时也是组织实施灭火的有利时机。这是因为此时轻质油受到结焦层的限制，挥发较慢，燃烧强度减弱。

本章习题

1. 可燃液体蒸发的影响因素有哪些？哪些参数会影响蒸发过程？是如何影响的？

2. 可燃液体燃烧的特点是什么？

3. 蒸发过程的影响因素有哪些？

4. 什么是闪燃？什么是闪点？

5. 闪点的主要影响因素是什么？

6. 液体自燃点的影响因素有哪些？

7. 油池燃烧的发生及发展过程是怎样的？

8. 什么是沸溢？什么是喷溅？

9. 油池火灾和油面火灾维持燃烧的方式有什么区别？

10. 在一定条件下，1 h 烧掉某密度为 0.86 g/cm^3 的油品 11 cm，试求该油品的燃烧线速度和燃烧质量速度。

11. 求在标准大气压下丁烷的闪点。

第6章 固体火灾

固态是物质“三态”之一，所谓固体是指以固态形式存在的物质。本章论述了固体火灾的特点和行为。首先，本章介绍了固体燃烧的基本过程，以及固体燃烧的形式和模式，讨论了固体燃烧的影响因素，包括固体燃料的性质、外部环境条件等对固体火灾发展的影响；其次，通过案例分析和实例讲解，探讨了典型固体材料在火灾中的燃烧特性，如木材、塑料等材料的燃烧行为。此外，本章还涉及固体火灾中的特殊形式，如阴燃、粉尘爆炸等现象；探讨了粉尘在固体火灾中的燃烧特性，以及粉尘爆炸对于工业和生产场所的潜在危险性。本章介绍的固体火灾基础知识，可为读者应对各类固体火灾场景提供理论指导和实践参考。

本章重点：掌握固体燃烧的特点，理解可燃固体的引燃和传播，明确可燃固体的阴燃；理解典型固体可燃物的燃烧，掌握粉尘爆炸的形成条件与危害。

本章难点：理解典型固体可燃物的燃烧，掌握粉尘爆炸的形成条件与危害。

6.1 可燃固体的燃烧特点

可燃固体的燃烧与阴燃

6.1.1 固体的特性

在常温下，铝、铁、岩石、木材、玻璃、棉、麻、化纤、塑料等都是固体。固体的分类比较复杂，以结构来分，固体可分为晶体和非晶体两大类；按熔点高低来分，通常把熔点≥300 ℃的固体称为高熔点固体（如焦炭、铁、铝等），把熔点<300 ℃的固体称为低熔点固体（如白磷、硫、钠、钾等）；另外，从组成来看，有的固体是纯净物，如硫黄、钠、铁等，有的固体则是混合物，如煤炭、木材、纸张、棉涤混纺织物等。研究表明，一方面，从固体物质本身进行比较，不同类别的固体，其燃烧过程具有不同特征；另一方面，相对气体、液体物质而言，固体物质具有一些重要的燃烧特性。

(1) 稳定的物理形态

固体物质的组成粒子（分子、原子、离子等）间通常结合得比较紧密，因此固体物质都具有一定的刚性和硬度，而且还有一定的几何形状。

(2) 受热软化、熔化或分解

固体物质的组成粒子间具有较强的相互作用力，粒子只能在一定的位置上产生振动，而不能移动，因此固体不会像气体或液体那样自由扩散或流动；但是，大多数固体物质受热后体积会膨胀；同时，在加热作用下，固体组成粒子的动能会增加，粒子振动的幅度加大，固体的刚性和硬度因此而降低，表现出软化的现象。如钢铁在400 ℃时开始软化，约700 ℃时失去支撑力，这正是大跨度钢骨架结构的建筑物在火灾中易倒塌的原因。

固体物质软化后，如果继续受到强烈作用，固体就会熔化变成液体。在规定条件下固体熔化的最低温度，称为该固体物质的熔点。例如，铁加热到其熔点1 538 ℃以上就熔化成铁液。固体熔化是一个吸热过程。单位质量的晶体物质在熔化时,从固态变成液态所吸收的热量,称为该物质的熔解热,如铁的熔解热为 7.84×10^5 kJ/kg。

组成复杂的固体物质受热达到一定温度时,其组分还会发生从大分子裂解成小分子的变化。如木材、煤、化纤、塑料燃烧中产生的黑烟毒气,有一部分就是热分解的产物。应当注意的是,热分解是一种化学变化,该过程也是一个吸热过程。

大多数固体可燃物在燃烧过程中都伴随有熔化或分解过程,这些过程要吸收部分热量。因此,物质的熔解热或分解热越大,它的燃烧速率就越慢;反之则越快。

(3) 受热升华

部分物质由于具有较大的蒸气压,在热作用下它们的固态物质不经液态直接变成气态,呈现升华现象,如樟脑、碘、萘等都容易升华。升华是一个吸热过程,易升华的可燃性固体产生的蒸气与空气混合后具有爆炸危险。

6.1.2 可燃固体的燃烧过程

相对气体和液体物质的燃烧而言,固体的燃烧过程要复杂得多,而且不同类型固体的燃烧有不同的过程。固体的燃烧可分为有焰燃烧(气相燃烧,并伴有发光现象)和无焰燃烧(物质处于固体状态而没有火焰的燃烧)。下面按从简单到复杂的顺序分别进行介绍。

(1) 高蒸气压固体的燃烧过程

在所有固体的燃烧过程中,高蒸气压固体(即饱和蒸气压$>1.013\,25\times10^5$ Pa)的燃烧是最简单的。可燃性固体受热升华直接变成蒸气,蒸气与空气混合就可形成扩散有焰燃烧或预混动力燃烧(爆炸),如萘、樟脑等。

(2) 高熔点纯净物固体的燃烧过程

高熔点纯净物固体的燃烧过程也比较简单,不需要经过物理相变或化学分解的过程,可燃物与空气在固体表面上直接接触并燃烧,如焦炭、木炭、铝、铁等的燃烧。

(3) 低熔点纯净物固体和低熔点混合物固体的燃烧过程

低熔点纯净物固体(如硫黄、白磷、钠、钾)和低熔点混合物固体(如石蜡、沥青)的燃烧过程同样也比较简单。可燃性固体经过熔化、气化两个相变过程后,蒸气与空气混合燃烧。

(4) 高熔点混合物固体的燃烧过程

在所有类型的固体中,高熔点混合物固体的组成和结构最为复杂,它们可能包含具有上述类型特性的多种可燃物,比如煤炭中有碳、烷烃、烯烃、煤焦油等物质,松木中含松香、纤维素、木质素等成分,因此这类固体物质的燃烧过程也最为复杂。在燃烧过程中,一方面它们具有受热发生相变或热分解的倾向,另一方面它们的燃烧过程也是分阶段、分层次进行的,其步骤如下:

① 受热可燃性固体在其表面逸出可燃气体进行有焰燃烧。

② 低熔点可燃性固体熔化、气化进行有焰燃烧。

③ 高熔点可燃物受热分解、碳化产生可燃气体进行有焰燃烧。

④ 不能再分解的高熔点固体(一般是碳质)进行表面燃烧。

显然,固体材料的可燃组分及其含量决定着这类固体的燃烧性能。一般而言,固体中含有的易挥发、易分解的可燃成分越多,该固体的燃烧性能就越好。例如,烟煤比褐煤易燃,松木较桦木燃速快。

6.1.3 可燃固体的燃烧形式

(1) 热解燃烧

在受到火源加热时,可燃固体,如木材、合成塑料、煤等高聚物,先主要发生固体热解反应(固体氧化反应不是主要反应),随后热解析出的可燃挥发分与氧在空间接触燃烧而形成火焰,这就是热解燃烧。热解燃烧是固体主要的燃烧方式,其过程可以描述为:火源加热→热解→着火燃烧。

(2) 蒸发式燃烧

熔点比较低的固体燃料容易发生蒸发式燃烧。在燃烧之前固体先熔融成液体状态,而后液体在受热条件下产生的可燃蒸气与空气中的氧发生气相反应(也称均相反应),在空间形成燃烧火焰,如蜡烛燃烧就是一种典型的蒸发式燃烧。此类型燃烧一般有两种途径:① 火源加热→熔融蒸发→着火燃烧;② 火源加热→升华→着火燃烧。

(3) 表面燃烧

木炭、焦炭、铁、铜等可燃固体的燃烧是由氧和固体材料直接反应而发生的,而且反应仅在材料的表面进行,称为表面燃烧。表面燃烧是一种无焰燃烧,有时也称为异相燃烧,即可燃物与氧化剂处于固、气两种不同状态时的燃烧现象。如木材、煤等固体燃料在挥发分全部析出并燃烧完全以后,剩余的碳就会发生表面燃烧。

(4) 阴燃

阴燃是指在堆积空气不足的环境下,某些物质发生只冒烟而无火焰的燃烧现象。特别地,一些存在空隙的固体(通常呈丝状、颗粒状),可在较低温度下发生阴燃;在这些固体的外表面和内部大范围区域内,固体与氧气直接发生反应。广义上讲,阴燃也是表面燃烧的形式之一,但需要强调的是,燃烧过程析出的可燃挥发分并没能达到燃烧条件,所以也就没有火焰产生。同时,阴燃也不同于有焰燃烧和无焰燃烧。阴燃与有焰燃烧的区别在于没有火焰,与无焰燃烧的区别在于其产物中存在大量可燃气体。从本质上分析,阴燃是在受热条件下可燃热解气的产生速度低于燃烧速度造成的。例如,香烟的燃烧就是一种典型的阴燃。

以上对固体燃烧形式的划分主要是为了更好地认识燃烧和分析燃烧现象。在实际燃烧与火灾现象中,往往同时存在多种形式的燃烧。例如,在一定的外界条件下,木材、麻、棉、纸张等的燃烧同时存在热解燃烧、表面燃烧和阴燃等多种形式。

6.1.4 固体燃烧的主要影响因素

固体燃烧的影响因素很多,也非常复杂,归纳起来,主要有外界火源(外加热源)、固体材料的性质、固体材料的形状尺寸及表面位置和外界环境(包括外界氧气浓度、环境温度、环境压力和外来的空气流动等)等因素。下面具体分析这几个因素对固体燃烧的影响。

(1) 外界火源或外加热源

一般地,外界火源必须处于固体产生的可燃挥发分的气流之内才能引燃固体,而外界加热速率越大,则固体就越易着火。外加热源在预热火焰锋前的材料未燃部分的同时,还加快了火焰锋后的燃烧速度,使整个燃烧过程得以强化。

(2) 固体材料的性质

一般来说,固体材料的熔点、热分解温度、汽化热、热惯性和释热速率等热工参数对其燃烧有一定的影响。下面给出了各个参数与材料燃烧速度的关系。

① 熔点、热分解温度、热解潜热或蒸发潜热越低，而燃烧热越高的可燃固体，受热时释放可燃气体的速度越快，在固体表面形成的可燃热解气的浓度就越高，因此，往往越容易被引燃，且引燃后的稳定燃烧速度越快。

② 固体材料的热惯性对其着火燃烧性能有重要影响，尤其对于厚固体材料这种影响更为突出，甚至起着主导作用。热惯性对固体燃烧性能的影响为：材料的热惯性越低，越容易被引燃，且燃烧越迅速。

③ 燃烧释热速率(q_r)也是影响可燃固体稳定燃烧的另一个重要参数。一般来说，固体的释热速率与燃料的质量燃烧速率及表面积有关，质量燃烧速率越高，燃烧表面积越大，则释热速率越大。固体的燃烧释热速率可按式(6-1)计算：

$$q_r = G_s \Delta H_c A_F \mu \tag{6-1}$$

式中　G_s——固体的质量燃烧速率；

ΔH_c——固体的燃烧热；

A_F——固体的燃烧表面积；

μ——固体的燃烧效率。

(3) 固体材料的形状尺寸及表面位置

① 在材料相同的情况下，固体燃烧的难易程度由比表面积决定。比表面积越大，材料与空气较容易接触，氧化作用既普遍又容易，固体往往容易被引燃。

② 厚物体比薄物体更难着火烧烧。这是因为热量从厚物体表面向内部传导的能力较弱，受热时未着火部分的预先加热过程受到阻碍，同时，其产生的热解气溢出固体表面的能力也弱于薄物体，因此，其燃烧速度相对较慢。

③ 燃烧方向也会影响燃烧速度。在材料和外界条件相同的条件下，固体表面位置、火焰和热产物的预加热作用都会对燃烧速度产生影响。在燃烧速度上，向上燃烧的速度要大于向下的；而沿竖直表面向上燃烧火焰的蔓延速度比水平表面的燃烧火焰蔓延要快。

(4) 外界环境因素

固体燃烧的外界环境一般包括外界氧气浓度、外来的空气流动、环境压力和环境温度，这些因素对固体燃烧速度的影响程度也各不相同。

① 外界氧气浓度。当外界氧气浓度增大时，物质的着火燃烧能力也将显著提高。火焰温度也会随着氧气浓度增大而升高，而火焰温度的升高会导致向可燃物表面传递的热量增多，进而可加速燃烧的发展。

② 环境温度。随着环境温度(即物质的初始温度)的升高，火焰锋前物质的未燃部分达到燃点所需要的热量减少，结果提供了一个附加的向前的传热，使整个燃烧过程得以强化，如图6-1所示。

③ 环境压力。由于环境压力的升高，火焰将更容易稳定地附着在材料的表面上，燃烧程度也随之加强。因此，环境压力升高，则燃烧速度会加快。图6-2给出了压力及氧气浓度对硬质纤维板水平火焰传播速度的影响。

④ 外来的空气流动。火焰锋处的外来空气流动可加快可燃挥发分与空气的混合速度，同时风会导致火焰倾斜，从而提升了向前传热的速率，这种倾斜有助于物质燃烧。但并不是风速越大，燃烧速度越快，当风速达到或超过一定值后，风速过大能吹熄火焰。图6-3给出了风速及氧气浓度对硬质纤维板水平火焰传播速度的影响。

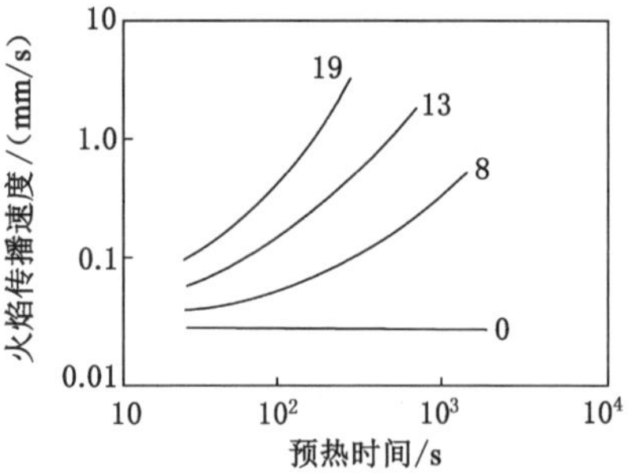

图 6-1 辐射热对竖直有机玻璃由下向上火焰传播的影响

(图中数字为外加辐射热通量,单位为 kW/m^2)

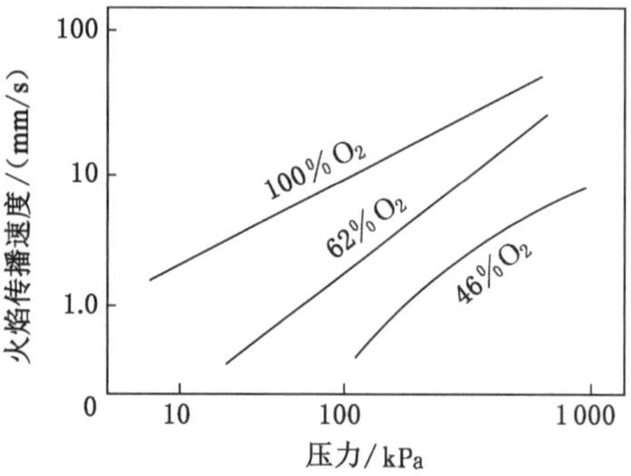

图 6-2 压力及氧气浓度对硬质纤维板水平火焰传播速度的影响

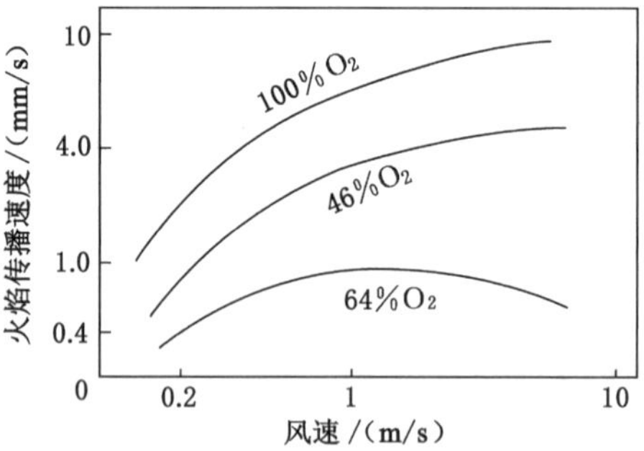

图 6-3 风速及氧气浓度对硬质纤维板水平火焰传播速度的影响

除了上述参数外,对于可燃粉尘和炸药,还有其他重要的评定火灾爆炸危险性的参数,如粉尘的爆炸下限浓度、炸药的敏感度等。

6.2 可燃固体的引燃与传播

火蔓延演示视频

在实际火灾中,最为常见的是受热时能够发生热解并释放出热解气的可燃固体,为此本节主要讨论这类固体的着火燃烧问题,研究其着火燃烧理论。

6.2.1 固体引燃条件

受热时释放出可燃气的固体能否被引燃,取决于其释放出的可燃气能否达到并保持一定的浓度,因此,可以根据单位固体刚能燃烧时表面净获热速率是否大于零进行判断,即可采用式(6-2)计算确定。

$$(\varphi\Delta H_c - L_v)G_{cr} + Q_E - Q_l = S \tag{6-2}$$

式中 φ——反馈到固体表面的热比例;

ΔH_c——固体在燃点时的燃烧热;

L_v——固体蒸发或热解所需要的潜热;

G_{cr}——固体释放的可燃气在点燃时的临界质量流量；

Q_E——用在固体表面上的外加热流速率；

Q_l——固体表面上火源的热损失速率；

S——固体表面上的净获热速率。

以上参数可以根据实际情况进行确定，或在有关文献中查得，表6-1给出了一些高聚物的 G_{cr} 与 φ 的值。计算得到 S 值后，可根据 S 的大小来判断固体可燃物是否被引燃。$S=0$ 是固体被引燃的临界条件；当 $S<0$ 时，固体不能被引燃或只能发生闪燃；当 $S>0$ 时，固体将被引燃，并产生多余热量，维持稳定燃烧。

表6-1 一些高聚物的 G_{cr} 与 φ 的值

物质名称	G_{cr}/[g/(m^2·s)]	φ	物质名称	G_{cr}/[g/(m^2·s)]	φ
聚甲醛	3.9	0.45	聚乙烯-42% Cl	6.5	0.12
聚甲基丙烯酸甲酯	3.2	0.27	酚醛泡沫(GM-57)	4.4	0.17
聚乙烯	1.9	1.9	聚乙烯-25% Cl	6.0	0.19
聚丙烯	2.2	2.2	聚异氰酸酯泡沫	5.4	0.11
聚苯乙烯	3.0	3.0	聚氨酯泡沫	5.6	0.11

6.2.2 固体燃烧传播理论

理解固体的燃烧传播理论，先要了解固体燃烧速度和传播速度的区别。固体的燃烧速度指单位时间内由于化学反应而消耗的质量，其单位通常为kg/s；而传播速度指单位时间内燃烧反应从已发生部分蔓延传递到未发生部分的长度或广度，其单位通常为m/s。比如一根水平放置的长木条，燃烧从左端开始不断向右端传播，单位时间内燃烧区域增加的距离就是传播速度。随着燃烧区域的增加，单位时间内木材总的消耗质量（即总燃烧速度）也随之增加。但燃烧从左端向右端传播，并不会使左端木材的燃烧停止或立即被消耗完，而是继续在燃烧，而且其燃烧受自身规律影响，与传播的速度和范围没有必然关系。因此，单位长度固体的燃烧速度受燃烧规律作用，并不一定随传播区域增大而增大，与传播速度的快慢也并不直接相关。在稳定燃烧时，可认为单位长度（或单位质量）固体的燃烧速度是稳定的。

在分析固体火焰传播理论之前，需要定义“燃烧起始面积”。所谓燃烧起始面积，是指固体火焰传播时正在燃烧的火焰和未燃烧物质之间的界面。固体燃烧的火焰传播或火灾蔓延速度，主要取决于通过燃烧起始面积的传热速率。因此，根据能量守恒方程，可以建立火焰传播的基本公式：

$$\rho v \Delta h = Q \tag{6-3}$$

可得：

$$v = \frac{Q}{\rho \Delta h} \tag{6-4}$$

式中 v——火焰传播速度；

Q——穿过界面的传热速率；

ρ——可燃固体的密度；

Δh——单位质量的可燃固体从初始温度 T_0 上升到燃点 T_i 时的焓变。

6.3 可燃固体的阴燃

6.3.1 阴燃概述

可燃固体与氧气会发生异相表面反应，反应过程中释放出的热量维持自身传播，该燃烧过程叫阴燃。需要指出的是，阴燃过程中不会出现火焰，也就是说只发生了热解和表面燃烧反应。由于阴燃的自身特点，固体材料的阴燃通常发生在诸如香烟、蚊香、纸屑、锯末、纤维织物、纤维板、胶乳橡胶、聚氨酯泡沫（海绵）、谷壳、堆垛等疏松多孔的材料中。固体维持燃烧必须要有足够高的释热速率，才能保证未燃材料的受热升温、热解需要和抵消外界的散热作用，而固体材料表面反应速率较慢，不能满足上述条件。只有诸如颗粒状、丝状、粉尘状、内部多孔等材料具有足够大的总表面积，总燃烧速度才会增加，从而才能维持阴燃的传播。因此，固体外表面和内部区域同时发生阴燃。

柱状纤维素材料（如香烟）沿水平方向的阴燃现象，能很好地说明阴燃的燃烧问题。原始纤维素首先热解，然后发生表面燃烧，相应的温度、氧气质量分数、二氧化碳质量分数的分布如图 6-4 所示。

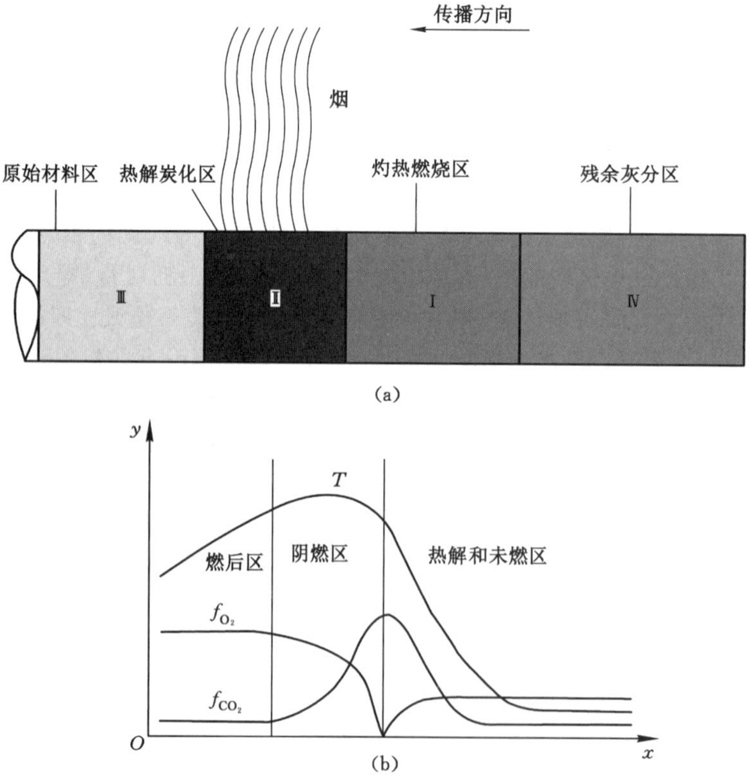

图 6-4 纤维素棒水平阴燃示意及温度和气体组分分布图

阴燃过程大体可以分为三个区域：Ⅰ区是热解和未燃区，该区域会逐渐被加热升温和发生热解；Ⅱ区是阴燃区，是正在发生氧化反应的区域，产生热量维持阴燃传播；Ⅲ区是燃后区，在阴燃区后，由于材料被燃尽或由于散热，燃烧熄灭，该区域温度下降，反应停止。阴燃前锋被定义为材料刚开始发生氧化反应的位置，即Ⅰ区和Ⅱ区的交界处。

阴燃是典型的扩散-动力共同控制下的燃烧。阴燃中的氧化反应并不是发生在一个面上，而是发生在一个区域。外界空气中的氧气通过扩散进入阴燃区域，含量逐渐降低，到达一定位置后可认为是零。在阴燃区靠近自由空气的外侧，氧气浓度较高，反应耗氧速率慢于氧气输运速率，因此由动力控制燃烧。在阴燃区远离自由空气的内侧，氧气浓度趋于零，反应耗氧速率快于氧气输运速率，因此由扩散控制燃烧。

在固体燃烧中，存在阴燃、有焰燃烧以及碳颗粒的无焰燃烧。是否有火焰可以作为阴燃与有焰燃烧的区别；而是否有热解可燃气则作为区别阴燃与碳颗粒无焰燃烧的标准。并且三种形式可以相互转化，在一定条件下，阴燃可以转变为有焰燃烧。供热强度是引起阴燃的一个重要参数，当供热强度过小时，固体无法着火；当供热强度过大时，固体将发生有焰燃烧。因此，阴燃的发生要求有一个供热强度适宜的热源。在多孔材料中，常见的引起阴燃的热源包括以下几种。

① 自燃热源。阴燃在固体堆垛内的发生多半是自燃造成的，而堆积体自燃的基本特征就是在堆垛内部以阴燃反应开始燃烧，然后向外传播，直到在堆垛表面转变为有焰燃烧。

② 阴燃本身成为热源。常见地，香烟的阴燃会引起地毯、被褥、木屑、植被等阴燃，进而发生恶性火灾。这种正在发生的固体阴燃可能造成另一种固体的阴燃，也就是说，阴燃成为另一种可燃物阴燃的热源。

③ 有焰燃烧火焰熄灭后的阴燃。一般来说，在固体堆垛有焰燃烧的外部火焰被水扑灭后，由于水流没有完全进入堆垛内部，内部仍处于炽热状态，从而可能发生阴燃；同时，在室内发生的固体有焰燃烧过程中，随着空气逐渐消耗，火焰就会熄灭，接着燃烧以阴燃形式存在。

此外，不对称加热、固体内部热点等，都可能引起阴燃。

从表面上看，阴燃过程反应不剧烈，但是如果不及时加以控制，则会带来严重后果，包括以下几个方面：

① 阴燃过程产生大量有毒气体。阴燃是一种不完全燃烧，不像有焰燃烧中大部分气体会生成最终产物，而且并不是所有的热解释放的气态产物都能被氧化燃烧，从而这些气态产物会形成各种复杂的有毒气体。因此，阴燃过程中产生的烟气毒性要更大。

② 一定条件下阴燃转化为明火(有焰燃烧)。一般情况下，阴燃中没有火焰，同时在供氧不足的环境下，温度都不会很高。但随着阴燃的持续，热量逐渐积累，温度升高，当满足明火燃烧的供氧条件后，已经热解的可燃气就会燃烧，从而导致明火的发生。现实中烟头、蚊香及其他物体阴燃造成大的火灾都是由于最终阴燃向明火发生了转化。

③ 密闭空间内材料的阴燃有可能引发轰燃。在供氧不足的密闭空间内，固体发生的阴燃生成大量的不完全燃烧产物，并很快地充满整个空间。出于火灾扑救考虑或其他原因，空间的某些部位突然被打开，新鲜空气进入，与空间内的可燃气体形成预混，进而发生有焰燃烧，严重时还可能导致轰燃。这种阴燃向轰燃的突发性转变是非常危险的。

6.3.2 阴燃的传播特性

在材料条件和外界条件不变的情况下，阴燃通常能够稳定地传播，传播过程也是匀速的。图6-5是聚氨酯泡沫海绵在一维水平阴燃中，热电偶均匀分布时阴燃传播过程的典型温度曲线。当燃烧传播到热电偶所在位置时，温度升高并达到峰值；随后燃烧继续向前传播，该位置的燃烧减弱并逐渐熄灭，温度也逐渐下降。各热电偶所在位置温度升高的时间间隔也基本是一致的。热电偶间的距离除以两者间传播所需的时间就是阴燃的传播速度。图 6-5 中阴燃的最高温度约为 390 ℃，传播速度约为 10^{-2} cm/s。表 6-2 列出了试验中一些典型材料阴燃过程的传播速度和最高温度。

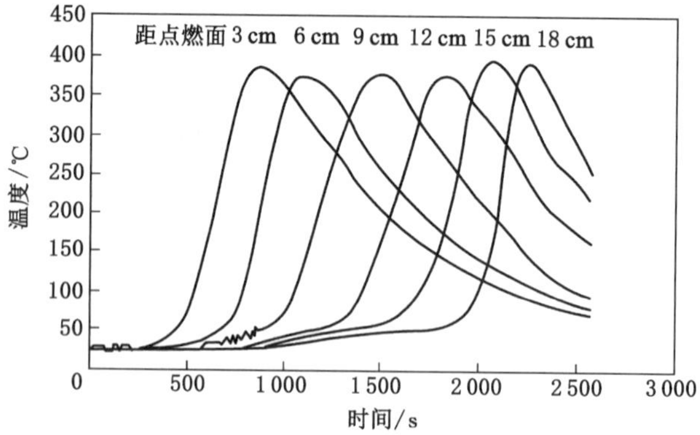

图 6-5 典型一维阴燃传播温度-时间曲线

表 6-2 典型材料的传播特性

可燃物	阴燃尺寸	空气供应条件	传播速度/(cm/s)	最高温度/℃
煤粒(>10^4 μm)	1 cm 厚水平层	自然对流/扩散	1.7×10^{-3}	460
锯末(75～150 μm)	1 cm 厚水平层	自然对流	4.0×10^{-3}	约 600
软木屑(<65 μm)(0.18 g/cm³)	1.65 cm 厚水平层，向前阴燃	上面有风，50～700 cm/s	$7\times10^{-3}\sim1.8\times10^{-2}$	790(200 cm/s)，800(600 cm/s)
软木屑(<65 μm)(0.18 g/cm³)	1.65 cm 厚水平层，反向阴燃	上面有风，50～700 cm/s	$5\times10^{-3}\sim6\times10^{-3}$	约 550
草木疏松块(0.27 g/cm³)	1.3 cm 厚板，向上燃烧	自然对流/扩散	4.5×10^{-3}	约 490
卷筒纸	0.4～0.8 cm 直径圆，向下燃烧	自然对流	$5\times10^{-3}\sim8.4\times10^{-3}$	约 390
烟丝	0.8 cm 直径的香烟	自然对流，并以 30 cm/s 从烟嘴抽气	4.5×10^{-3}(自然对流)，≤0.15(抽气)	850(自然对流)，≤1 200(抽气)
纤维材料+3%氯化钠	双纤维层，0.2 cm 厚，水平正向微弱强迫	外部流，10 cm/s	1.0×10^{-2}	770
聚氨酯泡沫(0.04 g/cm³)	接近一维，反向阴燃	通过泡沫的均匀流，0.15～0.45 cm/s	$1.0\times10^{-2}\sim1.8\times10^{-2}$	430～475
木屑，有阻热层(0.04 g/cm³)	一维，反向阴燃	均匀流，0.04～0.75 cm/s	$4.5\times10^{-3}\sim3.7\times10^{-2}$	430～640
木屑，有阻热层(0.04 g/cm³)	大致一维，正向阴燃	均匀流，0.15～0.48 cm/s	$1.0\times10^{-3}\sim2.5\times10^{-3}$	535～595

6.3.3　阴燃向明火的转化

阴燃传播在一定条件下将向明火(有焰燃烧)发生转化。现实发生的阴燃火灾基本都属于这种情况。在阴燃传播过程中,有焰燃烧的三要素:热量、可燃气、氧气往往同时存在,但很多阴燃中也没有产生明火,其原因:一是阴燃区虽然温度高、热解可燃气浓度高,但氧气浓度低,且材料的孔隙结构阻碍了氧气的输运进入;二是阴燃区的外表面以外,虽然有可燃气,氧气也充足,但氧气温度低且没有受到充分加热。但如果阴燃过程条件合适,可燃气就会与氧气发生反应,从而导致明火的产生。

图 6-6 和图 6-7 是聚氨酯泡沫(海绵)阴燃向明火转化的图片和对应的温度曲线。图 6-8是木屑阴燃向明火转化的温度曲线。从图中可以明显看到,在阴燃传播期间温度相对较低,约为 500 ℃;而转化为明火以后温度相对较高,达 800 ℃左右。这也是阴燃反应比有焰燃烧反应慢的重要表现。聚氨酯泡沫和木屑这两种材料的阴燃向明火转化过程具有不同的特点,聚氨酯泡沫孔隙率大,阴燃传播速度较快,向前传播后剩余的炭并没有完全烧完,在转化为明火后整个材料空间都形成有焰燃烧,在图中表现为各位置的温度全部上升;木屑的孔隙率小,且碎屑紧密堆积严重阻碍氧气的输运,阴燃传播速度较慢,燃后区的材料接近消耗完才能使阴燃向前传播,因此向明火转化后,燃后区的温度并没有一同上升。这两种阴燃传播,前者的潜在火灾危险性更大。

(a) 聚氨酯泡沫开始阴燃　　(b) 阴燃过程中形成多孔炭　　(c) 从阴燃向明火转化

图 6-6　聚氨酯泡沫阴燃向明火转化

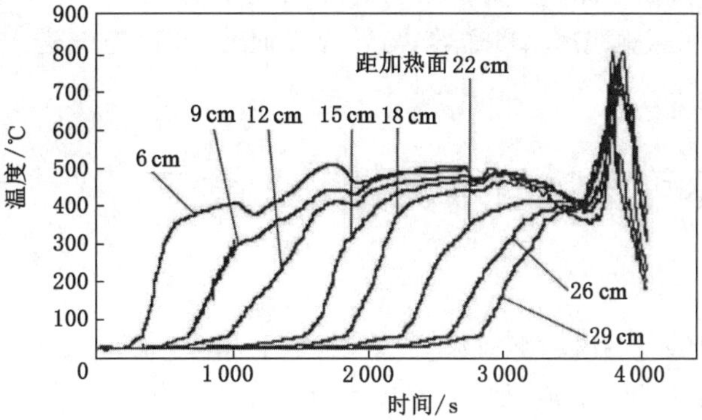

图 6-7　聚氨酯泡沫阴燃向明火转化的温度曲线

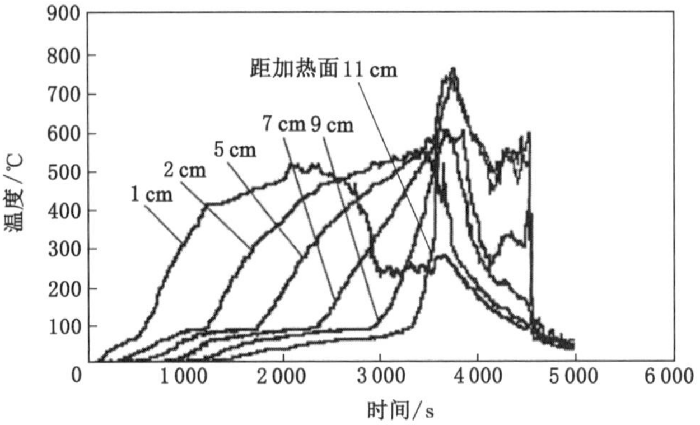

图 6-8　木屑阴燃向明火转化的温度曲线

多种情形都可以导致阴燃向明火的转化，以下介绍几种情况。

(1) 外界风速增加

风速的增加，有利于氧气进入材料内部，促进固体表面反应和气相反应；同时风速的增加也有利于对流换热，空气温度也随之升高，从而加速阴燃向明火的转化过程。在试验中，木屑材料阴燃的外加风速为 2～3 m/s 时就会导致阴燃向明火的转化。而聚氨酯泡沫材料，阴燃的外加风速在 0.25 m/s 以上时就可导致阴燃向明火转化。

(2) 外加热源

由于阴燃区附近已经有足够高浓度的热解可燃气，但扩散过来的氧气温度比较低，如果此时有外加热源对可燃混合气进行加热，就会导致明火的产生。试验中外加热源作用区域的温度达到 200 ℃就会引发明火。

(3) 材料内部形成有利于空气流动的较大空隙

在阴燃传播过程中，燃烧或材料本身堆积结构使阴燃区形成大的连续空隙，这样空气的流动就会加强，有充足的氧气进入这些空隙，并且在内部很容易被加热升温，从而引发气相反应，使阴燃向明火转化。

前两种情况气相反应都先在阴燃区的外表面发生，而后一种情况的气相反应先在阴燃区内部发生。对于聚氨酯泡沫材料，阴燃前锋过后剩余的多孔炭仍然维持原来的材料框架，但内部材料的消耗使得空隙增大、贯通，当与外界连通时，新鲜空气进入就会导致阴燃向明火的转化。

6.4　典型固体可燃物的燃烧

典型固体可燃物的燃烧

6.4.1　木材的燃烧

木材及木质制品(如胶合板、木屑板、粗纸板、纸卡片等)是建筑装饰中最常用的一种材料。它广泛用于框架、板壁、屋顶、地板、室内装饰及家具等方面。在火灾发生时常涉及木材，所以研究这种多用途的物质在火灾中的反应十分重要。

6.4.1.1　木材的化学组成

木材一般分为两大类，即针叶木(又称软木)和阔叶木(又称硬木)。针叶木有云杉、冷杉、铁杉、落叶松、松木、柏木等。阔叶木有杨木、枫木、桉木、榉木等。木材的种类、产地不同，木材的组成也不同，但主要由碳、氢、氧构成，还有少量氮和其他元素，且通常不含硫元素。表6-3列举了部分干木材的化学成分。木材是典型的混合物，主要由纤维素$[(C_6H_{10}O_5)_x]$(含量为39.97%～57.84%)、木质素(含量为18.24%～26.17%)组成，另外还含有少量的缩糖、蛋白质、脂肪、树脂、无机质(灰分)等成分。

表6-3 部分干木材的元素质量百分含量 单位：%

种类	碳	氢	氧	氮	灰分
橡木	50.16	6.02	43.26	0.09	0.37
榆木	48.99	6.20	44.25	0.06	0.50
桦木	48.88	6.06	44.67	0.10	0.29
松木	50.31	6.20	43.08	0.04	0.37
白杨	49.37	6.21	41.60	0.95	1.86
枫木	52.30	6.30	40.50	0.10	0.80

6.4.1.2 木材的燃烧过程

木材属于高熔点类混合物，在干燥、高温、富氧条件下，木材燃烧一般包含蒸发燃烧、热解燃烧和表面燃烧三种类型。在高湿、低温、贫氧条件下，木材还能发生阴燃。木材燃烧过程大体分为干燥准备、有焰燃烧和表面燃烧三个阶段。

(1) 干燥准备阶段

在热作用下木材中的水分蒸发，温度达约105 ℃时，木材呈干燥状态；温度达150～200 ℃时，木材开始弱分解，产生水蒸气(分解物)、二氧化碳、甲酸、乙酸等气体，为燃烧做好准备。

(2) 有焰燃烧阶段

温度达200～250 ℃时，木材开始炭(焦)化，产生少量水蒸气及一氧化碳、氢气、甲烷等气体，伴有闪燃现象；温度达250～280 ℃时，木材开始剧烈分解，产生大量的一氧化碳、氢气、甲烷等气体，并进行稳定的有焰燃烧，直到木材的有机质组分分解完为止，有焰燃烧才结束。

(3) 表面燃烧阶段

当木材析出的可燃气很少时，有焰燃烧逐渐减弱，氧气开始扩散到碳质表面进行燃烧。当两种形式的燃烧同时进行一段时间，且不能再析出可燃气后，则完全转变成炭的无焰燃烧，直至熄灭。

6.4.1.3 木材的燃烧特点

(1) 燃烧过程复杂

由上面的分析可看出，木材及木制品的燃烧包括有焰燃烧、表面燃烧或阴燃等燃烧类型，燃烧的方式可以是闪燃、自燃、着火等形式，而且燃烧过程中伴随着干燥、蒸发、分解、炭化等物质变化，因此，木材的燃烧过程是比较复杂的。

(2) 燃烧性能比较稳定

从燃烧过程来看，木材没有发生软化、熔融现象，同时由于木材的热导率较小，并且总是以由表及里的方式进行燃烧，所以粗大的木材（如承重梁）燃烧一段时间后仍具有支撑能力。

从燃烧产物的成分来看，木材的完全燃烧产物主要是二氧化碳和水两种物质。

从燃烧参数来看，木材的燃点一般为 250～275 ℃，自燃点为 410～440 ℃。木材的平均热值约为 20 000 kJ/kg。表 6-4 列举了部分木材的燃点和自燃点。表 6-5 列举了一些木材、木制品的热值。

表 6-4　部分木材的燃点和自燃点　　单位：℃

木材种类	燃点	自燃点
榉木	264	424
红松	263	430
白桦	263	438
针枞	262	437
杉木	240	421
落叶松	271	416

表 6-5　木材、木制品和某些比较物的热值　　单位：kJ/kg

物质名称	热值	物质名称	热值
栎木锯末	19 755	包装纸	16 529
松木锯末	22 506	石油焦	36 751
碎木片	19 185	沥青	36 910
松树树皮	51 376	棉籽油	39 775
纸箱	13 866	石蜡	41 031
白报纸	18 866		

6.4.2　高聚物的燃烧

高聚物也叫聚合物，是指由单体合成得到的高分子化合物，一般是指合成纤维、合成橡胶和塑料，即“三大合成材料”。

聚合物燃烧

6.4.2.1　高聚物的化学组成

高聚物是以烯烃、炔烃、醇、醛、羧酸及其衍生物，以及 HCl、HBr、NH_3、H_2S、S 等无机物为基础原料进行化学反应而合成的，因此，它们主要由 C、H、O 元素构成，同时还含有 Cl、Br、N、S 等元素。现代生产生活中，三大合成材料具有广泛的用途，在许多方面已成为天然材料的替代品，而且与使用天然材料不同，合成材料的制品几乎都是纯净物（有的含少量添加剂），如聚氯乙烯、尼龙、聚丙烯腈（人造羊毛）、氯丁橡胶等。

6.4.2.2　高聚物的燃烧过程

大多数高聚物都具有可燃性，但一般不发生蒸发燃烧和表面燃烧，而只会热解燃烧。在热作用下，高聚物一般经过熔融、分解和着火三个阶段进行燃烧。

（1）熔融阶段

高聚物具有很好的绝缘性、很高的强度、良好的耐腐蚀性。但是高聚物的耐热性差，容易受热软化、熔融、呈黏稠状熔滴。表6-6列举了部分高聚物材料的软化、熔融、分解温度。

表6-6　部分高聚物材料的燃烧特性

材料名称	软化温度/℃	熔融温度/℃	分解温度/℃	分解产物	燃烧产物
聚乙烯	123	220	335～450	H_2、CH_4、C_2H_4	CO、CO_2、C
聚丙烯	157	214	328～410	H_2、CH_4、C_3H_6	CO、CO_2、C
聚氯乙烯	219		200～300	H_2、C_2H_4、HCl	CO、CO_2、HCl
丙烯腈-丁二烯-苯乙烯(ABS)	202	313			
醋酸纤维	200	260		CO、CH_3OH	CO、CO_2、C
尼龙-6	180	215～220	310～380	己内酰胺、NH_3	CO、CO_2、N_2O_x、HCN
涤纶	235～240	235～240	283～306	C、CO、NH_3	CO、CO_2、N_2O_x、HCN
腈纶	190～240		250～280	C、CO、NH_3	CO、CO_2、N_2O_x、HCN
棉纶	220～230		250	C、CO、NH_3	CO、CO_2、N_2O_x、HCN

(2) 分解阶段

温度继续升高，高聚物熔滴开始变成蒸气，继而气态高聚物分子开始断键，由高分子裂解成小分子，产生烷烃、烯烃、氧气、一氧化碳等可燃气体，同时冒出黑色碳粒浓烟。塑料、合成纤维的分解温度一般为200～400 ℃，合成橡胶的分解温度为400～800 ℃。

(3) 着火阶段

高聚物着火其实是热分解产生的可燃气体着火。火场上可能出现以下几种情况：

① 热分解产生的可燃气体数量较少，遇明火产生一闪即灭现象，即发生闪燃。

② 可燃气体和氧气浓度都达到燃烧条件，遇明火立即发生持续稳定的有焰燃烧。

③ 虽然有较多的可燃气体，但因缺氧(如在封闭房间内)，燃烧暂时不能进行；一旦流入新鲜空气(如开启门窗)，就有可能立即发生爆燃，使火势迅速扩大。

由以上分析可看出，由于高聚物一般不溶于水，且靠高温分解进行燃烧，所以同扑救木材、棉、麻、纸张等物品的火灾一样，水也是扑救高聚物火灾的最好灭火剂。

6.4.2.3　高聚物的燃烧特点

(1) 发热量大

大多数合成高聚物材料的热值都比较高，如软质聚乙烯的热值为46 610 kJ/kg；发热量大，高聚物的燃烧温度(火焰温度)可达2 000 ℃左右。部分高聚物材料的热值及火焰温度如表6-7所示。

表6-7　部分高聚物材料的热值及火焰温度

材料名称	热值/(kJ/kg)	火焰温度/℃	材料名称	热值/(kJ/kg)	火焰温度/℃
软质聚乙烯	46 610	2 120	赛璐珞	17 300	
硬质聚乙烯	45 880	2 120	缩醛树脂	16 930	
聚丙烯	43 960	2 120	氯丁橡胶	23 430～32 640	
聚苯乙烯	40 108	2 210	香烟		500～800

表 6-7(续)

材料名称	热值/(kJ/kg)	火焰温度/℃	材料名称	热值/(kJ/kg)	火焰温度/℃
ABS	35 250		火柴		800～900
聚酰胺(尼龙)	30 840		煤(一般)	23 010	
有机玻璃	26 210	2 070	木材	14 640	

(2) 燃速快

由于高聚物发热量大、燃烧温度高，故火场热辐射强度大、传给未燃烧材料的热量多，材料软化、熔融、分解的速度加快，高聚物燃烧速度也随之加快。部分高聚物材料的燃烧速度如表 6-8 所示。

表 6-8　部分高聚物材料的燃烧速度　　单位:mm/min

材料名称	燃烧速度	材料名称	燃烧速度
聚乙烯	7.6～30.5	硝酸纤维	迅速燃烧
聚丙烯	17.8～40.6	醋酸纤维	12.7～50.8
聚苯乙烯	27.9	聚氯乙烯	自熄
有机玻璃	15.2～40.6	尼龙	自熄
缩醛	12.7～27.9	聚四氟乙烯	不燃

(3) 发烟量大

高聚物中碳含量都很高，如聚苯乙烯的碳含量达 99.84%。因此，高聚物很难燃烧完全，大部分碳都以黑烟的形式释放到空气中。据对比试验分析，高聚物燃烧的发烟量通常是木材、棉、麻等天然材料的 2～3 倍，一般起火后在不到 15 s 内就产生烟雾，在不到 1 min 内就会让视线模糊起来。火场上浓密的烟会加大受困人员逃生以及救援人员施救的难度。

(4) 有熔滴

在燃烧过程中，许多聚合物都会软化熔融，产生高温熔滴。高温熔滴产生后会带着火焰滴落、流淌，一方面会扩大燃烧面积，另一方面会对火场人员构成巨大威胁。

(5) 产物毒性大

实际上，在所有重特大火灾中，造成人员伤亡的主要原因是人体吸入了高温有毒的气体燃烧产物(其毒性大小一般用半数致死量 LD_{50} 来确定)。试验证明，可燃物的化学组成和燃烧温度是决定燃烧产物毒性的两个重要因素。一般说来，对于同一可燃物而言，燃烧温度较低时的燃烧产物其毒性比燃烧温度高时的燃烧产物的毒性大(如在 400 ℃、600 ℃时木材燃烧产物的 LD_{50} 分别为 14 mg/L 和 55 mg/L)；而在同一燃烧温度下，高聚物的燃烧产物的毒性比天然材料燃烧产物的毒性大，这是因为高聚物燃烧会迅速产生大量的 CO、CO_2、NO_x、HCN、$COCl_2$(光气)等有害气体。例如，在燃烧温度为 600 ℃时，木材、聚氯乙烯、腈纶毛线的 LD_{50} 分别为 55 mg/L、21.6 mg/L、3.22 mg/L。可见，高聚物燃烧产物的毒性十分强烈，火场上加强防排烟措施十分重要。

6.4.3　煤的燃烧

煤是冶金、化学工业以及动力工程领域的重要能源，在我国一次能源消费构成中占

50%以上的比例。它是古代植物埋藏在地下经历了复杂的生物化学和物理化学变化逐渐形成的固体可燃性矿产，其化学成分主要包括碳、氢、氧、氮、硫等元素。

6.4.3.1 煤的组成

煤是由有机物形成的沉积岩，它具有很多不同类型和比例的矿物质。表6-9给出了煤的组分分析结果。由表6-9可以看出，煤中很大一部分物质（水分和矿物质）不能燃烧。

表6-9 煤的组分分析结果

组分	质量分数/%
水分	10～30
挥发分	10～30
矿物质	10～30
炭	平衡

煤中有用部分即所谓的干燥非矿物质部分（挥发分和炭）的元素组成如表6-10所示。

表6-10 煤的干燥非矿物质部分的元素组成

元素	质量分数/%
C	65～95
H	2～6
O	2～25
S	<10
N	1～2

6.4.3.2 煤的燃烧过程

煤的燃烧过程分为低温自燃过程和高温燃烧过程。

(1) 煤的低温自燃过程

在储存过程中煤与空气接触发生氧化，并伴随热量的释放，同时煤层的温度也相应地有所升高，之后氧化作用越来越剧烈，最终产生燃烧，这种现象即煤的自燃现象。

煤氧复合作用学说目前得到大多数学者的认同，该学说认为煤炭具有吸附空气中氧的特性，包括表面吸附和化学吸附，在吸附过程中还伴有煤与氧气的一系列化学反应，产生足够的热量而导致煤炭自燃。具体来说，由于一切固体的表面都存在表面张力，周围的分子、原子或离子等粒子都可以被吸附，空气中的氧气会被煤表面的碳原子和氢原子吸附，生成二氧化碳、水和一氧化碳，并放出热量。同时由于分子不停地进行无规则的热运动，生成的二氧化碳、水和一氧化碳分子脱附而离开煤的表面，新的氧气又被吸附到煤的表面，氧气被煤表面吸附后与煤发生氧化-还原反应并放出热量。重复地进行该过程，能量在一定时间内不断积累，煤就可能发生自燃。因此，从本质上来说，煤的自燃即煤的氧化过程。以下介绍煤自燃的不同阶段。

① 水吸附阶段。该阶段煤与氧气不会发生反应，只是一个物理过程，这也是它与其他阶段的不同之处。煤在吸附水的过程中会放出大量热，也就是所谓的润湿热。煤吸附水虽

然不是产生煤自燃的根本原因，但它能使煤自热，特别是对低阶煤自热有重要影响。因此，多数情况下该阶段对煤的自燃都起着关键作用。

② 化学吸附阶段。煤自燃过程中首先发生化学反应就是在这个阶段。该阶段的反应温度在环境温度至 70 ℃之间。在该阶段煤吸附氧气会产生过氧化物，因此命名为化学吸附阶段。煤的质量在化学吸附阶段略有增加，并伴随有气体的产生，产生的一氧化碳可作为标志性气体，因此要对煤的自燃进行早期预报可以通过监测一氧化碳的浓度来实现，同时化学吸附阶段也需要少量水参加反应。根据煤的类型不同，化学吸附的放热量为 5.04～6.72 J/g。温度达到 70 ℃时煤会发生分解，煤的质量会随之下降，甚至会降至小于原始煤的质量。煤中水分的蒸发会带走一些热量。

③ 煤氧复合物生成阶段。该阶段会生成一种稳定的化合物，也就是煤氧复合物。此阶段的反应温度为 150～230 ℃。煤的质量在该阶段会有所增加，一旦进行到这个阶段必然会发生自燃。

④ 燃烧初始阶段。这是煤氧复合物生成阶段过渡到煤快速燃烧阶段的关键时期，一旦煤温达到 230 ℃，煤氧化就可进行到该阶段。此时煤的反应热为 42～243.6 J/g，且这些热量能使煤温迅速上升并能促进煤的快速燃烧。

⑤ 快速燃烧阶段。此阶段为煤自燃的最后阶段。此阶段根据氧气供应是否充足，煤可能发生干馏、不完全燃烧或完全燃烧。如果燃烧充分，则反应热就等于煤的热值。

(2) 煤的高温燃烧过程

在煤颗粒燃烧初期主要是热解析出的挥发分的燃烧，燃烧消耗的氧气来自周围空气。对于扩散控制的燃烧，氧气到达火焰面时就被消耗完，并不能到达颗粒表面，此时颗粒中心温度不超过 700 ℃，颗粒本身呈暗黑色。这样，可燃气体一方面阻碍颗粒本身的燃烧，另一方面在颗粒周围的燃烧对颗粒有强烈的加热作用，所以当可燃气体燃尽后，颗粒本身能迅速燃烧。

可燃气体着火后，经过不长的时间，火焰逐渐缩小直至消失，这表明热解产生的可燃气体已基本燃烧完毕。试验表明，从煤颗粒干燥开始到析出气体再到可燃气体基本燃尽所需的时间是极短的，仅占煤全部燃烧时间的 10%。析出气体结束后煤颗粒变成碳颗粒(加上部分不可燃灰分)。颗粒表面开始燃烧、发亮，其温度逐渐升高，达到最高值(一般为1 100 ℃或更高)。此时颗粒周围会出现极小的蓝色火焰，它是一氧化碳燃烧所形成的。煤受热的具体过程如下：① <105 ℃时，主要析出其中的吸留气和水分；② 200～300 ℃时，开始析出气态产物如一氧化碳、二氧化碳等，煤粒变软呈塑性状态；③ 300～550 ℃时，析出焦油和甲烷及其同系物、不饱和烃及一氧化碳、二氧化碳等气体；④ 500～750 ℃时，半焦开始热解，并析出大量含氢较多的气体；⑤ 760～1 000 ℃时，半焦继续热解，析出少量以氢气为主的气体，半焦变成高温焦炭。

6.4.3.3 煤的燃烧特点

结合前述煤的燃烧过程，煤燃烧有以下特点。

(1) 煤热解产生挥发分的组分及其含量与煤化程度和温度有关

一般情况下，煤化程度加深，挥发分的析出量减少，但其中可燃组分含量增多；加热温度越高，挥发分的析出量越多。

(2) 煤的燃烧包括有焰燃烧和无焰燃烧

煤燃烧过程中有焰燃烧和无焰燃烧同时存在，在燃烧初期，焦炭只烧掉 15%～20%，而

80%～90%的挥发分已经燃尽。

(3) 灰分对煤燃烧过程会产生影响

内在灰分均匀分布于煤中，如果燃烧温度低于灰分的熔化温度，随着燃烧的进行，焦炭粒外表面会形成一层逐渐增厚的灰壳；如果燃烧温度高于灰分的熔化温度，大煤粒的灰层就会熔融坠落，不在焦炭粒表面形成灰壳，但在大煤粒堆积成层燃烧时，灰的熔渣会堵塞煤粒间的通风孔隙。

随着煤热解、气化反应的发生还应考虑逆反应的作用，而热解、气化过程的化学机理研究相当困难，因此，目前多是从宏观角度建立热解、气化过程的表观动力学模型，与试验研究相配合。当前应用最广泛的是利用热分析方法测量煤的失重与温度变化，然后与成分分析相结合，就能准确地测定挥发分的析出量和成分。

6.4.4　金属的燃烧

6.4.4.1　金属的组成

在元素周期表中有85种金属元素，常温常压下，除汞是液体之外，其他金属都是固体。金属由金属键构成，金属中具有自由电子，因而表现出良好的导电性、导热性，同时金属的熔点都比较高，通常具有一定的刚韧性。现实生活中，金属一般以单质或合金两种形式加以运用。在空气中性质稳定的金属(如铁、铜、铝等)通常被加工制造成各种形状的设备和零件，有时则被制成金属粉屑，如金粉、铝粉等；而性质活泼的金属则要特殊保存，如钾、钠一般保存在煤油中。

6.4.4.2　金属的燃烧过程

由于金属及其氧化物的熔点、沸点不同，金属的燃烧类型主要有两种，即蒸发燃烧和表面燃烧。

(1) 金属的蒸发燃烧

低熔点活泼金属如钠、钾、镁、钙等，容易受热熔化变成液体，继而蒸发成气体扩散到空气中，遇到火源即发生有焰燃烧，这种燃烧现象称为金属的蒸发燃烧。发生蒸发燃烧的金属通常被称为挥发金属。试验证明，挥发金属沸点比它的氧化物熔点要低(钾除外)，如表6-11所示。因此在燃烧过程中，金属固体总是先于氧化物被蒸发成气体，扩散到空气中燃烧，而氧化物则覆盖在金属的表面上；只有当燃烧温度达到氧化物的熔点时，固体表面的氧化物才变成蒸气扩散到气相燃烧区，在与空气的界面处因降温凝聚成固体微粒，从而形成白色烟雾。因此，生成大量氧化物白烟是金属蒸发燃烧的最明显特征。

表6-11　挥发金属及其氧化物的性质

金属	金属熔点/℃	金属沸点/℃	金属燃点/℃	金属氧化物	金属氧化物熔点/℃	金属氧化物沸点/℃
Li	179	1 370	190	Li_2O	1 610	2 500
Na	98	883	114	Na_2O	920	1 277
K	64	760	69	K_2O	527	1 477
Mg	651	1 107	623	MgO	2 800	3 600
Ca	851	1 484	550	CaO	2 585	3 527

金属的蒸发燃烧过程：金属固体→金属液体→金属蒸气→与空气混合→均相有焰燃烧

→金属氧化物白烟。

(2) 金属的表面燃烧

铝、铁、钛等高熔点金属通常被称为非挥发金属。非挥发金属的沸点比它的氧化物的熔点要高，如表 6-12 所示。因此在燃烧过程中，非挥发金属氧化物总是先于金属固体熔化变成气体，使金属表面裸露与空气接触，发生非均相的无火焰燃烧。金属氧化物的熔化会消耗一部分热量，从而减缓金属的氧化燃烧速度，固体表面呈炽热发光现象，如氧焊、电焊、切割火花等。非挥发金属的粉尘悬浮在空气中可能发生爆炸，且无烟生成。

表 6-12　非挥发金属及其氧化物的性质

金属	金属熔点/℃	金属沸点/℃	金属燃点/℃	金属氧化物	金属氧化物熔点/℃	金属氧化物沸点/℃
Al	660	2 500	100	Al_2O_3	2 050	3 527
Si	1 412	3 390		SiO_2	1 610	2 727
Ti	1 677	3 277	300	TiO_2	1 855	4 227
Zr	1 852	3 447	500	ZrO_2	2 687	4 927

金属的表面燃烧过程：金属固体→炽热表面与空气接触→非均相无焰燃烧。

6.4.4.3　金属的燃烧特点

试验表明，85 种金属元素几乎都会在空气中燃烧。金属的燃烧性能不尽相同，有些金属在空气或潮气中能迅速氧化，甚至自燃；有些金属只是缓慢氧化而不能自行着火；有些金属，特别是ⅠA 族的锂、钠、钾，ⅡA 族的镁、钙，ⅢA 族的铝，还有锌、铁、钛、锆、铀、钚在片状、粒状和熔化条件下容易着火，属于可燃金属，但大块状的这类金属点燃比较困难。低熔点固体的燃烧一般以蒸发燃烧形式进行，高熔点固体的燃烧通常则是表面燃烧。

有些金属如铝，通常不认为是可燃物，但在细粉状态时可以点燃和燃烧。金属镁、铝、锌及其合金的粉尘悬浮在空气中还可能发生爆炸。

有些金属如铀、钚、钍，它们既会燃烧，又具有放射性。在实际运用上，放射性既不影响金属火灾，也不受金属火灾性质的影响，但会使消防复杂化，而且会造成污染问题。在防火中还需要重视某些金属的毒性，如汞。

金属的热值较大，所以燃烧温度比其他材料的要高（如镁的热值为 25 080 kJ/kg，燃烧温度可高达 3 000 ℃以上）。大多数金属燃烧时遇到水会生成氢气而引发爆炸，还有些金属（如钠、镁、钙等）性质极为活泼，甚至在氮气、二氧化碳中仍能继续燃烧，从而增大了金属火灾的扑救难度，需要特殊灭火剂如三氟化硼、7150 等进行扑救。

6.5　粉 尘 爆 炸

固体粉尘的燃烧爆炸

粉尘是固体物质的微小颗粒，是一种极细微的粉末，其粒径一般小于 100 μm。工厂在加工谷物、糖、麻、烟、硫、铝等过程中，粉碎、研磨、筛分、混合、抛光等操作都会产生大量粉尘，这些粉尘要比原来物质的火灾危险性大得多，在一定条件下能发生爆炸。例如，2012 年 8 月 5 日，浙江温州某锁具厂在抛光作业中发生铝粉爆炸，造成 13 人死亡，并造成多栋建筑整体倒塌；2014 年 8 月 2 日，江苏昆山某金属制品公司发生特别重大粉尘爆炸事故，共造成 75 人死亡、185 人受伤。

6.5.1 可燃粉尘及其特性

凡颗粒极微小，遇点火源能够发生燃烧或爆炸的固体物质，称为可燃粉尘。按照动力性能，可将可燃粉尘分为悬浮粉尘和沉积粉尘，悬浮粉尘具有爆炸危险，沉积粉尘具有火灾危险。按照燃烧性能，可将可燃粉尘分为易燃粉尘、可燃粉尘、难燃粉尘。易燃粉尘如糖粉、淀粉、可可粉、木粉、小麦粉、硫粉、茶粉、硬橡胶粉等；可燃粉尘如米粉、锯末屑、皮革屑、丝、虫胶粉等；难燃粉尘如炭黑粉、木炭粉、石墨粉、无烟煤粉等。按照来源，常将可燃粉尘分为金属粉尘、煤炭粉尘、轻纺原料产品粉尘、合成材料粉尘、粮食粉尘、农副产品粉尘、饲料粉尘、木材产品粉尘八类。各种常见可燃粉尘的爆炸特性见表 6-13。

表 6-13 各种常见可燃粉尘的爆炸特性

粉尘名称	悬浮粉尘的自燃点/℃	爆炸下限/(g/m³)	最大爆炸压力/(×10 Pa)	压力上升速率/(×10⁵ Pa/s)		最小点火能/mJ
				平均	最大	
镁粉	520	20	5.0	308	333	80
铝粉	645	35～40	6.2	151	399	20
镁铝合金粉	535	50	4.3	158	210	80
钛粉	460	45	3.1	53	77	120
硅粉	775	160	4.3	32	84	900
铁粉	316	120	2.5	16	30	100
钛铁合金粉	370	140	2.4	42	98	80
锰粉	450	210	1.8	14	21	120
锌粉	860	500	6.9	11	21	900
锑粉	416	420	1.4	6	55	
煤粉	610	35～45	3.2	25	56	40
煤焦油沥青粉	580	80	3.8	25	45	80
硅铁合金粉	860	425	2.5	14	21	400
硫粉	190	35	2.9	49	137	15
玉米粉	470	45	5.0	74	151	40
牛奶粉	875	7.6	2.0			
可可粉	420	45	4.3	30	84	100
咖啡粉	410	85	3.5	11	18	160
黄豆粉	560	35	4.6	56	172	100
花生壳粉	570	85	2.9	14	245	370
砂糖粉	410～525	19	3.9	113	352	30
小麦粉	380～470	9.7～60	4.1～6.6			50～160
木粉	225～430	12.6～25	7.7			20
软木粉	815	30～35	7.0			45

表 6-13(续)

粉尘名称	悬浮粉尘的自燃点/℃	爆炸下限/(g/m³)	最大爆炸压力/(×10 Pa)	压力上升速率/(×10⁵ Pa/s)		最小点火能/mJ
				平均	最大	
松香粉	440	55	5.7	133	525	
硬脂酸铝粉	400	15	4.3	53	147	15
纸浆粉	480	60	4.2	36	102	80
棉绒屑	470	35	7.1	140	385	45
酚醛树脂粉	500	25	7.4	210	730	10
酚醛塑料粉	490	30	6.6	161	770	10
脲醛树脂粉	470	90	4.2	49	126	80
脲醛塑料粉	450	75	6.4	65	161	80
环氧树脂粉	540	20	6.0	140	420	15
聚乙烯树脂粉	410	30	6.0	112	385	10
聚氯乙烯树脂粉	660	63				8
聚丙烯树脂粉	420	20	5.3	105	350	30
聚醋酸乙烯树脂粉	550	40	4.8	35	70	160
聚乙烯醇树脂粉	520	35	5.3	91	217	120
聚苯乙烯粉	560	15	5.4	105	250	40
双酚 A 粉	570	20	5.2	161	455	15
季戊四醇粉	450	30	6.3	119	665	10
氯乙烯-丙烯腈共聚树脂粉	570	45	3.4	56	112	25

可燃粉尘是具有高分散度、很大比表面积、强吸附性和化学活性、较低自燃点及较强动力稳定性的固-气非均相体系，其燃烧爆炸危险性与这些特性有关。

(1) 具有高分散度

在一定的粒径范围内，细小粉尘颗粒数占总粉尘颗粒数的百分比，称为粉尘在该粒径范围内的分散度。

任何粉尘，不论由什么方法产生，都是由大大小小的粒子组成的。粉尘体系中，细小粒子含量越高，粉尘的分散度越大。粉尘的分散度可用筛分法测定。

粉尘的分散度不是固定的，它因条件的不同而异。不同物质在不同条件下产生的粉尘分散度不同；空气湿度增大，会使粒径很小的粉尘吸附在水蒸气表面而降低分散度；空间不同高度处的粉尘分散度也不相同，通常地面附近的粉尘分散度最小，距地面越远粉尘的分散度越大。

分散度大的可燃粉尘，比表面积大，化学活性强，能长时间悬浮在空气中，因而燃烧爆炸危险性大。

(2) 具有很大的比表面积

粉尘的比表面积主要取决于粉尘的粒径。同一体积的物体，粒径越小，表面积越大。表6-14列出了1 cm^3 的固体物质逐渐粉碎为小颗粒时，其比表面积增加的情况。当然，实际的粉尘粒子并非正方体，而是呈不规则形状，粒子大小也不同，但粒径越小，比表面积越大。

表6-14　粒径与比表面积的关系

正方体的边长/cm	颗粒数量/个	比表面积/cm^2
1	1	6
0.1	10^3	60
0.01	10^6	600
0.001	10^9	6 000
0.000 1	10^{12}	60 000

(3) 具有很强的吸附性和化学活性

可燃粉尘有很大的比表面积，必然具有很强的吸附作用，可大量吸附空气中的氧气并与之接触反应，化学活性大大增强，反应速率增快，燃烧爆炸的危险性增大。例如，很多金属，如铝、镁、锌等在块状时一般不能燃烧，而呈粉尘状时，不仅能燃烧，若悬浮于空气中达到一定浓度，还能发生爆炸。

(4) 具有较低的自燃点

就同一种可燃粉尘而言，其粒径越小，化学活性越强，自燃点越低。而且沉积粉尘的自燃点比悬浮粉尘的自燃点低（表6-15）。这是由于悬浮粉尘粒子间距比沉积粉尘粒子间距大，悬浮粉尘在氧化过程中热损失大。

表6-15　常见可燃粉尘的自燃点

粉尘名称	自燃点/℃		粉尘平均粒径/μm
	沉积粉尘(5 mm厚)	悬浮粉尘	
铝粉(含油)	230	400	10～20
镁粉	340	470	5～10
锌粉	430	530	10～15
米粉	270	410	50～100
小麦谷物粉	290	420	15～30
可可粉(脱脂品)	245	460	30～40
烟草纤维	290	485	50～100
木质纤维	250	445	40～80
烟煤粉	235	595	5～10
炭黑粉	535	690	10～20

(5) 具有较强的动力稳定性

粉尘始终保持分散状态而不向下沉积的特性称为动力稳定性。粉尘悬浮在空气中同时受到两种作用,即重力作用与扩散作用。重力作用使粉尘不断沉降,而扩散作用使粉尘在空间呈均匀分布的趋势。粒径较大的粉尘因扩散速率较慢,不足以抗衡重力的作用而产生沉积,粒径越大,沉积速率越快。而对于粒径较小的粉尘,在受重力作用下降的同时,扩散作用使之在空间分布均匀,这样,粉尘浓度就沿高度呈一定的分布规律,在高处要比低处小。当粉尘粒径小到一定程度以后,扩散作用与重力作用平衡,粉尘不再沉降。粒径是粉尘动力稳定性的决定性因素,分散度越大,粒径越小,动力稳定性越强。

6.5.2 粉尘爆炸及其危害

6.5.2.1 粉尘爆炸的条件

(1) 粉尘本身具有可燃性

在一般条件下,并非所有的可燃粉尘都能发生爆炸。金属粉尘能在燃烧过程中因急剧反应而放出巨大热量,从而使空气迅速升温膨胀,因此具有爆炸性。而非金属可燃粉尘在空气中发生爆炸时,只能燃尽由粉尘分解出的可燃气体,所含的炭渣却来不及燃尽,这是与可燃气体(蒸气)在空气中燃烧爆炸的不同之处。

因此,非金属可燃粉尘是否能释放出可燃气体是决定其爆炸性的关键。如无烟煤、焦炭、石墨、木炭、炭黑等粉尘基本不含挥发分,故发生爆炸的可能性较小。

(2) 氧化剂

大多数粉尘需要氧气、空气或其他氧化剂作为助燃剂。一些自供氧的粉尘如 TNT 粉尘,可以不需要外来的助燃剂。

(3) 有足够的点火能量

可燃粉尘发生燃烧爆炸,往往先需要被加热,或熔融蒸发,或受热分解,放出可燃气体,其过程比气体燃烧复杂,着火感应期也更长,可达数十秒。因此,可燃粉尘爆炸需要较多的能量,其最小点火能一般为 10～100 mJ,比可燃气体的最小点火能大 10^2～10^3 倍。

(4) 粉尘为悬浮粉尘,且达到爆炸极限

沉积的可燃粉尘是不会爆炸的,只有悬浮在空气中的可燃粉尘才可能发生爆炸。能够发生爆炸的悬浮粉尘同可燃气体(蒸气)一样,浓度必须处于一定的范围内,即有一个爆炸下限和一个爆炸上限,单位用 g/m^3 表示。

可燃粉尘的爆炸下限,一般在设备中或接近它的发源处才能够形成,但也不排除在生产厂房内形成的可能性。至于爆炸上限,因为数值太大,以至于在大多数场合都不会达到,所以没有多大实际意义。例如,糖粉的爆炸上限为 13 500 g/m^3,这在一般条件下是很难达到的,只有沉积粉尘受冲击波的作用才能形成如此高的悬浮粉尘浓度。因此,可燃粉尘的爆炸极限通常只给出爆炸下限。

(5) 有限空间

粉尘在封闭的设备或建筑物内悬浮,一旦被点火源引燃,有限空间内的温度和压力迅速升高而引起爆炸。但是,有些粉尘即使在开放的空间内也能引起爆炸,这类粉尘由于化学反应速率极快,其化学反应引起压力升高的速率远大于粉尘云边缘压力释放的速率,因此仍然能引起破坏性的爆炸。

粉尘爆炸的条件可用粉尘爆炸五角形表示,如图 6-9 所示。

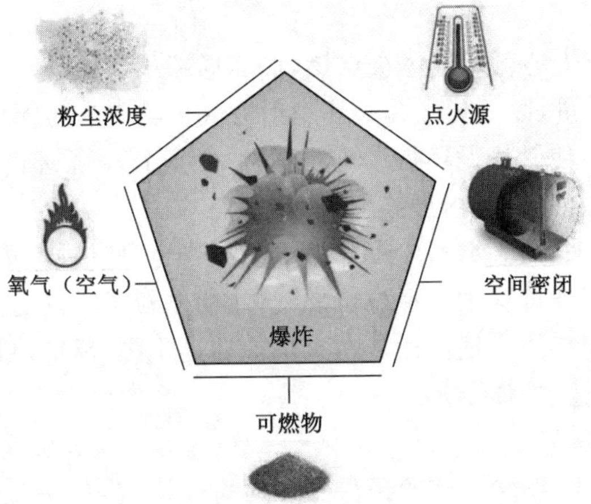

图 6-9 粉尘爆炸五角形

6.5.2.2 粉尘爆炸的过程

粉尘爆炸有两种机理:一种机理是粉尘受热后释放可燃气体发生燃烧和爆炸,称为Ⅰ型粉尘爆炸;另一种机理是粉尘粒子接受火源的热量后直接与氧化剂发生剧烈的氧化反应,称为Ⅱ型粉尘爆炸。

Ⅰ型粉尘爆炸的表现形式与气体爆炸相似,但与气体爆炸时可燃气分子直接参与反应不同。可燃粉尘发生反应前,需要经历一定的物理、化学变化,爆炸过程相对复杂。一般说来,Ⅰ型粉尘爆炸包括如下几个步骤,如图 6-10 所示。

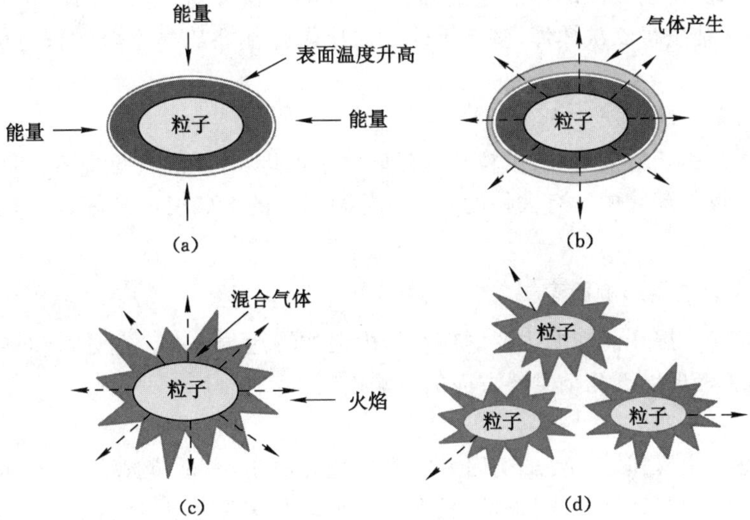

图 6-10 粉尘爆炸过程示意图

① 悬浮粉尘在热源作用下温度迅速升高。

② 粉尘粒子表面的分子在热作用下发生热分解或者干馏，在粒子周围产生可燃气体。

③ 粉尘粒子周围产生的可燃气体被点燃，形成局部小火焰。

④ 粉尘燃烧放出热量，以热传导和火焰辐射方式传给附近悬浮着的或被吹扬起来的粉尘，这些粉尘受热气化后使燃烧循环持续进行下去；随着每个循环的逐次加快进行，其反应速率也逐渐增大，经过激烈的燃烧，最终形成爆炸。

从粉尘爆炸的过程来看，Ⅰ型粉尘爆炸从本质上讲也是一种气体爆炸。

Ⅱ型粉尘爆炸，在爆炸过程中不释放可燃气体，粉尘粒子受热后直接与空气中的氧气发生氧化反应，产生的反应热使火焰传播。在火焰传播过程中，反应热使周围的粉尘和空气受热迅速膨胀，从而导致粉尘爆炸。

6.5.2.3 粉尘爆炸的危害

与可燃气体爆炸相比，粉尘爆炸的条件要相对苛刻一些，但一旦发生粉尘爆炸，则危害往往更为严重。

(1) 高压作用时间长，破坏力强

与可燃气体爆炸相比，可燃粉尘爆炸时的燃烧速率和产生的最大爆炸压力都要略小一些，但因粉尘密度比气体大，且燃烧时间长，爆炸压力上升速率和下降速率都较慢，所以压力与时间的乘积（即爆炸释放的能量）较大，加上粉尘粒子边燃烧边飞散，爆炸的破坏性和对周围可燃物的烧损程度更为严重。粉尘爆炸所产生的能量以最大值进行比较，是气体爆炸的数倍，温度可上升 2 000～3 000 ℃。

(2) 产生二次爆炸，危害巨大

可燃粉尘初始爆炸产生的气浪会使沉积粉尘扬起，在新的空间内达到爆炸极限而产生二次爆炸。另外，在粉尘初始爆炸地点，空气和燃烧产物受热膨胀，密度变小，经过极短的时间后形成负压区；新鲜空气向爆炸点逆流，促使空气的二次冲击，若该爆炸地点仍存在粉尘和火源，则也有可能发生二次爆炸、多次爆炸。二次爆炸往往比初次爆炸压力更大，破坏更严重。

(3) 燃烧不充分，爆炸产物毒性大

可燃粉尘爆炸由于时间短，粉尘粒子不可能完全燃烧，有些沉积粉尘还有阴燃现象。因此，粉尘爆炸后，爆炸产物中含有大量的 CO 及分解产生的 HCl、HCN 等，产物毒性比较大，易使人员中毒。

6.5.3 粉尘爆炸的主要影响因素

各种因素对粉尘爆炸的影响主要体现在粉尘爆炸特性参数上。在分析和解决实际的粉尘爆炸问题时，要考虑以下几个主要方面的影响因素。

6.5.3.1 粒径

粒径是可燃粉尘爆炸的重要影响因素。粉尘粒径越小，分散度越大，比表面积越大，化学活性越强，在空气中悬浮的时间越长，氧化反应速率也就越快，就越容易发生爆炸，其最小点火能和爆炸下限更低，爆炸浓度范围扩大，最大爆炸压力及其上升速率也越大，爆炸危险性和破坏性增加。如果粉尘的粒径过大，它就会因此失去爆炸性。如粒径大于 400 μm 的聚乙烯、面粉及甲基纤维素等粉尘不能发生爆炸；多数煤粉尘粒径小于 100 μm 时才具有爆炸能力。可燃粉尘的粒径与最小点火能的关系如图 6-11 所示。

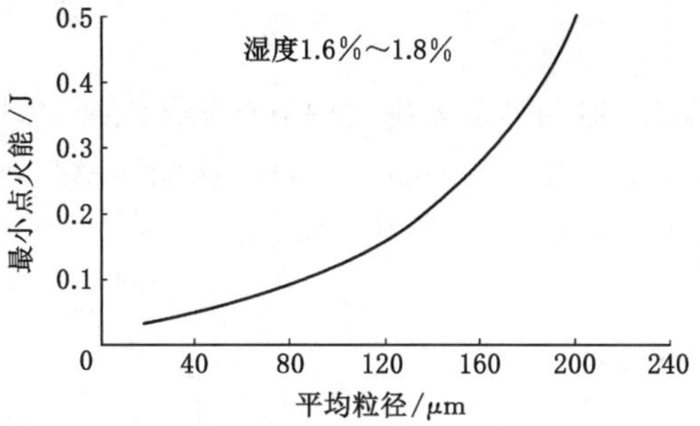

图 6-11　可燃粉尘的粒径与最小点火能的关系

粉尘粒径与最大爆炸压力的关系，见表 6-16 和表 6-17。

表 6-16　粉尘粒径与最大爆炸压力的关系

粉尘	最大爆炸压力/($\times 10^5$ Pa)					
	20 μm	25 μm	30 μm	40 μm	50 μm	60 μm
木屑	1.266		1.25		1.07	0.70
马铃薯淀粉	1.0		0.96		0.88	0.76
石炭粉			0.86		0.71	0.27
小麦粉		1.03		0.96		0.66

表 6-17　不同粒径铝粉的最大爆炸压力

粒径/μm	浓度/(g/m^3)	最大爆炸压力/kPa
0.3	70	1 074
0.6	70	871.4
1.3	70	780.2

6.5.3.2　燃烧热

燃烧热高的可燃粉尘，其爆炸下限低，一旦发生爆炸即呈高温高压，爆炸威力大，如图 6-12 所示。

6.5.3.3　挥发分

粉尘含可燃挥发分越多，热解温度越低，爆炸危险性和爆炸产生的压力越大。一般认为，煤尘可燃挥发分小于 10%的，基本上没有爆炸危险性。

6.5.3.4　灰分和水分

可燃粉尘中的灰分(即不燃物质)和水分增加，其爆炸危险性便降低。这是因为，它们一方面能较多地吸收体系的热量，从而减弱粉尘的爆炸性能；另一方面会增加粉尘的密度，加快其沉降速率，使悬浮粉尘浓度降低。试验表明，煤尘中灰分达 30%～40%时不爆炸。目前，煤矿所采用的岩粉棚和撒布岩粉，就是利用灰分能削弱煤尘爆炸这一原理来抑制煤尘爆炸的。

6.5.3.5 氧含量

氧含量是粉尘爆炸敏感的因素,随着空气中氧含量的增加,爆炸浓度范围扩大。在纯氧中,粉尘的爆炸下限下降到只有空气中的 1/4～1/3,而能够发生爆炸的最大颗粒尺寸则可增大到空气中相应值的 5 倍,如图 6-13 所示。

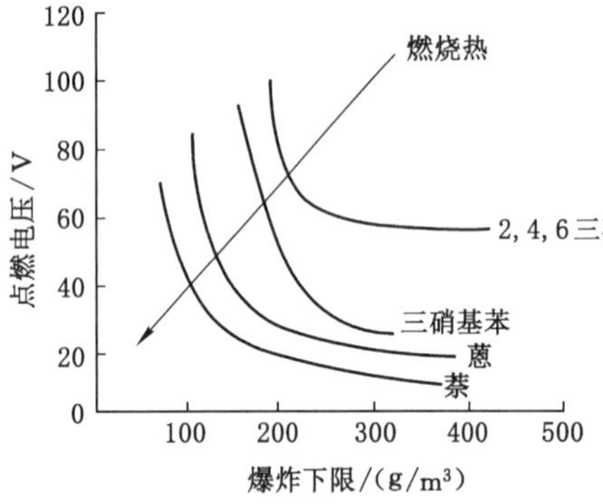

图 6-12 粉尘爆炸下限与燃烧热的关系

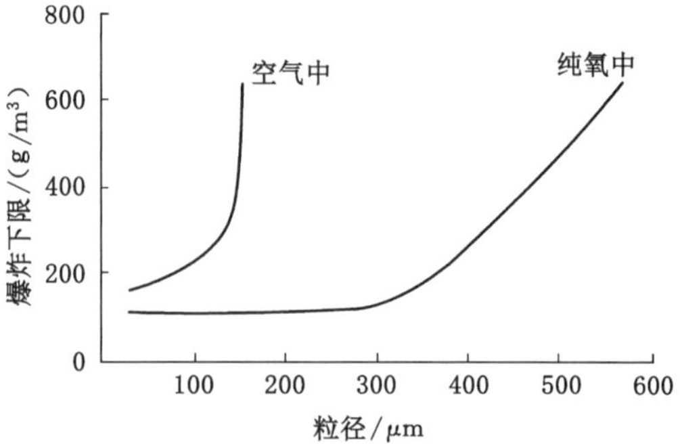

图 6-13 粉尘爆炸下限与粒径及氧含量的关系

粉尘爆炸压力随空气中氧含量的增加而增加,如图 6-14 所示。

6.5.3.6 空气湿度

空气湿度增加,粉尘爆炸危险性减小。这是因为湿度增大,有利于消除粉尘静电和加速粉尘的凝聚沉降。同时水分的蒸发会消耗体系的热能,稀释空气中的氧气,降低粉尘的燃烧反应速率,使粉尘不易爆炸,如图 6-15 所示。

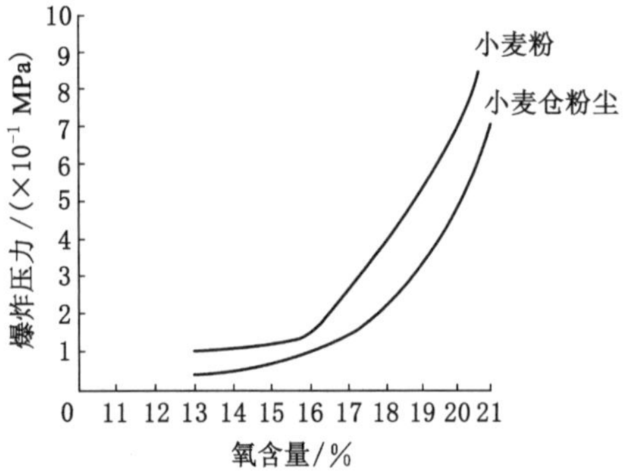

图 6-14 氧含量和粉尘爆炸压力的关系

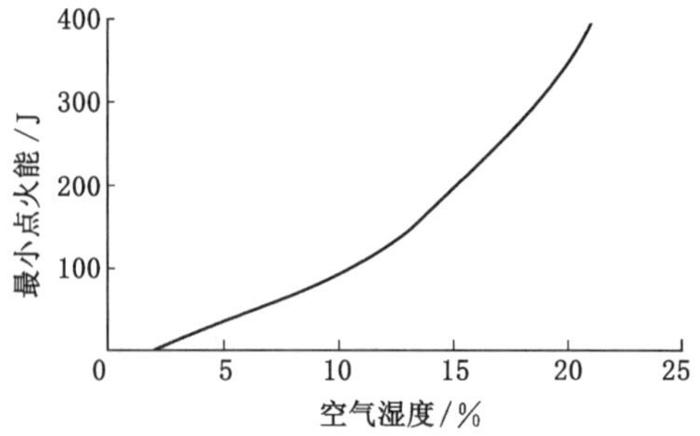

图 6-15 空气湿度对粉尘爆炸的最小点火能的影响

6.5.3.7 可燃气体含量

当粉尘与可燃气体共存时,粉尘爆炸下限相应下降,且最小点火能也有一定程度的降低。即可燃气体的出现,会大大增加粉尘的爆炸危险性。图 6-16 表示甲烷含量对煤尘爆炸下限的影响。从图 6-16 中可见,煤尘的爆炸下限随甲烷含量的增加而直线下降。

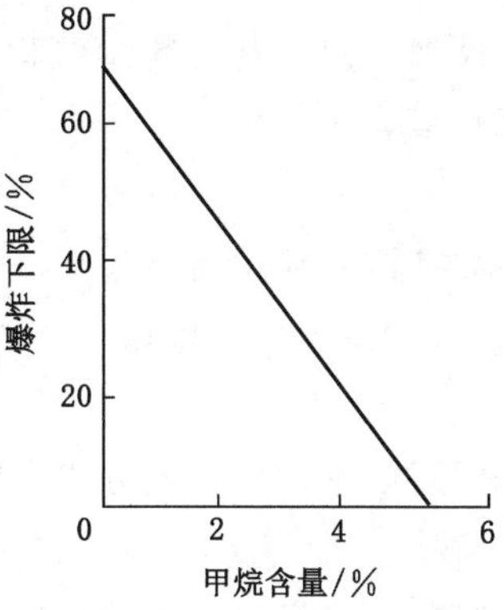

图 6-16 甲烷含量对煤尘爆炸下限的影响

6.5.3.8 温度和压力

当温度升高或压力增加时，粉尘爆炸浓度范围会扩大，所需最小点火能下降，所以危险性增大。

6.5.3.9 点火源温度、强度和最小点火能

点火源的温度越高、强度越大，与粉尘混合物接触时间越长，爆炸浓度范围就变得越宽，爆炸危险性也就越大。

每一种可燃粉尘在一定条件下，都有一个最小点火能。若低于此能量，粉尘与空气形成的混合物就不能起爆。粉尘的最小点火能越小，其爆炸危险性就越大。

6.5.4 粉尘爆炸的预防与控制

与可燃气体爆炸相比，粉尘的着火感应期较长，爆炸压力和升压速率小。预防和控制可燃气体爆炸的基本方法也适用于防止可燃粉尘爆炸。这些方法包括严格控制或消除火源，防止可燃粉尘和空气形成爆炸性混合物，消除粉尘源，采用惰性气体保护，抑制爆炸，防爆泄压等。

6.5.4.1 粉尘爆炸的预防

掌握了粉尘爆炸的危害及影响因素，在消防工作中就可采取相应的预防措施。根据实践，通常可采取的措施如下。

(1) 控制粉尘在空气中的浓度

应采用密闭性能良好的设备，尽量减少粉尘飞散逸出；要安装有效的通风除尘设备，加强清扫工作，及时清除电机、灯具、墙壁上和地沟中的粉尘。

(2) 控制室内湿度

粉尘爆炸通常发生在室内或容器内，如果设法将室内或容器中的相对湿度提高到65%以上，则可减少粉尘飞扬，消除静电，避免爆炸。

(3) 改善设备、控制火源

凡是粉尘爆炸危险场所属于G-1级，应采用防爆电机、防爆电灯、防爆开关等防爆电气设备；不许进行明火作业，不准吸烟，不准穿带钉子的鞋。要注意防止金属物件或砂石混进机器内撞击摩擦而产生火花；每台机器都必须接地，以防静电。

(4) 控制温度和氧含量

要经常对机器设备测温,防止摩擦发热。凡有粉尘沉积的容器,要有降温措施;必要时还可充入惰性气体(如氮气),以降低氧含量。

(5) 防止二次爆炸的发生

在扑救粉尘火灾中,应注意不要使沉积粉尘飞扬起来,不宜用二氧化碳之类具有冲击力的灭火剂灭火,最好采用喷雾水流,以防发生二次爆炸。

6.5.4.2 粉尘爆炸的控制

对可能发生粉尘爆炸的场所和设施,常用的控制方式有以下三种。

(1) 增强装置的强度

这种方法只适用于比较小的装置,通过提高装置的强度,使之能承受最大爆炸压力的破坏,并且要考虑防止爆炸火焰通过连接处向外传播。

(2) 设置爆炸泄压

这是较为方便和经济的方法,是首选方案。在设备或厂房的适当部位设置泄压装置,借此可以向外排放爆炸初期的压力、火焰、粉尘和产物,从而降低爆炸压力,减小爆炸损失,如图 6-17 所示。

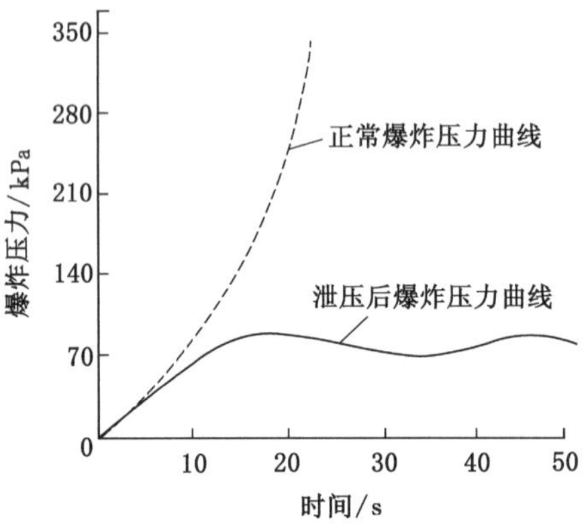

图 6-17 防爆泄压原理

采用防爆泄压技术,必须考虑粉尘爆炸的最大压力和最大升压速率,此外还应考虑设备或厂房的体积和结构,以及泄压面的材质、强度、形状及结构等。用作泄压面的设施有爆破板、旁门、合页窗等;用作泄压面的材料有金属箔、防水纸、防水布或塑料板、石棉板、石膏板等。而防爆泄压技术中最重要的问题是防爆泄压面积的确定。

目前确定泄压面积的方法有多种,但无论采用哪种方法,泄压面积都应适当加大,这是因为泄压面材料本身的破裂可能干扰粉尘爆炸,并使爆炸的剧烈程度增加。

通常采用的确定泄压面积或泄压比的方法有以下几种:

① 以最大爆炸压力确定泄压比。

② 以设备或建筑物体积为主确定泄压比,具体结果见表 6-18。

表 6-18　设备与建筑物的泄压比

设备与建筑物种类	泄压比/(m^2/m^3)
28.32 m^3 以下轻量结构的机械与炉灶	0.11～0.33
28.32 m^3 以下可承受强压的机械与炉灶	0.11
28.32～707.92 m^3 的房间、建筑物、储槽、容器等(该种情况必须考虑爆炸点与泄压孔的相对位置以及可能发生爆炸的体积)	0.07～0.11
707.92 m^3 以上的房间,危险装置仅占建筑物的小部分	
① 钢筋混凝土壁	0.04
② 轻量混凝土、砖瓦或木结构	0.04～0.05
③ 简易压板结构	0.05～0.07
707.92 m^3 以上的大房间,危险装置占其大部分	0.07～0.33

③ 以升压速率为主确定泄压面积。用该方法进行泄压设计时要考虑爆炸强度、泄压后的爆炸压力(即泄压后设备内所能达到的最大爆炸压力)、停止动作压力(即爆破板破裂时的静止工作压力)。

(3) 抑制爆炸

抑制爆炸主要应用于有毒粉尘或不能开泄压口的装置。粉尘爆炸抑制装置能在粉尘爆炸初期迅速喷洒灭火剂,将火焰熄灭,遏止爆炸发展。它由爆炸探测机构和灭火剂喷洒机构组成,前者必须反应迅速、动作准确,以便快速探测爆炸的前兆并发出信号;后者接收前者发出的并经过扩大的信号后,立即启动,喷洒灭火剂。

粉尘爆炸抑制装置的结构及其作用效果如图 6-18 所示。

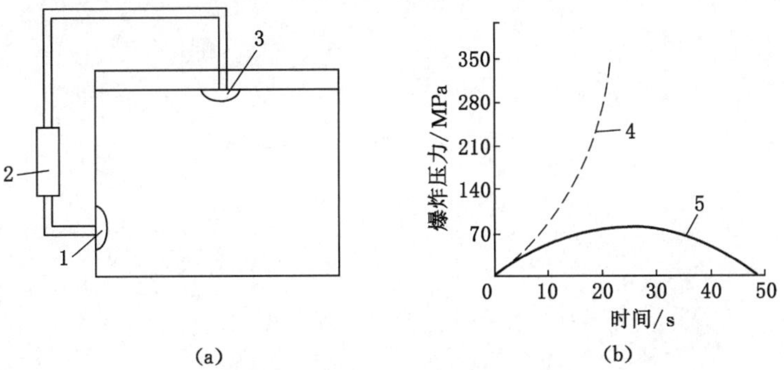

1—压力传感器;2—扩大器;3—抑制器;4—正常爆炸压力曲线;5—抑制后爆炸压力曲线。

图 6-18　粉尘爆炸抑制装置的结构及其作用效果

本章习题

1. 固体的基本特性有哪些?

2. 列表归纳总结钠、铁、木材、煤炭、化纤、聚乙烯塑料、樟脑在燃烧过程中的特性变化。

3. 不同类型的固体,其燃烧过程有何不同?

4. 固体物质主要有哪几种燃烧形式？其发生条件是什么？

5. 热解燃烧与阴燃有何联系？

6. 什么是可燃粉尘？可燃粉尘如何分类？

7. 简述可燃粉尘的特性。

8. 简述粉尘爆炸的条件及影响因素。

9. 简述粉尘爆炸的危害及预防措施。

第 7 章　火灾风险评估

风险评估是火灾科学与消防工程的重要组成部分，对完善火灾科学与消防工程学科体系有着重要的作用。对火灾的科学认识实际上就是对火灾的确定性和随机性的深入认识。关于确定性规律，人们开展研究的时间比较长，也获得了很多成果，但对火灾随机性的认识还不够。火灾过程的复杂性、火灾作为灾害事件的偶发性以及现有信息资料和理论知识的不完备性，使得火灾风险评估体系不能期望建立在对灾害自身确定性规律的完备认识的基础上。风险评估本身既涉及确定性又涉及不确定性，其中不确定性包含随机不确定性和模糊不确定性。火灾风险评估就是与火灾的随机性相关的一个研究方向，可以更加客观、准确地揭示火灾的危险性，从而为火灾的预防和控制提供依据，它对于完善火灾的双重性规律有着十分重要的意义。同时，火灾风险评估对促进性能化防火设计的发展，指导实际消防工程以及促进消防、保险等相关行业的发展也会产生重大影响。迄今，火灾风险评估方法学已成为火灾科学基础研究中的一个重要课题。

本章重点：理解火灾风险、火灾风险评估的基本内涵，掌握火灾风险的度量方法，熟悉火灾风险评估的定性分析方法、定量分析方法、半定量分析方法。

本章难点：火灾风险的度量、火灾风险容忍度、火灾风险定量分析方法。

7.1　火灾风险的认知和度量

火灾风险评估概述

对火灾风险的科学认知和度量是开展火灾风险评估的基础，只有充分、全面地把握评估对象所面临的火灾风险的来源，才能完整、准确地对各类火灾风险进行分析、评判，进而采取针对性的火灾风险控制措施，确保将评估对象的火灾风险控制在可接受的范围内。

7.1.1　火灾风险的认知

7.1.1.1　火灾风险

风险(risk)一词在不同的领域的含义不同。在安全领域，较为通用的解释是：风险指危险发生的可能性和严重性的组合。该定义蕴含了风险的三个方面：危险、可能性、严重性。

危险(hazard)是一种具有能够对人、财产或者环境造成损害的潜能的化学或者物理状态；可能性(possibility)是对危险是否会发生的一种度量，一般用频率或者概率表示，可通过相似系统的历史统计数据或者模型分析获得；严重性(severity)是对危险强度的定性或定量估计，一般用后果描述，如常用的后果描述形式有人员伤亡、财产损失、环境污染。通常风险用式(7-1)表示：

$$R = \sum_i P_i C_i \tag{7-1}$$

式中，P 表示危险的发生概率；C 表示危险产生的预期后果。

在危险事件一定的情况下，风险的大小由事故发生的可能性和事故所产生后果的严重性两个因素共同决定。

火灾风险作为风险的一种存在形式，可以继承风险的定义，即火灾风险的定义为：潜在火灾事件发生的概率及产生后果的组合。相应地，在上述风险表达式中，P 表示单个火灾事件的发生概率；C 表示该事件产生的预期后果。

7.1.1.2 火灾隐患

能量、危险介质等危险源是风险存在和事故发生的根源，危险源的规模和特性决定风险的种类和等级。换言之，风险是由于危险源存在而客观存在的一种状态。

隐患是国内特有的名词，国外并无隐患一词，因此，关于隐患的英文表述也是众说纷纭。目前国内关于隐患的英文单词主要有以下几种表达。《基于风险的油气管道安全隐患分级导则》(GB/T 34346—2017)中，隐患的英文表述采用的是 hazard 一词，直译为危险、危害，与危险源的英文表述一致；《重大火灾隐患判定方法》(GB 35181—2017)中，采用 potential 一词，直译为潜能、可能性等。hazard、potential 是目前国内正式颁布的标准中对于隐患的英文表述。2022 年 12 月颁布的《化工过程安全管理导则》(AQ/T 3034—2022)中定义隐患 unsafe-condition 为：未辨识出的风险，或风险没有得到有效控制，超出人们对风险可接受水平的一种状态。隐患包括人的不安全行为、物的不安全状态和管理缺陷等。通过排查和治理能够将隐患消除，然而风险是客观存在的一种状态，不能被消除，只能通过各项措施进行管控。隐患与风险的逻辑关系如图 7-1 所示。

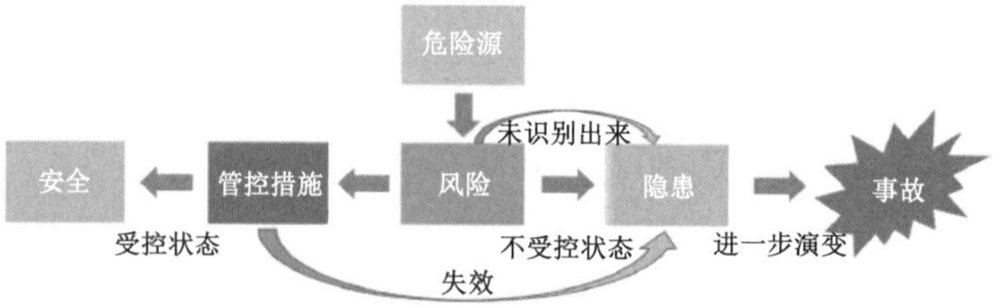

图 7-1 隐患与风险的逻辑关系

风险有效管控的状态称为安全，未得到有效控制称为隐患，失去控制即事故。隐患若未排查到位或未及时整改，并不一定会导致事故发生，但由于隐患是风险没有得到有效控制的一种不安全(超出风险可接受水平)状态，在一定条件下会增加事故发生频率或扩大事故后果。因此，及时发现和消除重大火灾隐患，对于预防和减少火灾发生、保障社会经济发展和人民群众生命财产安全、维护社会稳定具有重要意义。

根据严重程度，可将火灾隐患分为重大火灾隐患、非重大火灾隐患两类。其中，重大火灾隐患可能造成特大火灾事故和严重社会影响，是需要特别注意的。

我国在《重大火灾隐患判定方法》(GB 35181—2017)(以下简称《判定方法》)中给出了判定重大火灾隐患的方法，也为消防安全评估提供了依据。

《判定方法》指出，重大火灾隐患是违反消防法律法规、不符合消防技术标准，可能导致火灾发生或火灾危害增大，并由此可能造成重大、特别重大火灾事故或严重社会影响的各类潜在不安全因素。

《判定方法》规定，在判定重大火灾隐患时需要遵循下列程序：

① 现场检查：组织进行现场检查，核实火灾隐患的具体情况，并获取相关影像和文字资料。

② 集体讨论：组织对火灾隐患进行集体讨论，做出结论性判定意见，参与人数不应少于 3 人。

③ 专家技术论证：对于涉及复杂疑难的技术问题，按照本标准判定重大火灾隐患有困难的，应组织专家成立专家组进行技术论证，形成结论性判定意见。结论性判定意见应有三分之二以上的专家同意。

重大火灾隐患判定的方法分为直接判定方法或综合判定方法。符合下列任意一条直接判定要素的，应直接判定为重大火灾隐患。

① 生产、储存和装卸易燃易爆危险品的工厂、仓库和专用车站、码头、储罐区，未设置在城市的边缘或相对独立的安全地带。

② 生产、储存、经营易燃易爆危险品的场所与人员密集场所、居住场所设置在同一建筑物内，或与人员密集场所、居住场所的防火间距小于国家工程建设消防技术标准规定值的 75％。

③ 城市建成区内的加油站、天然气或液化石油气加气站、加油加气合建站的储量达到或超过 GB 50156 对一级站的规定。

④ 甲、乙类生产场所和仓库设置在建筑的地下室或半地下室。

⑤ 公共娱乐场所、商店、地下人员密集场所的安全出口数量不足或其总净宽度小于国家工程建设消防技术标准规定值的 80％。

⑥ 旅馆、公共娱乐场所、商店、地下人员密集场所未按国家工程建设消防技术标准的规定设置自动喷水灭火系统或火灾自动报警系统。

⑦ 易燃可燃液体、可燃气体储罐（区）未按国家工程建设消防技术标准的规定设置固定灭火、冷却、可燃气体浓度报警、火灾报警设施。

⑧ 在人员密集场所违反消防安全规定使用、储存或销售易燃易爆危险品。

⑨ 托儿所、幼儿园的儿童用房以及老年人活动场所，所在楼层位置不符合国家工程建设消防技术标准的规定。

⑩ 人员密集场所的居住场所采用彩钢夹芯板搭建，且彩钢夹芯板芯材的燃烧性能等级低于 GB 8624 规定的 A 级。

不符合上述任意一条直接判定要素的，需要进行综合判定。重大火灾隐患综合判定要素包括：

① 总平面布置

a. 未按国家工程建设消防技术标准的规定或城市消防规划的要求设置消防车道或消防车道被堵塞、占用。

b. 建筑之间的既有防火间距被占用或小于国家工程建设消防技术标准的规定值的 80％，明火和散发火花地点与易燃易爆生产厂房、装置设备之间的防火间距小于国家工程建设消防技术标准的规定值。

c. 在厂房、库房、商场中设置员工宿舍，或是在居住等民用建筑中从事生产、储存、经营等活动，且不符合 GA 703 的规定。

d. 地下车站的站厅乘客疏散区、站台及疏散通道内设置商业经营活动场所。

② 防火分隔

a. 原有防火分区被改变并导致实际防火分区的建筑面积大于国家工程建设消防技术标准规定值的 50%。

b. 防火门、防火卷帘等防火分隔设施损坏的数量大于该防火分区相应防火分隔设施总数的 50%。

c. 丙、丁、戊类厂房内有火灾或爆炸危险的部位未采取防火分隔等防火防爆技术措施。

③ 安全疏散设施及灭火救援条件

a. 建筑内的避难走道、避难间、避难层的设置不符合国家工程建设消防技术标准的规定，或避难走道、避难间、避难层被占用。

b. 人员密集场所内疏散楼梯间的设置形式不符合国家工程建设消防技术标准的规定。

c. 除直接判定要素第⑤条外的其他场所或建筑物的安全出口数量或宽度不符合国家工程建设消防技术标准的规定，或既有安全出口被封堵。

d. 按国家工程建设消防技术标准的规定，建筑物应设置独立的安全出口或疏散楼梯而未设置。

e. 商店营业厅内的疏散距离大于国家工程建设消防技术标准规定值的 125%。

f. 高层建筑和地下建筑未按国家工程建设消防技术标准的规定设置疏散指示标志、应急照明，或所设置设施的损坏率大于标准规定要求设置数量的 30%；其他建筑未按国家工程建设消防技术标准的规定设置疏散指示标志、应急照明，或所设置设施的损坏率大于标准规定要求设置数量的 50%。

g. 设有人员密集场所的高层建筑的封闭楼梯间或防烟楼梯间的门的损坏率超过其设置总数的 20%，其他建筑的封闭楼梯间或防烟楼梯间的门的损坏率大于其设置总数的 50%。

h. 人员密集场所内疏散走道、疏散楼梯间、前室的室内装修材料的燃烧性能不符合 GB 50222 的规定。

i. 人员密集场所的疏散走道、楼梯间、疏散门或安全出口设置栅栏、卷帘门。

j. 人员密集场所的外窗被封堵或被广告牌等遮挡。

k. 高层建筑的消防车道、救援场地设置不符合要求或被占用，影响火灾扑救。

l. 消防电梯无法正常运行。

④ 消防给水及灭火设施

a. 未按国家工程建设消防技术标准的规定设置消防水源、储存泡沫液等灭火剂。

b. 未按国家工程建设消防技术标准的规定设置室外消防给水系统，或已设置但不符合标准的规定或不能正常使用。

c. 未按国家工程建设消防技术标准的规定设置室内消火栓系统，或已设置但不符合标准的规定或不能正常使用。

d. 除旅馆、公共娱乐场所、商店、地下人员密集场所外，其他场所未按国家工程建设消防技术标准的规定设置自动喷水灭火系统。

e. 未按国家工程建设消防技术标准的规定设置除自动喷水灭火系统外的其他固定灭火设施。

f. 已设置的自动喷水灭火系统或其他固定灭火设施不能正常使用或运行。

⑤ 防烟排烟设施

人员密集场所、高层建筑和地下建筑未按国家工程建设消防技术标准的规定设置防烟、排烟设施，或已设置但不能正常使用或运行。

⑥ 消防供电

a. 消防用电设备的供电负荷级别不符合国家工程建设消防技术标准的规定。

b. 消防用电设备未按国家工程建设消防技术标准的规定采用专用的供电回路。

c. 未按国家工程建设消防技术标准的规定设置消防用电设备末端自动切换装置，或已设置但不符合标准的规定或不能正常自动切换。

⑦ 火灾自动报警系统

a. 除旅馆、公共娱乐场所、商店、其他地下人员密集场所以外的其他场所未按国家工程建设消防技术标准的规定设置火灾自动报警系统。

b. 火灾自动报警系统不能正常运行。

c. 防烟排烟系统、消防水泵以及其他自动消防设施不能正常联动控制。

⑧ 消防安全管理

a. 社会单位未按消防法律法规要求设置专职消防队。

b. 消防控制室操作人员未按 GB 25506 的规定持证上岗。

⑨ 其他

a. 生产、储存场所的建筑耐火等级与其生产、储存物品的火灾危险性类别不相匹配，违反国家工程建设消防技术标准的规定。

b. 生产、储存、装卸和经营易燃易爆危险品的场所或有粉尘爆炸危险场所未按规定设置防爆电气设备和泄压设施，或防爆电气设备和泄压设施失效。

c. 违反国家工程建设消防技术标准的规定使用燃油、燃气设备，或燃油、燃气管道敷设和紧急切断装置不符合标准规定。

d. 违反国家工程建设消防技术标准的规定在可燃材料或可燃构件上直接敷设电气线路或安装电气设备，或采用不符合标准规定的消防配电线缆和其他供配电线缆。

e. 违反国家工程建设消防技术标准的规定在人员密集场所使用易燃、可燃材料装修、装饰。

上述要素满足以下条件应综合判定为重大火灾隐患：

① 人员密集场所存在③a—i 和⑤、⑨c 规定的综合判定要素 3 条以上(含本数，下同)；

② 易燃、易爆危险品场所存在①a—c、④e—f 规定的综合判定要素 3 条以上；

③ 人员密集场所、易燃易爆危险品场所、重要场所存在上述规定的任意综合判定要素 4 条以上；

④ 其他场所存在上述规定的任意综合判定要素 6 条以上。

下列情形不应判定为重大火灾隐患：

① 依法进行了消防设计专家评审，并已采取相应技术措施的；

② 单位、场所已停产停业或停止使用的；

③ 不足以导致重大、特别重大火灾事故或严重社会影响的。

7.1.1.3 火灾危险源

除了隐患，不属于上述规定、标准范畴之内的可能导致火灾或爆炸事故的消防安全因素，称为火灾危险源。火灾危险源如果不加以整改、清除，就可能成为火灾隐患，甚至成为重大火灾隐患。反之，重大火灾隐患或非重大火灾隐患整改不彻底，也可能构成火灾危险源。

1. 第一类火灾危险源

(1) 概念与分类

第一类火灾危险源的辨识即对燃爆危险物进行辨识。凡是能够引起火灾及爆炸危险的物质，称为燃爆危险物。燃爆危险物可分为以下九种：可燃气体(蒸气)、可燃液体、可燃固体、可燃性粉尘、自燃性物质、忌水性物质、氧化剂、爆炸品和混合危险性物质。

(2) 各种燃爆物的危险特性

可燃气体的燃爆危险性主要与其爆炸极限、最小点火能(最小点燃电流)、闪点、最大试验安全间隙、燃烧热或分解热有关。可燃气体的爆炸极限范围越大、最小点火能(最小点燃电流)越小、最大试验安全间隙越小、燃烧热或分解热越大，其燃爆危险性越大。实际中在判断可燃气体燃爆危险性时，往往只需要考虑可燃气体的爆炸下限和最小点火能(最小点燃电流)。这是因为在空气中，当可燃气体达到其爆炸下限时，只要遇到达到其最小点火能的火源，便会发生爆炸。

可燃液体的燃爆危险性主要与其闪点有关，闪点越低的可燃液体，其燃爆危险性越大。另外，在一定温度下，由于蒸发，可燃液体表面会形成一定浓度的蒸气，如果该浓度达到蒸气的爆炸极限，遇到具有一定能量的引火源时，也会发生燃烧爆炸。

可燃固体的火灾危险性主要取决于其本身的结构和组成。一般说来，可燃固体的燃点越低、热分解越容易、比表面积越大，其火灾危险性越大。

根据固体物质燃点、易燃性及燃烧猛烈程度，可将可燃固体分为一级易燃固体和二级易燃固体两类。一级易燃固体的燃点或自燃点低，易燃烧或爆炸，燃烧速度快，并释放有毒气体。一级易燃固体主要有红磷及含磷化合物、部分硝基化合物(如二硝基甲苯等)、闪光粉、氨基化钠等。二级易燃固体的火灾危险性比一级易燃固体的火灾危险性小，主要有部分硝基化合物(如二硝基丙烷、硝基芳烃等)、易燃金属粉、碱金属氨基化合物、萘及其衍生物、硫黄、生松香等。

可燃性粉尘按存在粉尘爆炸危险性的行业可分为金属粉尘、煤炭粉尘、轻纺原料产品粉尘、合成材料粉尘、火药和炸药粉尘、粮食粉尘、农副产品粉尘、饲料粉尘等。

判断粉尘燃爆危险性的主要指标是爆炸极限(通常是爆炸下限)和最小点火能，可燃性粉尘的爆炸下限和最小点火能越小，其燃爆危险性越大。

自燃性物质是指无明火直接作用，由于受热升温或本身自行放热达到自燃点而自行燃烧的物质。显而易见，自燃点越低的自燃性物质，越容易自燃。常见的自燃性物质包括以下几类：

① 由氧化热引起自燃的物质，如黄磷、煤、油脂等。

② 由分解热引起自燃的物质，如硝化纤维、赛璐珞、有机过氧化物等。

③ 由水解热引起自燃的物质，如烷基铝类化合物。

④ 由发酵热引起自燃的物质，如稻草、木屑、籽棉等。

忌水性物质是指遇水或吸收空气中的水分时发热且有着火危险的物质，常见的忌水性物质主要包括以下几类：

① 活泼金属及其合金，如钾、钠、铷、钾钠合金等；还有某些金属的氢化物，如氢化钠、氢化钙等。它们遇水都会发生剧烈反应，放出氢气和大量热，放出的热量能使氢气自燃或爆炸。

② 金属碳化物，如碳化钙、碳化钾等。它们遇水也反应生成可燃气体，并放出热量，放出的热量也可引起可燃气体自燃或爆炸。

③ 硼氢化合物，如二硼氢、硼氢化钠等。

④ 金属磷化物，如磷化钙、磷化锌等。

⑤ 其他，如保险粉(低亚硫酸钠)等，遇水呈炽热状态并分解出可燃气体，有燃爆危险。另外，还有一些物质，如生石灰等，遇水反应放出大量的热，容易引燃周围的易燃物。

氧化剂中主要是有机氧化剂本身会燃烧。另外，某些氧化剂当受热、撞击、摩擦或日光照射时，本身会分解，产生大量气体及放出大量热，从而引起爆炸。还有些氧化剂遇水、遇酸或遇到比它更强的氧化剂时都会发生燃烧爆炸。

爆炸品的危险性主要与其理化性质有关。通常用敏感度来衡量爆炸品发生爆炸反应的难易程度。敏感度以引起炸药爆炸反应所需的最小能量来表示，这个外界能量称为起爆能。起爆能越小，则炸药的敏感度越高。常见的爆炸品有 TNT、苦味酸、硝化甘油等。

属于第一类火灾危险源的混合危险性物质主要包括以下两种情况：

① 混合危险性物质中的一种或几种本身是可燃物，与氧化剂混合时发生燃烧或爆炸。如苯胺与发烟硫酸混合就是这种情况。

② 混合危险性物质混合后生成可燃气体或爆炸性物质。如电石与水混合生成乙炔，乙炔与铜、银、汞盐反应生成易爆的乙炔铜(银、汞)。

2. 第二类火灾危险源

第二类火灾危险源是导致可燃物意外释放能量的各种因素，它包括人、物、环境三方面的问题。

(1) 人的因素问题

人的因素问题主要包括人的不安全行为和人失误。人的不安全行为一般指人明显违反安全操作规程的行为。如人在高温表面烘烤衣物就是一种不安全行为。人失误是指人的行为的结果偏离了预定的标准。如人在带电修理机器设备时不小心短路，短路产生的电火花引燃了附近的易燃物。

(2) 物的因素问题

物的因素问题可以概括为物的不安全状态和物的故障(或失效)。物的不安全状态是指机械设备、物质等明显不符合安全要求的状态。如把易燃易爆物质与一般仓储物存放于同一仓库。物的故障(或失效)是指机械设备、零部件等由于性能低下而不能实现预定功能的现象。如设备故障运行使电流过载，造成电气火灾。物的因素可能直接使约束、限制能量或危险物质的措施失效而发生事故，也可能诱发人的因素问题，人的因素问题有时也造成物的因素问题。

(3) 环境因素问题

环境因素主要指系统运行的环境，包括温度、湿度、照明、粉尘、通风换气、噪声、振动等物理环境以及企业的软环境等。不良的物理环境、企业的规章制度不健全、管理不善等都会引起人的因素问题或物的因素问题。

由于第二类火灾危险源的种类较多，所以要辨识所有第二类火灾危险源往往比较困难。实际操作中要根据各企业的具体情况，从以上几方面考虑，才会取得较好的效果。

7.1.2 火灾风险的度量

7.1.2.1 火灾隐患辨识

燃烧是物质与氧化剂之间的放热反应，通常会同时出现火焰和可见光。而火灾是在时间或空间上失去控制的燃烧所造成的灾害。因此，辨识火灾的危险隐患，就是辨识燃烧的危险隐患。

1. 两类火灾危险隐患

(1) 系统中存在的、可能发生意外释放的可引起火灾的能量或危险物质

主要包括：① 系统中存在的可燃物质，通过计算确定其能否引起火灾，并根据其释放的频率、数量划分危险等级；② 系统中存在的点火源，点火源可以是明火，也可以是高温表面，亦可以是电火花，判断其是否为点火源，主要依据是其所具有的能量能否引起可燃物的燃烧；③ 系统中存在的助燃物，辨识过程中主要分析环境中氧气的含量；④ 其他与燃烧、减灾有关的设施、设备情况，如通风条件、泄压面积等。

(2) 导致约束、限制可引起火灾的能量或危险物质措施失效或破坏的各种不安全因素

利用系统安全理论分析系统中不安全因素，其主要包括人、机(物)、环境及管理等问题。

2. 火灾危险隐患辨识

目前，火灾危险隐患辨识的方法主要有安全检查表、预先危害分析、危险性和可操作性研究、故障类型和影响分析、事件树分析、事故树分析、作业条件危险性评价和火灾爆炸危险指数评价方法。应根据系统特点，采用合理的辨识方法，对系统中存在的火灾隐患进行全方位、深层次的认识，从而提高防火救援工作效率。以下介绍几种常用的火灾危险隐患辨识方法。

(1) 预先危害分析

预先危害分析是一种系统安全分析方法。它主要用于新系统设计、已有系统改造之前的方案设计、选址阶段，用来分析、辨识可能出现或已经存在的危险源，并尽可能在付诸实施前找出预防、改正的措施，消除或控制危险源。

这种分析方法的优点在于允许人们在系统开发的早期识别、控制危险因素，可以用最小的代价消除或减少系统中的危险源，可为制定整个系统寿命期间的安全操作规程提供依据。

(2) 危险性和可操作性研究

这种分析方法应用系统的审查方法来审查新设计或已有工厂的生产工艺和工程总图，以评价因装置、设备的个别部分的误操作或机械故障引起的潜在危险，并评价其对整个工厂的影响。

(3) 故障类型和影响分析

故障类型和影响分析是对系统的各组成部分、元素进行的分析。系统的组成部分或元素在运行过程中会发生故障，并且往往可能发生不同类型的故障。不同类型的故障对系统的影响是不同的。这种分析方法首先找出系统中各组成部分及元素可能发生的故障及其类型，查明各种类型故障对邻近部分或元素的影响以及最终对系统的影响，然后提出避免或减少这些影响的措施。

(4) 事件树分析

事件树分析是一种按照事件发展的时间顺序由初始事件开始推论可能的后果进行危险源辨识的方法。

一起事故的发生是许多原因事件相继发生的结果，其中一些事件的发生是以另一些事件先发生为条件的。事件树以一初始事件为起点，按每一事件可能的后续事件只能取完全对立的两种状态(成功或失败，正常或故障，安全或危险等)之一的原则，逐步向结果方向发展，直到达到系统故障或事故为止。

事件树分析起源于决策树分析，是一种归纳的系统安全分析方法，可以用于定性分析，也可以用于定量分析。

(5) 事故树分析

事故树分析是从特定的故障事件(或事故)开始，利用事故树考察可能引起该事件的各种原因事件及其相互关系的系统安全分析方法。它本来是一种复杂系统可靠性分析方法，由于可靠性与安全性有密切的因果关系，所以事故树分析方法在安全工程领域得到了广泛应用。

在系统寿命不同阶段的危险源辨识中，应选择相应的系统安全分析方法。例如，在系统开发、设计早期可以应用预先危害分析方法；在系统设计或运行阶段可以应用危险性和可操作性研究、故障类型和影响分析等方法进行详细分析，或者应用事件树分析、事故树分析等方法对特定的事故或系统故障进行详细分析。

3. 火灾危险隐患特性确定

对火灾隐患辨识工作中发现的火灾隐患进行认真分析，确定其存在条件及引发火灾的因素，即确定火灾危险隐患特性。一定强度的引发火灾的能量，因存在条件不同，所显现的危险性也不同，被触发转换为事故的可能性亦不同。因此，火灾危险隐患特性的分析是火灾隐患辨识的重要环节。火灾危险隐患包括：可燃物存储条件、物理状态参数、装载设备状况、防护条件及管理条件；助燃物的种类、来源；点火源的能量、出现频率；等等。

7.1.2.2　火灾危险源辨识

1. 重大危险源的数量、区域的确定

《危险化学品重大危险源辨识》(GB 18218—2018)为辨识重大危险源提供了标准依据和方法。被评价单位涉及危险物质的生产、使用、储存和经营等活动的，应按《危险化学品重大危险源辨识》进行重大危险源辨识，确定重大危险源的数量、区域。依据物质的危险特性及数量，将重大危险源分为生产场所重大危险源和储存区重大危险源，填写重大危险源统计表。确定重大危险源后，对重大危险源存在的场所进行整顿。

2. 可燃液体、可燃气体火灾危险源辨识

具有化学工业生产性质的被评价单位以及有可燃液体、可燃气体存在的空间或场所，其火灾危险源辨识应按照火灾爆炸指数进行评价，确定火灾爆炸危险源的位置、区域。经评价确定的火灾爆炸危险源的位置、区域应确定为消防安全重点部位。火灾爆炸指数评价法是对化工工艺过程和生产装置的火灾爆炸危险性进行评价及采取相应安全措施的一种方法。火灾爆炸指数评价法以工艺过程中的物料火灾爆炸潜在危险性为基础，结合工艺条件、物料量等因素求取火灾爆炸指数，进而可求出经济损失，以经济损失评价生产装置的安全性。评价中定量的依据是以往事故的统计资料、物质潜在能量和现行安全措施的状况。

3. 可燃固体火灾危险源辨识

(1) 调查建筑物、构筑物室内可燃物的名称、数量，填写火灾荷载登记表(表 7-1)

表 7-1 火灾荷载登记表

建筑空间名称	可燃物名称	可燃物质量/kg	火灾荷载/MJ	备 注

火灾荷载是衡量建筑物室内所容纳可燃物数量多少的一个参数，是研究火灾全面发展阶段性状态的基本要素。简单来说，火灾荷载就是建筑物内所有可燃物由于燃烧而可能释放出的总能量。在建筑物发生火灾时，火灾荷载直接决定火灾持续时间和室内温度的变化情况。因而，在消防工作中，很有必要了解火灾荷载的概念，合理确定火灾荷载数值。

火灾荷载和火灾的严重程度之间的关系是很明显的，没有可燃物就没有火灾；可燃物越多，火灾越严重。因此，火灾荷载的计算非常重要。然而，不只是可燃物的数量重要，单位空间里的可燃材料的类型也很重要。这是因为有些材料在燃烧时每单位质量比其他材料释放更多的能量。这就是为什么火灾荷载经常用兆焦(MJ)而不是千克(kg)来表示的原因。有时，采用一些人们熟悉的数据，如把一个空间内所有的可燃材料的热能等值地转化成当量的木材数量来表示该空间内的火灾荷载。

建筑物内的可燃物可分为固定可燃物和容载可燃物两类。固定可燃物是指墙壁、顶棚、楼板等结构材料及装修材料所采用的可燃物以及门窗、固定家具等所采用的可燃物。容载可燃物是指家具、书籍、衣物、寝具、摆设等构成的可燃物。固定可燃物数量很容易通过建筑物的设计图准确地求得。容载可燃物数量很难准确计算，一般由调查统计确定。

建筑物中可燃物种类很多，其燃烧发热量也因材料性质不同而异。为便于研究，常根据燃烧热值把某种材料换算为等效发热量的木材，用等效木材的质量表示可燃物的数量，称为等效可燃物的量。一般来说，大空间所容纳的可燃物比小空间要多，因此等效可燃物的数量与建筑面积或容积有关。为便于研究火灾性状，一般把火灾范围内单位地板面积的等效可燃物木材的数量定义为火灾荷载。

(2) 根据火灾荷载登记表，确定火灾荷载密度

火灾荷载包括固定式火灾荷载、活动式火灾荷载和临时性火灾荷载，填写火灾荷载密度表(表 7-2)。

表 7-2 火灾荷载密度表

建筑空间名称	固定式火灾荷载/MJ	活动式火灾荷载/MJ	临时性火灾荷载/MJ	火灾荷载密度/(kg/m^2)

火灾荷载密度是指单位建筑面积上的火灾荷载。一般住宅楼的火灾荷载密度为 35～

60 kg/m²,高级旅馆达 45～60 kg/m²。

近 30 年来,火灾科学与消防工程技术发展迅速,以建筑防火性能化设计为标志的消防安全工程学方兴未艾。仅我国内地,就出版多部专业著作,系统而详尽地阐述了火灾荷载密度在建筑防火性能化设计中的应用。然而,对于消防安全评价来说,调查建筑物或构筑物的火灾荷载,确定火灾荷载密度,仍然是重要而不可省略的基础性工作,而不能简单地采用这些表格内的数据。当然,对于一些不属于消防安全重点单位的被评价单位,可以参考这些数据,但必须保证偏差不太大。

火灾危险源并不是一成不变的。例如,一定数量的汽油放置在办公室内,显然是一个火灾危险源,但是不久它就被移动或者被用掉了。那么,该房间的火灾危险性就降低很多,这是很容易理解的事情。因此,需要引入固定式火灾荷载、活动式火灾荷载和临时性火灾荷载这三个概念。在火灾危险源辨识的过程中,火灾荷载的统计包括固定式火灾荷载、活动式火灾荷载和临时性火灾荷载这三个方面,才能保证火灾荷载的统计趋于客观。

在具体实施火灾荷载统计工作时,要注意区分临时性火灾荷载。有些建筑物,可燃物相对稳定,火灾危险性相对较小,只要统计固定式火灾荷载和活动式火灾荷载就可以了。但是有些建筑物的某些房间,就必须加大临时性火灾荷载的统计量。例如,有些设置在建筑物内部的收发室,除了里面的常见物品外,有时经常用于临时放置其他物品,甚至是汽油、植物油等可燃物品;虽然这些可燃物的放置时间并不长,但是这些可燃物的临时存放,增大了收发室的火灾危险性。因此,要统计这类建(构)筑物或者建(构)筑物内某一房间的临时性火灾荷载,以确保安全。

(3) 按照火灾荷载密度的类比及其他情况标注消防安全重点部位

"消防安全重点部位"这个概念是根据《中华人民共和国消防法》提出的。《中华人民共和国消防法》第十七条规定:"县级以上地方人民政府消防救援机构应当将发生火灾可能性较大以及发生火灾可能造成重大的人身伤亡或者财产损失的单位,确定为本行政区域内的消防安全重点单位,并由应急管理部门报本级人民政府备案。消防安全重点单位除应当履行本法第十六条规定的职责外,还应当履行下列消防安全职责:(一) 确定消防安全管理人,组织实施本单位的消防安全管理工作;(二) 建立消防档案,确定消防安全重点部位,设置防火标志,实行严格管理;(三) 实行每日防火巡查,并建立巡查记录;(四) 对职工进行岗前消防安全培训,定期组织消防安全培训和消防演练。"可见,确定消防安全重点部位对于一个组织的消防安全有很重要的意义。

火灾荷载密度是一组可以互相比照的数据,显然,火灾荷载密度越大,火灾危险性也就越大。但是,并不是火灾荷载密度这一参数就足以判定消防安全重点部位。例如,在某一建筑物中,尽管里面堆放的是纸张,且还有很多人在里面工作,该房间火灾荷载密度与其他房间的火灾荷载密度相比并不高,但并不能认定该房间的火灾危险性就低。这是因为,该房间的纸张一旦燃烧,会在一定时间内释放出有毒的烟气,对内部工作人员来说是很大的威胁,会在短时间内使人窒息,威胁人的生命安全。那么,考虑这一点,应将该房间的火灾危险性设定得更高一些。这个例子说明,在确定被评价单位的消防安全重点部位或者进行火灾危险源辨识时,要综合考虑各种潜在的、隐性的因素,这样才能使火灾危险源辨识科学、客观。考虑上述因素后,可建立火灾危险程度统计分析表(表 7-3)。

表 7-3 火灾危险程度统计分析表

建筑空间名称	火灾荷载密度/(kg/m^2)	人员密度/(人/m^2)	危险程度(级)	备 注

(4) 分析

对消防安全重点部位进行火灾分析并进行排序;确定火灾危险源的位置、危险程度;确定消防安全重点部位的位置、危险程度。

此处所说的“进行火灾分析”,一般有三种方式:一是计算机火灾模拟,简单地说,就是将建筑物或构筑物的图样输入计算机,设定一个火源,看火灾燃烧以后会出现什么状况,如可以达到多高的温度、烟气如何蔓延等。目前流行的模拟计算有场模拟和区域模拟两种。场模拟能够以足够的空间分辨率揭示物理过程的细节,但由于计算量大,对火焰区的湍流和化学反应的处理较为困难,主要用于咨询和评估过程的计算模拟;区域模拟注重整体效果,以适当的工程近似描述各个物理过程,可简化方程组,大幅度减少计算的复杂程度和计算时间,是工程设计采用的主要计算方法。目前,该技术主要应用于建筑防火性能化设计,很多建设工程项目都采用该技术。应该说,这些模拟还是相当可靠的,能够模拟火灾发生后的很多性状。在条件允许的情况下,应当优先采用该技术。二是理论计算。理论计算也有较高的可靠性,而且比较快。三是火灾试验,即建设一座专门的火灾试验场所进行试验。

这三种方法各有长处,也各有短处。对于比较重要的部位,可以运用几种方式,相互验证,这样更加科学、客观。当然,有时为了提高工作效率,也可以直接采用理论计算。总之,不管采取什么方法,都要在资料翔实、数据来源正确的前提下进行。在评价报告的正文中,要列出所参考文献的作者、出版单位、版次等基本信息,以便于查找和核实。

根据火灾荷载密度和人员密度统计情况,火灾荷载密度及人员密度最大的建筑空间,火灾危险性越大;火灾危险程度分为 A、B、C、D 四级,A 级最危险。按火灾荷载密度和人员密度两个指标,综合排序得出火灾危险性最大的建筑空间。按人员密度单指标排序,结合火灾荷载密度得出火灾危险性最大的建筑空间。此表只能用作类比,确定消防安全重点部位。

(5) 对有异议的消防安全重点部位进行复核

如果运用以上方法确定的消防安全重点部位的位置、危险程度与事实相违背,应该通过专家论证会或火灾试验、火灾模拟的方法进行复核。

7.1.2.3 火灾后果度量

火灾后果主要考虑人员伤亡、财产损失、环境污染,故其度量形式也分为三种。

1. 人员风险

对于人员来说,至少有两类风险量度:① 个体风险 R_I;② 社会风险 R_S。

(1) 个体风险

个体风险定义为特定危险发生时个体受到既定伤害程度的频率,通常指的是死亡风险。

个体风险常用的表示方法有:① 年度人员死亡率(R_A);② 致命事故发生率(R_{FA});③ 平均个体风险率(R_{AI})。

① 年度人员死亡率

年度人员死亡率可以表示火灾安全年度水平，有两种表达方式：a. 来自火灾事故统计数据，R_A 为一段时间内死亡人数；b. 定量风险分析(QRA)，R_A 由式(7-2)计算：

$$R_A = \sum_N \sum_J f_j \times c_j \tag{7-2}$$

式中，f_j 表示某一起火灾事故造成人员后果 j 的事故发生率；c_j 表示该事故造成的人员后果为 j 的年死亡人数；N 表示所有的火灾事件数目；J 表示所有人员风险的后果类型，包括立即死亡、逃生、疏散和获救等。

② 致命事故发生率(R_{FA})和平均个体风险率(R_{AI})

致命事故发生率(R_{FA})一般表示一组人员每一定时间内(通常为 10^8 h)的死亡数，平均个体风险率(R_{AI})表示每个人在某一区域可能遭到的致命风险的概率。由式(7-3)和式(7-4)导出 R_{FA} 和 R_{AI}：

$$R_{FA} = \frac{R_A \times 10^8}{B_{ev} H_T} \tag{7-3}$$

$$R_{AI} = \frac{R_A}{B_{ev} \frac{H_T}{H}} \tag{7-4}$$

式中，B_{ev} 表示某区域平均每年人员配备数(即定义中的一组人员)；H_T 表示一组人员在某区域停留总的小时数；H 表示每年每人在某区域停留的小时数。

(2) 社会风险

实际上，人们往往更关心事故对整个社会造成的后果，即事故对整个社会的总影响，这需要用社会风险来度量。社会风险是一种考虑多人死亡的风险，不仅要考虑子事件导致非期望事件发生的概率，还要考虑处于危险状况的人员的数目。

在这里，人员是一个群体概念而不考虑群体中的独立个体，因为社会风险是从社会观点出发定义的。社会风险常用风险频率-伤亡人数曲线来描述，如图7-2所示，该曲线也称为 f-N 曲线(f 代表风险频率，N 代表伤亡人数)。

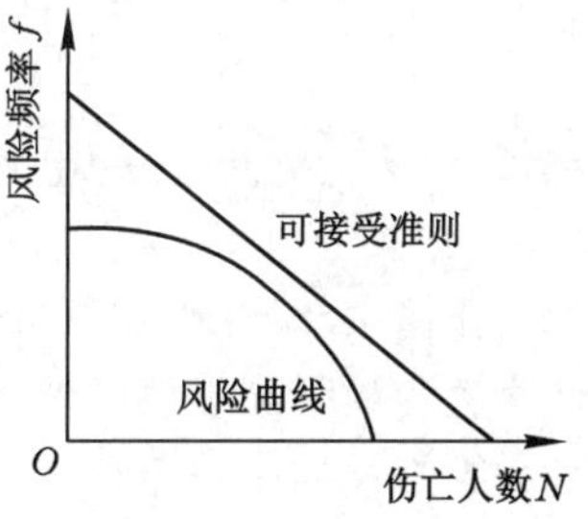

图7-2　f-N 曲线

社会风险的另外一种表达形式是社会风险的平均量度，它是 f-N 曲线的集合形态，平均风险用每年事故发生次数的期望值来表示。

2. 财产风险

财产风险通常是指物资损坏及营运延误或中断。物资损坏可分为局部破坏、单模块及多模块破坏、整体破坏。

3. 环境风险

火灾对环境的破坏主要集中在有毒气体的释放，对大气层以及事发当地环境的影响。

评估环境风险可以按照 NORSOK Z013 Annex 提供的原则，主要包括：

① 确定重要生态组成部分。

② 评估重点放在“抗火灾能力最差的资源”上。

③ 对每个重要生态组成部分评估其破坏频率。

④ 用恢复时间来衡量对环境的破坏程度。恢复时间一般可以分为：1～2个月、1～3

年、3～10 年、>10 年。

4. 后果等价货币值

在火灾风险评估中，常常按照下列后果进行分类评价，并与等价货币值联系起来。

① 财产损失，依据设备或者建筑的破坏百分比分类，直接表示成等价货币值。

② 生产（营运中断）损失，依据停工时间、生产损失百分比分类，直接表示成等价货币值。

③ 人员风险，可结合潜在人员风险水平以及预期货币价值（expected monetary value，EMV）范围分类。

④ 环境破坏，可结合火灾产物与扑救过程的毒气释放、土壤和水污染的水平，以及选定的等价货币值分类。

⑤ 其他破坏（如法律责任、强制罚款、商业形象以及客户损失），可以依据具体情况定义，并按照比例用一定量货币值表示。

如对于生命安全，在成本-效益分析中，有 5 种用货币值表示生命价值的方法。用类似的方法可以对环境破坏和其他破坏赋予等价货币值。

① 直接赋值法：根据过去为减少生命损失风险所制定的政策，直接核算出拯救生命所需代价。

② 人力投资法：按风险承担者一生的收入进行贴现计算。

③ 保险金额法：按人寿保险的价格定值。

④ 法庭赔偿法：按照法庭判决对生命损失的赔偿金额计算。

⑤ 社会意愿法：按照社会愿为拯救生命付出的代价计算。

7.2 火灾风险评估的基本内容

火灾风险评估的基本内容

任何生产系统，在其寿命周期内都有发生事故的可能，区别只是发生的频率和事故的严重程度（即风险大小）不同而已。这是因为在制造、试验、安装、生产和维修过程中普遍存在危险性。在一定条件下，如果对危险性失去控制或防范不周就会发生事故，造成人员伤亡、财产损失、环境污染等后果。为了抑制危险，使其不发展为事故，或减少事故造成的损失，必须对它有充分的认识，掌握危险发展为事故的规律，也就是要充分揭示系统存在的所有危险性及其形成事故的可能性和发生事故的损失大小，即评估系统客观存在的风险大小。

7.2.1 火灾风险评估的内涵

风险评估，又称安全评估，目前国内外学术界对其尚未形成统一的定义。现有的观点主要有以下几种：

① 风险评估是指对系统存在的危险性进行定性和定量分析，得出系统发生危险的可能性及程度的评估，以寻求最低事故率、最少的损失和最优的安全投资效益。

② 风险评估是指综合运用安全系统工程方法对系统的风险程度进行预测和度量。它不同于安全评比，也不同于安全检查。进行企业的风险评估可使宏观管理抓住重点，分类指导，也可为微观管理提供可靠的基础数据，是实现科学管理的重要环节。

③ 风险评估以系统安全为目的，按照科学的程序和方法，对系统中的危险因素、发生事故的可能性及损失与伤害程度进行调查研究与分析论证，从而评估系统总体的安全性，以及

为制定基本预防和防护措施提供科学依据。它的着眼点是危险因素产生的负效应，主要从损失和伤害的可能性、影响范围、严重程度及应采取的对策等方面进行分析评估。

④ 风险评估是指采用系统科学的方法确认系统存在的危险性，并根据其风险大小采取相应的安全措施，以达到系统安全的过程。

⑤ 风险评估是指在风险识别和估计的基础上，综合考虑风险发生的概率、损失幅度以及其他因素，得出系统发生风险的可能性及程度，并与公认的安全标准进行比较，确定风险等级，由此决定是否需要采取控制措施，以及控制到什么程度。

可见，看待风险评估的角度不同，对其定义也不尽相同。

7.2.2 火灾风险容忍度

7.2.2.1 风险容忍度

风险容忍度(risk tolerance)表示在规定的时间内或某一行为阶段可接受的总体风险等级，它为风险分析以及制定减小风险的措施提供了参考依据，因此应在进行风险评估之前预先给出。此外，风险容忍度应尽可能反映安全目标以及行为特征。

衡量风险的方法有定性和定量两种，风险容忍度的表达方式应与之适应。但无论是定量表达还是定性表达，都必须包括以下几点：① 风险容忍度的制定应满足工程中的安全性要求；② 公认的行为标准；③ 偶发事件及其效应的知识积累；④ 从自身活动和相关事故中得到的经验。

1. 风险矩阵

将事故发生的概率和相应的后果置于一个矩阵中，该矩阵即风险矩阵。风险矩阵分为以下三个区域：① 不可接受的风险区域；② 可接受的风险区域；③ 不可接受的风险和可接受的风险之间的临界区域。临界区域需要进行风险评估以决定究竟是否应该采取措施减小风险，或是否需要预先做进一步的研究。

可接受的风险极限值通过在矩阵中定义可接受和不可接受风险区域来设定。风险矩阵可用于定性或定量的风险评估。若将概率粗略地以小和大分类，后果以小、中和大灾难分类，则可由风险矩阵表示定性分析的结果。

风险矩阵中的分类和分块区域由连续性变量替代后，即可进行完全的定量分析，如图 7-3 所示。

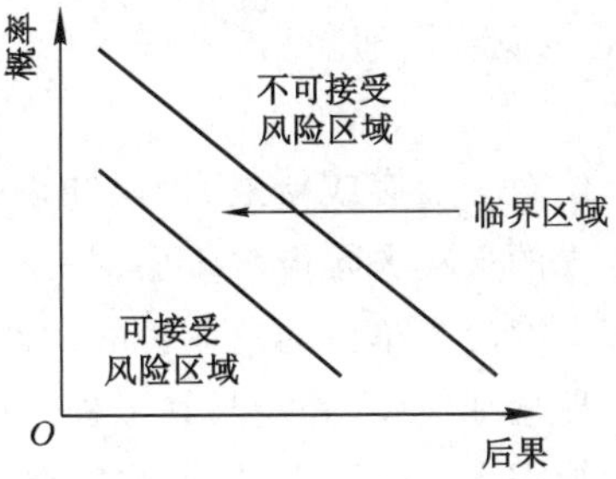

图 7-3　连续变量形式的风险矩阵

2. ALARP 原则

工业中有时采用最低合理可行(as low as reasonably practicable，ALARP)原则作为唯

一可接受准则,或与其他可接受准则共同使用。ALARP 原则要求尽可能降低风险,同时这样低的风险程度应该是能够实现的,如图 7-4 所示。

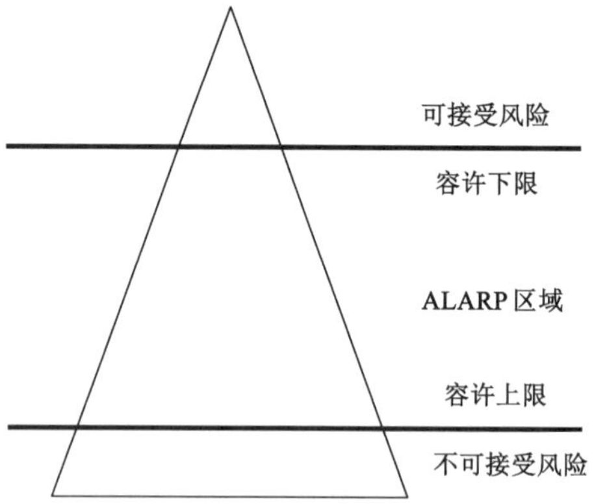

图 7-4 ALARP 原则

可以这样理解 ALARP 原则:应满足使风险水平“尽可能低”的要求,而且介于可接受风险和不可接受风险之间的、可实现的风险范围内,尽可能降低风险水平;常用的方法是以成本效益评估为基础,确定某一降低风险措施的合理性。

通常先定义容许下限,容许上限有时不作定义,但这并不影响该方法的有效性,这是因为以降低风险为目标的评估总是要进行的。

ALARP 原则适用于个体风险、环境风险和财产风险的评估。

3. 比较准则

一般来说,比较准则主要是将一些概念和方法与已有的或已被人们接受的实践作比较,适用于评估重复性的工作。比较准则同样适用于对个体、环境和财产风险的评估。

在火灾安全工程中,比较准则应用较多,主要用于对不同设计方案(包括技术改进方案)的比较。比较准则的例子有:

① 所选用的消防系统设计(或新技术的应用)的安全性应不低于采用传统技术时的。

② 环境的风险等级应不高于现有值。

③ 所选用方法的成本效益至少与以前相当。

7.2.2.2 风险容忍判据的确定

风险容忍度确立了一个单位对于已有或新建、提议的设备和工艺可以容忍的风险的种类和水平。风险容忍度表示确立的火灾风险极限不会对一个单位的稳定、收益或者人员生命安全产生负面影响。风险容忍度应与单位的商业目的和计划以及单位形象相结合;同时,风险容忍度要符合单位的经营理念和文化,并要与其工程人员应用的风险分析方法相匹配。选取合适的风险容忍度是风险管理人员的职责,同时也需要高级管理者的参与和支持。

风险容忍度的确定过程需要注意以下几点:① 明确已定义的风险评估项目范围;② 必须确定风险比较的可度量参数;③ 必须为评估消防系统性能有效性提供输入。

风险容忍度与公司的商业目标有关,不是固定的或者静态的,而是动态的。下面介绍的只是火灾风险容忍度的推荐值。

1. 风险容忍目标

风险容忍度取决于风险容忍目标，每一个风险容忍目标都表达了决策者的行为意愿。

目前，大多数与性能化防火相结合的建筑规范都提出了定性的目标。表7-4列出了一些建筑规范的火灾安全目标的例子。

表7-4　一些国家火灾安全规范的目标

来源	目标
中国国家标准《建筑防火通用规范》(GB 55037—2022)	·保障人身和财产安全及人身健康 ·保障重要使用功能，保障生产、经营或重要设施运行的连续性 ·保护公共利益 ·保护环境、节约资源 达到总体目标的功能要求： ·建筑的承重结构应保证其在受到火或高温作用后，在设计耐火时间内仍能正常发挥承载功能 ·建筑应设置满足在建筑发生火灾时人员安全疏散或避难需要的设施 ·建筑内部和外部的防火分隔应能在设定时间内阻止火灾蔓延至相邻建筑或建筑内的其他防火分隔区域 ·建筑的总平面布局及与相邻建筑的间距应满足消防救援的要求
澳大利亚建筑规范	• 人员安全——保证人员能从建筑内安全疏散 • 消防人员的有效扑救 • 防止大火的形成 上述目标针对特殊建筑需要进行调整： • 防止对具有战略意义的建筑的破坏 • 防止对历史建筑的组织结构破坏 • 防止对博物馆、场馆或者控制室等建筑的破坏
新西兰建筑规范	火灾发生时： • 确保人员不受伤害或火灾引起的不适 疏散手段： • 在人员疏散至安全区域前确保人员不受伤害或火灾引起的不适 • 有助于火灾救援工作开展 火灾蔓延时： • 确保人员疏散期间的人身安全

2. 个体风险容忍度

表7-5给出了可用于事件树分析的人员风险水平，其中最后一列给出了每一类人员风险的可能性容忍极限(容许发生的最大可能性)。

表7-5　人员风险水平的举例

人员风险水平	一般定义	容忍极限/(次/年)
低	烟气侵害，需急救(1人)	1×10^{-1}
中等	中等程度的烧伤，需入院治疗(1人)	1×10^{-2}
重大	严重烧伤，需入院治疗(1～2人)	1×10^{-3}

表 7-5(续)

人员风险水平	一般定义	容忍极限/(次/年)
严重	现场多人受伤,并有1人死亡	1×10^{-5}
很严重	现场1～3人死亡	5×10^{-5}
极其严重	场外多人受伤或1人死亡	1×10^{-5}
灾难性	场外多人死亡	5×10^{-6}

个体风险容忍度的确定可以近似地参照以下数据:① 人为或自然事故风险的统计数据;② 世界范围内特定行业的事故率;③ 其他国家使用的个体风险判据。

决定风险是否可以容忍的因素有以下几个。

① 风险的性质:自愿风险或非自愿风险。

② 风险面对的主体:风险只影响一个人还是会影响很多人?周围环境如何?风险所在地是否临近学校、住宅区或人口密集区?

③ 风险能够被控制或降低的程度:风险可被容许的前提是降低风险的方法在技术上是可行的。

3. 业务中断风险容忍度

将火灾事故带来的业务中断(如商场、宾馆停业)时间最小化,是决策者非常关注的事情。表7-6列出了事件树分析中需要应用的业务中断风险水平举例,其中的业务中断风险等级分类依据为停产时间。最后一列给出了每一业务中断风险水平对应的可能性容忍度极限(次/年),这些容忍度极限的选取通常要由决策制定小组或者风险评估小组讨论通过。

表 7-6 业务中断风险等级和风险容许标准举例

业务中断风险等级	停产时间/d	平均停产时间/d	一般定义	可能性容忍度极限/(次/年)
轻微	0～1	0.5	设备局部微小损坏,不需要维修,但是要停工清洗	0.33
较轻	1～10	5	一些设备部件明显局部损坏,需要短的生产停工期	0.10
中等	10～30	20	许多设备部件明显局部损坏,需要中等长度的停工期	0.01
严重	30～90	60	主要设备严重损坏,需要维修和更新,且停工	1×10^{-3}
重要	90～270	180	大面积损坏,可能导致大面积维修和设备更新	5×10^{-3}
临界	270～365	318	多数设备停工	1×10^{-4}
最大	365～730		最长停工时间	1×10^{-6}

4. 经济损失风险容忍度

采用年度火灾经济损失风险的优点在于可以从经济角度将火灾风险情况呈现给决策者。年度火灾经济损失风险为:

$$R_{AFI}=P_fC_{ML} \tag{7-5}$$

式中,R_{AFI}表示年度火灾经济损失风险;P_f代表火灾发生的可能性;C_{ML}代表用货币值表示的后果。

估价火灾总的商业经济损失，必须把火灾造成的各种损失后果都识别出来（如建筑物、设备、生产营业停顿、生命安全、环境破坏、公司形象以及其他损失），并将这些损失估计成等价货币值。这样，还可以实现对风险减少的成本效益分析。

考虑年度火灾经济损失风险，则年度利润公式可以改写为：

$$B = I_T - C_E - R_{AF} \tag{7-6}$$

式中，B 代表利润；I_T 为总收入；C_E 为计划成本；R_{AT} 为年度火灾经济损失风险容忍度。

例如，某公司预计年收入为 625 万元，计划成本为 434 万元，如要达到规定利润 30%即 187.5 万元，则可得年度火灾经济损失风险容忍度 R_{AT}：

$$R_{AT} = 6\ 250\ 000.00 - 4\ 340\ 000.00 - 1\ 875\ 000.00 = 35\ 000.00\ (\text{元/年})$$

7.3　火灾风险评估方法概述

火灾风险评估方法概述

火灾风险评估方法的种类很多，大体可分为定性分析方法、半定量分析方法和定量分析方法三大类。引进“量”的概念是进行分析和比较的基础，严格的定量分析应以基于统计方法的事故概率计算和基于火灾动力学的火灾后果计算为基础。但由于火灾事故数据资料的缺乏以及时间、费用等方面的限制，准确计算火灾事故的概率是很困难的，而且在相当多的场合无法得到这种概率，因此，长期以来火灾风险评估仍以定性分析方法和半定量分析方法为主。定性分析方法对分析对象的火灾危险状况进行系统、细致的检查，根据检查结果对其火灾危险性作出大致的评价。半定量分析方法则是运用分度值表示分析对象的危险状况，从而对火灾危险程度进行区分或者排序。这种分度值既反映了火灾风险的相对大小，也可以用于指导消防费用的分配。近年来，随着火灾动力学理论的不断完善以及小样本火灾事件统计方法的研究不断深入，定量分析方法中一些关键技术逐步得到解决，定量分析方法已成为当前发展最快的火灾风险评估方法。

7.3.1　定性分析方法

定性分析方法主要用于识别最危险的火灾事件，但难以给出火灾危险等级，主要用安全检查表分析法、预告危险性分析法进行建筑火灾风险的定性评估，对于化学工业火灾还有 HAZOP（hazard and operability analysis，危险与可操作性分析），What-if 等方法。

7.3.1.1　安全检查表分析法

安全检查表分析法是指制定安全检查表，并依据此表实施安全检查和火灾危险控制。参照火灾安全规范、标准，系统地对可能发生火灾的环境进行科学分析，找出各种火灾危险源，把找出的火灾危险源以问题清单形式给出并制成表，以便于安全检查和火灾安全工程管理，这种表称为安全检查表（safety check list，SCL）。

火灾安全检查表分析法的核心是安全检查表的设计和实施。安全检查表必须包括系统或子系统的全部主要检查点，尤其不能忽视那些主要的潜在危险因素，而且还应能从检查点中发现与之有关的其他危险源。总之，安全检查表应列明所有可能导致火灾发生的不安全因素和岗位的全部职责，其内容包括：① 分类；② 序号；③ 检查内容；④ 回答；⑤ 处理意见；⑥ 检查人和检查时间；⑦ 检查地点；⑧ 备注；等等。

7.3.1.2　预先危险性分析法

预先危险性分析（preliminary hazard analysis，PHA）是指对具体火灾区域存在的危险进行识别以及对火灾出现条件和可能造成的后果进行宏观概略分析的一种方法。

(1) 预先危险性分析的重点

预先危险性分析的重点应放在具体区域的主要危险源上,并提出控制这些危险源的措施。预先危险性分析的结果可作为对新系统综合评价的依据,还可作为系统安全要求、操作规程和设计说明书的内容,同时可为之后要进行的其他危险分析奠定基础。

(2) 预先危险性分析的步骤

① 调查、了解和收集以往的数据和相似区域火灾事故发生情况。

② 辨识、确定危险源,并分类制成表格。危险源的确定可通过经验判断、技术判断和实况调查或安全检查表等方法进行。

③ 研究危险源转化为火灾事故的触发条件。

④ 进行危险分级。危险分级的目的是确定危险程度,指出应重点控制的危险源。危险等级可分为以下四个级别。

Ⅰ级:安全的(可忽视的)。该级别不会造成人员伤亡和财产损失以及环境危害、社会影响等。

Ⅱ级:临界的。该级别可降低整体安全等级,但不会造成人员伤亡,能通过采取有效消防措施消除和控制火灾危险。

Ⅲ级:危险的。在现有消防装备条件下,该级别很容易造成人员伤亡和财产损失以及环境危害、社会影响等。

Ⅳ级:破坏性的(灾难性的)。该级别可造成严重的人员伤亡和财产损失以及环境危害、社会影响等。

(3) 预先危险性分析的格式

预先危险性分析结果可列为表格。表 7-7 是预先危险性分析的一般表格形式。火灾风险定性评估的最终结果以风险等级表征。火灾风险等级确定主要针对那些易发生火灾的关键部位,确定出减少和清除发生的可能性及发生后损失的最佳方法。表 7-8 和表 7-9 摘自澳大利亚-新西兰风险管理标准 AS-NZS 4360,分别给出定性后果分级和频率分级;由定性后果和频率的等级可以得到定性风险矩阵,见表 7-10。

表 7-7 预先危险性分析表格形式

1	2	3	4	5	6	7	8	9
引发火灾事故的子事件	运作形式	故障模式	概率估计(基于经验)	危险状况	影响分析	危险等级	预防措施	确认

表 7-8 结果的定性分析

等 级	描 述 词	描述词的详例
1	无关紧要	无人受伤,低经济损失
2	较小	患者急救处理,中等经济损失
3	中等	伤者需要医疗救护,较大经济损失
4	较大	伤者较多,很大的经济损失
5	灾难	有人死亡,巨大的经济损失

表 7-9　概率的定性分析

等级	描述词	详述
A	基本确定	在大多数情况下会发生
B	很可能	在大多数情况下可能发生
C	可能	在某一时刻会发生
D	不太可能	在某一时刻可能会发生
E	几乎不可能	异常情况下会发生

表 7-10　定性风险矩阵模型

可能性	造成后果				
	无关紧要 1	较小 2	中等 3	较大 4	灾难 5
A	H	H	N	N	N
B	M	H	H	N	N
C	L	M	H	N	N
D	L	L	M	H	N
E	L	L	M	H	H

注:N—风险极大,需要立刻采取行动;H—风险性高,需要引起上级的高度重视;M—中等风险性,需要指定人员负责处理;L—低风险性,需要日常定期维护管理。

7.3.2　半定量分析方法

半定量分析方法用于确定可能发生的火灾的相对危险性,同时可以评估火灾发生的频率和后果,并根据结果比较方案。它以火灾风险分级系统为基础,通过对火灾危险源以及其他风险参数进行分析,并按照一定的原则对其赋适当的指数(或点数),然后通过数字方法综合,得到一个子系统或系统的指数(或点数),从而快速简单地估算相对火灾风险等级,故这种方法也称为火灾风险分级法(fire risk ranking method)。这种方法不像定量分析方法需要投入大量的资金和时间,具有快捷简便的特点。其不足在于,该方法是按照特定类型建筑对象进行分级的,不具有普适性;而且评估结果与研究者知识水平、经验和历史数据积累以及应用具体情况有关。

适用于建筑火灾风险评估的半定量分析方法主要有 NFPA101M 火灾安全评估系统、SIA81 法 (Gretener 法)、火灾风险指数法、古斯塔夫法等。另外,适合工业火灾风险评估的方法有等价社会成本指数法、致命事故等级法、火灾-爆炸风险指数法等。半定量火灾风险评估中指标重要性排序和权重赋值这一重要过程常采用德尔菲(Delphi)法、层次分析法、模糊综合评估法、灰色关联度分析法,等等。

7.3.2.1　火灾风险分级分析基本过程

建立火灾风险等级评估方法的数学基础是层次分析法、多属性决策(multiple attribute decision making, MADM)方法和德尔菲法。Watts 是将层次分析法、多属性决策方法应用到火灾安全工程领域的开创者,依据此方法进行火灾风险分析一般有五步,因此被称为 Watts 五步法。根据 Watts 五步法,必须充分收集大量的数据来维持其有效性。即使评估包含了标准和可接受水平,也必须进行校准。

步骤 1:描述和确定建筑群火灾风险评估中各种火灾安全属性。

所有的属性必须全部确定,可以通过安全检查表等方法研究哪些因素影响特定目标的火灾安全性能。中心问题是要明确影响具体火灾安全目标的关键因素。

步骤 2:对每一属性赋一个权重。

步骤 3:确定对每一建筑物的每个属性的赋值方法。

在步骤 2 和 3 中,改善了对每个属性的重要度赋值的方法。当每座建筑物的这个值相同时,特定建筑群的权重也相同(医院、公寓房等)。

步骤 4:选择评价模型。

步骤 5:验证和校准评估程序。

7.3.2.2 方法简介

1. NFPA101M 火灾安全评估系统

NFPA101M 火灾安全评估系统是 20 世纪 70 年代美国国家标准局火灾研究中心和公共健康事务局合作开发的。该方法主要针对一些公共机构和居民区,是一种动态的决策方法,它为评估卫生保健设施提供了一种统一的方法。

该方法把风险和安全分开,通过运用卫生保健状况来处理风险。5 个风险因素为:患者灵活性、患者密度、火灾区的位置、患者和服务员的比例、患者平均年龄,并因此派生了 13 种安全因素。通过德尔菲法,让火灾专家给每一个风险因素和安全因素赋予相对的权重。总的安全水平根据 13 种安全因素的数值计算得出,并与预先描述的风险水平作比较。

2. SIA81 法(Gretener 法)

该方法是 20 世纪 60 年代在瑞士发展起来的,1965 年首次公开出版,向外正式推行,迄今已修改过多次。1984 年,出版了"火灾风险评估法 SIA DOC81",即现在大家熟知的 Gretener 法。Gretener 法以 Max Gretener 的名字命名,Max Gretener 在 20 世纪 60 年代开始这项研究工作。Gretener 法以损失作为基础,凭经验作出选择,用统计法确定火灾风险。

该方法在瑞士和其他几个国家得到认可,被推荐作为快速评估法,用于评价大型建筑物可选方案的火灾风险。该方法考虑了保险率和执行规范,是重要的火灾风险等级评估方法之一。

3. 火灾风险指数法

火灾风险指数法最初是为评价北欧木屋火灾安全性而建立的,从"木制房屋的火灾安全"项目发展演化而来,子项目"风险评估"部分由瑞典隆德大学承担,目标是建立一种简单的火灾风险评估方法,可以同时应用于可燃的和不可燃的多层公寓建筑。

几经改版,现在的火灾风险指数法已经可以用于评估各类多层公共用房。与 Gretener 法相比,火灾风险指数法增加了对火灾蔓延路线的评估,而且不要求评估人员具备太多的火灾安全理论。在此方法中,火灾风险指数最大值为 5,最小值为 0;火灾风险指数越大,代表火灾安全水平越高。

4. 古斯塔夫法

火灾的危险性包括对建筑物本身的破坏及对建筑物内部人员的伤害和财产损坏两个方面,常把火灾对建筑物本身的破坏用 GR 表示,把火灾对建筑物内部人员的伤害和财产损坏用 IR 表示,两个方面的危险程度共同决定建筑物的危险程度。

显然,这涉及建筑物发生火灾之后的火强度、火的持续时间、建筑物的耐火等级、建筑物的结构材料、可燃物质的数量和特性、人员的结构与素质、火灾报警及灭火条件等多方面因素。火灾对建筑物本身的破坏与对建筑物内部人员及财产的危害是联系在一起的，但是我们也可以将两者分开来研究。这种既有区别又有联系的办法就是古斯塔夫法(P.Gustav 提出的平面分析法)。用纵坐标表示建筑物本身的火灾危险程度 GR，用横坐标代表建筑物内人员的伤害和财产的损坏程度 IR，如图 7-5 所示。当建筑物本身的火灾危险程度很大时，一旦火灾发生，必须保证火灾危险不超过某个阈值，不使建筑物结构遭到破坏。而人为的灭火活动很难保证这点，所以安装喷淋灭火系统就是必要的。如果火灾发生后，人员和贵重物品能够迅速疏散，人为的灭火活动能将火扑灭，则只要安装早期火灾报警系统就能达到目的。依据上述分析将平面分成 4 个区，A 区为不需要保护区、B 区为自动灭火区、C 区为自动报警区、D 区为双重保护区(自动报警与自动灭火均需具备)。中间有个过渡区，可依具体条件选用保护方案。

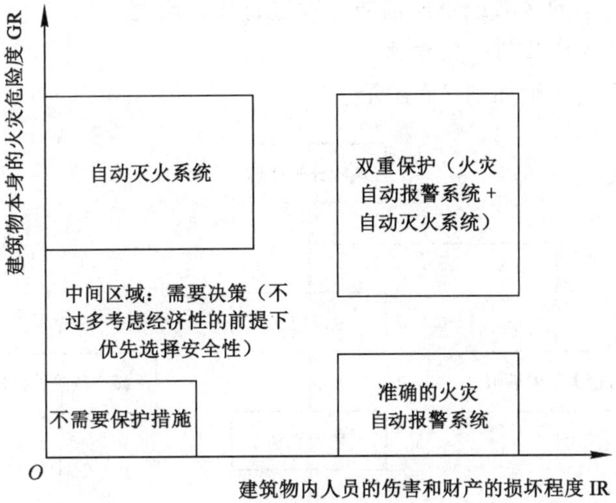

图 7-5　古斯塔夫法的火灾风险

如果所考虑的建筑物较大，可以将其分为几个区，分别计算各区的 GR 和 IR 值，依据计算结果选择合适的保护方案、配装相应的设备。

5. 灰色关联度分析法

我国学者邓聚龙在 1982 年首次提出了灰色系统理论，其中包括灰色关联度分析法。该方法主要通过比较两组数据序列的几何形状相似性来衡量因素间的关系，用于分析系统中因素之间的关联程度。

运用灰色关联度分析法进行火灾风险分析的基本原理是：量化火灾致灾因素与火灾风险指标之间的关联程度，识别主要火灾风险因素。主要步骤包括：

① 数据标准化：将原始的火灾风险数据进行归一化处理，以消除变量之间的量纲差异。通常可以将各数据标准化成介于 0 和 1 之间的数据。

② 确定参考序列和比较数列：在影响火灾风险的各个因素中，以每个影响因素下的第一个影响指标作为参考序列，其他因素作为比较序列。

③ 计算关联度：计算每个序列与参考序列之间的关联度，以评估它们之间的关联程度。关联度指数的计算通常有多种方法，如灰色关联度分析法、相对系数法等。关联度越大，表

明致灾因素对火灾风险的影响越显著。

④ 判别等级:根据关联度指数的大小,将序列划分为几个等级,以便更直观地评估火灾影响因素与火灾风险之间的关联程度。

7.3.3 定量分析方法

随着性能化防火设计的发展,人们需要更加精确的火灾风险评估方法。定量分析方法已成为近年最引人注目、发展最快的火灾风险评估方法。定量分析方法以系统发生事故的概率为基础,进而求出风险,以风险大小衡量系统的火灾安全程度,所以也称为概率评价法。该方法需要依据大量数据资料和数学模型。所以,只有当用于火灾风险评估的数据量较充足时,才可采用定量评估方法进行火灾风险评估。定量分析综合考虑建筑物发生火灾事故的概率以及火灾产生的后果,所得风险值可以直接与风险容忍度进行比较;也可以对不同建筑物或同一建筑物的不同区域或不同消防方案进行比较研究。

7.3.3.1 火灾风险定量评估的一般步骤

火灾风险定量评估步骤如图 7-6 所示。

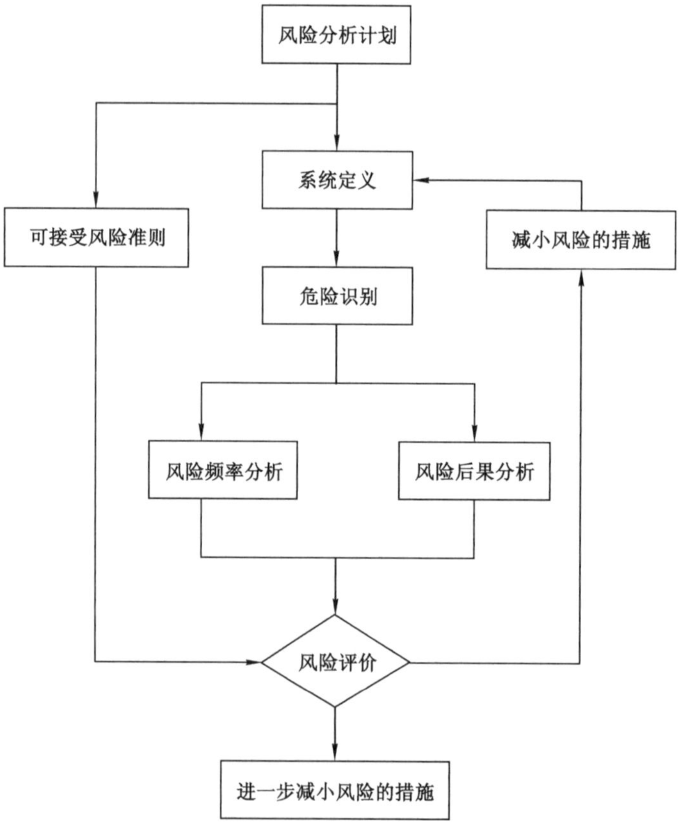

图 7-6 火灾风险定量评估步骤

1. 定义系统/问题,并选择方法

系统界限和系统水平会对风险分析步骤和方法的选择产生重要影响,首先必须回答分析涉及的范围和问题。为给一个系统建模,必须了解系统的功能、组成,以及对系统进行操作、检测、维修的程序。此外，还应确定系统与其他有关联的系统及物理环境之间的关系，也就是要确定物理的和功能的边界条件。在此基础上，明确所要分析的系统及面对的问题。

具体的风险评估的范围及特点受到多种因素的影响，其中主要因素有以下几点：

① 风险分析的目的，如选择设计方案、检验对象是否满足安全准则的要求等。

② 对象的新颖程度和复杂程度。

③ 对象所处的工程阶段，如设计、建造、运营、维修等。

④ 风险类型，对工程师感兴趣的风险或是公众敏感的问题要作详细的分析。

⑤ 对分析结果置信度的要求。

⑥ 时间和预算的限制。

对于大型的复杂系统，为易于进行风险评估，可以将大系统分成若干个子模块进行分析。这种子模块可以是一个区域，如主机房，也可以是一种操作或是一个具有特定功能的子系统，如消防系统，还可以是一种典型的风险。可以单独分析每一模块，并最终加以综合形成对全部风险的整体描述。

2. 危险识别

这一步的目的在于找出所有可能的危险，这些潜在的危险往往是系统发生严重事件的诱因(触发事件)，其中某些危险本身可能就是严重的事件。用于识别危险的方法有HAZOP、FMEA(fault modes and effect analysis，故障模式与影响分析)法等。但没有一种方法可以保证能进行彻底的危险源识别，而需要依赖良好的工程判断力和丰富的经验。

3. 原因及后果分析

原因分析的目的是估计每一种危险产生的原因及发生的概率。这一步建立在观测记录、事故调查报告、统计资料和工程经验的基础之上。可以通过以往的统计资料，也可以通过事故树分析建立危险产生的逻辑模型，进而找出详细的原因并计算危险发生的概率。对于一些特殊问题，诸如动态过程或人的行为，需要用到一些特殊的方法。

后果分析要找出某种触发事件导致严重事故的发展历程，形成对每一种事故的描述，并估计每一事故情况的发生概率以及可能造成的严重后果。在描述事故情况方面，事件树分析是常用的有效方法，它的每一分支代表一种事故情况。

在因果分析过程中，对于那些发生可能性很小而且可能造成的后果又很轻微的危险因素，应在进一步分析之前及时排除，减少不必要的工作。

4. 系统风险的估算

系统总体的风险评估要通过综合原因分析和后果分析这两者的结合来进行，一般来说应当建立起对系统风险损失的概率描述。对重要的不确定性因素应该进行敏感性分析，这与系统可靠性分析中的敏感性分析不同，风险评估中的敏感性分析是针对后果的。

事件产生的后果可以分为经济损失、人员伤亡、环境破坏、对公众的影响等。有的后果可以用量化指标来衡量，有的只能用定性的方式衡量，比如意外事故对公众的影响程度：一次造成 10 人死亡的事故对公众的影响程度肯定要大于每次造成 1 人死亡的 10 次事故。

5. 结果输出

结果以图表(如 farmer 曲线、风险矩阵)、报告等形式给出。风险评估的结果应该可以提供如下信息：① 设计方案是否满足一定的风险准则；② 评价不同设计方案的风险水平，通过比较作出选择；③ 找出影响系统风险的主要因素，并且提出改进意见；④ 对系统设计的某种变化作出关于风险的评价;等等。

7.3.3.2 方法简介

1. 建筑火灾安全工程法(L 曲线法)

建筑火灾安全工程法或称“L 曲线法”是以网络图法为基础,以火焰运动过程为研究核心,以确定火灾终止的概率为目标的概率性火灾风险分析方法。按照时间顺序,火焰运动包括火焰产生、全室卷入火灾、突破防火隔层和蔓延至其他房间等 4 个事件。此方法利用网络图法从消防系统性能的角度出发,将其划分为火焰自动熄灭、固定消防系统灭火、人工灭火等几个主要事件,每个事件又有各自的子事件,按照相应的标准对每一子事件赋予初始概率,然后计算火焰熄灭的概率,并与相应房间的消防安全目标相比较,从而对房间的火灾安全性能进行评估。图 7-7 为室内火灾安全评估网络图。

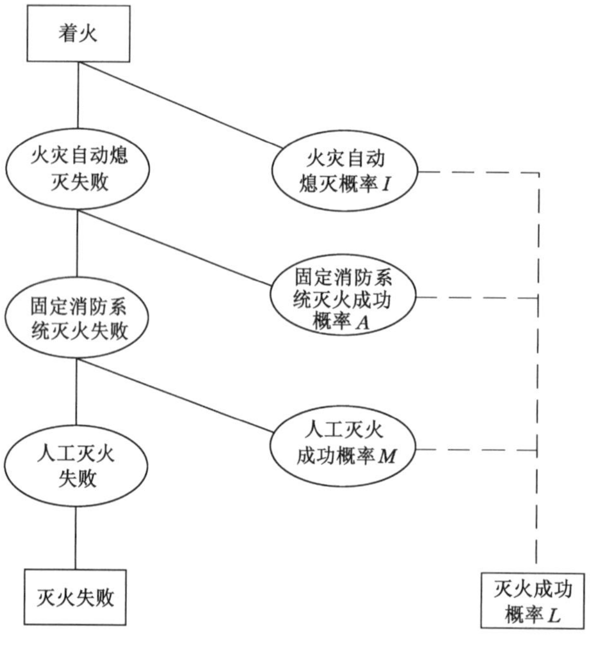

图 7-7 室内火灾安全评估网络图

利用网络图,计算出火灾蔓延途径上每一房间的火灾自动熄灭概率 I、固定消防系统灭火成功概率 A 和人工灭火成功概率 M,得出灭火成功的概率 L。以这些概率为纵坐标,在突破每一个防火隔层时,相邻房间着火的概率(相对前一个房间的 M 值)都会突降,将该防火隔层位置标注为横坐标,就可得到一条近似圆滑的曲线。可以看出,一个网络图将产生一个 L 值,得到几个 L 值就可以描绘 L 曲线的形状。这样,就可以直观地描述火灾中火焰运动过程。

沿着火焰的蔓延途径逐室进行评估,绘制相应的 L 曲线图,从而评估现有的消防设计。也可以针对不同的消防设计方案,分析相应的 L 曲线,比较不同的消防设计的有效性,以获得最佳设计方案。

由此可见,L 曲线法将建筑物内火灾安全用图表、曲线形式表示出来,曲线斜率表示建筑物内的火灾风险,x 轴表示火灾蔓延距离,y 轴表示火灾终止概率。如图 7-8 所示,它表示若防火隔层大面积失效,最初着火房间的热量就会更多地传到相邻房间,从而使相邻房间起火，这一过程将不断地重复，直至火灾终止概率等于 1，或防火隔层成功地限制了火灾的蔓延。

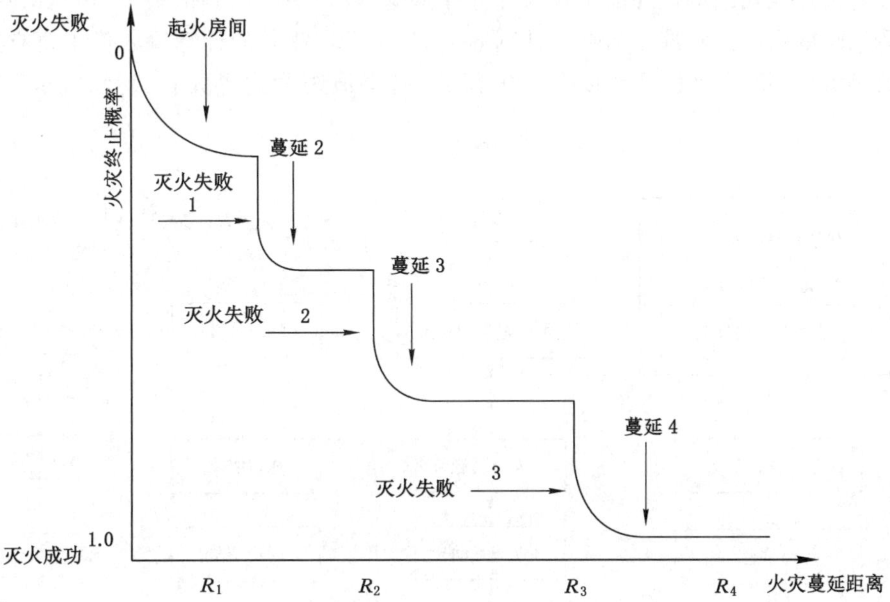

图 7-8　L 曲线

L 曲线法可以给出一个建筑物内火灾蔓延信息，但并不适合生命安全的评估，而且需要输入大量的概率数据。

2. Crisp Ⅱ

英国建立的一个消防系统区域模型称为 Crisp Ⅱ。Crisp Ⅱ可以用来评估住宅的人员生命安全，由人员平均伤亡数量给出相对风险。该方法考虑的主要因素有燃烧物、热气体、冷空气层、出烟孔、墙壁、空间、烟气探测器、消防队和居住者等，采用的主要数学方法是蒙特卡罗(Monte Carlo)方法。模拟中最复杂的细节是居住者的行为，包括多种因素的影响，如生理反应、感知等。

3. FIRECAMTM

火灾风险与成本评估模型(fire risk evaluation and cost assessment model，FIRECAMTM)是加拿大国家研究院开发的性能化设计工具，它通过分析所有可能发生的火灾场景来评估火灾对建筑物内人员造成的预期风险，同时还能评估消防费用(基建及维修费用)和预期火灾损失；运用统计数据来预测火灾场景发生的概率(如可能发生的火灾类型或火灾探测器的可靠性)，同时还运用数学模型来预测火灾随时间的变化(如火灾的发展和蔓延及人员的撤离)。它由若干子模型组成(图 7-9)，与建筑结构安全及对生命安全有影响的相关模型包括：边界元失效模型(BEFM)、烟气运动模型(SMMD)、火灾蔓延模型(FSPM)、预期死亡数目模型(ENDM)、预期生命风险模型(ERLM)、财产损失模型(PLMD)、火灾耗费期望模型(FCED)。其中，BEFM 计算由墙体和地板失效而引发火灾蔓延的概率；ENDM 计算建筑内一定数目的被困人群在火灾和烟气危害下预期的死亡人数；ERLM 根据所有火灾场景下预期死亡人数计算火灾中的预期生命风险；PLMD 计算某建筑每楼层特定火灾场景下热、烟和水对建筑结构和内部财产造成的耗费;FCED根据某特定建筑设计中所有火灾场景下的财产损失计算总预期的火灾耗费。另外,建筑疏散模型(BEVM)需要防火保护系统和建筑发生爆炸及塌陷的风险因子作为部分计算输入值;消防队响应模型(FDRM)需要建筑爆炸和塌陷的潜在危险性作为部分计算输入值;BEFM需要的计算输入值主要有边界元件的抗火等级、建筑类型和尺寸以及火灾荷载,输出值则为边界元在轰燃条件下失效的可能性。

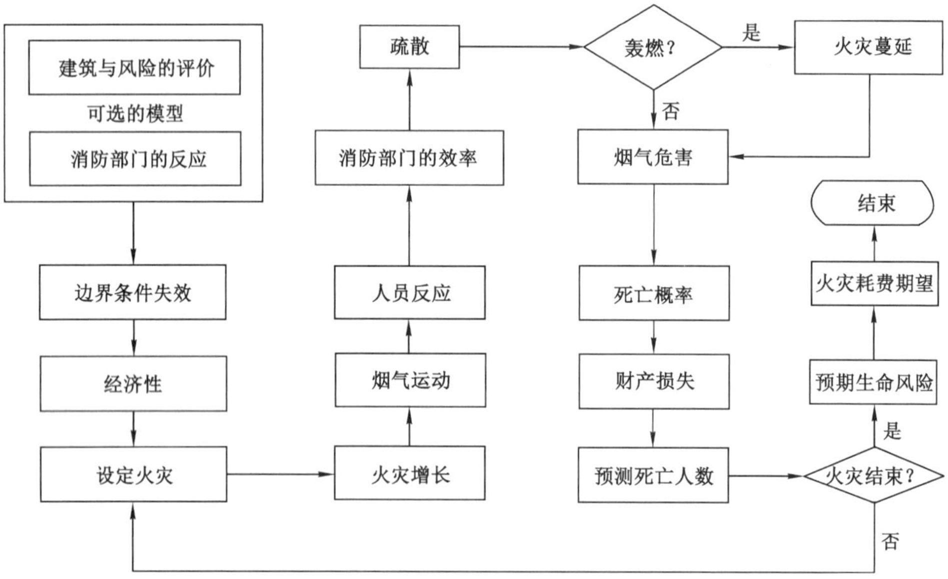

图 7-9 FIRECAMTM 的计算流程

通过图 7-9 中的火灾场景可以得到两个参数:预期生命风险(expected risk to life, ERL)和火灾耗费期望(fire cost expectation,FCE)。ERL是火灾中建筑物寿命期内预期的死亡人数与建筑物内总人数和建筑物设计寿命的比值,是在当前防火系统设计的条件下,对所有可能发生火灾所造成的生命风险的度量;FCM是建筑物预期火灾总耗费与建筑物本身及其内容总耗费的比值,是对建筑物火灾耗费的量化。这两个参数的计算公式如式(7-7)和式(7-8)所示。

$$ERL = \frac{死亡人数_{建筑寿命}}{建筑物内总人数 \times 建筑寿命} \tag{7-7}$$

$$FCE = \frac{\sum(耗时_{防护} + 耗时_{维护} + 损失_{火灾})}{\sum(耗时_{建筑} + 耗时_{物品})} \tag{7-8}$$

FIRECAMTM对火灾蔓延的可能性及火灾后修复建筑物的费用进行了保守的估算,所以对财产损失的评估结果比实际偏高。该模型处理火灾蔓延过程比较粗略,不能作为确定总体火灾安全的工具,但可以用于评估生命安全。

4. CESARE-Risk

CESARE-Risk模型是澳大利亚消防规范改革中心开发的用于量化建筑消防安全系统

性能的风险评价模型，采用多个建筑火灾场景，考虑火灾本身和相关人员对火灾作出反应的概率特性，预测建筑物内火灾环境随时间的变化。

CESARE-Risk 模型主要包括 6 个子模型：

① 事件树与预期值子模型。包括建立描述建筑物构件状态的事件树，并根据事件树分析可能的火灾场景和在给定火灾场景下工作人员和消防队对火灾的反应，计算给定火灾场景的预期生命风险值和所有火灾场景的预期生命风险值。

② 火灾增长与烟气蔓延子模型。采用燃烧反应动力学、计算流体力学等方法分析火焰传播速率、烟气热辐射、非连续火灾蔓延、通风条件影响等，预测火灾增长与蔓延；考虑火灾区域水平和楼梯井的烟气蔓延，揭示温度、有毒气体浓度、烟气密度等的变化。

③ 人员行为子模型。分析疏散前建筑物内人员的行为和疏散时人员在建筑物内的移动来评估不同时间建筑物内人员在不同位置的期望值，并结合火灾增长与烟气蔓延子模型预测人员暴露情况。

④ 消防队和工作人员子模型。考虑消防队的接警时间、响应时间、响应流程、应急资源的可获得性等因素预计消防队到达火灾现场的时间的概率分布；考虑火灾灾情、受困和受伤人员的数量和分布、消防人员救援行为、应急资源等因素预测灾情的控制效果；考虑灾情初期建筑物内工作人员的数量及应急能力预测非工作人员被营救的情况。

⑤ 防火分隔物失效子模型。预测不同耐火等级的防火分隔物在火灾环境下的失效时间，并建立失效时间的概率密度函数。

⑥ 经济分析子模型。通过计算被动和主动防火系统成本、主动防火系统维护费用和建筑本身及其内容总耗费预计预期火灾总耗费，结合预期生命风险评估建筑消防安全系统的性能。

相对国外，我国关于火灾风险定量评估方法的研究起步较晚。1989 年，中国科学技术大学火灾科学国家重点实验室的成立，标志着火灾基础研究迈出了新的一步。此外，天津、上海、成都、沈阳消防研究所等科研单位都在开展火灾风险研究工作。目前开展的火灾风险评估主要基于现有的评估方法进行改进和应用。

本 章 习 题

1. 火灾隐患有哪些形式？
2. 火灾风险与火灾隐患有什么区别？
3. 火灾危险隐患辨识的方法有哪些？
4. 简述风险容忍度的含义及确定原则。
5. 举例说明火灾风险评估方法的种类。
6. 简述火灾风险定量分析的一般步骤。
7. 火灾风险半定量分析方法有哪些？
8. 请运用事故树定量分析方法评估宿舍火灾风险。

第8章 建筑火灾

建筑是火灾发生的重灾区之一。根据我国20世纪90年代的火灾统计，建筑火灾次数占火灾总数的75%以上，所造成的人员死亡和直接财产损失占火灾事故的90%和85%。建筑火灾具有空间上的广泛性、时间上的突发性、成因上的复杂性、防治上的局限性等特点，其发生是在人类生产生活活动中，由自然因素、人为因素、社会因素的综合效应而造成的非纯自然的灾害事故。随着经济社会的发展，科学技术的进步，建筑呈现向高层、地下发展的趋势，建筑功能日趋综合化，建筑规模日趋大型化，建筑材料日趋多样化，一旦发生火灾容易造成严重危害。为避免、减少建筑火灾的发生，我们必须研究它的发生、发展规律，总结火灾教训，采取消防措施，防患于未然。

本章重点：火羽流与顶棚射流，通风对火灾燃烧的影响，烟气的性质与危害，建筑火灾中烟气的流动，自然通风防烟与自然排烟，通风与排烟系统。

本章难点：建筑火灾中烟气的流动，通风与排烟系统。

8.1 火灾动力学基础

室内火灾概况

火灾是一种特殊形式的燃烧现象，遵循燃烧过程的基本规律，同时它也是一种非受控燃烧，是在人们所不希望的时间和地点发生的燃烧。建筑是火灾发生最高频的地点之一，在对建筑火灾进行研究之前，有必要先对建筑火灾的发展过程、烟气扩散规律、防排烟的设计进行一定的了解。

8.1.1 建筑火灾发展的基本过程

对于建筑火灾而言，首先发生在室内的某个房间或某个部位，然后由此蔓延到相邻的房间或区域，以及整个楼层，最后蔓延到整个建筑物。其发展过程大致可分为火灾初期发展阶段（或称轰燃前火灾阶段）、火灾充分发展阶段（或称轰燃后火灾阶段）及火灾衰减阶段（或称火灾的冷却阶段）。图8-1为建筑室内火灾温度-时间曲线。

8.1.1.1 火灾初期发展阶段

室内火灾发生后，最初只是起火部位及其周围可燃物着火燃烧。此时火灾好像在敞开的空间内发生一样。在火灾局部燃烧之后，可能会出现下列三种情况之一：

① 最初着火的可燃物燃烧完，而未蔓延至其他可燃物。尤其是初始着火的可燃物处在隔离的情况下。

② 如果通风不足，则火灾可能自行熄灭，或由于受到供氧条件的限制，以很慢的速度继续燃烧。

③ 如果存在足够的可燃物，而且具有良好的通风条件，则火灾迅速发展到整个空间，从而使房间中的所有可燃物（家具、衣物、可燃装修材料等）卷入燃烧，室内火灾进入全面发展

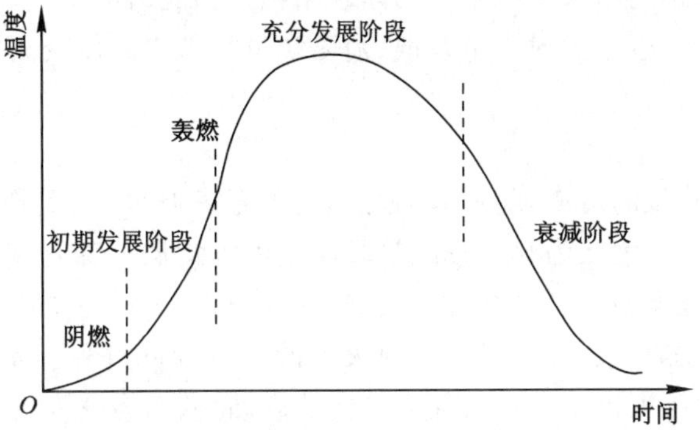

图 8-1　建筑室内火灾温度-时间关系曲线

的猛烈燃烧阶段。

火灾初期发展阶段即起火阶段的特点是，火灾燃烧范围不大，火灾仅限于初始起火点附近；室内温差大，在燃烧区域及其附近存在高温，室内平均温度低；火灾发展速度较慢，且在发展过程中火势不稳定；火灾发展时间长短因点火源、可燃物性质和分布、通风条件等的影响而差别很大。

由起火阶段的特点可见，该阶段是灭火的最有利时机，应设法争取尽早发现火灾，将火灾及时控制、消灭在起火点。为此，在建筑物内安装和配备适当数量的灭火设备，设置火灾探测和报警装置。起火阶段也是人员疏散的有利时期，人员若在这一阶段不能疏散出房间则会很危险。起火阶段持续时间越长，越利于发现火灾和灭火，并有利于人员安全撤离。

8.1.1.2　火灾充分发展阶段

在建筑室内火灾持续燃烧一定时间后，燃烧范围不断扩大，温度升高，室内的可燃物在高温的作用下不断分解释放出可燃气体，当房间内温度达 400～600 ℃时，室内绝大部分可燃物起火燃烧，这种在限定空间内可燃物的表面全部卷入燃烧的瞬变状态，即轰燃。轰燃的出现是燃烧释放的热量在室内逐渐累积与对外散热共同作用、燃烧速率急剧增大的结果。影响轰燃发生最重要的两个因素是辐射和对流情况，即建筑室内上层烟气的热量得失。通常，轰燃的发生标志着室内火灾进入充分发展阶段。

一般来说，室内火灾发生轰燃需要满足两个条件：首先，上层热烟气平均温度达 600 ℃；其次，地面接收的热流密度达 20 kW/m^2。这两个条件均表明，轰燃是室内可燃物所受的点火源条件得到满足时引起的突然全面着火。

轰燃发生后，室内可燃物出现全面燃烧，可燃物热释放速率很大，室温急剧上升，并出现持续高温，温度可达 800～1 000 ℃。之后，火焰和高温烟气在火风压的作用下，会从房间的门窗、孔洞等处大量涌出，沿走廊、吊顶迅速向水平方向蔓延扩散。同时，由于烟囱效应的作用，火势会通过竖向管井、共享空间等向上蔓延。轰燃的发生标志着房间火势的失控，同时，产生的高温会对建筑物的衬里材料及结构造成严重影响。但不是每个火场都会出现轰燃，大空间建筑、比较潮湿的场所就不易发生。

为了减少火灾损失，针对火灾充分发展阶段的特点，在建筑物防火设计中，应采取的主要措施是：在建筑物内设置具有一定耐火性能的防火分隔物，把火灾控制在一定的范围内，防止火灾大面积蔓延；选用耐火性能较高的建筑结构作为建筑的承重体系，确保建筑物发生火灾时不倒塌破坏，为发生火灾时人员疏散、消防队员扑救火灾以及火灾后建筑物修复继续使用创造条件。

8.1.1.3　火灾衰减阶段

在火灾充分发展阶段的后期，随着室内可燃物数量的减少，火灾燃烧速度减慢，燃烧强度减弱，温度逐渐下降，一般认为火灾衰减阶段从室内平均温度降到其峰值的80%时算起。随后房间内温度下降显著，直到室内外温度达到平衡为止，火灾完全熄灭。

上述三个阶段是在通风良好情况下室内火灾的自然发展过程。实际上，一旦室内发生火灾，常常伴有人为的灭火行动或自动灭火设施的启动，从而会改变火灾的发展过程。不少火灾尚未发展就被扑灭，这样室内就不会出现破坏性的高温。如果灭火过程中可燃材料中的挥发分并未完全析出，可燃物周围的温度在短时间内仍然较高，则易造成可燃挥发分再度析出，一旦条件合适，可能会出现死灰复燃的情况，这种情况不容忽视。

8.1.2　火羽流与顶棚射流

在火灾燃烧中，火源上方的火焰及燃烧生成烟气的流动通常称为火羽流，其结构见图8-2。火羽流的火焰大多数为自然扩散火焰，纯粹的动量射流火焰在火灾燃烧中并不多见。例如，当可燃液体或固态燃烧时，蒸发或热分解产生的可燃气体从燃烧表面升起的速度很低，其动量对火焰的影响几乎测不出来，可以忽略不计，因此这种火焰气体的流动是由浮力控制的。

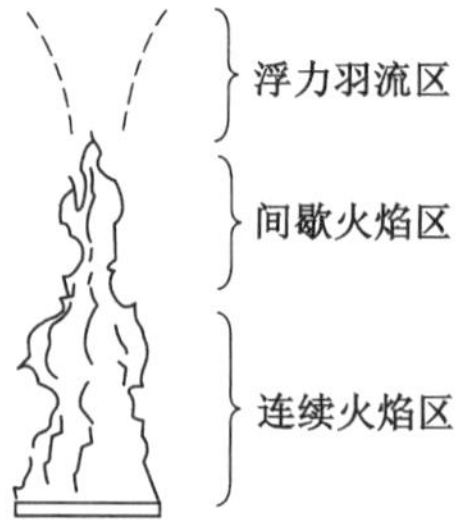

图8-2　火羽流结构示意图

火羽流

仔细观察可以发现，自然扩散火焰还分为两个小区，即在燃烧表面上方不太远的区域存在连续的火焰面，再往上的一定区域内火焰则是间断出现的。前一小区称为持续火焰区，后一小区称为间歇火焰区。火焰区的上方为燃烧产物（烟气）的羽流区，其流动完全由浮力效应控制，一般称其为浮力羽流，或称烟气羽流。烟气羽流撞击到房间的顶棚后便形成沿顶棚下表面蔓延的顶棚射流。本节将分别讨论这些流动区的特点。

8.1.2.1　自然扩散火焰

在分析火灾燃烧现象时，研究人员经常用多孔可燃气体燃烧器模拟实际火源。可燃气体由多孔燃烧器流出的速度很低，其火焰具有自然扩散火焰的基本特点，燃烧过程容易控制。由于可燃气体的体积流率可以预先测定，故可将其作为一个独立于火焰特性的变量处理。

科莱特（Corlett）研究了多孔燃烧器火焰后发现，火焰结构随着燃烧床直径 d 的增大而变化，见图8-3。当燃烧床的直径小于0.01 m时，产生的是层流火焰，但其高度比层流射流火焰要低得多，显然这是可燃气体的初始动量很小造成的。随着燃烧床直径的增大，火焰面逐渐出现皱褶。当燃烧床直径为0.03～0.3 m时，床面上方中部存在可燃气体浓度很大的核，见图8-3(b)和图8-3(c)。可以认为，这是火焰周围的氧气无法扩散到床中心的缘故。人们称这种火灾为有构火焰。当燃烧床的直径再增大时，火焰的脉动进一步加剧，可燃气核消失。

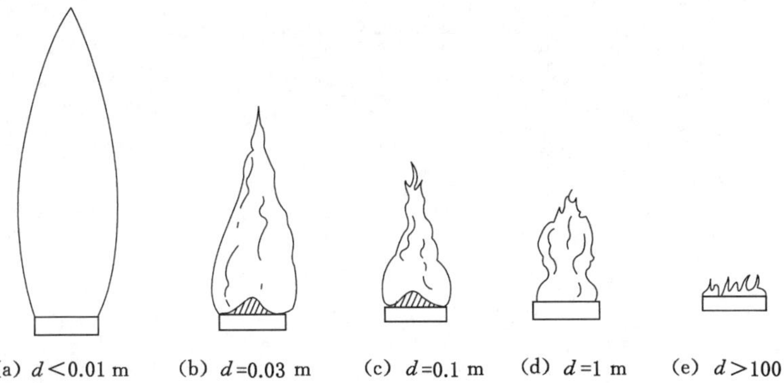

图 8-3　自然扩散火焰的结构

8.1.2.2　浮力羽流

如果相邻流体之间存在温度梯度，便会出现密度梯度，从而产生浮力效应。在浮力作用下，密度较小的流体向上运动。单位体积流体受到的浮力为 $g(\rho_0-\rho)$，式中，ρ_0 和 ρ 为重、轻流体的密度，g 为重力加速度。对于火羽流而言，轻流体为烟气，重流体为空气。轻流体上升时还会受到流体黏性力的影响，浮力与黏性力的相对大小由格拉斯霍夫数 Gr 确定。浮力羽流的结构由它与周围流体的相互作用决定。羽流内的温度取决于火源（或热源）强度（即热释放效率）和离开火源（或热源）的高度。

根据图 8-4 讨论浮力羽流的主要特征。图 8-4 表示在稳定的开放环境中由点源产生的理想羽流，它是轴对称的，竖直向上扩展，一直到达浮力减得十分微弱以致无法克服黏性阻力的高度。而在受限空间内，浮力羽流可受到顶棚的阻挡。但是如果热源强度不大或顶棚之下的空气温度较高（如在夏天），则羽流只能到达有限的高度。一个常见的例子是在温暖静止的房间内，香烟烟气的分层流动。由于羽流上浮流动的卷吸，其周围较冷的空气进入羽流，从而使其冷却。在羽流温度降低的同时，羽流的质量流量增大（表现为羽流直径的加粗）及向上的流动速度降低。

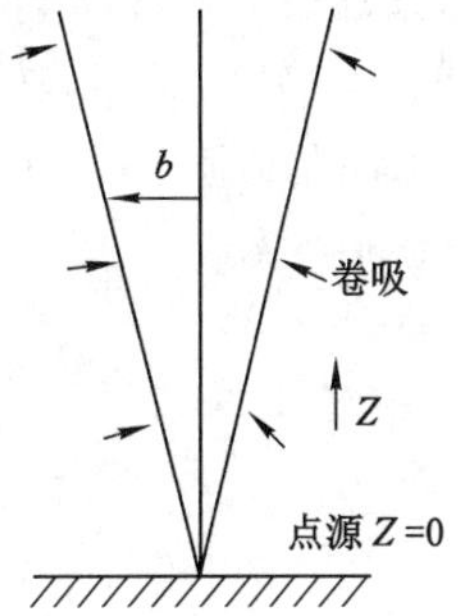

图 8-4　浮力羽流简化模型

当火源位于房间的中央时，羽流的竖直运动是轴对称的。但如果火源靠近墙壁或者两墙交界的墙角，则墙壁边界对空气卷吸的限制将显示出重要影响，火焰将向限制壁面偏斜，见图 8-5。这是空气仅从一个方向进入火羽流的结果，同样也会加强火焰从已燃物体向相邻的竖直表面的蔓延。由于羽流与环境空气的混合速度比不受限情况下的小，因而随着羽流高度的增加，其温度的下降会变慢。若火焰碰到不可燃壁面，将会在该壁面上扩展以卷吸足够空气，以烧掉烟气中的可燃挥发分。若壁面是可燃的，还会形成竖壁燃烧，这将大大加强火势，容易引起火灾的大范围蔓延。

8.1.2.3　顶棚射流

如果竖直扩展的火羽流受到顶棚阻挡，热烟气将形成水平流动的顶棚射流。顶棚射流是一种半受限的重力分层流。当烟气在水平顶棚下积累到一定的厚度时，它便发生水平流动，图 8-6 为这种射流的发展过程示意图。羽流在顶棚上的撞击区大致为圆形，刚离开撞击

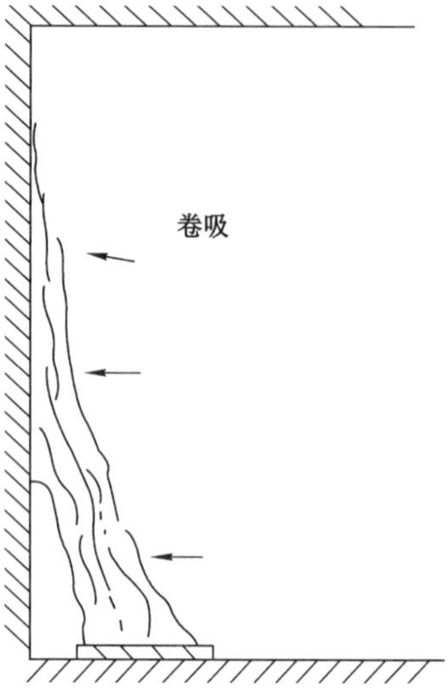

图 8-5 火羽流向垂直壁面的偏斜

区边缘的烟气层不太厚，顶棚射流由此向四周扩散。顶棚的存在将表现出固壁边界对流动的黏性影响，因此在贴近顶棚的薄层内，烟气的流速较低；随着垂直向下离开顶棚距离的增加，其速度不断增大；而超过一定距离后，速度便逐渐降低为零。这种速度分布使得射流前锋的烟气转向下流，然而热烟气仍具有一定的浮力，还会很快上浮。于是顶棚射流中便形成一连串的旋涡，它们可将烟气层下方的空气卷吸进来，因此顶棚射流的厚度逐渐增加，而速度逐渐降低。

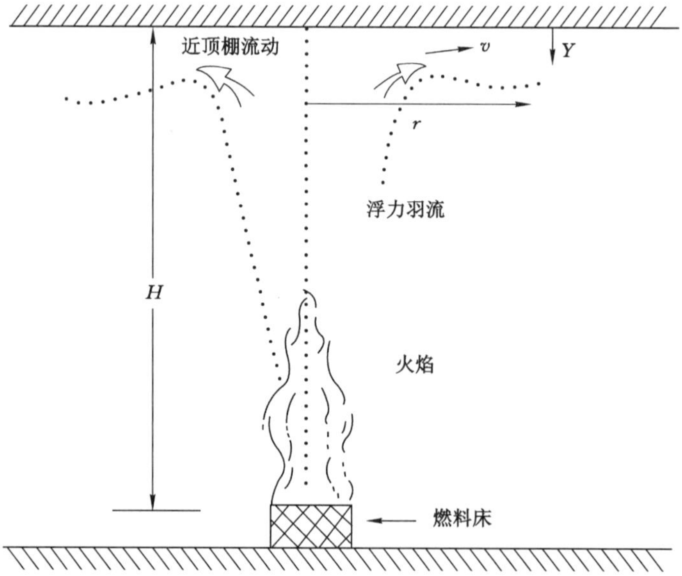

图 8-6 浮力羽流与顶棚的相互作用

顶棚射流内的温度分布与速度分布类似。在热烟气的加热下,顶棚温度缓慢升高,但总比射流中的烟气温度低。随着垂直向下离开顶棚距离的增加,射流温度逐渐升高,达到某一最高值后又逐渐降低至下层空气的温度。

美国曾进行一系列全尺寸火灾试验,测量了不同高度顶棚之下的温度分布。试验发现,当烟气的水平流动不受限且热烟气不会在顶棚下积累时,在离开羽流轴线的任意径向距离(r)处,竖直分布的温度最大值出现在顶棚之下 $Y \leqslant 0.01H$ 的区域内,但并不紧贴顶棚壁面;在 $Y \leqslant 0.125H$ 区域内,温度急剧下降至环境温度 T_0。如果火源离开最近的垂直阻挡物的距离超过 $3H$,这种估计的近似程度相当好。

阿尔伯特(Alpert)根据上述试验结果推导出了描述温度分布的关系式。他指出,在顶棚之下 $r > 0.18H$ 的任意径向范围内,最高温度可用下面的稳态方程描述:

$$T_{max} - T_0 = \frac{5.38}{H}(\dot{Q}/r)^{2/3} \tag{8-1}$$

如果 $r \leqslant 0.18H$,即表示处于羽流撞击顶棚所在区域,最高温度用式(8-2)计算:

$$T_{max} - T_0 = \frac{16.9\dot{Q}^{2/3}}{H^{5/3}} \tag{8-2}$$

式中 $\dot{Q}$——热释放速率,或称火源强度。

图 8-7 表示对于功率为 20 MW 的火源,根据式(8-1)和式(8-2)算出的 T_{max} 与 r 和 H 的关系。利用这种温度分布,可以估计感温探测器对稳定燃烧或缓慢发展火灾的响应性,从而为火灾探测提供依据。

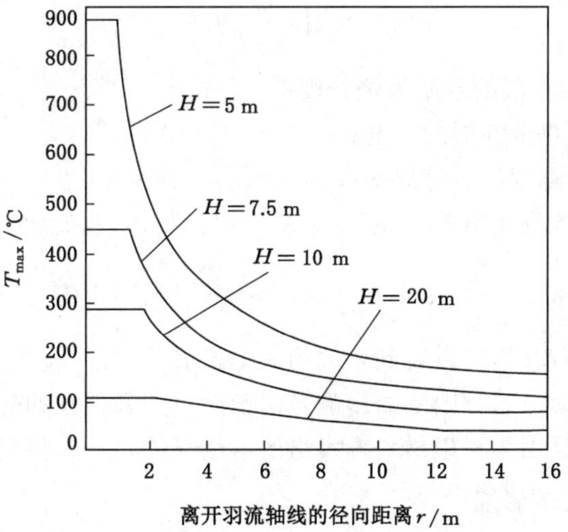

图 8-7 顶棚射流的 T_{max} 与 r 和 H 的关系

如果房间顶棚较低,或者火源强度足够大,自然扩散火焰可以直接撞击到顶棚。此时火焰也要发生水平传播,并可沿顶棚扩展相当长的距离。这主要是因为顶棚射流对其下方空气的卷吸速率较低。由于温度较高的烟气在较冷空气之上流动,两者的结构形式稳定,密度差将会阻碍混合的进行,结果使可燃气体经过较长的时间才能烧完。

夹带火焰的顶棚射流在走廊内的蔓延是建筑火灾的一种重要情形。欣克利(P.L.Hinkley)等较早研究了这种现象。他们把一个槽状容器倒置过来模拟走廊,在槽道内靠一端的位置设置了一个多孔气体燃烧器,火灾烟气可沿槽道流动较长的距离,如图 8-8 所示,槽道的衬里材料是不可燃的。

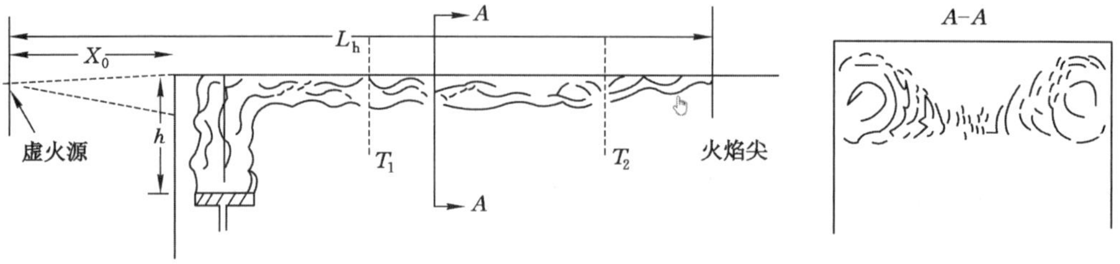

(a) 纵视图　　　(b) 横剖图

图 8-8　模拟走廊顶棚下方的火焰传播示意图

试验发现,火焰的特性与燃烧器表面到顶棚的距离(h)和气体体积流率有密切的关系。若火羽流部分能够卷吸的空气较多,则水平火焰长度有限;若可燃气的流量相当大,顶棚下就可形成燃烧的烟气层,火焰面出现在富燃料烟气层的下边界处。另外,由模拟走廊的剖面图可看出,射流中的燃烧诱发了由中部上升然后向两侧翻卷的旋涡,这显示出走廊的竖直壁面对火焰结构也有重要影响。

欣克利等指出,当使用富空气的城市煤气做试验时,水平火焰长度可用式(8-3)估算:

$$L_h = 2.2\left(\frac{\dot{m}}{\rho_0 g^{1/2}} D\right)^{2/3} \tag{8-3}$$

式中　L_h——从虚点源算起的水平火焰长度;

D——顶棚之下热烟气层的厚度;

$\dot{m}$——单位走廊宽度的质量流率,$L_h \propto = m^{2/3}$。

这些试验中,虚点源到垂直端面的距离 X_0 近似为 $2h$,且燃烧器表面到顶棚的距离 h 总小于 1.2 m。可以发现,$\left(\frac{\dot{m}}{\rho_0 g^{1/2}} D\right)^{2/3} \approx 0.025$ 是燃烧状况由富空气火焰向富燃料火焰转变的临界值。当大于该值时,可以看到较大的火焰扩展。

对于不可燃顶棚来说,这种限制的影响是明确的。如果顶棚的衬里材料是可燃的,则火焰的扩展将会变大,这是因为衬里材料挥发出的可燃气体将进入顶棚射流内。

8.1.3　通风对火灾燃烧的影响

室内火灾发展的影响因素

通风因子是指组合参数 $A\sqrt{H}$,可作为分析室内火灾发展的重要参数,其中 A 为通风口的面积(m^2),H 为通风口的自身高度(m)。若通风因子较小,火灾时室内与室外的通风不好;对燃烧来讲表现为供氧不足,因此燃烧方式为通风控制。若通风因子足够大,火灾时室内与室外通风自由,室内燃烧与开放空间燃烧已无本质差别,此时燃烧方式为燃料表面积控制。不同的燃烧方式,对室内质量损失速率(R)的影响是不同的,见图 8-9。

(1) 通风控制的燃烧方式

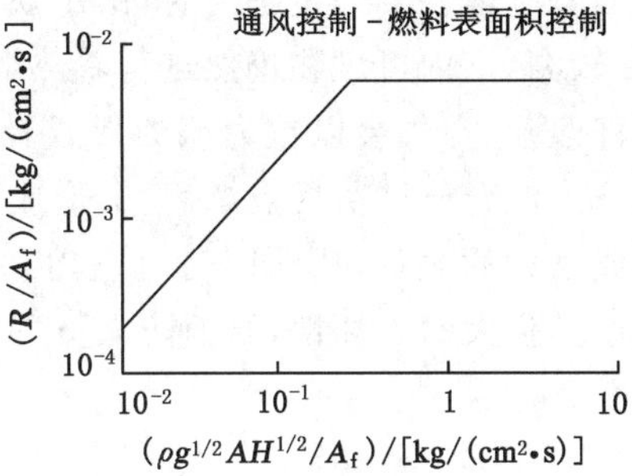

图 8-9 木垛火由通风控制到燃料表面积控制的确定

$$\frac{\rho g^{1/2}AH^{1/2}}{A_f} < 0.235 \tag{8-4}$$

(2) 燃料表面积控制的燃烧方式

$$\frac{\rho g^{1/2}AH^{1/2}}{A_f} > 0.290 \tag{8-5}$$

式中 A_f——燃料表面积；

ρ——空气密度。

进一步研究表明，燃烧方式不但与通风因子有关，而且与通风口的位置高度(h)有关。通风口的位置高度(h)定义为通风口的自身高度(H)的中心线到地面的距离。图 8-10 为通风因子与通风口位置高度对燃烧状态的影响。在Ⅰ区因通风因子太小，供氧不足，点火后火焰将自行熄灭。在Ⅱ区通风因子稍大，但仍不能维持稳定燃烧，燃烧处于振荡状态，即火焰忽大忽小，亦可能出现振荡熄火。Ⅲ区为稳定燃烧区。Ⅳ区为表面积控制燃烧区。上述研究结果为建筑结构设计提供了重要依据，在建筑防火设计中具有重要意义。

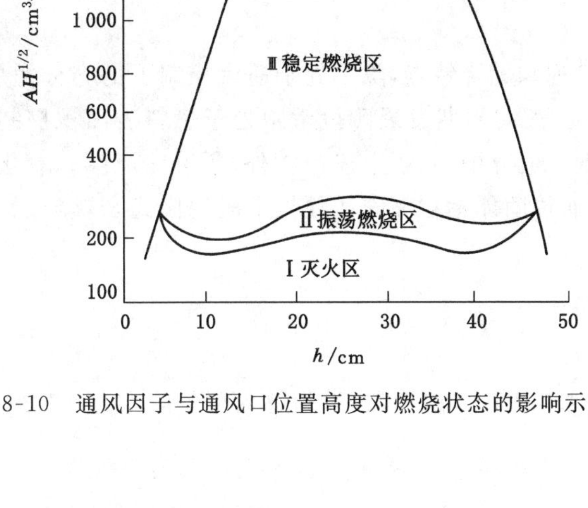

图 8-10 通风因子与通风口位置高度对燃烧状态的影响示意图

在一封闭空间发生燃烧，当氧气消耗到一定程度时，由于缺少助燃物条件，燃烧会停止；但由于燃烧结束后的环境温度较高，室内可燃物仍然进行着热解反应，室内会逐渐积聚大量的可燃气体，如果此时通风条件改善，空气会以重力流的形式补充进来，与室内的可燃气体混合，于是助燃条件得到满足。当混合气被灰烬点燃后，会形成高强度、快速的火焰传播，在室内燃烧的同时，通风口外形成巨大的火球，从而同时对室内和室外造成危害，这种现象称为回燃。回燃火灾的突然性、极其强大的破坏性，给消防人员进行火灾扑救带来了极大的危险，严重威胁着人们的生命安全。

8.2 建筑火灾中烟气扩散规律

由于火灾燃烧通常不会非常完全，几乎所有火灾都会产生大量烟气。火灾烟气温度较高，且含有大量有毒有害气体，能够对人员安全和室内物品构成严重威胁。烟气的存在也会使建筑物内的能见度降低，从而造成危险。统计结果表明，火灾中大部分的人员死亡都是因为吸入大量烟气。因此了解烟气的产生与性质具有重要的意义。

8.2.1 烟气的产生

烟气的产生与性质

由燃烧或热解作用所产生的悬浮在气相中的固体和液体微粒称为烟或烟粒子，含有烟粒子的气体称为烟气。火灾烟气是燃烧过程的产物，是一种混合物，主要包括：① 可燃物热解或燃烧产生的气相产物，如未燃气体、水蒸气、二氧化碳、一氧化碳、多种小分子的碳氢化合物及少量的硫化物、氯化物、氰化物等；② 由于卷吸而进入的空气；③ 多种微小的固体颗粒和液滴。

可燃物的组成和化学性质以及燃烧条件对烟气的产生均具有重要的影响。少数纯燃料(如氢气、一氧化碳、甲醛、乙醇、乙醚、甲酸、甲醇等)燃烧的火焰不发光，且基本上不产生烟。而在相同的条件下，大分子燃料燃烧时发烟量却比较大。在自由燃烧情况下，固体可燃物(如木材)和经过部分氧化的燃料(如乙醇、丙酮等)的发烟量比生成这些物质的碳氢化合物(如聚乙烯和聚苯乙烯)的发烟量少得多。

建筑中大量建筑材料、家具、衣服、纸张等可燃物，火灾时受热分解，然后与空气中的氧气发生氧化反应，燃烧并生成各种产物。完全燃烧所产生的烟气成分中，主要是二氧化碳、水、二氧化氮、五氧化二磷或卤化氢等，有毒有害物质相对较少。但是，无毒气体同样可能会降低空气中的氧浓度，妨碍人的呼吸，造成人员逃生能力的下降，亦可能直接造成人体缺氧致死。

根据火灾的产生过程和燃烧特点，除了处于通风控制下的充分发展阶段以及可燃物几乎消耗殆尽的衰减阶段，火灾初期发展阶段常常处于燃料表面积控制的不完全燃烧阶段。不完全燃烧所产生的烟气成分中，除了上述产物外，还可能产生一氧化碳、有机磷、烃类、多环芳香烃、焦油以及炭屑等固体颗粒。固体颗粒生成的模式及颗粒的性质因可燃物的性质不同存在很大的差异。

8.2.2 烟气的性质与危害

8.2.2.1 压力

在火灾发生、发展和熄灭的不同阶段，建筑物内烟气的压力分布是不相同的。以着火房间为例，在火灾发生初期，烟气的压力很低，随着着火房间内烟气量的增加，温度上升，压力相应升高。当发生火灾轰燃时，烟气的压力在瞬间达到峰值，门窗玻璃均存在被震破的危险。烟气和火焰一旦冲出门窗孔洞，室内烟气的压力就很快降下来，接近室外大气压。据测定，一般着火房间内烟气的平均相对压力为 10～15 Pa，在短时间内可能达到的峰值为 35～40 Pa。

8.2.2.2 温度

在火灾发生、发展和熄灭的不同阶段，建筑物内烟气的温度分布也是不相同的。以着火房间为例，在火灾发生初期，着火房间内烟气温度不高。随着火灾发展，温度逐渐上升，当发生轰燃时，室内烟气的温度相应急剧上升，很快达到最高值。试验表明，由于建筑物内部可燃材料的种类不同，门窗孔洞的开口尺寸不同，建筑结构形式不同，着火房间烟气的最高温度各不相同。小尺寸着火房间烟气的温度一般可达 500～600 ℃，高则可达 800～1 000 ℃。地下建筑火灾中烟气温度可达 1 000 ℃以上。

8.2.2.3 浓度

烟气的浓度是由烟气中所含固体颗粒或液滴的多少及性质决定的。测量烟气中的颗粒量主要有以下几种方法：

① 将单位体积的烟气过滤，确定其中颗粒物的质量（mg/m^3），此法只适用于小尺寸试验（美国材料与试验协会，1982）。

② 测量单位体积烟气中烟颗粒的数目（个/m^3），此法适用于烟气浓度很小的情况，如空气的净化过程。

③ 将烟气收集在已知容积的容器内，确定它的遮光性，一般表示为一定的光学密度，此法只适用于小尺寸和中等尺寸的试验（美国材料与试验协会，1979）。

④ 在烟气从燃烧室或失火房间流出的过程中测量它的遮光性，并在测量时间内积分，得到烟气的平均光学浓度。

总的来说，测量烟气遮光性的方法比较适用于火灾研究，它可直接与所考虑场合下的能见度建立联系，并可用于火灾探测。

8.2.2.4 毒性

首先，火灾中由于燃烧会消耗大量的氧气，烟气中的氧含量降低。缺氧是气体毒性的特殊情况。研究表明，若仅仅考虑缺氧而不考虑其他气体影响，当氧含量降至 10%时就可对人构成威胁。然而，在火灾中仅仅由氧含量减少造成危害是不大可能出现的，其危害往往伴随着 CO、CO_2 和其他有毒成分（如 HCN、NO_x、SO_2、H_2S 等）的生成，高分子材料燃烧时还会产生 HCl、HF、丙烯醛、异氰酸酯等有害物质。不同材料燃烧时产生的有害气体成分和浓度是不同的，因而其烟气的毒性也不相同。评价材料烟气毒性大小的方法有：化学分析法、动物试验法和生理研究法。

其次，高温火灾烟气对人体呼吸系统及皮肤都将产生很严重的不良影响。研究表明，当人体吸入大量热烟气时，血压会急剧下降，毛细血管遭到破坏，从而导致血液循环系统破坏。此外，在高温作用下，人会心跳加速，大量出汗，并因脱水而死亡。大量的研究表明，当烟气温度达 65 ℃时，人体可短时间忍受；人在温度达 120 ℃的烟气中，15 min 即可产生不可恢复的损伤；170 ℃的烟气 1 min 即可对人体产生不可恢复的损伤；在几百摄氏度的高温烟气中，人连 1 min 也无法忍受。衣服的透气性和隔热程度对人在高温烟气中的忍受极限也有重要影响。

8.2.2.5 能见度降低的危害

能见度是指人们在一定环境下刚刚看到某个物体的最远距离，一般以米(m)为单位。能见度主要由烟气的浓度决定，同时还受到烟气的颜色、物体的亮度、背景的亮度及观察者对光线的敏感程度等因素的影响。当发生火灾时，烟气弥散，由于烟气的减光性作用，人们在有烟场合下的能见度必然有所下降。烟气的减光性对火区人员的安全疏散会造成严重影响。

大量火灾案例和试验结果表明，即便设置了事故照明装置和疏散标志，火灾烟气仍然会导致人们辨认目标和疏散能力大大下降。金曾对自发光和反光标志的能见度进行了测试，他建议安全疏散标志最好采用自发光方式。巴切尔和帕乃尔也指出，自发光标志的可见距离比表面反光标志的可见距离大 2.5 倍。

保证安全疏散的最小能见距离为极限视程，极限视程随人们对建筑物的熟悉程度不同而不同。对建筑物熟悉者，其极限视程约为 5 m；对建筑物不熟悉者，其极限视程约为30 m。为了保证安全疏散，火场能见度(对反光物体而言)必须达到 5～30 m，因此减光系数应不超过 0.1～0.6 m^{-1}。火灾发生时烟气的减光系数多为 25～30 m^{-1}。因此，为了确保安全疏散，应将烟气稀释。

即使是在无刺激性的烟气中，能见度的降低亦会直接导致人员步行速度的下降。日本的一项试验研究表明，即使对建筑物疏散路径相当熟悉的人，当烟气减光系数达 0.5 m^{-1} 时，其疏散也变得困难。在刺激性的烟气中，步行速度会陡然降低，图 8-11 所示为刺激性与非刺激性烟气中人沿走廊行走速度的部分试验结果。当减光系数为 0.4 m^{-1}时，通过刺激性烟气的表观速度仅是通过非刺激性烟气时的 70%。当减光系数大于 0.5 m^{-1}时，通过刺激性烟气的表观速度降至约 0.3 m/s，相当于蒙上眼睛时的行走速度。行走速度下降是由于受试验者无法睁开眼睛，只能走“之”字形或沿墙壁一步一步地挪动。

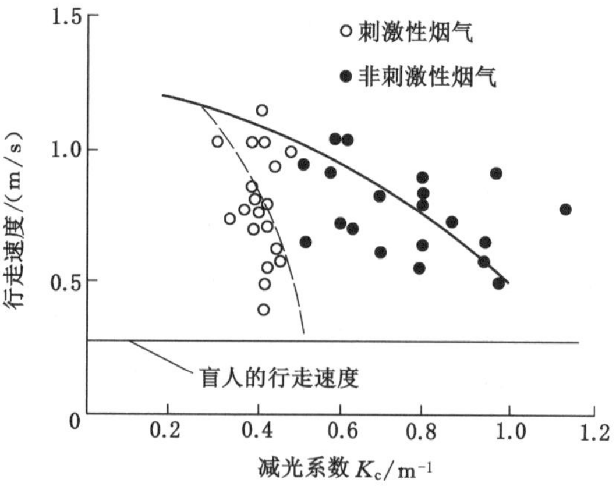

图 8-11 刺激性与非刺激性烟气中人沿走廊行走速度

火灾中烟气对人员生命安全的影响不仅仅是生理上的，还包括对人员心理方面的副作用。当人们受到浓烟的侵袭时，在能见度极低的情况下，极易产生恐惧与惊慌，尤其当减光系数在 0.1 m^{-1}以上时，人们便不能正确进行疏散决策，甚至会失去理智而采取不顾一切的异常行为。

8.2.3 建筑火灾中烟气的流动

8.2.3.1 烟气的有效流通面积

有效流通面积是指某一种流体，在一定压差作用下流过系统的总当量流通面积。与电路系统的电阻类似，烟气流动的路径有并联、串联及混联等形式。下面分别讨论各种情形下的有效流通面积计算。

1. 并联流动

图 8-12 所示的加压空间有三个并联出口，每个出口的压差 Δp 都相同，总流量 Q_T 为 3 个出口的流量之和：

$$Q_T = Q_1 + Q_2 + Q_3 \tag{8-6}$$

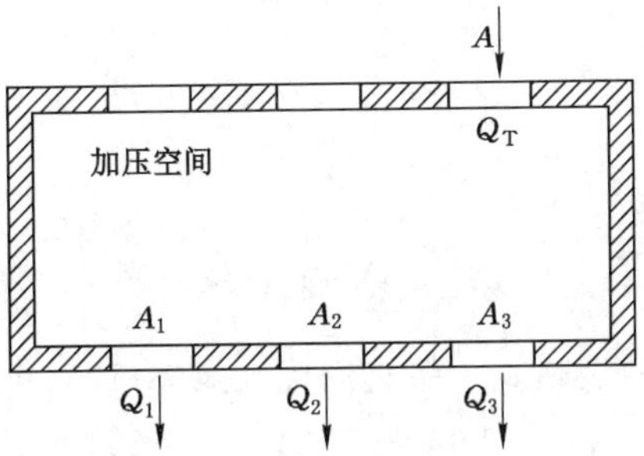

图 8-12 并联出口

根据 Q_T，可用式(8-7)确定该情况下的有效流通面积 A_e：

$$Q_T = CA_e(2\Delta p/\rho)^{1/2} \tag{8-7}$$

式中，C 为流通系数；A_e 为有效流通面积，m^2；Δp 为出口两侧的压差，Pa；ρ 为流动介质的密度，kg/m^3。

通过 A_1 的流量 Q_1 为：

$$Q_1 = CA_1(2\Delta p/\rho)^{1/2} \tag{8-8}$$

同理可得 Q_2、Q_3 的表达式。将 Q_1、Q_2、Q_3 代入式(8-6)可得：

$$Q_T = C(A_1 + A_2 + A_3)(2\Delta p/\rho)^{1/2} \tag{8-9}$$

因此：

$$A_e = A_1 + A_2 + A_3 \tag{8-10}$$

若独立的并行出口有 n 个，则有效流通面积就是各出口的流动面积之和，即

$$A_e = \sum_{i=1}^{n} A_i \tag{8-11}$$

2. 串联流动

图 8-13 所示的加压空间有 3 个串联出口。通过每个出口的体积流率 $\dot{Q}$ 相同，从加压空间到外界的总压差 Δp_T 是经过 3 个出口的压差 Δp_1、Δp_2、Δp_3 之和：

$$\Delta p_T = \Delta p_1 + \Delta p_2 + \Delta p_3 \tag{8-12}$$

串联流动的有效流通面积是基于流量 Q 和总压差 Δp_T 的流动面积，因此 Q 可以写为：

$$Q = CA_e(2\Delta p_T/\rho)^{1/2} \tag{8-13}$$

写成求 Δp_T 的形式为：

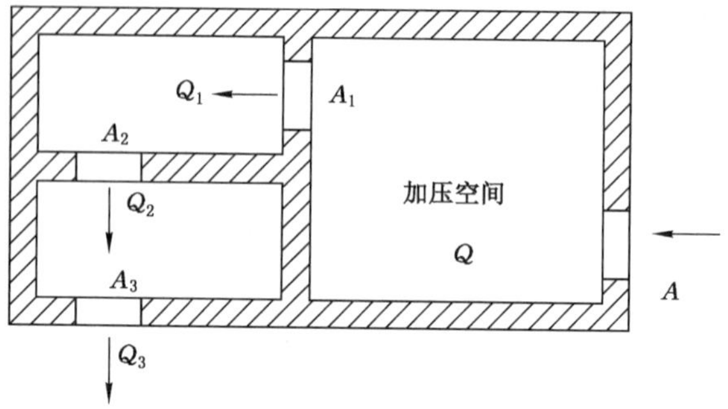

图 8-13　串联出口

$$\Delta p_T = \frac{\rho}{2}[Q/(CA_e)]^2 \tag{8-14}$$

经过 A_1 时的压差可表示为：

$$\Delta p_1 = \frac{\rho}{2}[Q/(CA_1)]^2 \tag{8-15}$$

同样可得到 Δp_2、Δp_3 的表达式。将它们代入式(8-12)，可得：

$$A_e = (1/A_1^2 + 1/A_2^2 + 1/A_3^2)^{-1/2} \tag{8-16}$$

以此类推，可以得到 n 个出口串联时的有效流通面积：

$$A_e = [\sum_{i=1}^{n}(1/A_i^2)]^{-1/2} \tag{8-17}$$

在烟气控制系统中，两个出口串联最为常见，其有效流通面积常写为：

$$A_e = A_1A_2/\sqrt{A_1^2 + A_2^2} \tag{8-18}$$

3. 混联流动

图 8-14 为一串、并混联系统。A_2、A_3 并联，其组合有效流通面积为：

$$A_{23e} = A_2 + A_3 \tag{8-19}$$

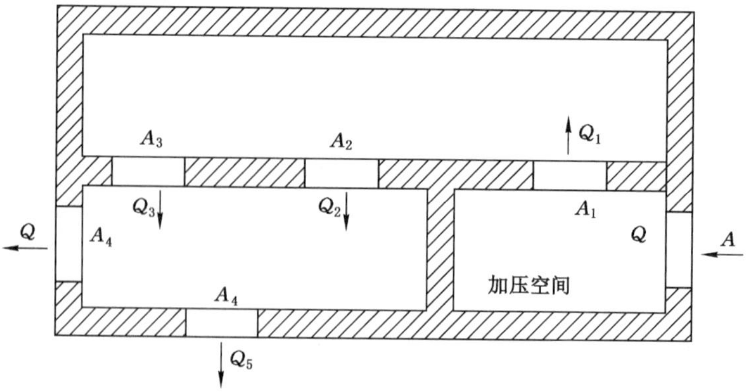

图 8-14　混联出口

A_4、A_5 也是并联，其组合有效流通面积为：

$$A_{45e} = A_4 + A_5 \tag{8-20}$$

这两个有效流通面积又与 A_1 串联，所以系统的总有效流通面积为：

$$A_e = [1/A_1^2 + 1/A_{23e}^2 + 1/A_{45e}^2]^{-1/2} \tag{8-21}$$

4. 温度与流通系数变化的影响

对于多数烟气控制计算来说，可以假定气体温度不变、流通系数相同。但是在有些情况下则需要考虑这些参数变化的影响。考虑温度和流通系数变化，有效流通面积的表达式如下。

并联流动：

$$A_e = \frac{T_e^{1/2}}{C_e}\left[\sum_{i=1}^{n} C_i A_i (T_i)^{-1/2}\right] \tag{8-22}$$

串联流动：

$$A_e = \frac{T_e^{1/2}}{C_e}\left[\sum_{i=1}^{n} (C_i A_i)^{-2} T_i\right]^{-1/2} \tag{8-23}$$

式中，T_e 为有效流通路径上的绝对温度，K；C_e 为有效流通路径的流通系数（无量纲）；T_i 为路径 i 处的绝对温度，K；A_i 为路径 i 的流动面积，m^2；C_i 为路径 i 的流通系数（无量纲）。

对于流通系数相同的两个串联流动面积来说，其有效流通面积为：

$$A_e = T_e^{1/2}(T_1/A_1^2 + T_2/A_2^2)^{-1/2} \tag{8-24}$$

8.2.3.2　烟气流动的驱动力

1. 烟囱效应

烟囱效应　　高层建筑火灾预防教育片

通常建筑物的室外较冷、室内较热，因此室内空气的密度比外界小，这便产生了使气体向上运动的浮力。高层建筑往往有许多竖井，如楼梯井、电梯井、竖直机械管道和通信槽等。在这些竖井内，气体的上升运动十分显著，这就是烟囱效应。这种现象有不同的名称，如烟道作用、烟囱效应、热风压等，在此称之为烟囱效应。现结合图 8-15 讨论烟囱效应的计算。

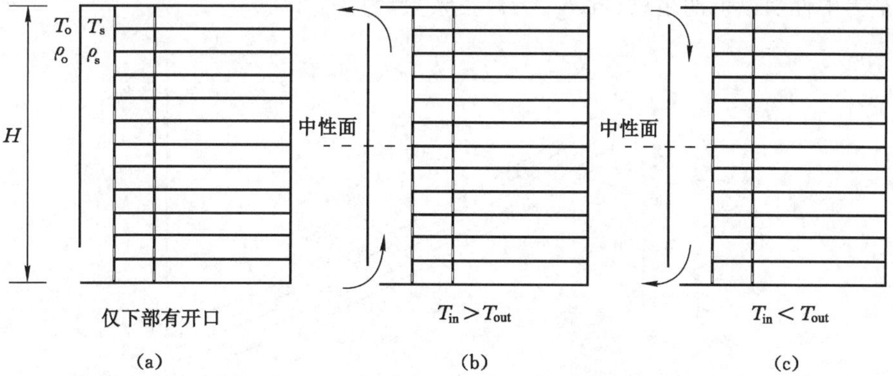

图 8-15　正烟囱效应和逆烟囱效应时的气体流动

先讨论仅下部有开口的竖井，见图 8-15(a)。设竖井高度为 H，内外温度分别为 T_s 和 T_o，ρ_s 和 ρ_o 分别为空气在温度为 T_s 和 T_o 时的密度，g 为重力加速度，对于一般建筑物的高度而言，可认为重力加速度不变。如果地板平面的大气压为 p_o，则在该建筑内部和外部高 H 处的压力分别为：

$$p_s(H) = p_o - \rho_s g H \tag{8-25}$$

及

$$p_o(H)=p_o-\rho_o gH \tag{8-26}$$

因而，竖井顶部的内外压差为：

$$\Delta p_{so}=(\rho_o-\rho_s)gH \tag{8-27}$$

当竖井内部温度比外部高时，其内部压力也会比外部高。如果竖井的上部和下部都有开口，就会产生纯的向上流动，且在 $p_o=p_s$ 的高度形成压力中性平面（简称中性面），见图 8-15(b)。通过与前面类似的分析可知，在中性面之上任意高度 h 处的内外压差为：

$$\Delta p_{so}=(\rho_o-\rho_s)gh \tag{8-28}$$

多数建筑的开口截面积都比较大，相对浮力所引起的压差而言，气体在竖井内流动的摩擦阻力可以忽略不计，由此可认为竖井内气体流动的驱动力仅为静压差。

然而如果建筑物的外部温度比内部温度高，如在盛夏时节，安装空调的建筑物内的气体是向下运动的，如图 8-15(c)所示。有些建筑具有外竖井，而外竖井内的温度往往比建筑物内的温度要低得多，在其中也可以观察到这种现象。一般将内部气流上升的现象称为正烟囱效应，将内部气流下降的现象称为逆烟囱效应。

建筑物内外的压差变化与大气压 p_{atm} 相比要小得多，因此可根据理想气体定律，用 p_{atm} 计算气体的密度。一般认为烟气也遵循理想气体定律，假设烟气的摩尔质量与空气的平均摩尔质量相同，即等于 0.028 9 kg/mol，则式(8-28)可写为：

$$\Delta p_{so}=gp_{atm}h(1/T_o-1/T_s)/R \tag{8-29}$$

式中，T_o 为外界空气的绝对温度；T_s 为竖井中空气的绝对温度；R 为摩尔气体常数。

图 8-16 给出了正烟囱效应时竖井内及建筑物外的压差分布。将标准大气的参数值代入，式(8-29)改写为：

$$\Delta p_{so}/h=K_s(1/T_o-1/T_s) \tag{8-30}$$

式中，h 为中性面以上的距离，m；K_s 为修正系数，为 3 460。

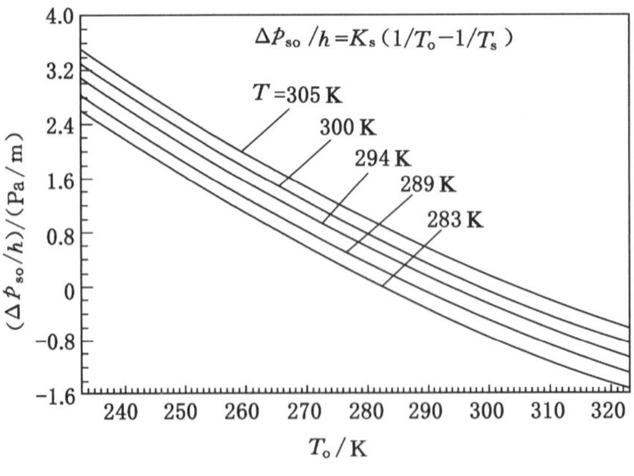

图 8-16　烟囱效应的压差计算图

在图 8-15 所示的建筑物内，所有的垂直流动都发生在竖井内。然而实际建筑物的楼层地板间会有缝隙，因此也有一些穿过楼板的气体流动。不过实际上就普通建筑物而言，流过楼板的气体量比通过竖井的气体量要少得多，通常仍假定建筑物为楼层间没有缝隙的理想

建筑物。因此,通过任一层的有效流通面积为:

$$A_e = (1/A_{si}^2 + 1/A_{io}^2)^{-1/2} \tag{8-31}$$

式中,A_e 为竖井与外界间的有效流通面积,m^2;A_{si} 为竖井与建筑物间某层的流动面积,m^2;A_{io} 为建筑物某层与外界间的流动面积,m^2。

通过该层的质量流率为:

$$\dot{m} = CA_e(2\rho\Delta p_{so})^{1/2} \tag{8-32}$$

式中,C 为流通系数,其值为 0.6~0.7。

在串联路径中,某段路径的压差等于系统的总压差乘以系统的有效流通面积与这段路径的流动面积之比的平方,则竖井与建筑物内部房间之间的压差为:

$$\Delta p_{si} = \Delta p_{so}/(A_e/A_{si})^2 \tag{8-33}$$

将式(8-31)代入式(8-33),消去有效流通面积,得:

$$\Delta p_{si} = \Delta p_{so}/[1 + (A_{si}/A_{io})^2] \tag{8-34}$$

通常,比值 A_{si}/A_{io} 在 1.7~7 之间,这表明竖井与建筑物内部房间之间的压差比竖井与外界之间的压差小得多。若着火楼层有较多窗口被烧毁,则此层内的 A_{io} 变得很大,比值 A_{si}/A_{io} 将变得非常小,以致 Δp_{si} 接近 Δp_{so},即竖井与该层房间的压差几乎等于竖井与外界的压差。

在同一楼层内也存在高度差,而依照式(8-33),该层的内外压差是相同的,这种处理会造成一定的误差。误差的最大值可以通过式(8-30)计算,式中的高度 h 可取为该楼层的高度。如果楼层高度为 3.1 m,则由式(8-30)计算的最大误差约为 2.5 Pa,总的来说误差不大。有些建筑物具有多个竖井,若各竖井内具有同样的压力分布,且起始和终止高度相同,那么上述确定建筑物串联流动压力的方法仍然适用。

烟囱效应是建筑火灾中烟气流动的主要驱动力。在正烟囱效应情况下,低于中性面火源产生的烟气将与建筑物内的空气一起流入竖井,并沿竖井上升。一旦升到中性面以上,烟气便可由竖井流出来,进入建筑物的上部楼层。楼层间的缝隙也可使烟气流向着火层上部的楼层。如果楼层间的缝隙可以忽略,那么中性面以下的楼层,除了着火层外都没有烟气。但如果楼层间的缝隙很大,则直接流进着火层上一层的烟气将比流入中性面下其他楼层的要多,见图 8-17(a)。

若中性面以上的楼层发生火灾,则由正烟囱效应产生的空气流动可限制烟气的流动,空气从竖井流进着火层能够阻止烟气流进竖井,见图 8-17(b)。不过楼层间的缝隙却可引起少量烟气流动。如果着火层的燃烧强烈,热烟气的浮力克服了竖井内的烟囱效应,则烟气仍可进入竖井继而流入上部楼层,见图 8-17(c)。逆烟囱效应的空气流可驱使比较冷的烟气向下运动;但在烟气较热的情况下,浮力较大,即使楼内起初存在逆烟囱效应,但不久烟气还会向上运动。

2. 燃气的浮力与膨胀力

在这里,燃气(combustion gas)是指由燃烧刚生成的高温烟气。这种烟气处于火源区附近,其密度比常温气体低得多,因而具有较大的浮力。在火灾充分发展阶段,着火房间窗口两侧的压力分布可用分析烟囱效应的方法分析。与式(8-29)类似,房间与外界环境的压差可写为:

$$\Delta p_{fo} = ghp_{atm}(1/T_o - 1/T_f)/R \tag{8-35}$$

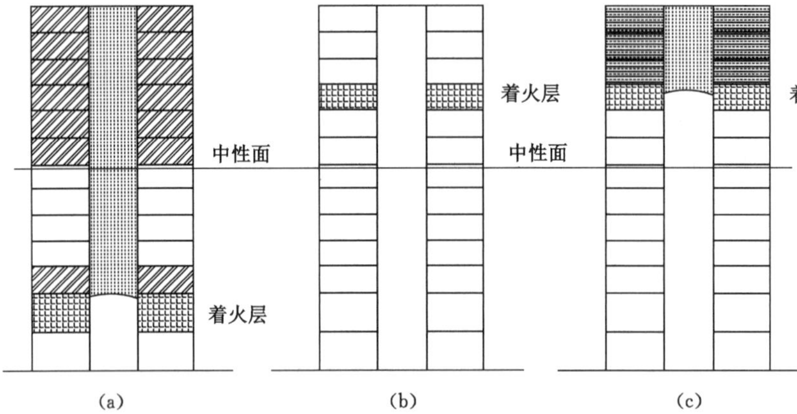

图 8-17 建筑物中正烟囱效应引起的烟气流动

式中，Δp_{fo}为着火房间与外界的压差，Pa；T_o为着火房间外气体的绝对温度，K；T_f为着火房间内燃气的绝对温度，K；h为中性面以上的距离(此处的中性面指的是着火房间内外压力相等处的水平面)，m。式(8-35)适用于着火房间内温度恒定的情况。当外界压力为标准大气压时，该关系式可进一步写为：

$$\Delta p_{fo}=K_s(1/T_o-1/T_f)h=3\ 460\times(1/T_o-1/T_f)h \tag{8-36}$$

Fung进行了一系列的全尺寸室内火灾试验来测定压力的变化。结果表明，对于高度约为3.5 m的着火房间，其顶部壁面内外的最大压差为16 Pa。当着火房间较高时，中性面以上的距离h亦较大，则会产生较大的压差。例如，某着火房间的温度为700 ℃，中性面以上高度为10.7 m，则由式(8-36)可得$\Delta p_{fo}=88$ Pa。图8-18给出了由燃气浮力所引起的压差曲线。

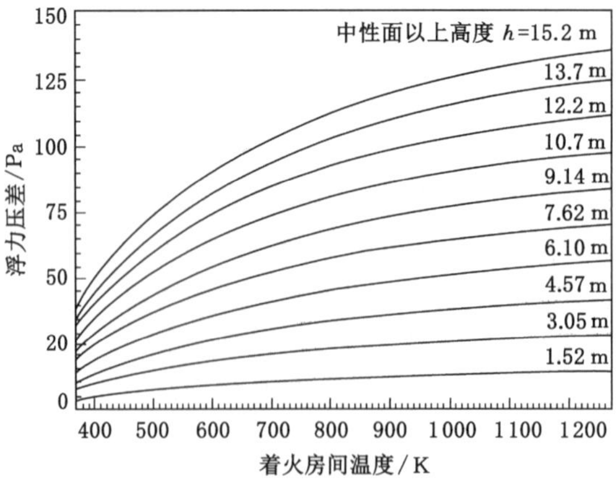

图 8-18 着火房间内外由燃气浮力引起的压差曲线

不少人曾致力于研究压差与燃烧状况的关系，如Fung导出下述表达式：

$$0.25(\dot{m}/T_oA_w)^2T_f<\Delta p_{fo}<0.1(\dot{m}/T_oA_w)^2T_f \tag{8-37}$$

式中，T_f为室内燃气绝对温度，K；T_o为环境绝对温度，K；A_w为开口面积，m^2；$\dot{m}$为质量损失速率，kg/min。由式(8-37)得到的 Δp_{fo} 的范围与预期的大致相符。

除此之外，燃烧释放的热量还可使燃气膨胀并引起气体运动。若着火房间只有一个小的墙壁开口与建筑物其他部分相连，燃气将从开口的上半部流出，外界空气将从开口的下半部流进。由燃料燃烧所增加的质量与流入的空气质量相比很小，一般将其忽略；再假设燃气的热性质与空气相同，则燃气流出与空气流入的体积流量之比可表达为绝对温度之比：

$$Q_{out}/Q_{in}=T_{out}/T_{in} \tag{8-38}$$

式中，Q_{out} 为从着火房间流出的燃气体积流量，m^3/s；Q_{in} 为流进着火房间的空气体积流量，m^3/s；T_{out} 为燃气的绝对温度，K；T_{in} 为空气的绝对温度，K。

当燃气温度达 600 ℃时，其体积约膨胀到原体积的 3 倍。若着火房间的门窗开着，由于流动面积较大，燃气膨胀引起的开口处的压差较小，可忽略。但是如果着火房间没有开口或开口很小，并假定其中有足够多的氧气支持较长时间的燃烧，则燃气膨胀引起的压差影响较大。

3. 风的影响

风的存在可在建筑物周围产生压力，而这种压力分布能够影响建筑物内的烟气流动。建筑物外部的压力分布受到多种因素的影响，其中包括风的速度和方向、建筑物的高度和几何形状等。风的影响往往可以超过其他驱动烟气运动的力(自然的和人工的)。一般来说，风朝着建筑物吹过来会在建筑物的迎风侧产生较高滞止压力，从而会增强建筑物内的烟气向下风方向的流动，压力的大小与风速的平方成正比，即

$$p_w=\frac{1}{2}(C_w\rho_o v^2) \tag{8-39}$$

式中，p_w 为风作用到建筑物表面的压力，Pa；C_w 为风压系数；ρ_o 为空气的密度，kg/m^3；v 为风速，m/s。

使用空气温度表示，式(8-39)可写为：

$$p_w=177C_w v^2/T_o \tag{8-40}$$

式中，T_o 为环境绝对温度，K。

式(8-40)表明，若温度为 293 K 的风以 7 m/s 的速度吹到建筑物表面，将产生 $29.6C_w$ (通常风压系数的值为 $-0.80\sim0.80$，迎风墙为正，背风墙为负)的压力，显然它会影响建筑物内燃烧或烟囱效应引起的烟气流动。

一栋建筑与其他建筑的毗连状态及该建筑本身的几何形状对其表面的压力分布有着重要影响。目前高层建筑的下部经常修建一些单层裙房，在这种几何形状特殊的楼房周围，风的流动形式相当复杂。随着风的速度与方向的变化，裙房房顶表面的压力分布也将发生很大改变。在某种风向情况下，裙房可以依靠房顶排烟口的自然通风来排除烟气；但在另一种风向时，房顶上的通风口附近可能是压力较高的区域，此时便不能依靠自然通风把烟气排到室外。

上述各计算公式都用到风速 v。总的来说，风速随距地面的高度增加而增大。由气象学可知，在垂直离开地面一定高度的空中，风速基本上不再随高度增加，可认为那里是等速风。从地面到等速风之间的气体流动是一种大气边界层流动，地势或挡风物体(如建筑物、树木)均会影响边界层的均匀性，通常风速与高度的关系用以下指数方程表达：

$$v=v_0(Z/Z_0)^n \qquad (8\text{-}41)$$

式中，v 为实际风速，m/s；v_0 为参考高度的风速，m/s；Z 为测量风速 v 时所在高度，m；Z_0 为参考高度，m；n 为风速指数。

图 8-19 显示了不同地形条件下的风速分布，可见不同地区的大气边界层厚度差别很大，应使用不同的风速指数。在平坦地带（如空旷的野外），风速指数可取 0.16 左右；在不平坦的地带（如周围有树木的村镇），风速指数可取 0.28 左右；在很不平坦的地带（如市区），风速指数约为 0.40。机场和气象站等一般在离地高度 10 m 处测量风速，本书亦将参考高度取为 10 m。在设计烟气控制系统时，涉及如何选择参考风速的问题。有资料指出，大部分地区的平均风速为 2～7 m/s，但此值对于设计烟气控制系统未必合适。大量证据表明，在半数以上的火灾中，实际风速大于此值。建筑设计部门一般把当地的最大风速作为建筑安全设计参考值，其值常取为 30～50 m/s。但对烟气控制系统来说，此值又显得太大，这是因为发生火灾的同时又遇到如此大风的概率太小。在没有更理想的参考值的情况下，建议在设计烟气控制系统时，将参考风速取为当地平均风速的 2～3 倍。

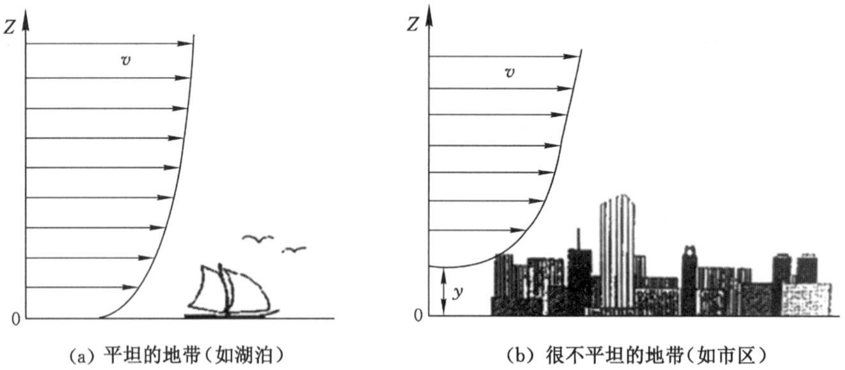

图 8-19　不同地形条件下的风速分布

4. 暖通空调系统的影响

出于取暖、通风和空气调节的目的，许多现代建筑中都安装了暖通空调系统。在这种情况下，即使通风机不开动，暖通空调系统的管道也能起到通风网的作用。在前面所说的几种力（尤其是烟囱效应）的作用下，烟气会沿管道流动，从而促进烟气在整个楼内蔓延。若此时暖通空调系统工作，通风网的影响还会加强。当火灾发生在建筑物中没人的区域时，暖通空调系统能将烟气传到有人的区域。

图 8-20 为某装有暖通空调系统的剧场内，在有火与无火情况下的气流流动状况。可见在有火的情况下，烟气羽流的形状发生明显变化，部分烟气开始向暖通空调系统的回风口流动。

当建筑物的局部区域发生火灾后，火灾烟气会通过暖通空调系统传到建筑物的其他部位，从而使得尚未发生火灾的空间也受到烟气的影响。对于这种情况，一般认为，应关闭暖通空调系统以避免烟气扩散并中断向着火区供风。这种方法虽然能防止向着火区的供氧及在机械作用下烟气进入回风管的现象，但并不能避免压差等因素引起的烟气沿通风管道的扩散。

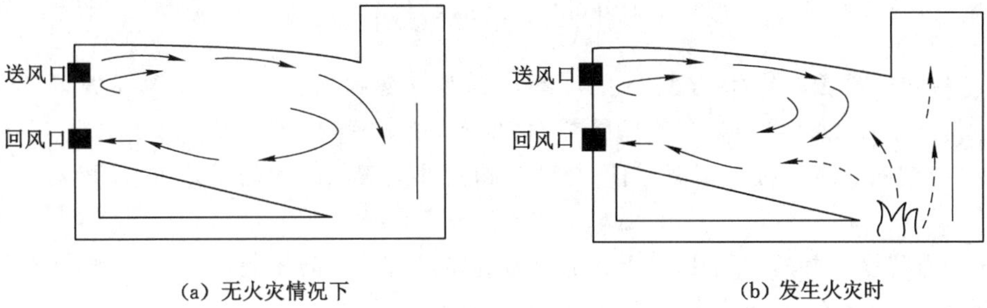

图 8-20 某装有暖通空调系统的建筑物中的气流流动状况

5. 电梯的活塞效应

电梯在电梯井中运动时，能够使井内出现瞬时压力变化，这称为电梯的活塞效应。如图 8-21 所示，向下运动的电梯使得电梯以下空间向外排气，电梯以上空间向内吸气。由活塞效应引起的电梯上方与外界的压差 Δp_{so} 为：

$$\Delta p_{so}=\frac{\rho}{2}\left[\frac{A_s v}{N_a C A_e + C_c A_a[1+(N_a/N_b)^2]^{1/2}}\right]^2 \tag{8-42}$$

式中，ρ 为电梯井内空气密度，kg/m^3；A_s 为电梯井的截面积，m^2；v 为电梯的速度，m/s；N_a 为电梯以上的楼层数；N_b 为电梯以下的楼层数；C 为建筑物缝隙的流通系数；A_e 为在每层中电梯井与外界的有效流通面积，m^2；C_c 为电梯周围的流体的流通系数；A_a 为电梯周围的自由流通面积，m^2。

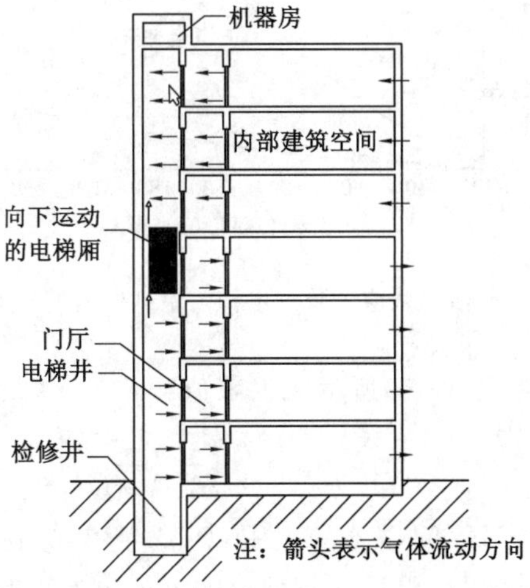

图 8-21 电梯向下运动时产生的气体流动

对于一个可通行两部电梯的电梯井，若只有一部电梯运行，C_c 取 0.94；若两部电梯并行运行，C_c 取 0.83。一部电梯在单电梯井中运行时产生的压力系数与两部电梯一起运行的压力系数大致相同。为了简单起见，推导式(8-42)时，忽略了浮力、风、烟囱效应及通风系统的影响。

对于图 8-21 所示的流动系统，在每一楼层中，从电梯井到外界包括 3 个串联通道，其有效流通面积 A_e 为：

$$A_e = \left(\frac{1}{A_{rs}^2} + \frac{1}{A_{ir}^2} + \frac{1}{A_{oi}^2}\right)^{-1/2} \tag{8-43}$$

式中，A_e 为有效流通面积，m^2；A_{rs}为门厅与电梯井的缝隙面积，m^2；A_{ir}为某房间与门厅的缝隙面积，m^2；A_{oi}为外界与某房间的缝隙面积，m^2。

与讨论烟囱效应的方法相似，门厅与建筑物内部某房间之间的压差可表示为：

$$\Delta p_{ri} = \Delta p_{so}(A_e/A_{ir}) \tag{8-44}$$

式中，Δp_{ri}为门厅与某房间的压差，Pa；Δp_{so}为电梯井与外界的压差，Pa；A_e 为电梯井与外界的有效流通面积，m^2；A_{ir}为门厅与某房间的缝隙面积，m^2。

这种串联流动路径分析不包括建筑物内其他竖井的影响，如楼梯井及升降机井等。如果这些竖井与外界的缝隙面积比 A_{oi}小得多，则方程(8-43)也适用于估算楼层之间还有连通的建筑物的 A_e。进一步说，若所有流动通道都是串联的，并且在建筑物内的空间(除电梯井)可以忽略垂直流动，则方程(8-43)适用于楼层之间隔断的情形。复杂流动系统需要依据具体情况使用有效流通面积方法逐一计算。

图 8-22 给出的是某宾馆电梯井的测试结果，其纵坐标为电梯下降时顶层电梯门两侧的压差。可见计算值与试验值吻合得很好。

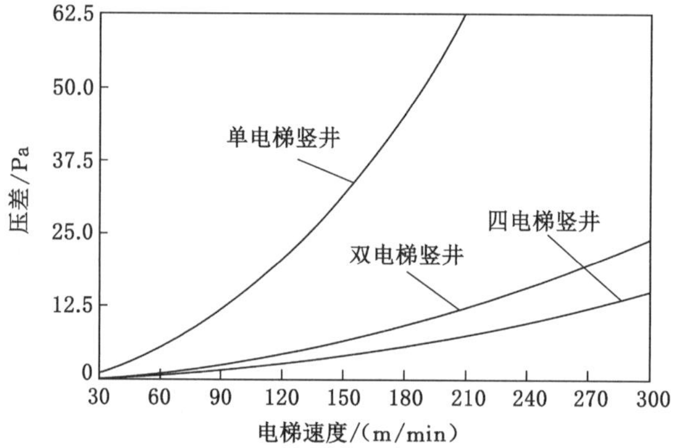

图 8-22　活塞效应导致的电梯前室到楼内的压差(计算值)

但压差 Δp_{ri}不能超过式(8-45)所示的上限值：

$$(\Delta p_{ri})_u = \frac{\rho}{2}\left(\frac{A_s A_e v}{A_a A_{ir} C_c}\right)^2 \tag{8-45}$$

式中，$(\Delta p_{ri})_u$ 为某房间与门厅间压差的上限，Pa；ρ 为电梯井内空气密度，kg/m^3；A_s 为电梯井的截面积，m^2；A_e 为每层中电梯井与外界的有效流通面积，m^2；v 为电梯速度，m/s；A_a 为电梯周围的自由流动面积，m^2；A_{ir}为某房间与门厅的缝隙面积，m^2；C_c 为电梯周围气流的流通系数。

式(8-45)适用于通风口关闭的电梯井。压差$(\Delta p_{ri})_u$ 与 v、A_s、A_a 密切相关。

8.3　建筑防排烟设计

火灾烟气是建筑火灾的重要危害源之一。建筑发生火灾时，需要及时控制火灾产生的烟气，防止和延缓烟气扩散，保证疏散通道不受烟气侵害，确保建筑物内人员顺利疏散、安全避难。建筑的防排烟设计分为自然防排烟、机械方式防排烟以及联动控制三种。

8.3.1 自然通风防烟与自然排烟

8.3.1.1 自然通风防烟

1. 自然通风防烟的原理

自然通风是利用热压和风压作用，不消耗机械动力的通风方式。如果室内外空气存在温度差，或者窗户开口之间存在高度差，就会产生热压作用下的自然通风。建筑内楼梯间、前室是建筑着火时最重要的疏散通道，消防电梯间前室或合用前室是消防队员进行火灾扑救的起始场所，也是人员疏散的必经通道，在火灾时无论采用何种防烟方法，都必须保证其安全。防烟就是控制烟气不进入上述安全区域。靠外墙的楼梯间、前室，可以通过设置便于开启的外窗，利用自然通风来达到防烟的效果。有阳台和凹廊的建筑，可以利用阳台和凹廊的自然通风防止烟气进入楼梯间。建筑的防烟楼梯间及其前室、消防电梯间前室或合用前室、封闭楼梯间、避难走道的前室、避难层(间)能满足自然通风防烟条件时宜优先采用自然通风防烟。

2. 自然通风防烟的选择

自然通风方式防烟构造简单、经济，不需要专门的防烟设施，火灾时不受电源中断的影响，但是受室外风向、风速和建筑本身的密封性或热压作用的影响，建筑高度不同，防烟的效果也不同。对于建筑高度小于或等于 50 m 的公共建筑、工业建筑和建筑高度小于或等于 100 m 的住宅建筑，由于受风压作用影响较小，利用建筑本身的采光通风能起到防止烟气进一步进入安全区域的作用，因此，应采用自然通风方式的防烟系统。建筑高度大于 50 m 的公共建筑、工业建筑和建筑高度大于 100 m 的住宅建筑不应采用自然通风方式防烟。

建筑物的独立前室、合用前室及共用前室仅有一道门连通走道时，如果该建筑采用机械加压送风系统且机械加压送风口设置在前室顶部或正对前室入口的墙面，则楼梯间可采用自然通风防烟。

建筑物的封闭楼梯间应采用自然通风来防烟，不能满足自然通风条件时应采用加压送风系统。地下、半地下建筑(室)的封闭楼梯间不与地上楼梯间公用且地下仅为一层时，可在首层设置面积不小于 1.2 m^2 的可开启外窗或直通室外的疏散门来达到防烟的效果。

避难层的防烟系统可根据建筑构造、设备布置等因素选择自然通风系统或机械加压送风系统。

3. 自然通风防烟的类型

(1) 利用可开启外窗自然通风防烟

靠外墙的楼梯间、前室可以设置便于开启的外窗，利用自然通风来达到防烟的效果，如图 8-23 和图 8-24 所示。

建筑物的独立前室或合用前室设有两个及以上不同朝向的可开启外窗，且独立前室两个外窗面积分别不小于 2.0 m^2，合用前室两个外窗面积分别不小于 3.0 m^2 时，楼梯间可不设置防烟系统。

(2) 利用敞开阳台或凹廊自然通风防烟

独立前室或合用前室采用敞开阳台或凹廊时，着火房间及走道的烟气可以通过敞开

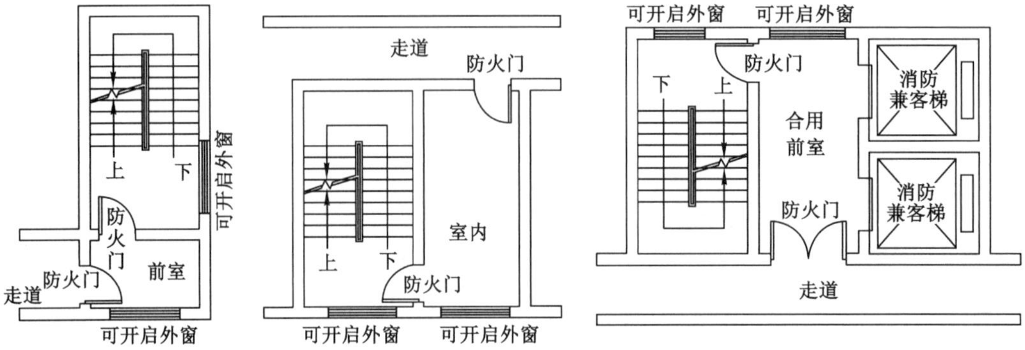

图 8-23 利用可开启外窗的自然通风防烟

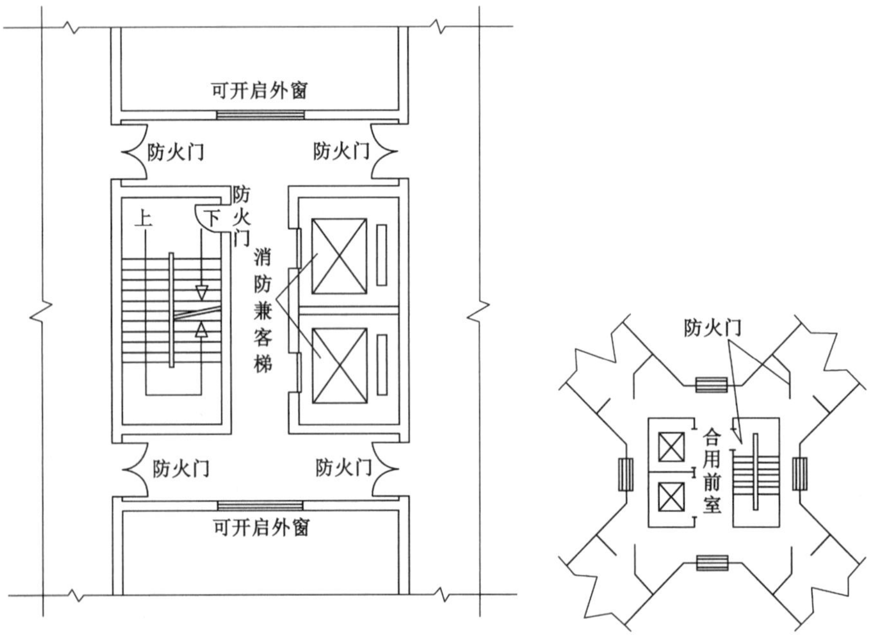

图 8-24 前室利用可开启外窗的自然通风,楼梯间不设防烟系统

阳台或凹廊有效排至室外,从而防止烟气进入楼梯间,所以楼梯间可不设置防烟系统,如图 8-25 所示。

4. 自然通风防烟的设置要求

① 采用自然通风方式防烟时,封闭楼梯间、防烟楼梯间应在最高部位设置面积不小于 1 m^2的可开启外窗或开口;当建筑高度大于 10 m 时,还应当在楼梯间的外墙上每 5 层内设置总面积不小于 2 m^2 的可开启外窗或开口,且布置间距不大于 3 层。

② 前室采用自然通风方式防烟时,独立前室、消防电梯间前室可开启外窗或开口的面积不应小于 2 m^2,合用前室、共用前室不应小于 3 m^2。

③ 采用自然通风方式的避难层(间)应设有不同朝向的可开启外窗,其有效面积不应小

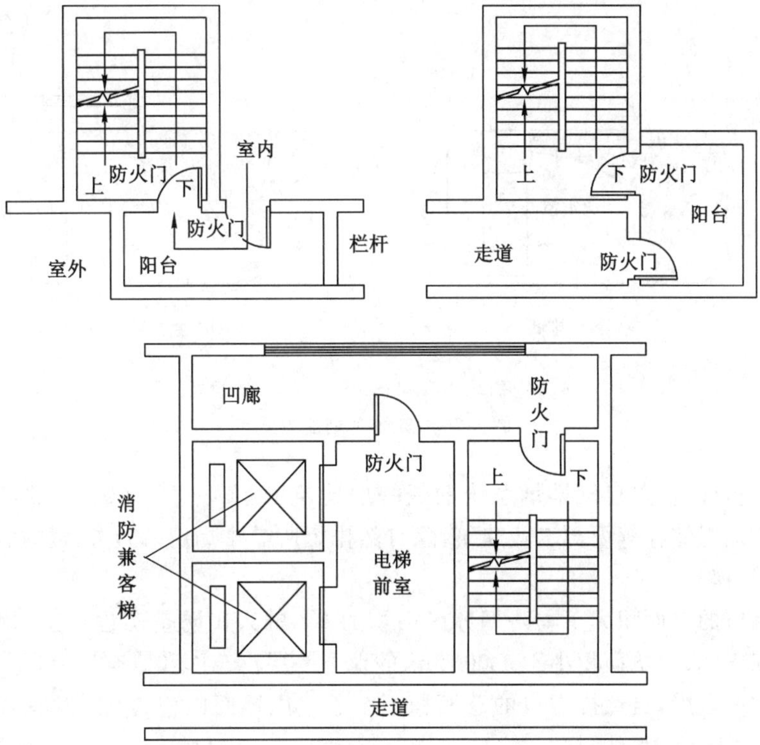

图 8-25 利用敞开阳台或凹廊自然通风,楼梯间不设防烟系统

于该避难层(间)地面面积的 2%,且每个朝向的面积不应小于 2 m²。

④ 可开启外窗应方便直接开启;设置在高处不便于直接开启的可开启外窗应在距地面高度为 1.3～1.5 m 的位置设置手动开启装置。

8.3.1.2 自然排烟

1. 自然排烟的原理

自然排烟是指充分利用建筑物的构造,在自然力的作用下,即利用火灾产生的热烟气流的浮力和外部风力作用,将房间或走道里的烟气通过直接开向室外的可开启外窗或开口排到室外,如图 8-26 所示。自然排烟的实质是通过室内外空气对流进行排烟,在自然排烟中,必须有冷空气的进口和热烟气的排出口。由于自然排烟的烟气是通过靠外墙的可开启外窗或开口直接排至室外的,所以需要排烟的房间和走道必须靠外墙,而且进深不能太大,否则有火势向上层蔓延的危险。另外,当室外的风力很强,而排烟窗处于迎风面时,会引起烟气倒灌,反而会使烟气在室内蔓延。采用自然排烟方式时应综合考虑这些不利因素。

2. 自然排烟的选择

建筑的排烟系统应根据建筑的使用性质、平面布局等因素,优先采用自然排烟系统。一般情况下,多层建筑优先采用自然排烟方式,高层建筑受自然条件(如室外风速、风压、风向等)的影响较大,采用机械排烟方式较多,但只要满足自然排烟所需的储烟仓、排烟窗(口)位置及面积等条件要求,均可以采用自然排烟方式。

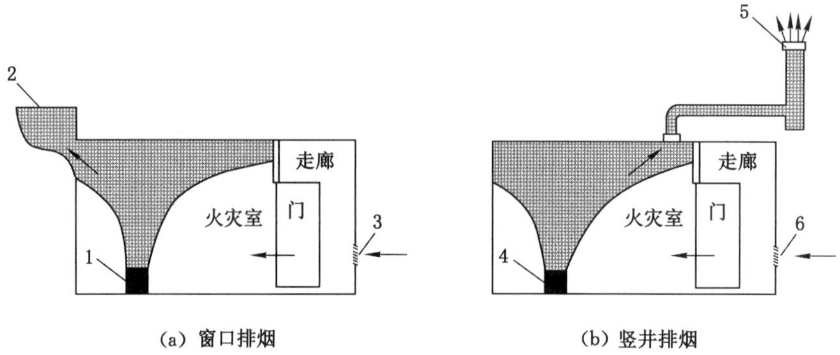

1、4—火源；2—排烟口；3、6—补风口；5—风帽。

图 8-26 自然排烟的方式

除洁净厂房外，设置自然排烟系统的任一层建筑面积大于 2 500 m^2 的制鞋、制衣、玩具、塑料、木器加工储存等丙类工业建筑，除自然排烟所需排烟窗（口）外，尚宜在屋面上增设可熔性采光带（窗）。

自然排烟口的总面积大于本防烟分区面积的 2%的人民防空工程，宜采用自然排烟方式。敞开式汽车库、建筑面积小于 1 000 m^2 的地下一层汽车库和修车库，可不设排烟系统；其他汽车库和修车库，自然排烟口的总面积不小于室内地面面积的 2%时宜选用自然排烟方式。

3. 自然排烟的设置要求

采用自然排烟系统的场所应设置自然排烟窗（口）。防烟分区内自然排烟窗（口）的面积、数量、位置应能满足有利于排除烟气的要求。

(1) 自然排烟窗（口）的设置要求

烟气具有上升流动的特性，排烟口的位置越高，排烟效果就越好，因此建筑内自然排烟口应设置在外墙上方或屋顶上，并应设置方便开启的装置。自然排烟窗（口）距该防烟分区内任一点的水平距离不应超过 30 m。当工业建筑采用自然排烟方式时，其水平距离不应大于建筑内空间净高的 2.8 倍；当公共建筑空间净高大于或等于 6 m 且具有自然对流条件时，其水平距离不应大于 37.5 m。

自然排烟窗（口）设置在外墙时，排烟窗（口）应设置在储烟仓以内，但走道、室内空间净高不大于 3 m 的区域的自然排烟窗（口）可设置在室内净高度的 1/2 以上。自然排烟窗（口）应沿火灾烟气的气流方向开启，但当房间面积不大于 200 m^2 时，自然排烟窗（口）的设置高度及开启方向可不限。自然排烟窗（口）宜分散均匀布置，且每组的长度不宜大于 3 m。设置在防火墙两侧的自然排烟窗（口）之间最近边缘的水平距离不应小于 2 m。

厂房、仓库的自然排烟窗（口）设置在外墙时，自然排烟窗（口）应沿建筑物的两条对边均匀设置，设置在屋顶时，自然排烟窗（口）应在屋面均匀设置且宜采用自动控制方式开启。当屋面斜度小于或等于 12°时，每 200 m^2 的建筑面积应设置相应的自然排烟窗（口）；当屋面斜度大于 12°时，每 400 m^2 的建筑面积应设置相应的自然排烟窗（口）。

自然排烟窗（口）应设置手动开启装置，设置在高位不便于直接开启的自然排烟窗（口），应设置距地面高度 1.3～1.5 m 的手动开启装置。净空高度大于 9 m 的中庭、建筑面积大于 2 000 m^2 的营业厅、展览厅、多功能厅等场所，尚应设置集中手动开启装置和自动开启设施。

(2) 自然排烟窗(口)的有效面积要求

① 公共建筑、工业建筑中空间净高超过 6 m 的场所，按如下要求：

a. 自然排烟窗(口)所需的有效面积按计算排烟量除以自然排烟窗(口)处风速计算确定[自然排烟窗(口)面积=计算排烟量/自然排烟窗(口)风速]。

b. 采用顶开窗排烟时，风速按侧窗口部位风速的 1.4 倍计算。

② 中庭按以下要求：

a. 中庭采用自然排烟系统时，自然排烟窗(口)面积=计算排烟量/自然排烟窗(口)风速。

b. 中庭周围场所设排烟系统，中庭自然排烟窗(口)的有效面积按风速不大于 0.5 m/s 计算。

c. 中庭周围场所不设置排烟系统，仅在回廊设置排烟系统，中庭自然排烟窗(口)的有效面积按风速不大于 0.4 m/s 计算。

③ 其他场所，按以下要求：

a. 净高小于或等于 6 m 的场所，有效排烟面积不小于房间建筑面积的 2%。

b. 仅需要在走道或回廊设置排烟系统的公共建筑，在走道两侧均设置面积不小于 2 m^2 的排烟窗(口)且两侧自然排烟窗(口)的距离不应小于走道长度的 2/3。

c. 室内与走道或回廊均需设置排烟系统的公共建筑，走道或回廊上设置有效面积不小于走道或回廊建筑面积 2%的自然排烟窗(口)。

d. 人民防空工程中庭的自然排烟口净面积不应小于中庭地面面积的 5%，其他场所的自然排烟口净面积不小于该防烟分区面积的 2%。

e. 汽车库、修车库的自然排烟口的总面积不应小于室内地面面积的 2%。

(3) 可熔性采光带(窗)的要求

当工业建筑按要求需在屋面上增设可熔性采光带(窗)时，其面积应符合下列要求：

① 未设置自动喷水灭火系统的或采用钢结构屋顶或预应力钢筋混凝土屋面板的建筑，不应小于楼地面面积的 10%。

② 其他建筑不应小于楼地面面积的 5%。

(4) 不同形式外窗的有效排烟面积计算

可开启外窗的形式有侧开窗、百叶窗、顶开窗。侧开窗有上悬窗、中悬窗、下悬窗、平开窗和推拉窗等。在设计时，必须将这些作为排烟使用的窗设置在储烟仓内；如果中悬窗的下开口部分不在储烟仓内，这部分的面积不能计入有效排烟面积之内；采用推拉窗时，其面积应按开启的最大窗口面积计算。

① 悬窗的有效排烟面积。当采用开窗角大于 70°的悬窗时，其面积按窗的面积计算；当开窗角小于 70°时，其面积应按窗最大开启时的水平投影面积计算，如图 8-27 所示，用式(8-46)计算：

$$S_p = S_c \sin\alpha \tag{8-46}$$

式中 S_p——有效排烟面积，m^2；

S_c——窗的面积，m^2；

α——窗的开启角度,(°)。

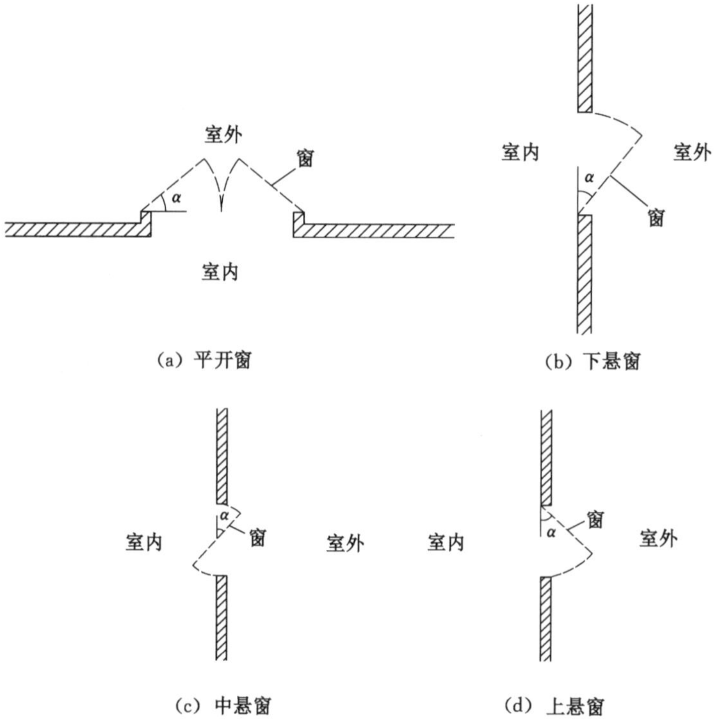

图 8-27 平开窗和悬窗

② 平开窗的有效排烟面积。采用开窗角大于 70°的平开窗时,其面积应按窗的面积计算;当开窗角小于 70°时,其面积应按窗最大开启时的竖向投影面积计算。

③ 平推窗的有效排烟面积。当平推窗设置在顶部时,其面积可按窗的 1/2 周长与平推距离的乘积计算,且不应大于窗面积[图 8-28(a)];当平推窗设置在外墙时,其面积可按窗的 1/4 周长与平推距离乘积计算,且不应大于窗面积[图 8-28(b)]。

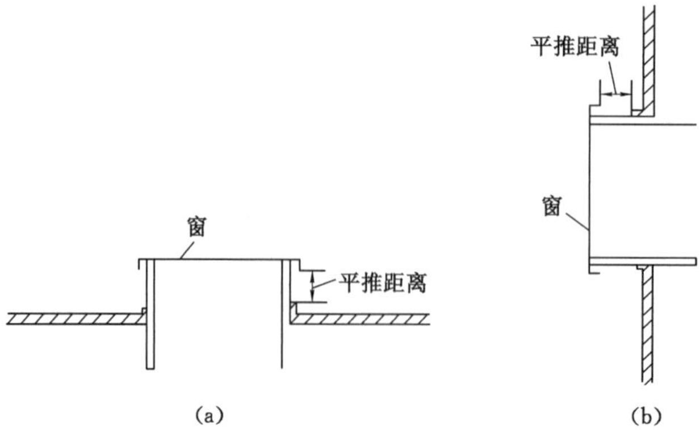

图 8-28 平推窗

④ 百叶窗的有效排烟面积。当采用百叶窗时,其面积应按窗的有效开口面积计算,即

$$S_p = XS \tag{8-47}$$

式中 S——净窗面积,m^2;

X——系数,一般百叶窗取 $X=0.8$,防雨百叶窗取 $X=0.6$。

8.3.2 机械加压送风系统与机械排烟系统

8.3.2.1 机械加压送风系统

1. 机械加压送风系统工作原理

建筑发生火灾时,机械加压系统打开,向楼梯间、前室、避难层(间)等空间加注有压新鲜空气,使楼梯间、前室、避难层(间)等空间内形成正压。当非加压区和加压区的门关闭时,由于门两侧具有一定的压差,正压区间保持一定的正压以阻止烟气通过门缝渗漏;当门打开时,门洞处加压区向非加压区维持一定的风速以阻挡烟气通过门洞注入加压区,如图 8-29 所示。

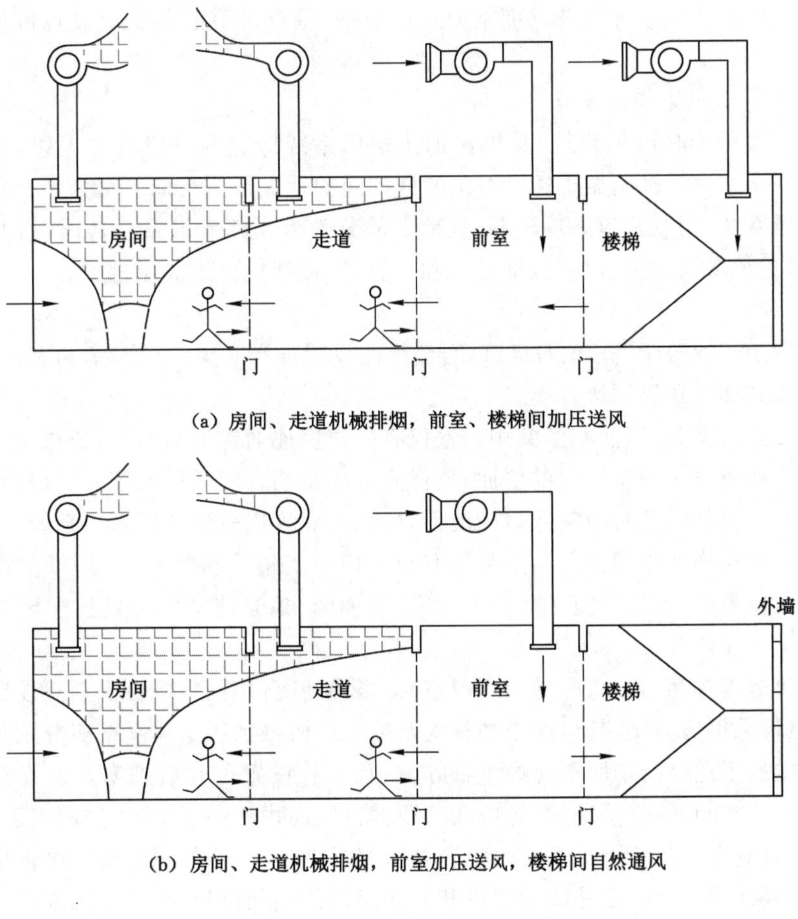

图 8-29 机械加压送风原理图

2. 机械加压送风系统的选择

建筑高度大于 50 m 的公共建筑、工业建筑和建筑高度超过 100 m 的住宅建筑,其防烟

楼梯间、独立前室、合用前室、共用前室及消防电梯间前室应采用机械加压送风系统。其他建筑中不具备自然排烟条件的防烟楼梯间、独立前室、合用前室、共用前室及消防电梯间前室，应采用机械加压送风系统。

当防烟楼梯间在裙房高度以上部分采用自然通风时，不具备自然通风条件的裙房的独立前室、合用前室及共用前室应采用机械加压送风系统。

建筑地下部分的防烟楼梯间前室及消防电梯间前室，当无自然通风条件或自然通风不符合要求时，应采用机械加压送风系统。

不能满足自然通风条件的封闭楼梯间，应设置机械加压送风系统。地下、半地下建筑(室)的封闭楼梯间与地上部分共用，或不与地上共用但地下超过两层及以上时，应当设置机械加压送风系统。

避难走道及其前室应当分别设置机械加压送风系统。当避难走道仅一端设置安全出口且总长度小于 30 m，或避难走道两端设置安全出口且总长度小于 60 m 时，可以仅在前室设置机械加压送风系统。

人防工程中的防烟楼梯间及其前室或合用前室、避难走道的前室应设置机械加压送风系统。

3. 机械加压送风系统的设置要求

建筑高度大于 100 m 的建筑，其机械加压送风系统应竖向分段独立设置，且每段高度不应超过 100 m。设置机械加压送风系统的楼梯间的地上部分与地下部分应分别独立设置机械加压送风系统，当受建筑条件限制，且地下部分为汽车库或设备用房时，可共用机械加压送风系统，送风量按地上、地下两部分之和计算，并设置能分别满足地上、地下部分送风量的有效措施。

建筑高度小于或等于 50 m 的建筑，当楼梯间设置加压送风井(管)道确有困难时，楼梯间可采用直灌式加压送风系统。

建筑的独立前室、合用前室及共用前室仅有一道门连通走道时，若其机械加压送风口设置在前室的顶部或正对前室入口的墙面，楼梯间可以采用自然通风系统；若机械加压送风口未设置在前室的顶部或正对前室入口的墙面，楼梯间应采用机械加压送风系统。

建筑的防烟楼梯间采用独立前室且仅有一个门与走道或房间相通时，可仅在楼梯间设置机械加压送风系统；当独立前室有多个门时，楼梯间、独立前室应分别独立设置机械加压送风系统。

建筑的防烟楼梯间与消防电梯合用前室时，楼梯间、合用前室应分别独立设置机械加压送风系统；建筑采用剪刀楼梯时，两个楼梯间及前室的机械加压送风系统应分别独立设置。

采用机械加压送风的场所不应设置百叶窗，且不宜设置可开启外窗。设置机械加压送风系统的封闭楼梯间、防烟楼梯间，尚应在其顶部设置面积不小于 1 m^2 的固定窗，靠外墙的防烟楼梯间，尚应在其外墙上每 5 层内设置总面积不小于 2 m^2 的固定窗。设置机械加压送风系统的避难层(间)，尚应在外墙设置可开启外窗，其有效面积不小于该避难层(间)地面面积的 1%。

4. 机械加压送风系统的主要设计参数

(1) 加压送风量

机械加压送风系统应在任何情况下都能保持良好的防烟功能，其送风量应能保证加压区达到所要求的正压水平或门打开时维持一定的空气流速。机械加压送风系统的加压送风量应经计算确定，但超过 24 m 的建筑，应按计算值与《建筑防烟排烟系统技术标准》(GB 51251—2017)的规定值中的较大值确定。机械加压送风系统的设计风量不应小于计算风量的 1.2 倍。

受条件限制且地下部分为汽车库或设备用房的建筑，楼梯间的地上部分与地下部分共用机械加压送风系统时，其送风量按地上、地下两部分之和计算。楼梯间设置送风井(管)道确有困难而采用直灌式加压送风系统的楼梯间的送风量，应按计算值或规定值增加 20%计算。

封闭避难层(间)、避难走道的机械加压送风量应按避难层(间)、避难走道的净面积每平方米不小于 30 m^3/h 计算。避难走道前室的送风量应按直接开向前室的疏散门的总断面面积乘以 1.0 m/s 门洞断面风速计算。

人民防空工程中，当前室或合用前室不直接送风时，防烟楼梯间的送风量不应小于 25 000 m^3/h，并应在防烟楼梯间和前室或合用前室的墙上设置余压阀。当防烟楼梯间与前室或合用前室分别送风时，防烟楼梯间的送风量不应小于 16 000 m^3/h，前室或合用前室的送风量不应小于 12 000 m^3/h。

(2) 余压值

余压值是机械加压送风系统设计中的一个重要指标，该余压值应满足在加压部位相通的门窗关闭时，能够阻止着火层的烟气在热压、风压、浮力、膨胀力等联合作用下进入加压部位，同时又不致过高造成人们推不开通向疏散通道的门。机械加压送风量应满足走廊至前室至楼梯间的压力呈递增分布，余压值应符合下列要求：

① 前室、合用前室、消防电梯间前室、封闭避难层(间)与走道之间的压差应为 25～30 Pa。

② 防烟楼梯间、封闭楼梯间与走道之间的压差应为 40～50 Pa。

为了保证防烟楼梯间及其前室、消防电梯间前室和合用前室的正压值，且防止正压值过大而导致疏散门难以推开，应在防烟楼梯间与前室、前室与走道之间设置泄压设施。

5. 机械加压送风系统组件设置要求

(1) 送风机

机械加压送风机可用轴流风机或中、低压离心风机，宜设置在机械加压送风系统下部，且应采取保证各层送风量均匀的措施。送风机应设置在专用机房内，机房应采用耐火极限不低于 2 h 的隔墙和 1.5 h 的楼板及甲级防火门与其他部位隔开。

送风机的进风口应直通室外，并应采取防止烟气被吸入的措施。送风机的进风口不应与排烟风机的出风口设在同一层面。当确有困难须设在同一层面时，送风机的进风口与排烟风机的出风口应分开布置。竖向布置时，送风机的进风口应设置在排烟出口的下方，两者边缘最小垂直距离不应小于 6.0 m；水平布置时，两者边缘最小水平距离不应小于 20 m。送风机出风管或进风管上安装单向风阀或电动风阀时，应采取火灾时阀门自动开启措施。

(2) 加压送风口

设置机械加压送风系统的场所，楼梯间应设置常开风口，前室应设置常闭风口。火灾确认后，火灾自动报警系统应能在 15 s 内联动打开常闭风口。楼梯间的加压送风口宜每隔

2～3层设置1个常开式百叶送风口，前室应每层设置1个常闭式加压送风口且应设手动开启装置。机械加压送风防烟系统中送风口不宜设置在被门挡住的部位，送风口风速不宜大于7 m/s。

建筑高度大于32 m，楼梯间采用直灌式加压送风系统的建筑，应采用两点部位送风方式，送风口之间的距离不宜小于建筑高度的1/2，其加压送风口不宜设在影响人员疏散的部位。

(3) 送风管道

机械加压送风系统应采用不燃材料制作的送风管道，不应采用土建风道，管道内壁应当光滑。当送风管道内壁为金属时其设计风速不应大于20 m/s，当送风管道内壁为非金属时其设计风速不应大于15 m/s。

竖向设置的送风管道应独立设置在管道井内。当确有困难未设置在管道井内或须与其他管道合用管道井时，送风管道的耐火极限不应低于1 h。水平设置的送风管道，当设置在顶棚内时，其耐火极限不应低于0.5 h；当未设置在顶棚内时，其耐火极限不应低于1 h。管道井应采用耐火极限不低于1 h的隔墙与相邻部位分隔，当墙上必须设置检修门时应采用乙级防火门。

(4) 余压阀

余压阀是控制压差的阀门。为了保证防烟楼梯间及其前室、消防电梯间前室和合用前室的正压值，防止正压值过大而导致疏散门难以推开，在防烟楼梯间与前室、前室与走道之间应设置余压阀，控制余压阀两侧正压间的压差不超过最大允许压差。最大允许压差应通过计算确定。

8.3.2.2 机械排烟系统

1. 机械排烟系统工作原理

当建筑物内发生火灾时，通常是由火场人员手动控制或由感烟探测装置将火灾信号传递给机械排烟系统控制器，开启活动的挡烟垂壁将烟气控制在发生火灾的防烟分区内，并打开排烟口以及和排烟口联动的排烟防火阀，同时关闭空调系统和送风管道内的防火调节阀，以防止烟气从空调、通风系统蔓延到其他非着火房间，最终由设置在屋顶的排烟机将烟气通过排烟管道排至室外。

图8-30为机械排烟系统示意图。该系统担负三个防烟分区的排烟。排烟防火阀5(280 ℃)常开，排烟口(带阀)6常闭。当防烟分区Ⅲ发生火灾时，排烟口Ⅲ6可由现场手动启动或由消防控制中心发出信号启动，并联动启动同一防烟分区内所有排烟口和排烟风机1进行排烟，保证只在着火防烟分区内实施排烟。当管道内的温度达280 ℃时，排烟防火阀5自动关闭；当排烟风机入口总管处排烟防火阀2处温度达280 ℃时，排烟防火阀2关闭，并直接关闭排烟风机1。系统中每一个排烟口(带阀)均应设现场手动开启装置，且应方便操作。

2. 机械排烟系统的选择及设置要求

(1) 机械排烟系统的选择

① 建筑内应设排烟设施，不具备自然排烟条件的房间、走道及中庭等，均应采用机械排烟方式。高层建筑受自然条件(如室外风速、风压、风向等)的影响较大，采用机械排烟方式较多。

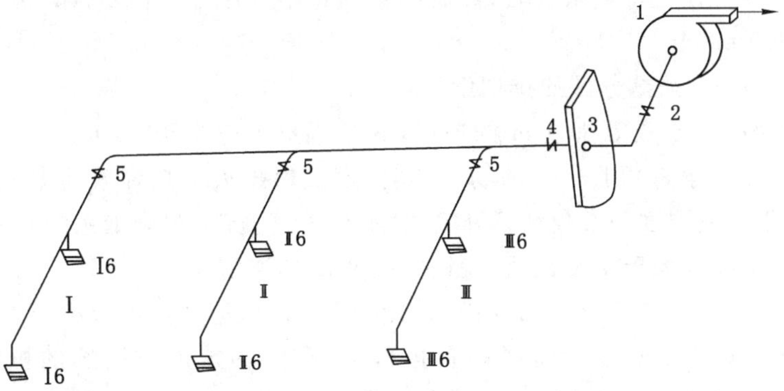

1—排烟风机;2,5—排烟防火阀(280 ℃);3—排烟风机隔墙;4—排烟防火阀;6—排烟口(带阀)。

图 8-30 机械排烟系统示意图

② 人防工程下列部位,当不具备自然排烟条件时,应设置机械排烟设施:

a. 建筑面积大于 50 m^2,且经常有人停留或可燃物较多的房间、大厅。

b. 丙、丁类生产车间。

c. 总长度大于 20 m 的疏散走道。

d. 电影放映间、舞台等。

③ 非敞开式汽车库、建筑面积不小于 1 000 m^2 的地下一层汽车库和修车库、地下二层及以下层的汽车库和修车库,不具备自然排烟条件时,应设置机械排烟系统。

(2) 机械排烟系统的设置要求

在同一个防烟分区内不应同时采用自然排烟方式和机械排烟方式,避免两种方式相互之间对气流的干扰,影响排烟效果。

当建筑的机械排烟系统沿水平方向布置时,为了防止火灾在不同防火分区蔓延,且有利于不同防火分区烟气的排出,每个防火分区的机械排烟系统应独立设置。建筑高度超过 50 m的公共建筑和建筑高度超过 100 m 的住宅,一旦系统出现故障,容易造成大面积的失控,对建筑整体安全构成威胁,为了提高系统的可靠性而及时排出烟气,防止排烟系统因担负楼层数太多或竖向高度过高而失效,排烟系统应竖向分段独立设置,且公共建筑每段高度不应超过 50 m,住宅建筑每段高度不应超过 100 m。

排烟系统与通风和空气调节系统应分开设置;当确有困难时可以合用,但应符合排烟系统的要求。通风和空气调节系统的风口一般都是常开风口,为了确保排烟量,当按防烟分区进行排烟时,只有着火处防烟分区的排烟口才开启排烟,其他都要关闭,这就要求通风和空气调节系统每个风口上都要安装自动控制阀才能满足排烟要求,且当排烟口打开时,每个排烟合用系统的管道上需联动关闭的通风和空气调节系统的控制阀门不应超过 10 个。

3. 机械排烟系统的主要设计参数

(1) 排烟量

① 中庭的排烟量

中庭周围场所设有排烟系统时,中庭采用机械排烟系统的,中庭排烟量应按周围场所防烟分区中最大排烟量的 2 倍数值计算,且不应小于 107 000 m^3/h;当中庭周围场所不需设置排烟系统，仅在回廊设置排烟系统时，回廊的排烟量不应小于 13 000 m^3/h，中庭的排烟量不应小于 40 000 m^3/h。

② 中庭以外一个防烟分区的排烟量

建筑空间净高小于或等于 6 m 的场所，其排烟量不应小于 60 $m^3/(h \cdot m^2)$。公共建筑、工业建筑中空间净高大于 6 m 的场所，其排烟量根据火灾热释放速率、清晰高度、烟羽流质量流量及烟羽流温度等参数计算确定，且不小于《建筑防烟排烟系统技术标准》规定数值，其中建筑空间净高大于 9 m 的规定数值，按 9 m 的取值。

当公共建筑仅需在走道或回廊设置排烟系统时，机械排烟量不应小于 13 000 m^3/h；当公共建筑室内与走道或回廊均需要设置排烟系统时，其走道或回廊的机械排烟量可按 60 $m^3/(h \cdot m^2)$计算且不小于 13 000 m^3/h。

③ 一台风机担负多个防烟分区时的排烟量

当系统担负具有相同净高的场所时，对于建筑空间净高大于 6 m 的场所，应按排烟量最大的一个防烟分区的排烟量计算；对于建筑空间净高为 6 m 及以下的场所，应按同一防火分区中任意两个相邻防烟分区的排烟量之和的最大值计算。当系统担负具有不同净高的场所时，应采用上述方法对系统中每个场所所需的排烟量进行计算，并取其中的最大值作为系统排烟量。

(2) 风速

机械排烟系统的排烟管道，当其内壁为金属时，管道设计风速不应大于 20 m/s；当其内壁为非金属时，管道设计风速不应大于 15 m/s。排烟口风速不宜大于 10 m/s。机械补风口的风速不宜大于 10 m/s，人员密集场所补风口的风速不宜大于 5 m/s；自然补风口的风速不宜大于 3 m/s。

4. 机械排烟系统组件设置要求

(1) 排烟风机

排烟风机可采用离心排烟风机或轴流排烟风机，风机应满足 280 ℃时连续工作 30 min 的要求。排烟风机入口处应设置 280 ℃时能自动关闭的排烟防火阀，该阀应与排烟风机联锁，当该阀关闭时，排烟风机应能停止运转。

排烟风机宜设置在排烟系统的顶部，烟气出口宜朝上，并应高于加压送风机和补风机的进风口，两者垂直距离或水平距离应符合：竖向布置时，送风机的进风口应设置在排烟机出风口的下方，两者边缘最小垂直距离不应小于 6 m；水平布置时，两者边缘最小水平距离不应小于 20 m。

排烟风机应设置在专用机房内，该房间应采用耐火极限不低于 2 h 的隔墙和 1.5 h 的楼板及甲级防火门与其他部位隔开。风机两侧应有 600 mm 以上的空间。对于排烟系统与通风和空气调节系统共用的系统，其排烟风机与排风风机合用的机房应符合下列条件：

① 机房内应设有自动喷水灭火系统。

② 机房内不得设有用于机械加压送风的风机与管道。

③ 排烟风机与排烟管道的连接部件应能在 280 ℃时连续 30 min 保证结构完整性。

(2) 排烟管道

机械排烟系统应采用管道排烟，且不应采用土建风道。排烟管道应采用不燃材料制作且内壁光滑。排烟管道及其连接部件应能在 280 ℃时连续 30 min 保证结构完整性。

竖向设置的排烟管道应设置在独立的管道井内，排烟管道的耐火极限不应低于 0.5 h。水平设置的排烟管道应设置在顶棚内，排烟管道的耐火极限不应低于 0.5 h，当确有困难时，可直接设置在室内，但管道的耐火极限不应小于 1 h。设置在走道部位顶棚内的排烟管道，以及穿越防火分区的排烟管道，其管道的耐火极限不应小于 1 h，但设备用房和汽车库的排烟管道耐火极限可以不低于 0.5 h。

当顶棚内有可燃物时，顶棚内的排烟管道应采用不燃材料进行隔热，并应与可燃物保持不小于 150 mm 的距离。

设置排烟管道的管道井应采用耐火极限不低于 1 h 的隔墙与相邻区域分隔；当墙上必须设置检修门时，应采用乙级防火门。

(3) 排烟防火阀

排烟防火阀是安装在机械排烟系统管道上，平时呈开启状态，火灾时当排烟管道内烟气温度达 280 ℃时关闭，并在一定时间内能满足漏烟量和耐火完整性要求，起隔烟阻火作用的阀门。排烟防火阀一般由阀体、叶片、执行机构和温感器等部件组成。下列部位应设置排烟防火阀：

① 垂直风管与每层水平风管交接处的水平管段上。

② 一个排烟系统担负多个防烟分区的排烟支管上。

③ 排烟风机入口处。

④ 穿越防火分区处。

(4) 排烟阀(口)

排烟口是指机械排烟系统中烟气的入口。排烟阀是安装在机械排烟系统各支管端部(烟气吸入口)处，平时呈关闭状态并满足漏风量要求，火灾时可手动和电动启闭，起排烟作用的阀门，一般由阀体、叶片、执行机构等部件组成。

排烟阀(口)的设置应根据其所在的防烟分区的排烟量计算确定，且防烟分区内任一点与最近的排烟口之间的水平距离不应大于 30 m。排烟口的设置宜使烟流方向与人员疏散方向相反，排烟口与附近安全出口相邻边缘之间的水平距离不应小于 1.5 m。火灾时由火灾自动报警系统联动开启排烟区域的排烟阀或排烟口，应在现场设置手动开启装置。

排烟口应设在储烟仓内且宜设置在顶棚或靠近顶棚的墙面上，但走道、室内空间净高不大于 3 m 的区域，排烟口可设置在其净空高度的 1/2 以上；当设置在侧墙时，顶棚与其最近的边缘的跨度不应大于 0.5 m。当需要机械排烟的房间面积小于 50 m^2 时，可以通过走道排烟，排烟口可以设置在疏散走道中。

当排烟口设在顶棚内且通过顶棚上部空间进行排烟时，顶棚应采用不燃材料，且顶棚内不应有可燃物。封闭式顶棚上设置的烟气流入口的颈部烟气速度不宜大于 1.5 m/s；非封闭式顶棚的开孔面积不应小于顶棚净面积的 25%，且排烟口应均匀布置。

(5) 固定窗

固定窗是设置在设有机械防烟排烟系统的场所中，窗扇固定，平时不可开启，仅在火灾时便于人破拆以排出火场中的烟和热的外窗。当设置机械排烟系统时，下列地上建筑或部位，应在外墙或屋顶设置固定窗。

① 任一层建筑面积大于 2 500 m^2 的丙类厂房(仓库)。

② 任一层建筑面积大于 3 000 m^2 的商店建筑、展览建筑及类似功能的公共建筑。

③ 总建筑面积大于 1 000 m^2 的歌舞娱乐放映游艺场所。

④ 商店建筑、展览建筑及类似功能的公共建筑中长度大于 60 m 的走道。

⑤ 靠外墙或贯通至建筑屋顶的中庭。

固定窗宜按每个防烟分区在屋顶或建筑外墙上均匀布置且不应跨越防火分区。非顶层区域的固定窗应布置在每层的外墙上；顶层区域的固定窗应布置在屋顶或顶层的外墙上，但未设置自动喷水灭火系统的以及采用钢结构屋顶或预应力钢筋混凝土屋面板的建筑应布置在屋顶。设置在顶层区域的固定窗，其总面积不应小于楼地面面积的 2%。设置在靠外墙且不位于顶层区域的固定窗，单个固定窗的面积不应小于 1 m^2，且间距不宜大于 20 m，其下沿距室内地面的高度不宜小于层高的 1/2。供消防救援人员进入的窗口面积不计入固定窗面积，但可组合布置。设置在中庭区域的固定窗，其总面积不应小于中庭楼地面面积的 5%。固定玻璃窗应按可破拆的玻璃面积计算，带有温控功能的可开启设施应按开启时的水平投影面积计算。

除洁净厂房外，设置机械排烟系统的任一层建筑面积大于 2 000 m^2 的制鞋、制衣、玩具、塑料、木器加工储存等丙类工业建筑，可采用可熔性采光带(窗)替代固定窗。未设置自动喷水灭火系统或采用钢结构屋顶或预应力钢筋混凝土屋面板的建筑，可熔性采光带(窗)的面积不应小于楼地面面积的 10%，其他建筑不应小于楼地面面积的 5%。可熔性采光带(窗)的有效面积应按其实际面积计算。

(6) 挡烟垂壁

挡烟垂壁是用不燃材料制成，垂直安装在建筑顶棚、梁下，能在火灾时形成一定蓄烟空间的挡烟分隔设施。挡烟垂壁可采用固定式或活动式。当建筑物净空较高时可采用固定式，将挡烟垂壁长期固定在顶棚上；当建筑物净空较低时，宜采用活动式。采用机械排烟方式时，挡烟垂壁的深度不应小于空间净高的 10%，且不应小于 500 mm，同时其底部距地面高度应大于安全疏散所需的最小清晰高度。

挡烟垂壁应用不燃材料制作，如钢板、防火玻璃、无机纤维织物、不燃无机复合板等。活动式的挡烟垂壁应由感烟探测器控制，或与排烟口联动，或受消防控制中心控制，但同时应能就地手动控制。

5. 补风系统

(1) 补风原理

根据空气流动的原理，在排出某一区域空气的同时，也需要有另一部分的空气进行补充。排烟系统排烟时，补风的主要目的是形成理想的气流组织，迅速排除烟气，以利于人员的安全疏散和消防救援。

(2) 补风系统的选择

除地上建筑的走道或建筑面积小于 500 m^2 的房间外，设置排烟系统的场所应设置补风系统。地上建筑的走道和小面积的场所因面积较小，排烟量也较小，可以利用建筑的各种缝隙满足排烟系统所需的补风，为了简化系统管理和减少工程投入，可以不用专门为这些场所设置补风系统。

(3) 补风的方式

① 自然补风

自然补风系统可以采用疏散外门、手动或自动可开启外窗等自然进风方式进行排烟补风，并保证补风气流不受阻隔，但是不应将防火门、防火窗作为补风设施。

② 机械补风

a. 机械排烟与机械补风组合方式。利用排烟机通过排烟口将着火房间的烟气排到室外，同时对走廊、楼梯间前室和楼梯间等利用送风机进行机械送风，使着火房间、疏散通道、前室、楼梯间形成稳定的气流，这有利于着火房间的排烟，同时能防止烟气从着火房间渗漏到走廊、前室及楼梯间，确保疏散通道的安全。

b. 自然排烟与机械补风组合方式。采用这种方式时，着火房间的烟气通过外窗或专用排烟口以自然排烟的方式排至室外，机械送风系统向走廊、前室和楼梯间送风，使这些区域的空气压力高于着火房间，防止烟气侵入疏散通道。这种方式需要控制加压区域的空气压力，避免与着火房间压力相差过大而导致渗入着火房间的新鲜空气过多，助长火灾的发展。

机械补风系统也可由空调或通风的送风系统转换而成，但此时的空调或通风系统设计时应注意以下几点：空调或通风系统的送风机应与排烟系统同步运行；通风量应满足排烟补风风量要求；如有回风，此时应立即断开；系统上的阀门(包括防火阀)应与之相适应。

(4) 补风量

① 补风系统应直接从室外引入空气，补风量不应小于排烟量的 50%。

② 汽车库内无直接通向室外的汽车疏散出口的防火分区，当设置机械排烟系统时，应同时设置进风系统，且送风量不宜小于排烟量的 50%。

③ 在人防工程中，当补风通路的空气阻力不大于 50 Pa 时，可自然补风；当补风通路的空气阻力大于 50 Pa 时，应设置火灾时可转换成补风的机械送风系统或单独的机械补风系统，补风量不应小于排烟量的 50%。

(5) 补风系统组件与设置

① 补风口

补风口与排烟口设置在同一空间内相邻的防烟分区时，补风口位置不限；当补风口与排烟口设置在同一防烟分区时，补风口应设在储烟仓下沿以下；补风口与排烟口水平距离不应小于 5 m。机械送风口或自然补风口设于储烟仓以下，才能形成理想的气流组织。补风口位置如果设置不当的话，会造成对流动烟气的搅动，严重影响烟气导出的有效组织，或由于补风受阻，排烟气流无法稳定导出，所以对补风口的设置有严格要求。

② 补风机

补风机的设置与机械加压送风机的要求相同，补风机应设置在专用机房内。排烟区域所需的补风系统应与排烟系统联动开启或关闭。

③ 补风管道

补风管道耐火极限不应低于 0.5 h，当补风管道跨越防火分区时，管道的耐火极限不应低于 1.5 h。

8.3.3　防排烟系统的联动控制

8.3.3.1　防烟系统的联动控制

1. 机械加压送风系统联动控制

当火灾发生时，起火部位所在防火分区内的两只独立的火灾探测器的报警信号或一只火灾探测器与一只手动火灾报警按钮的报警信号发送到火灾报警控制器，火灾报警控制器对这两个信号进行识别并确认火灾，再以这两个信号的“与”逻辑作为开启送风口和启动加压送风机的联动触发信号;消防联动控制器在接收到满足逻辑关系的联动触发信号后,联动开启该防火分区内着火层及相邻上下两层前室与合用前室的常闭送风口,同时开启该防火分区楼梯间的全部加压送风机。当防火分区内火灾确认后,火灾自动报警系统应能在 15 s 内联动开启常闭加压送风口和加压送风机。

2. 加压送风机的启动

加压送风机的启动应有现场手动启动、通过火灾自动报警系统自动启动、消防控制室手动启动、任一常闭加压送风口开启自动启动四种方式。其中,现场手动启动由风机控制柜来实现,通过风机控制柜来手动启停加压送风机。在消防控制室通过多线控制盘可直接手动启动加压送风机。任一常闭加压送风口开启时(包括手动和自动),相应的加压送风机应能自动启动。

8.3.3.2 排烟系统的联动控制

1. 机械排烟系统联动控制

机械排烟系统中的常闭排烟阀(口)应设置火灾自动报警系统联动开启功能和就地开启的手动装置,并与排烟风机联动。当火灾发生时,起火部位所在防烟分区内的两只独立的火灾探测器的报警信号或一只火灾探测器与一只手动火灾报警按钮的报警信号发送到火灾报警控制器,火灾报警控制器对这两个信号进行识别并确认火灾,再以这两个信号的"与"逻辑作为排烟口、排烟窗或排烟阀开启的联动触发信号;消防联动控制器在接收到满足逻辑关系的联动触发信号后,联动控制排烟口、排烟窗或排烟阀的开启,同时停止该防烟分区的空气调节系统。当排烟口、排烟窗或排烟阀开启时,其开启动作信号作为排烟风机启动的联动触发信号,消防联动控制器在接收到排烟口、排烟窗或排烟阀开启信号后,联动启动排烟风机。排烟风机入口总管处的排烟防火阀在 280 ℃时应能自行关闭,其关闭信号能联锁关闭排烟风机和补风机。消防控制设备应能显示排烟系统的排烟风机、补风机、排烟防火阀等设施的启闭状态。

2. 常闭排烟阀或排烟口联动控制

机械排烟系统中的常闭排烟阀或排烟口除具有火灾自动报警系统开启功能外,还应具有消防控制室手动开启和现场手动开启功能,其开启信号均能联动启动风机。当火灾确认后,火灾自动报警系统应在 15 s 内联动开启相应防烟分区的全部排烟阀、排烟口、抽烟风机和补风设施,并应能在 30 s 内自动关闭与排烟无关的通风、空调系统。当火灾确认后,担负两个及以上防烟分区的排烟系统,应仅打开着火防烟分区的排烟阀或排烟口,其他防烟分区的排烟阀或排烟口应呈关闭状态。排烟口、排烟窗或排烟阀开启和关闭的动作信号,风机启动和停止及电动防火阀关闭的动作信号,均应反馈至消防联动控制器。

3. 电动挡烟垂壁联动控制

电动挡烟垂壁应具有自动报警系统自动启动和现场手动启动功能。发生火灾时,以起火部位所在防烟分区内且位于电动挡烟垂壁附近的两只独立的感烟火灾探测器的报警信号("与"逻辑)作为电动挡烟垂壁降落的联动触发信号,消防联动控制器在接收到满足逻辑关系的联动触发信号后,联动控制电动挡烟垂壁的降落。火灾确认后,火灾自动报警系统应在 15 s 内联动相应防烟分区全部电动挡烟垂壁,在 60 s 内将挡烟垂壁开启到位。

4. 自动排烟窗联动控制

自动排烟窗可采用与火灾自动报警系统联动或与温度释放装置联动的控制方式。当采用火灾自动报警系统自动启动时，自动排烟窗应在60 s内或小于烟气充满储烟仓所需的时间内开启完毕。带有温控功能的自动排烟窗，其温控释放温度应大于环境温度30 ℃且小于100 ℃。

8.3.3.3 防烟系统、排烟系统的手动控制设计

防排烟系统应能在消防控制室内的消防联动控制器上手动控制送风口、活动挡烟垂壁、排烟口、排烟窗、排烟阀的开启或关闭及防烟风机、排烟风机等设备的启动或停止。防烟、排烟风机的启动、停止按钮应采用专用线路直接连接至设置在消防控制室内的消防联动控制器的手动控制盘上，并应直接手动控制防烟、排烟风机的启动与停止。常闭送风口、排烟阀或排烟口的手动驱动装置应固定安装在明显可见、距楼地面1.3～1.5 m便于操作的位置，预埋套管不得有死弯及瘪陷，手动驱动装置操作应灵活。

本章习题

1. 建筑火灾发展分为哪几个过程？
2. 烟气的主要成分有哪些？
3. 烟气的毒性主要体现在哪些方面？
4. 烟气流动的路径分为几种类型？
5. 烟气流动的驱动力有哪些？
6. 自然通风防烟的类型有哪几种？
7. 机械排烟系统组件有哪些？

第9章 危化品火灾

从20世纪40年代开始，化学工业得到了长足的发展，化学品给人类的生活带来了巨大的便利，极大地提高和改善了人们的生活质量，加速了社会发展的进程。但是，化学品通常具有易燃易爆、有毒有害、腐蚀性及放射性等危险特性，这使得化学工业领域，尤其是化学品领域的火灾、爆炸、中毒等事故频繁发生，造成了巨大的人员伤亡、财产损失或重大环境污染事件。本章主要介绍化学品的分类、危险特性、化学品的安全基础知识以及化工生产中的防火防爆技术。

本章重点：化学品的不同分类方法以及GHS的28种危险性分类，危化品火灾爆炸危险性分析。

本章难点：各类化学品的主要危险特性，化工生产中的点火源种类以及日常安全管理方法，火灾爆炸危险物质的处理方法。

9.1 化学品的分类及危险特性

化学品的分类

9.1.1 化学品的分类

目前世界上拥有数百万种化学物质，常用的约为7万种，且每年有上千种新化学物质问世。其性质各不相同，每一种危险化学品通常具有多种危险特性，但在多种危险特性中，必有一种对人类危害最大的危险特性。因此，在对化学品分类时，要掌握“择重归类”的原则，即根据化学品的主要危险特性进行分类。

9.1.1.1 《全球化学品统一分类和标签制度》

多年来，联合国有关机构以及美国、日本、欧洲各工业发达国家都通过化学品立法对化学品的危险性分类、包装和标签做出明确规定。各国对化学品危险性定义的差异，可能造成某种化学品在一国被认为是易燃品，而在另一国被认为是非易燃品，从而导致该化学品在一国作为危险化学品管理而在另一国却不被认为是危险化学品。在国际贸易中，遵守各国法规的不同危险性分类和标签要求，既增加贸易成本，又耗费时间。为了健全危险化学品的安全管理，保护人类健康和生态环境，同时为尚未建立化学品分类制度的发展中国家提供安全管理化学品的框架，有必要统一各国化学品统一分类和标签制度，消除各国分类标准、方法学和术语学上存在的差异，建立全球化学品统一分类和标签制度。

1992年，联合国环境和发展大会通过了《21世纪议程》，建议到2000年提供全球化学品统一分类和配套的标签制度，包括化学品安全数据说明书和易理解的图形符号。

1995年，国际劳工组织(International Labor Organization，ILO)、经济合作与发展组织(Organization for Economic Cooperation and Development，OECD)以及联合国经济及社会理事会的危险货物运输问题专家小组委员会和有关专家，完成化学品统一分类和标签制度建议书的起草工作。

2002年，联合国在南非约翰内斯堡召开的可持续发展全球首脑会议上通过了《行动计划》，其中指出：鼓励各国尽早执行新的全球化学品统一分类和标签制度，以期让该制度到2008年能够全面运转。

2003年，联合国经济及社会理事会正式审议通过了《全球化学品统一分类和标签制度》(GHS)文书，并授权将其翻译成联合国5种正式语言文字，在全世界开始推行。

GHS主要是就化学物质分类和危险公示内容而制定的全球统一的规范。GHS内容包括：① 按照物理危害性、健康危害性和环境危害性对化学物质和混合物进行分类的标准；② 危险性公示要素，包括包装标签和化学品安全技术说明书。目前GHS共设有28个危险性分类，包括16个理化危险种类、10个健康危险种类以及2个环境危险种类。具体见表9-1。

表9-1　GHS危险性分类表

理化危险	健康危险	环境危险
爆炸性物质	急性毒性	危害水生环境物质
易燃气体	皮肤腐蚀/刺激性	(1) 水生急性毒性
易燃气溶胶	严重眼损伤/眼刺激性	(2) 水生慢性毒性
氧化性气体	呼吸或皮肤致敏性	危害臭氧层
高压气体	生殖细胞致突变性	
易燃液体	致癌性	
易燃固体	生殖毒性	
自反应物质	特定靶器官系统毒性(单次接触)	
发火液体	特定靶器官系统毒性(反复接触)	
发火固体	吸入危害性	
自燃物质		
遇水放出易燃气体物质		
氧化性固体		
氧化性液体		
有机过氧化物		
金属腐蚀剂		

我国2005年起多次派专家代表团参加联合国有关机构召开的GHS标准制定、修订国际会议。2006年制定了标准GB 20576-20602—2006，并规定这些标准自2008年1月1日起在生产领域实施，自2008年12月31日起在流通领域实施；该系列标准已被《化学品分类和标签规范》(GB 30000—2013)系列国家标准所取代。2011年5月1日起，我国强制实行GHS制度。

9.1.1.2　《化学品分类和危险性公示　通则》

国家标准局于1986年、国家技术监督局于1990年先后发布了国家标准《危险货物分类和品名编号》(GB 6944—86)及《常用危险化学品分类及标志》(GB 13690—92)，把常用的

1 074种危险化学品分为8类，并规定了常用危险化学品的危险性类别、危险标志及危险特性等内容。后来，这两个标准又进行了更新，现行的标准是《危险货物分类和品名编号》(GB 6944—2012)和《化学品分类和危险性公示 通则》(GB 13690—2009)。

《化学品分类和危险性公示 通则》对危险化学品按理化危险进行的分类如下。

(1) 爆炸物：指在外界作用下(如受热、受压、撞击等)，能发生剧烈的化学反应，瞬时产生大量的气体和热量，使周围压力急骤上升，发生爆炸，对周围环境造成破坏的物品，也包括无整体爆炸危险，但具有燃烧、抛射及较小爆炸危险的物品，如火药、TNT等。

爆炸物种类包括：

① 爆炸性物质和混合物。

② 爆炸性物品，但不包括下述装置：其中所含爆炸性物质或混合物由于其数量或特性，在意外或偶然点燃或引爆后，不会由于迸射、发火、冒烟、发热或巨响而在装置之外产生任何效应。

③ 在①和②中未提及的为产生实际爆炸或烟火效应而制造的物质、混合物和物品。

(2) 易燃气体：指在20 ℃和101.3 kPa标准压力下，与空气混合有一定易燃范围的气体。

(3) 易燃气溶胶：指气溶胶喷雾罐，系任何不可重新罐装的容器，该容器由金属、玻璃或塑料制成，内装强制压缩、液化或溶解的气体，包含或不包含液体、膏剂或粉末，配有释放装置，可使所装物质喷射出来，形成在气体中悬浮的固态或液态微粒或形成泡沫、膏剂或粉末或处于液态或气态。

(4) 氧化性气体：指一般通过提供氧气，比空气更能导致或促使其他物质燃烧的任何气体。

(5) 压力下气体：包括压缩气体、液化气体、溶解气体、冷冻液化气体。

(6) 易燃液体：指闪点不高于93 ℃的液体。

(7) 易燃固体：指容易燃烧或通过摩擦可能引燃或助燃的固体。

易于燃烧的固体为粉状、颗粒状或糊状物质，它们在与燃烧着的火柴等火源短暂接触即可点燃和火焰迅速蔓延的情况下，都是非常危险的。

(8) 自反应物质或混合物：指即使没有氧气(空气)也容易发生激烈放热分解的热不稳定液态或固态物质或者混合物。本定义不包括根据统一分类制度分类为爆炸物、有机过氧化物或氧化物质的物质和混合物。

自反应物质或混合物如果在实验室试验中其组分容易引爆、迅速爆燃或在封闭条件下加热时显示剧烈效应，应视为具有爆炸性质。

(9) 自燃液体：指即使数量小也能在与空气接触后5 min之内引燃的液体。

(10) 自燃固体：指即使数量小也能在与空气接触后5 min之内引燃的固体。

(11) 自热物质和混合物：自热物质是发火液体或固体以外，与空气反应不需要能源供应就能够自己发热的固体或液体物质或混合物；这类物质或混合物与发火液体或固体不同，因为这类物质只有数量很大(千克级)并经过长时间(几小时或几天)才会燃烧。

物质或混合物的自热导致自发燃烧是由于物质或混合物与氧气(空气中的氧气)发生反应并且所产生的热没有足够迅速地传导到外界而引起的。当热产生的速度超过热损耗的速度而达到自燃温度时，自燃便会发生。

(12) 遇水放出易燃气体的物质或混合物：指通过与水作用，容易具有自燃性或放出危险数量的易燃气体的固态或液态物质或混合物。

(13) 氧化性液体：指本身未必燃烧，但通常因放出氧气可能引起或促使其他物质燃烧的液体。

(14) 氧化性固体：指本身未必燃烧，但通常因放出氧气可能引起或促使其他物质燃烧的固体。

(15) 有机过氧化物：指含有二价—O—O—结构的液态或固态有机物质，可以看作一个或两个氢原子被有机基替代的过氧化氢衍生物。有机过氧化物是热不稳定物质或混合物，容易放热自加速分解。另外，它们可能具有下列一种或几种性质：① 易于爆炸分解；② 迅速燃烧；③ 对撞击或摩擦敏感；④ 与其他物质发生危险反应。

如果有机过氧化物在实验室试验中，在封闭条件下加热时组分容易爆炸、迅速爆燃或表现出剧烈效应，则可认为它具有爆炸性质。

(16) 金属腐蚀剂：是指通过化学作用显著损坏或毁坏金属的物质或混合物。

《化学品分类和危险性公示 通则》对危险化学品按健康危险的分类如下。

(1) 急性毒性：指在单剂量或在 24 h 内多剂量口服或皮肤接触一种物质，或吸入接触 4 h之后出现的有害效应。

(2) 皮肤腐蚀/刺激：皮肤腐蚀是对皮肤造成不可逆损伤，即施用试验物质达到 4 h 后，可观察到表皮和真皮坏死。皮肤刺激是施用试验物质达到 4 h 后对皮肤造成可逆损伤。

(3) 严重眼损伤/眼刺激：严重眼损伤是在眼前部表面施加试验物质之后，对眼部造成在施用 21 d 内并不完全可逆的组织损伤，或严重的视觉物理衰退。眼刺激是在眼前部表面施加试验物质之后，在眼部产生在施用 21 d 内完全可逆的变化。

(4) 呼吸或皮肤过敏：呼吸过敏物指吸入后会导致气管超过敏反应的物质。皮肤过敏物是皮肤接触后会导致过敏反应的物质。

就皮肤过敏和呼吸过敏而言，诱发所需的数值一般低于引发所需数值。

(5) 生殖细胞致突变性：本危险类别涉及的主要是可能导致人类生殖细胞发生可传播给后代的突变的化学品。但是，在本危险类别内对物质和混合物进行分类时，也要考虑活体外致突变性/生殖毒性试验和哺乳动物活体内体细胞中的致突变性/生殖毒性试验。

(6) 致癌性：指可导致癌症或增加癌症发生率的化学物质或化学物质混合物。

(7) 生殖毒性：包括对成年雄性和雌性性功能和生育能力的有害影响，以及在后代中的发育毒性。

在标准中，生殖毒性细分为两个主要标题：① 对性功能和生育能力的有害影响；② 对后代发育的有害影响。

(8) 特异性靶器官系统毒性一次接触：本条款的目的是提供一种方法，用以划分由于单次接触而产生特异性、非致命性靶器官/毒性的物质。所有可能损害机能的，可逆和不可逆的，即时或延迟的显著健康影响都包括在内。

(9) 特异性靶器官系统毒性反复接触：本条款的目的是对由于反复接触而产生特异性靶器官/毒性的物质进行分类。所有可损害机能的，可逆和不可逆的，即时或延迟的显著健康影响都包括在内。

(10) 吸入危险：本危险性在我国还未转化成为国家标准。本条款的目的是对可能对人类造成吸入毒性危险的物质或混合物进行分类。

《化学品分类和危险性公示 通则》对危险化学品按环境危险的分类如下。

(1) 危害水生环境:对水生环境的危害分为急性水生毒性和慢性水生毒性。其中,急性水生毒性是指物质对短期接触它的生物体造成伤害的固有性质;慢性水生毒性是指物质在与生物体生命周期相关的接触期间对水生生物产生有害影响的潜在性质或实际性质。

慢性毒性数据不像急性毒性数据那么容易得到,而且试验程序范围也未标准化。

(2) 危害臭氧层:指《关于消耗臭氧层物质的蒙特利尔议定书》附件中列出的任何受管制物质;或在任何混合物中,至少含有一种浓度不小于 0.1% 的被列入该议定书的物质的组分。

9.1.2 化学品的危险特性

化学品的危险特性

9.1.2.1 爆炸物的危险特性

爆炸性物质爆炸过程有三个主要特征:反应过程放出大量热,反应速度极快并能自动传播,反应过程中生成大量气体产物。

1. 反应过程的放热性

放热性是化学反应成为爆炸反应的最重要的基础条件,也是爆炸过程的能量来源;没有这个条件,爆炸过程根本不能发生,反应就不能自行延续,也就不可能出现爆炸过程的自动传播。例如:

$$PbC_2O_4 \longrightarrow 2CO_2 + Pb - 69.9\ \text{kJ} \tag{9-1}$$

$$Ag_2C_2O_4 \longrightarrow 2CO_2 + 2Ag + 123.4\ \text{kJ} \tag{9-2}$$

对于草酸盐的分解反应来说,反应(9-1)即草酸铅的分解是吸热反应,需要外界提供热量反应才能进行,不对外界做功,因而不能爆炸。反应(9-2)是放热反应,能够发生爆炸。

又如硝酸铵的分解反应:

$$NH_4NO_3(\text{低温加热}) \longrightarrow NH_3 + HNO_3 - 170.7\ \text{kJ} \tag{9-3}$$

$$NH_4NO_3(\text{用雷管引爆}) \longrightarrow N_2 + 2H_2O + 0.5O_2 + 126.4\ \text{kJ} \tag{9-4}$$

反应(9-3)是硝酸铵用作化肥在农田里发生的缓慢分解反应,反应过程吸热,根本不能爆炸。当被雷管引爆时,硝酸铵就按反应(9-4)发生放热的分解反应,可以用作矿山炸药。

爆炸反应过程所放出的热量称为爆炸热(或爆热)。它是反应的定容热效应,是爆炸破坏能力的标志,是炸药类物质的重要危险特性。

2. 反应过程的高速度

混合爆炸物质是事先充分混合、氧化剂和还原剂充分接近的体系,许多炸药的氧化剂和还原剂共存于一个分子内,所以它们能够发生快速的逐层传递的化学反应,使爆炸过程能以极快的速度进行,这是爆炸反应与一般化学反应的一个最突出的不同点。一般化学反应也可以是放热的,而且有许多化学反应放出的热量甚至比爆炸物质爆炸时放出的热量大得多,但未能形成爆炸现象,根本原因就在于它们的反应速度慢。例如,1 kg 木材的燃烧热为 16 700 kJ,它完全燃烧需要 10 min;1 kg 梯恩梯炸药爆炸热为 4 200 kJ,它的爆炸反应只需要几十微秒;两者所需的时间相差千万倍。由于爆炸物质的反应速度极快,爆炸反应所放出的能量来不及逸出,全部聚集在爆炸物质爆炸前所占据的体积内,从而形成一般化学反应所无法达到的能量密度。正是这个原因,爆炸物质爆炸才具有巨大的功率和强烈的破坏作用。

3. 反应过程必须生成气体产物

气体在通常大气条件下的密度比固体和液体物质要小得多，它具有可压缩性，比固体和液体有大得多的体积膨胀系数，是一种优良的工质。爆炸物质在爆炸瞬间生成大量气体产物，由于爆炸反应速度极快，它们来不及扩散膨胀，都被压缩在爆炸物质原来所占有的体积内；爆炸过程在生成气体产物的同时释放出大量的热量，这些热量也来不及逸出，都加热了生成的气体产物，如CO、CO_2、H_2 和水蒸气等，这样就在爆炸物质原来所占有的体积内形成处于高温高压状态的气体。这种气体作为工质，在瞬间膨胀就可以做功，由于功率巨大，可对周围物体、设备、房屋造成巨大的破坏作用。例如，1 L炸药在爆炸瞬间可以产生1 000 L左右的气体产物，它们被强烈地压缩在原有的体积内，再由于3 000～5 000 ℃的高温，这样就形成了高温高压气体源，它们瞬间膨胀，功率是巨大的，破坏力也是巨大的。由上述分析可见，反应过程有气体产物生成是发生爆炸的必要条件。

反应过程必须生成气体产物才能形成爆炸作用。这一结论也可以通过一些不生成气体产物的强烈放热反应不具备爆炸作用来说明。例如，铝热剂反应：

$$2Al + Fe_2O_3 = Al_2O_3 + 2Fe + 841\ kJ \quad (9\text{-}5)$$

此反应热效应很大，而且反应速度也相当快，但终究由于不生成气体产物而不具有爆炸能力；但当反应过程遇到水时，水会迅速汽化，然后与铝发生反应，被还原成氢气，在高温作用下爆炸。

9.1.2.2　易燃气体的危险特性

在大气压下，20 ℃时，于空气中可以点燃的气体属于易燃气体。

1. 主要危险特性

易燃气体的主要危险特性有：极易燃烧爆炸；与空气混合能形成爆炸性混合物；遇明火、高热能引起燃烧爆炸。

2. 常见的易燃气体

(1) 氢气

理化特性：无色无臭气体；不溶于水、乙醚、乙醇；熔点为－259.2 ℃；沸点为－252.8 ℃；临界压力为1.30 MPa。

危险特性：与空气混合形成爆炸性混合物，遇热或明火即会发生爆炸；比空气轻，在室内使用和储存时，漏气上升滞留屋顶不易排出，遇火星会引起爆炸；与氟、氯、溴等卤素会激烈反应。

灭火方法：切断气源，若不能立即切断气源，则不允许熄灭正在燃烧的气体；喷水冷却容器，可能的话将容器从火场移至空旷处。灭火剂：雾状水、泡沫、二氧化碳、干粉。

泄漏处理：迅速将泄漏污染区人员撤离至上风处，并进行隔离，控制人员进入；切断火源；应急处理人员戴自给正压式呼吸器，穿消防防护服；合理通风，加快扩散；如有可能，将泄漏气体用排风机送至空旷处或装设适当喷头烧掉；漏气容器应妥善处理，修复、检验后再用。

储运注意事项：存于阴凉、通风仓间内，仓间内温度不宜超过30 ℃，仓间内照明通风等设施应用防爆型，开关设在仓外，并配备相应的消防器材，禁止使用易产生火花的机械设备和工具；远离火种、热源，防止阳光直射；应与氧气、压缩空气、氧化剂、卤素等分开存放；验收时要注意品名、验瓶日期，先进仓的先用，轻装轻卸，防止钢瓶及附件破损。

(2) 乙炔

理化特性：爆炸下限为2.1%；引燃温度为305 ℃；爆炸上限为80.0%；最小点火能为0.02 mJ。

危险特性：极易燃烧爆炸；与空气混合能形成爆炸性混合物；遇明火、高热能引起燃烧爆炸；与氧化剂接触会猛烈反应；与氟、氯等接触会发生剧烈的化学反应；能与铜、银、汞等的化合物生成爆炸性物质。

灭火方法：切断气源，若不能立即切断气源，则不允许熄灭正在燃烧的气体；喷水冷却容器，可能的话将容器从火场移至空旷处。灭火剂：雾状水、泡沫、二氧化碳、干粉。

泄漏应急处理：迅速将泄露污染区人员撤离至上风区，并进行隔离，严格限制出入；切断火源；建议应急处理人员戴自给正压式呼吸器，穿消防防护服，尽可能切断泄漏源；合理通风，加速扩散；喷雾状水稀释、溶解；构筑围堤或挖坑收容产生的大量废水；如有可能，将泄漏气用排风机送至空旷处或装设适当喷头烧掉；漏气容器要妥善处理，修复、检验后再用。

储运注意事项：乙炔通常溶解在溶剂及多孔物中，装入钢瓶内，充装要控制流速，注意防止静电积聚；储存于阴凉、通风仓间内，仓间内温度不超过30 ℃，仓间内的照明、通风等设施应采用防爆型，开关设在仓外，并配备相应品种和数量的消防器材，禁止使用易产生火花的机械设备和工具；远离火种、热源，防止阳光直射；应与氧气、压缩空气、卤素、氧化剂等分开存放；验收时要注意品名、验瓶日期，先进仓的先用，轻装轻卸，防止钢瓶及附件破损。

9.1.2.3 易燃气溶胶的危险特性

气溶胶的危险特性取决于气溶胶喷雾中内装物的性质。

(1) 如果内装物所含可燃成分按质量计达到或超过85%，且化学燃烧热量达到或超过30 kJ/g，则适用于易燃气体项。

(2) 如果内装物所含可燃成分按质量计为1%或更低，且化学燃烧热量低于20 kJ/g，则适用于非易燃、无毒气体项。

9.1.2.4 氧化性气体的危险特性

1. 主要危险特性

氧化性气体的主要危险特性是燃烧爆炸危险性。燃烧性：助燃，是易燃物、可燃物燃烧爆炸的基本要素之一，能氧化大多数活性物质。

2. 常见的氧化性气体

(1) 氧气

理化性质：无色无臭气体；熔点为−218.8 ℃；沸点为−182.83 ℃；临界温度为−118.4 ℃；临界压力为5.08 MPa；溶于水、乙醇。

燃烧爆炸危险性：是易燃物、可燃物燃烧爆炸的基本要素之一，能氧化大多数活性物质与易燃物(如乙炔、甲烷等)形成爆炸性的混合物。

禁配物：易燃物、可燃物、活性金属粉末、乙炔。

消防措施：用水保持容器冷却，以防受热爆炸而急剧助长火势；迅速切断气源，用水喷淋保护切断气源的人员，然后根据着火原因选择适当灭火剂灭火。

健康危害：常压下当氧气浓度超过40%时，人有可能发生氧中毒。吸入40%～60%的氧气时，人会出现胸骨后不适感、轻咳，进而胸闷、胸骨后烧灼感和呼吸困难，咳嗽加剧，严重时可发生肺水肿，甚至出现呼吸窘迫综合征。吸入氧气浓度在80%以上时，人会出现面部肌肉抽动、面色苍白、眩晕、心动过速、虚脱，继而全身强直性抽搐、昏迷、呼吸衰竭而死亡。

长期处于氧气分压为 60～100 kPa(相当于吸入 40%～60%的氧气)的条件下，人会发生眼损害，严重者会失明。

储运注意事项：储存于阴凉、通风的库房，库温不超过 30 ℃。远离火种、热源。应与易(可)燃物、活性金属粉末分开存放，切忌混储。储备区应备有泄漏应急处理设备。氧气钢瓶不得沾污油脂。采用钢瓶运输时，必须戴好钢瓶上的安全帽。钢瓶一般平放，并应将口朝同一方向，不可交叉；高度不得超过车辆的防护栏板，并用三角木垫卡牢，防止滚动。严禁与易燃物、可燃物、活性金属粉末等混装混运，夏季应早晚运输，防止日光曝晒。铁路运输时要禁止溜放。

泄漏应急处理：迅速将泄漏污染区人员撤离至上风处，并立即隔离，严格限制出入；建议应急处理人员戴自给正压式呼吸器，穿一般作业工作服；避免与可燃物或易燃物接触；尽可能切断泄漏源；合理通风，加速扩散；漏气容器要妥善处理，修复、检验后再用。

(2) 氯气

理化性质：熔点为－101 ℃；沸点为－34.5 ℃；相对密度(水为 1.0)为 1.47；相对密度(空气为 1.0)为 2.48；临界温度为 144 ℃；易溶于水、碱液。

燃烧性：助燃。

危险特性：氯气为黄绿色有刺激性气味的气体，不燃但可助燃。一般可燃物大都能在氯气中燃烧，一般易燃气体或水蒸气也都能与氯气形成爆炸性混合物。氯气能与许多化学品如乙炔、乙醚、燃料气、氢气、金属粉末等猛烈反应发生爆炸或生成爆炸性物质。氯气对金属和非金属都有腐蚀作用。

灭火方法：本品不燃，消防人员必须佩戴过滤式防毒面具或隔离式呼吸器、穿全身防护服在上风处灭火；切断气源；喷水冷却容器，可能的话将容器从火场移至空旷处。灭火剂：雾状水、泡沫、干粉。

泄漏应急处理：迅速将泄漏污染区人员撤离至上风处，并立即进行隔离，小泄漏时隔离 150 m、大泄漏时隔离 450 m，严格限制出入；建议应急处理人员戴自给正压式呼吸器，穿防毒服；尽可能切断泄漏源；合理通风，加速扩散；喷雾状水稀释、溶解；构筑围堤或挖坑收容产生的大量废水，如有可能，用管道将泄漏物导入还原剂(硫酸氢钠或碳酸氢钠)溶液，也可将漏气钢瓶浸入石灰乳液中。

储存注意事项：应储存于阴凉、通风仓间内，仓间温度不宜超过 30 ℃；远离火种、热源，防止阳光直射；应与易燃物或可燃物、金属粉末等分开储存；不可混装混运；液氯储存区要建低于自然地面的围堤；搬运时应轻装轻放，防止钢瓶及附件破损。

9.1.2.5　压力下气体的危险特性

压力下气体包括压缩气体、液化气体、溶解气体、冷冻液化气体。其中，压缩气体和液化气体是指储存于耐压容器中的压缩、液压或加压溶解的气体。在钢瓶中处于气体状态的气体称为压缩气体，处于液体状态的气体称为液化气体。

1. 主要危险特性

(1) 易燃烧爆炸

《易燃易爆化学物品消防安全监督管理品名表》中列举的压缩气体和液化气体，超过半数是易燃气体，易燃气体的主要危险特性就是易燃易爆，处于燃烧浓度范围之内的易燃气体，遇着火源都能着火或爆炸，有的甚至只需要极微小能量就可燃爆。易燃气体与易燃液体、固体相比，更容易燃烧，且燃烧速度快，一燃即尽。简单成分组成的气体比复杂成分组成的气体易燃、燃速快、火焰温度高、着火爆炸危险性大。氢气、一氧化碳、甲烷的爆炸极限范围分别为 4.1％～74.2％、12.5％～74％、5.3％～15％。同时，由于充装容器为压力容器，受热或在火场上受热辐射时可燃气体还易发生物理性爆炸。

(2) 扩散性

压缩气体和液化气体由于气体的分子间距大、相互作用力小，所以非常容易扩散，能自发地充满任何容器。气体的扩散性受密度影响：比空气轻的气体在空气中可以无限制地扩散，易与空气形成爆炸性混合物；比空气重的气体扩散后，往往聚集在地表、沟渠、隧道、厂房死角等处长时间不散，遇着火源会发生燃烧或爆炸。掌握气体的密度及其扩散性，对指导消防监督检查、评定火灾危险性、确定防火间距、选择通风口的位置都有实际意义。

(3) 可缩性和膨胀性

压缩气体和液化气体的热胀冷缩性比液体、固体强得多，其体积随温度升降而胀缩。因此，容器(钢瓶)在储存、运输和使用过程中，要注意防火、防晒、隔热；在向容器(钢瓶)内充装气体时，要注意极限温度、压力，严格控制充装，防止超装、超温、超压造成事故。

(4) 静电性

压缩气体和液化气体从管口或破损处高速喷出时，由于强烈的摩擦作用，会产生静电。带电性也是评定压缩气体和液化气体火灾危险性的参数之一，掌握其带电性有助于在实际消防监督检查中，指导检查设备接地、流速控制等防范措施是否落实。

(5) 腐蚀毒害性

一些含氢、硫元素的气体具有腐蚀作用。如氢气、氨气、硫化氢等都能腐蚀设备，严重时可导致设备产生裂缝、漏气。对这类气体的容器，要采取一定的防腐蚀措施，要定期检验其耐压强度，以防万一。压缩气体和液化气体，除了氧气和压缩空气外，大都具有一定的毒害性。

(6) 窒息性

压缩气体和液化气体有一定的窒息性(氧气和压缩空气除外)。易燃易爆性和毒害性易引起注意，而窒息性往往被忽视，尤其是那些不燃无毒气体，如二氧化碳、氮气、氦气、氩气等惰性气体，一旦发生泄漏，均能使人窒息死亡。

(7) 氧化性

压缩气体和液化气体的氧化性主要有两种情况：一种是明确列为助燃气体的，如氧气、压缩空气、一氧化二氮；另一种是列为有毒气体的，本身不燃，但氧化性很强，与可燃气体混合后能发生燃烧或爆炸，如氯气与乙炔混合即可爆炸，氯气与氢气混合见光可爆炸，氟气遇氢气即爆炸。因此，在消防监督检查中不能忽视气体的氧化性，尤其是列为有毒气体的氯气、氟气，除了注意其毒害性外，还应注意其氧化性，在储存、运输和使用中要与其他可燃气体分开。

2. 注意事项

(1) 严禁超量灌装，防止钢瓶受热。

(2) 压缩气体和液化气体不允许泄漏，其原因除剧毒、易燃外，还因有些气体相互接触后会发生化学反应而引起爆炸。因此，内容物性质相互抵触的气瓶应分库储存。例如，氢气钢瓶与液氯钢瓶、氢气钢瓶与氧气钢瓶、液氯钢瓶与液氨钢瓶等，均不得同室混放。易燃气体不得与其他种类化学危险物品共同储存。此外，气瓶应直立放置整齐，最好用框架或栅栏围护固定，并留出通道。

(3) 油脂等可燃物在高压纯氧的冲击下极易起火燃烧，甚至爆炸。因此，应严禁氧气钢瓶与油脂类接触，如果瓶体沾着油脂，应立即用四氯化碳洗净。

(4) 仓库应阴凉通风，远离热源、火种，防止日光曝晒，严禁受热。库内照明应采用防爆照明灯。库房周围不得堆放任何可燃材料。

(5) 气瓶入库验收要注意包装外形无明显外伤；附件齐全；封闭紧密，无漏气现象；超过使用期限，不准延期使用。

(6) 气瓶装卸时必须轻装轻卸，严禁碰撞、抛掷、溜坡或横倒在地上滚动等。搬运时不可把钢瓶阀对准人身，注意防止钢瓶安全帽跌落。搬运氧气瓶时，工作服和装卸工具不得沾有油污。

(7) 储运中钢瓶阀应旋紧，不得泄漏。储存中如发现钢瓶漏气，应迅速打开库门通风，拧紧钢瓶阀，并立即将钢瓶移至安全场所。若是有毒气体，应戴上防毒面具。失火时应尽快将钢瓶移出火场，若搬运不及，可用大量水冷却钢瓶降温，以防高温引起钢瓶爆炸。灭火人员应站立在上风处和钢瓶侧面。

(8) 运输时必须戴好钢瓶上的安全帽。钢瓶一般应平放，并应将瓶口朝向同一方向，不可交叉；高度不得超过车辆的防护拦板，并用三角木垫卡牢，防止滚动。

(9) 为了便于区分钢瓶中所灌装的气体，国家有关部门统一规定了钢瓶的标志，包括钢瓶的外表面颜色、所用字样和字样颜色等，应按照规定执行。

(10) 各种钢瓶必须严格按照国家规定，进行定期技术检验。钢瓶在使用过程中，如有严重腐蚀或其他严重损伤，应提前进行检验。

(11) 平时在储运气瓶时应检查：

① 气瓶上的漆色及标志与各种单据上的品名是否相符，包装标志、防振胶圈是否齐备，气瓶钢印标注的有效期。

② 安全帽是否完整、拧紧，瓶壁是否有腐蚀、损坏、凹陷、鼓泡和伤痕等。

③ 耳听钢瓶是否有“咝”漏气声。

④ 凭嗅觉检测现场是否有强烈刺激性臭味或异味。

9.1.2.6　易燃液体的危险特性

1. 主要危险特性

(1) 挥发性

由于分子的运动，易燃液体具有一定的挥发性，即液体分子能挣脱液体表面的吸附而挥发到空气中。挥发性越强，易燃液体蒸气越易与空气形成爆炸性混合气体，火灾危险性越大。挥发能力与液体本身的性质有关，而且还与环境温度(越高越易挥发)、暴露面(越大挥发量越大)等因素有关。

(2) 易燃易爆性

液体的燃烧或爆炸实际上是液体的蒸气燃烧，即当易燃液体表面蒸气浓度在空气中达到一定值时，遇点火源易发生燃烧或爆炸。

(3) 热膨胀性

与压缩气体和液化气体的热膨胀性相类似，储存在密闭容器内的易燃液体受热之后，体积会膨胀，从而容器内蒸气压力增大，当超过容器所能承受的压力时，就会造成容器的破裂。

因此，易燃液体应该储存在阴凉处，高温时应用喷洒冷水的方法进行冷却。

(4) 流动性

凡是液体，它就有流动性。而为什么说流动性也是主要的危险特性呢？这是因为一旦发生易燃液体的泄漏，液体的流动性就会使火灾危险区域扩大，使很大一片区域都可能存在达到爆炸极限的易燃液体的蒸气。这样一旦有火源，就会造成火灾和爆炸。

可以通过设置水封井(在含有易燃气体或油污的污水管网中)、防火堤(变配电所中防止变压器油泄漏)来防止易燃液体流动性导致的火灾蔓延。

(5) 静电性

静电可能是液体与输送管壁间产生的，也可能是液体与液体之间产生的。

(6) 毒害性、腐蚀性

绝大多数易燃液体及其蒸气都具有一定的毒性，会通过与皮肤的接触或呼吸吸入人体，致使人昏迷或窒息而死。有的易燃液体及其蒸气还有刺激性和腐蚀性，会通过呼吸道、消化道等途径刺激或灼伤皮肤或器官，造成机体组织的坏死。

所以，在扑救易燃液体火灾时应佩戴好防护用具，如出现头晕、恶心等症状，应立即离开现场，以保证自身安全。

2. 常见的几种易燃液体

(1) 原油

物化性质：暗黄色、棕色及绿黑色，为碳氢化合物的混合物。

危险特性：易燃；遇高热、明火有燃烧危险；遇热分解，释出有毒的烟雾。人体吸入大量蒸气会引起神经症状。

泄漏处置：切断一切火源；戴好防毒面具与手套，用沙土吸收，置于空旷的地方掩埋。

(2) 汽油

用途：发动机燃料。

物化性质：水白色芳香味挥发性液体，比水轻。

危险特性：易燃；易挥发，蒸气能与空气形成爆炸性混合物；遇明火、高热、强氧化剂有燃烧危险；爆炸极限为1.4%～7.6%。人体吸入大量的蒸气时，会引起严重的中枢神经障碍。

泄漏处置：消防方法——小面积可以用雾状水扑救，面积较大时用干粉、泡沫、二氧化碳、沙土扑救。切除一切火源，在周围设置雾状水幕，用沙土吸收，置于空旷的地方任其蒸发。

(3) 醇类(R—OH)

代表物：乙醇。

物化性质：能与水等有机溶剂混溶。沸点为78 ℃，闪点为13 ℃，自燃点为423 ℃。

危险特性：蒸气能与空气形成爆炸性混合物，爆炸极限为4%～19%；微毒。

消防方法：乙醇火灾可用抗溶性泡沫、干粉或二氧化碳扑救；用水冷却火场中的容器；驱散蒸气，赶走逸出的液体，使之稀释成不燃性混合物。

泄漏处置：戴防毒面具与手套，用水冲洗，经稀释的污水放入废水系统。大面积泄漏区域周围应设雾状水幕抑制爆炸。

(4) 醚类(R—O—R′)

醚一般具有较低的沸点和闪点，属于易燃液体，具有很大的火灾危险性。

代表物：乙醚。

用途：溶剂、萃取剂。

物化特性：易挥发，有刺激性气味，微溶于水。沸点为34 ℃，闪点为－45 ℃，自燃点为180 ℃。

危险特性：极易燃；爆炸极限为2%～48%；在空气中与氧气长期接触或受光照会生成不稳定的过氧化物，受热能自行着火爆炸；当浓度达7%～10%时，能引起呼吸系统和循环系统的麻痹，最终致死。

消防方法：小面积火用雾状水扑灭，大火用干粉、泡沫、沙土、二氧化碳扑灭。用水冷却火场容器。

泄漏处理：切断一切火源。戴防毒面具与手套，在四周设置雾状水幕，用沙土吸收，置于空旷地方任其蒸发。

(5) 含硫化合物

代表物：二硫化碳(CS_2)。

物化性质：无色或淡黄色，易挥发，不溶于水。

危险特性：极易燃，蒸气即使接触亮着的普通灯泡也可燃着。蒸气能与空气形成爆炸性混合物，爆炸极限1%～45%；与铝、锌、钾、氯等反应剧烈，有引起着火、爆炸的危险。易产生和积聚静电。属于易燃、易爆、高毒、强挥发性液体。

消防方法：用水、泡沫、干粉、二氧化碳灭火。

泄漏处置：戴防毒面具和手套，用沙土吸收，送至空旷安全处烧掉；大面积泄漏时周围应设雾状水幕抑制爆炸。相对密度为1.3，储存可用水封。

(6) 芳香烃类

芳香烃类化合物直接来源于石油，常见的有苯、甲苯和二甲苯。

代表物：苯。其相对密度为0.879 4；沸点为80.1 ℃；闪点为－11 ℃；自燃点为562.2 ℃；爆炸极限为1.3%～7.1%。挥发性强，易形成爆炸性混合物，与氧化剂接触反应剧烈，易产生和积聚静电。储存于阴凉通风处，温度不超过30 ℃，与氧化剂分开存放。苯的火灾可用泡沫、干粉、二氧化碳扑救。

9.1.2.7　易燃固体的危险特性

易燃固体按燃点、易燃性、燃烧时的剧烈程度可分为两类。

① 一级易燃固体，这类物质的燃点低，容易燃烧、爆炸，燃烧速度快，且放出气体的毒性大，如红磷、硝化棉等。

② 二级易燃固体，这类物质与一级易燃固体相比，燃烧性能差，燃烧速度慢，燃烧所放出的气体毒性小，如一些金属易燃粉末(镁粉、铝粉等)。

1. 主要危险特性

(1) 易燃性

易燃固体的燃点比较低，在能量较小的热源或受撞击、摩擦作用下会很快受热达到燃点。而且易燃固体的自燃点比易燃液体和气体的自燃点低，所以非常容易起火燃烧。易燃固体与氧化剂接触，立即发生燃烧，甚至发生爆炸。

(2) 爆炸性

大多数的易燃固体是还原剂，非常容易与氧化剂、强酸等发生反应，当反应剧烈时，就会引起爆炸。而且易燃固体与空气接触面积越大，越容易燃烧，燃烧速度越快，如粉末状的物质(铝粉、镁粉等)，不仅易燃，还易飞散到空气中形成爆炸性混合物，遇火源即发生粉尘爆炸。

(3) 毒害性

许多易燃固体本身具有毒性，或燃烧后生成有毒的物质。例如，硫燃烧产生二氧化硫，二氧化硫是具有窒息性、腐蚀性和毒性的气体。

2. 常见的易燃固体

例如：红磷。

物化性质：红色至紫色粉末，无臭；有毒，有刺激性；不溶于水。

危险特性：遇热、火种、摩擦和撞击极易燃烧。与大多数的氧化剂所组成的混合物都具有十分敏感的爆炸性能。例如，氯酸钾与红磷混合后，即使在含有水分的情况下，稍经摩擦或撞击就会燃烧或爆炸。而且红磷燃烧后产生的五氧化二磷烟雾是有毒的。

消防处置：小火时用黄沙、干粉、石粉等闷熄；大火时用水灭，要注意水流向。

9.1.2.8　自反应物质或混合物的危险特性

自反应物质或混合物按下列原则分为“A—G”7 个类型。

(1) 在包装内，会发生爆炸或快速爆燃的任何自反应物质或混合物，分类为 A 型自反应物质。

(2) 在包装内，具有爆炸特性，既不会爆炸也不会快速爆燃，但易发生受热爆炸的任何自反应物质或混合物，分类为 B 型自反应物质。

(3) 在包装内，具有爆炸特性，不会发生爆炸、快速爆燃或受热爆炸的任何自反应物质或混合物，分类为 C 型自反应物质。

(4) 在实验室试验中以下情况的任何自反应物质或混合物将被确定为 D 型自反应物质：

① 有限条件加热时部分爆燃，不会快速爆燃，没有呈剧烈反应。

② 有限条件加热时完全不会爆炸，会缓慢燃烧，没有呈剧烈反应。

③ 有限条件加热时完全不会爆炸或爆燃，呈中等反应。

(5) 在实验室试验中，有限条件加热时完全不会爆炸又不爆燃，呈微反应或不反应的任何自反应物质或混合物，分类为 E 型自反应物质。

(6) 在实验室试验中，有限条件加热时既不会在空化状态爆炸，也完全不会爆燃，呈微反应或不反应、低爆炸能量或无爆炸能量的任何自反应物质或混合物，分类为 F 型自反应物质。

(7) 在实验室试验中，有限条件加热时既不会在空化状态爆炸，也完全不会爆燃，并且不发生反应，无任何爆炸能量，只要是热稳定的(50 kg 包装的自加速分解温度为 60～75 ℃)，对于液体混合物，用沸点不低于 150 ℃的稀释剂减感的任何自反应物质或混合物，确定为 G 型自反应物质。如果该混合物不是热稳定的，或用沸点低于 150 ℃的稀释剂减感，则该混合物应确定为 F 型自反应物质。

9.1.2.9　自燃液体的危险特性

危险特性：遇空气易自燃。

储存方式：置于阴凉、通风、低温、干燥处，远离热源和火源。与不相容物质隔离储存；禁止与氧化剂、酸和碱等一起储存和运输；在运输和储存中与氧化剂等隔离开。

消防方法：使用二氧化碳、干粉、泡沫灭火。

9.1.2.10　自燃固体的危险特性

1. 分级

根据自燃的难易程度及危险性大小，可将自燃固体分为两级。一级自燃固体：这类固体自燃点低，化学性质比较活泼，在空气中极易氧化或分解，并放出热量，从而自燃，如黄磷等。二级自燃固体：这类固体化学性质虽然较稳定，但自燃点较低，如果通风不良，在空气中氧化所放出的热量积聚不散，也能引起自燃。这类固体都是含有油脂的物质。

2. 主要危险特性

(1) 遇空气自燃性

一部分自燃固体可以与空气中的氧气发生氧化还原反应，同时放出大量的热，最终达到自燃点而自燃。例如，黄磷，它的自燃点非常低，约 30 ℃，即使在常温下，遇到空气也会自燃起火，生成有毒的五氧化二磷烟雾，后者遇水生成有剧毒的偏磷酸。

(2) 积热自燃性

自燃固体发生氧化还原反应，产生的热量由于散热不良而积热不散，从而导致温度升高达到自燃点而引起自燃。例如，油纸或油布，由于油在纸或布上，遇空气中的氧气接触面积增大，氧化时产生的热量也就相应增多，而且堆放在一起的油纸或油布等散热不良，造成积热不散，从而导致达到自燃点而引起自燃。

(3) 遇湿易燃易爆性

一些有机金属化合物，还原性较强，不但在空气中能发生自燃，遇水还会强烈地分解，放出易燃的气体，从而使火势更加猛烈，甚至发生爆炸。

3. 常见的自燃固体的性质

例如：黄磷。

物化性质：不溶于水。自燃点低，在空气中会冒白烟自燃。

危险特性：毒性比较强；其碎屑接触皮肤，会引起严重的皮肤灼伤；蒸气会刺激眼睛、鼻，吸入过多，则会引起组织坏死。

消防方法：用雾状水灭火，必须注意防止飞溅，也可用沙土或泥土覆盖。消防队员必须穿戴橡胶衣、裤、靴，并戴防毒口罩。

9.1.2.11　自热物质和混合物的危险特性

这类物质或混合物与发火液体或固体不同，因为这类物质只有数量很大(千克级)并经过长时间(几小时或几天)才会燃烧。

9.1.2.12　遇水放出易燃气体的物质或混合物的危险特性

这类物品是指遇水或受潮时，发生剧烈的化学反应，并放出大量的易燃气体和热量的物品。有些不需明火，即能燃烧或爆炸，遇湿易燃物品又常常称为遇水燃烧物品。

1. 分级

根据遇水或受潮后发生反应的剧烈程度和危险性大小，遇湿易燃物品可分为两级。

一级遇湿易燃物品：遇水发生剧烈的反应，产生大量的可燃气体并放出大量的热，容易引起燃烧和爆炸，如活泼的碱金属(钾、钠、锂等)、金属硫化物等。

二级遇湿易燃物品：遇水发生的反应比较缓慢，放出的热量比较少，产生的可燃气体一般要在火源作用下才能引起燃烧，如湿金属镁粉、锌粉等。

2. 主要危险特性

(1) 遇水易燃易爆性

这主要是一级遇湿易燃物品的危险特性。例如，金属钠，可以使水分解放出氢气，并且放出大量的热，从而使氢气着火。

(2) 遇氧化剂、酸着火爆炸性

这主要是二级遇湿易燃物品的危险特性。它们遇到水后不会发生剧烈的化学反应，但是当遇到酸性溶液时，会发生剧烈的化学反应，并且放出大量的易燃气体，从而引起燃烧和爆炸。

(3) 自燃危险性

有些物品，如碱金属，由于它们的化学性质非常活泼，暴露在空气或氧气中就能着火自燃。

(4) 毒害性和腐蚀性

很多遇湿易燃物品本身就有毒性。另外，金属磷化物(磷化钙、磷化铝)等遇湿易燃物品，遇水或受潮则会生成具有腐蚀性的碱，同时放出有毒气体。

3. 常见的几种遇湿易燃物品的性质

(1) 金属钠

危险特性：遇水或潮气都会剧烈反应而生成氢氧化钠和氢气，并放出大量的热，引起着火或爆炸。而且吸入钠的烟雾或蒸气对上呼吸道的黏膜有强烈的刺激和腐蚀作用。

消防方法：由于钠可以与水发生剧烈的化学反应，所以不能用水作为灭火剂，应用干砂、干粉灭火。而且在处置钠时，一定要戴好防护眼镜、手套、安全帽等防护用品。

(2) 碳化钙

碳化钙(CaC_2)，又名电石。碳化钙遇水或吸收空气中的水分，则生成乙炔。乙炔极易引燃爆炸，所以碳化钙的危险性可想而知。

危险特性：产生的乙炔很容易与空气形成爆炸性混合物，非常危险。

消防方法：不能用水作为灭火剂，应用干砂、水泥浆灭火或闷熄。

9.1.2.13 氧化性液体的危险特性

氧化性液体是指本身未必燃烧，但通常因放出氧气可能引起或促使其他物质燃烧的液体。

9.1.2.14 氧化性固体的危险特性

氧化性固体是指本身未必燃烧，但通常因放出氧气可能引起或促使其他物质燃烧的固体。

9.1.2.15 有机过氧化物的危险特性

氧化剂是指处于高氧化态，具有强氧化性，易分解并放出氧气和热量的物质。它包括含有过氧基的无机物，其本身不一定可燃，但能导致可燃物燃烧，与松软的粉末状可燃物能组成爆炸性混合物，对热、振动或摩擦较敏感。

有机过氧化物是指分子组成中含有过氧基的有机物，其本身易燃易爆，极易分解，对热、振动或摩擦极为敏感。

1. 危险特性

氧化剂的危险特性主要表现在8个方面：① 强烈的氧化性；② 受热撞击分解性；③ 可燃性；④ 与可燃物质作用的自燃性；⑤ 与酸作用的分解性；⑥ 与水作用的分解性；⑦ 强氧化剂与弱氧化剂作用的分解性；⑧ 腐蚀毒害性。

有机过氧化物的危险特性：① 分解爆炸性；② 易燃性；③ 伤害性。

2. 消防注意事项

(1) 仓库不得漏水，并应防止酸雾侵入。严禁与酸类、易燃物、有机物、还原剂、自燃物品、遇湿易燃物品等混存混运。

(2) 不同品种的氧化剂，应根据性质及灭火方法的不同，选择适当的库房分类存放以及分类运输。

(3) 储运过程中，力求避免摩擦、撞击，防止引起爆炸。对氯酸盐、有机过氧化物等物更应特别注意。

(4) 仓库储存前后及运输车辆装卸前后，均应清扫、清洗，严防混入有机物、易燃物杂质。

9.1.2.16　金属腐蚀剂的危险特性

金属腐蚀剂是指通过化学作用显著损坏或毁坏金属的物质或混合物。其危险特性主要是腐蚀性。

常见金属腐蚀剂如下。

1. 三氯化铁

三氯化铁 200 g、硝酸 300 mL、水 100 mL 混合溶液可腐蚀大多数钢种。腐蚀方法：室温浸蚀。

危险特性：受高热分解产生有毒的腐蚀性烟气。

溶解性：易溶于水、甲醇、乙醇、丙酮、乙醚，不溶于甘油。

灭火剂：水、泡沫、二氧化碳。

泄漏应急处理：隔离泄漏污染区，限制出入；建议应急处理人员戴自给正压式呼吸器，穿防酸碱工作服，不要直接接触泄漏物；小量泄漏用洁净的铲子收集于干燥、洁净、有盖的容器中，也可以用大量水冲洗，洗水稀释后放入废水系统；大量泄漏用塑料布、帆布覆盖，减少飞散，然后收集、回收或运至废物处理场所处置。

储运注意事项：储存于阴凉、通风仓间内；远离火种、热源，防止阳光直射；保持容器密封；应与金属粉末、易燃物或可燃物、还原剂等分开存放；分装和搬运作业要注意个人防护；搬运时要轻装轻卸，防止包装及容器损坏。

2. 盐酸

体积比为 1∶1 的工业盐酸水溶液可以腐蚀大多数钢种。腐蚀方法：60～80 ℃热蚀；时间：易切削钢 5～10 min，碳素钢 5～20 min，合金钢 15～20 min。

理化特性：无色或微黄色发烟液体，有刺鼻的酸味；熔点为 −114.8 ℃(纯)；沸点为 108.6 ℃(20%)；饱和蒸气压为 30.66 kPa(21 ℃)。

危险特性：能与一些活性金属粉末发生反应，放出氢气；遇氰化物能产生剧毒的氰化氢气体；与碱发生中和反应，并放出大量的热；具有较强的腐蚀性。

消防方法：用碱性物质如碳酸氢钠、碳酸钠、消石灰等中和，也可用大量水扑灭。

泄漏应急处理：迅速将泄漏污染区人员撤离至安全区，并进行隔离，严格限制出入；建议应急处理人员戴自给正压式呼吸器，穿防酸碱工作服，不要直接接触泄漏物；尽可能切断泄漏源；小量泄漏用沙土、干燥石灰或苏打灰混合，也可以用大量水冲洗，洗水稀释后放入废水系统；大量泄漏应构筑围堤或挖坑收容，并用泵转移至槽车或专用收集器内，回收或运至废物处理场所处置。

储存注意事项：储存于阴凉、通风的库房，库温不超过 30 ℃，相对湿度不超过 85%；保持容器密封；应与碱类、胺类、碱金属、易（可）燃物分开存放，切忌混储；储存区应备有泄漏应急处理设备和合适的收容材料。

9.1.3 危险化学品的分类

按照我国目前公布的国标《化学品分类和危险性公示 通则》（GB 13690—2009）、《危险货物分类和品名编号》（GB 6944—2012）及《危险化学品目录》（2023 版），从化学品门类中归类出以下九大类危险化学品，每一类又分为若干项。

第一类：爆炸品。爆炸品在国家标准中分 5 项，其中有 3 项包含危险化学品，另外 2 项专指弹药等。

第 1 项：具有整体爆炸危险的物质和物品，如高氯酸。

第 3 项：具有燃烧危险和较小爆炸危险的物质和物品，如二亚硝基苯。

第 4 项：无重大危险的爆炸物质和物品，如四唑并-1-乙酸。

第二类：压缩气体和液化气体。分 3 项。

第 1 项：易燃气体，如氨气、一氧化碳、甲烷等。

第 2 项：不燃气体（包括助燃气体），如氮气、氧气等。

第 3 项：有毒气体，如氯气（液化的）、氨气（液化的）等。

第三类：易燃液体。分 3 项。

第 1 项：低闪点液体，即闪点低于－18 ℃的液体，如乙醛、丙酮等。

第 2 项：中闪点液体，即闪点为－18～＜23 ℃的液体，如苯、甲醇等。

第 3 项，高闪点液体，即闪点在 23 ℃以上的液体，如环辛烷、氯苯、苯甲醚等。

第四类：易燃固体、自燃物品和遇湿易燃物品。按其燃烧特性分为 3 项。

第 1 项：易燃固体，指燃点低，对热、撞击、摩擦敏感，易被外部火源点燃，迅速燃烧，能散发有毒烟雾或有毒气体的固体。如红磷、硫黄等。

第 2 项：自燃物品，指自燃点低，在空气中易于发生氧化反应放出热量而自行燃烧的物品。如黄磷、三氯化钛等。

第 3 项：遇湿易燃物品，指遇水或受潮时，发生剧烈反应，放出大量易燃气体和热量的物品，有的不需明火，就能燃烧或爆炸。如金属钠等。

第五类：氧化剂和有机过氧化物。按其组成分为两项。

第 1 项：氧化剂，指具有强氧化性，易分解放出氧气和热量的物质，对热、振动和摩擦比较敏感。如氯酸铵、高锰酸钾等。

第 2 项：有机过氧化物，指分子结构中含有过氧键的有机物，其本身易燃易爆、极易分解，对热、振动和摩擦极为敏感。如过氧化苯甲酰、过氧化甲乙酮等。

第六类：毒害品。如各种氰化物、砷化物、化学农药等。

第七类：放射性物品，它属于危险化学品，但不属于《危险化学品安全管理条例》的管理范围，国家还另外有专门的“条例”来管理放射性物品。

第八类：腐蚀品。这类物质按化学性质分 3 项。

第 1 项：酸性腐蚀品，如硫酸、硝酸、盐酸等。

第 2 项：碱性腐蚀品，如氢氧化钠、硫氢化钙等。

第 3 项：其他腐蚀品，如二氯乙醛、苯酚钠等。

第九类:杂项危险物质和物品。包括但不限于:锂电池、干冰、医疗废物、磁性物质、危害环境物质等。

9.2　防火防爆安全技术

防火防爆安全技术

化工生产中使用的原料、中间体和产品很多都是易燃、易爆物质,而化工生产也是一个非常复杂的多因素影响过程,极易发生火灾爆炸事故,造成人员伤亡及财产损失。因此,防火防爆对于化工生产的安全运行是十分重要的。

9.2.1　火灾爆炸危险性分析

9.2.1.1　生产和储存物品的火灾危险性分类

为防止火灾和爆炸事故,首先必须了解生产或储存物品的火灾危险性、发生火灾爆炸事故后火势蔓延扩大的条件等,这是采取行之有效的防火防爆措施的重要依据。

生产和储存物品的火灾危险性分类见表 9-2。分类的依据是生产和储存物品的理化性质。

表 9-2　生产和储存物品的火灾危险性分类

生产物品的火灾危险性类别	使用或产生下列物品的火灾危险性特征	储存物品的火灾危险性类别	储存物品的火灾危险性特征
甲	① 闪点小于 28 ℃的液体; ② 爆炸下限小于 10%的气体; ③ 常温下能自行分解或在空气中氧化能迅速自燃或爆炸的物质; ④ 常温下受到水或空气中水蒸气的作用,能产生可燃气体并能引起燃烧或爆炸的物质; ⑤ 遇酸、受热、撞击、摩擦、催化以及遇有机物或硫黄等易燃无机物,极易引起燃烧或爆炸的强氧化剂; ⑥ 受撞击、摩擦或与氧化剂、有机物接触时能引起燃烧或爆炸的物质; ⑦ 在密闭设备内操作温度不小于物质本身自燃点的生产	甲	① 闪点小于 28 ℃的液体; ② 爆炸下限小于 10%的气体,受到水或空气中水蒸气的作用能产生爆炸下限小于 10%的气体的固体物质; ③ 常温下能自行分解或在空气中氧化能迅速自燃或爆炸的物质; ④ 常温下受到水或空气中水蒸气的作用,能产生可燃气体并能引起燃烧或爆炸的物质; ⑤ 遇酸、受热、撞击、摩擦以及遇有机物或硫黄等易燃无机物,极易引起燃烧或爆炸的强氧化剂; ⑥ 受撞击、摩擦或与氧化剂、有机物接触时能引起燃烧或爆炸的物质
乙	① 闪点不小于 28 ℃,但小于 60 ℃的液体; ② 爆炸下限不小于 10%的气体; ③ 不属于甲类的氧化剂; ④ 不属于甲类的易燃固体; ⑤ 助燃气体; ⑥ 能与空气形成爆炸性混合物的浮游状态的粉尘纤维及闪点不小于 60 ℃的液体雾滴	乙	① 闪点为 28～60 ℃的液体; ② 爆炸下限不小于 10%的气体; ③ 不属于甲类的氧化剂; ④ 不属于甲类的易燃固体; ⑤ 助燃气体; ⑥ 常温下与空气接触能缓慢氧化,积热不散引起自燃的物品

表 9-2(续)

生产物品的火灾危险性类别	使用或产生下列物品的火灾危险性特征	储存物品的火灾危险性类别	储存物品的火灾危险性特征
丙	① 闪点不小于 60 ℃的液体； ② 可燃固体	丙	① 闪点不小于 60 ℃的液体； ② 可燃固体
丁	① 对不燃烧物质进行加工，并在高温或熔化状态下经常产生强辐射热、火花或火焰的生产； ② 利用气体、液体、固体作为燃料或将气体、液体进行燃烧作为其他用途的生产 ③ 常温下使用或加工难燃烧物质的生产	丁	难燃烧物品
戊	常温下使用或加工不燃烧物质的生产	戊	不燃烧物品

生产和储存物品的火灾危险性分类是确定建(构)筑物的耐火等级、布置工艺装置、选择电气设备类型以及采取防火防爆措施的重要依据。

9.2.1.2　爆炸性环境危险区域划分

1. 爆炸性气体环境和爆炸性粉尘环境分区

化工安全生产 41 条禁令

爆炸性环境包括爆炸性气体环境和爆炸性粉尘环境。爆炸性气体环境是指可燃物质以气体或蒸气的形式与空气形成的混合物，被点燃后能够保持燃烧自行传播的环境。爆炸性粉尘环境是指在大气条件下，可燃物质以粉尘、纤维或飞絮的形式与空气形成的混合物，被点燃后能够保持燃烧自行传播的环境。

爆炸性气体环境危险区域的划分应根据爆炸性气体混合物出现的频繁程度及通风条件确定。符合下列条件之一时，可划为非气体爆炸性环境危险区域：

① 没有可燃物质释放源且不可能有可燃物质侵入的区域；

② 可燃物质可能出现的最高浓度不超过爆炸下限值的 10%的区域；

③ 在生产过程中使用明火的设备附近区域，或炽热部件的表面温度超过区域内可燃物质引燃温度的设备附近区域；

④ 在生产装置区外，露天或开敞设置的输送可燃物质的架空管道地带，但其阀门区域按具体情况确定。

爆炸性粉尘环境危险区域的划分应按爆炸性粉尘的量、爆炸极限和通风条件确定。符合下列条件之一时，可划为非粉尘爆炸性环境危险区域：

① 装有良好的除尘效果的除尘装置，当该除尘装置停车时，工艺机组能联锁停车；

② 设有为爆炸性粉尘环境服务，并用墙隔绝的送风机室，其通向爆炸性粉尘环境的风道设有能防止爆炸性粉尘混合物侵入的安全装置；

③ 区域内使用爆炸性粉尘的量不大，且在排风柜内或风罩下进行操作。

2. 爆炸性气体混合物的分级、分组

依据国家标准《爆炸危险环境电力装置设计规范》(GB 50058—2014)的规定，爆炸性气体混合物按其最大试验安全间隙(MESG)或最小点燃电流比(MICR)进行分级，按引燃温度进行分组。详见表9-3和表9-4。

表 9-3　爆炸性气体混合物分级

级别	最大试验安全间隙(MESG)/mm	最小点燃电流比(MICR)
ⅡA	MESG≥0.9	MICR>0.8
ⅡB	0.5<MESG<0.9	0.45≤MICR≤0.8
ⅡC	MESG≤0.5	MICR<0.45

注:1. 分级的级别应符合国家标准《爆炸性环境 第11部分:气体和蒸气物质特性分类 试验方法和数据》(GB/T 3836.11—2022)的有关规定。
2. 最小点燃电流比为各种可燃物质的最小点燃电流值与实验室甲烷的最小点燃电流值之比。

表 9-4　爆炸性气体混合物分组

组别	引燃温度 t/℃
T_1	$t>450$
T_2	$300<t\leqslant 450$
T_3	$200<t\leqslant 300$
T_4	$135<t\leqslant 200$
T_5	$100<t\leqslant 135$
T_6	$85<t\leqslant 100$

常见可燃气体或蒸汽(气)爆炸性混合物分级、分组可查阅《爆炸危险环境电力装置设计规范》(GB 50058—2014)的附录C。

3. 爆炸性粉尘环境中粉尘的分级

依据国家标准《爆炸危险环境电力装置设计规范》(GB 50058—2014)的规定,在爆炸性粉尘环境中的粉尘可分为下列三级:① ⅢA级为可燃性飞絮;② ⅢB级为非导电性粉尘;③ ⅢC级为导电性粉尘。

常见可燃性粉尘特性可查阅《爆炸危险环境电力装置设计规范》(GB 50058—2014)的附录E。

9.2.2　点火源控制

中石油检修施工流程介绍

如前所述,点火源的控制是防止燃烧和爆炸的重要环节。化工生产中的点火源主要包括:明火、高温表面、电火花及电弧、静电、摩擦与撞击、化学反应热、光线及射线等。对上述部分点火源进行分析,并采取适当措施,是安全管理工作的重要内容。

9.2.2.1　明火

化工生产中的明火主要是指生产过程中的加热用火、维修用火及其他火源。

1. 加热用火的控制

加热易燃液体时,应尽量避免采用明火,而采用蒸汽、过热水、中间载热体或电热等;如果必须采用明火,则设备应严格密闭,并定期检查,防止泄漏。工艺装置中明火设备的布置,应远离可能泄漏的可燃气体或蒸气的工艺设备及储罐区;在积存有可燃气体、蒸气的地沟、深坑、下水道内及其附近,没有消除危险之前,不能进行明火作业。

在确定的禁火区内,要加强管理,杜绝明火的存在。

2. 维修用火的控制

维修用火主要是指焊割、喷灯、熬炼用火等。在有火灾爆炸危险的厂房内,应尽量避免焊割作业,必须进行切割或焊接作业时,应严格执行动火安全规定。在有火灾爆炸危险的场所使用喷灯进行维修作业时,应按动火制度进行并将可燃物清理干净。对熬炼设备,要经常检查,防止烟道串火和熬锅破漏,同时要防止物料过满而溢出;在生产区熬炼时,应注意熬炼地点的选择。

此外,烟囱飞火、机动车的排气管喷火,都可能引起可燃气体、蒸气的燃烧爆炸。要加强对上述火源的监控与管理。

9.2.2.2 高温表面

在化工生产中,加热装置、高温物料输送管线及机泵等,其表面温度均较高,要防止可燃物落在上面,引燃着火。可燃物的排放要远离高温表面。如果高温管线及设备与可燃物装置较接近,则高温表面应有隔热措施。加热温度高于物料自燃点的工艺过程,应严防物料外泄或空气进入系统。

照明灯具的外壳或表面都有很高温度。白炽灯泡表面温度见表 9-5;高压汞灯的表面温度和白炽灯相差不多,为 150～200 ℃;1 000 W 卤钨灯管表面温度可达 500～800 ℃。灯泡表面的高温可点燃附近的可燃物品,因此在易燃易爆场所,严禁使用这类灯具。

表 9-5 白炽灯泡表面温度

灯泡功率/W	灯泡表面温度/℃	灯泡功率/W	灯泡表面温度/℃
40	50～60	100	170～220
60	130～180	150	150～230
75	140～200	200	160～300

各种电气设备在设计和安装时,应考虑一定的散热或通风措施,达到在正常稳定运行时的放热与散热平衡,其最高温度和最高温升(即最高温度和周围环境温度之差)符合规范的要求,从而防止电气设备因过热而导致火灾、爆炸事故。

9.2.2.3 电火花及电弧

电火花是电极间的击穿放电,电弧则是大量的电火花汇集的结果。一般电火花的温度均很高,特别是电弧,温度可达 3 600～6 000 ℃。电火花和电弧不仅能引起绝缘材料燃烧,而且可以引起金属熔化飞溅,构成危险的火源。

电火花分为工作火花和事故火花两类。其中,工作火花是指电气设备正常工作时或正常操作过程中产生的火花。如直流电机电刷与整流片接触处的火花,开关或继电器分合时的火花,短路、保险丝熔断时产生的火花等。

除上述电火花外,电动机转子和定子发生摩擦或风扇叶轮与其他部件碰撞会产生机械性质的火花;灯泡破碎时露出温度高达 2 000～3 000 ℃的灯丝,都可能成为引发电气火灾的火源。

1. 防爆电气设备类型

在爆炸性环境中,必须防止设备的电火花成为点火源,必须采用爆炸性环境用电气设备。爆炸性环境用电气设备分为Ⅰ类、Ⅱ类和Ⅲ类，其中Ⅰ类电气设备用于煤矿瓦斯气体环境，Ⅱ类电气设备用于除煤矿瓦斯气体之外的其他爆炸性气体环境（ⅡA 类适用于丙烷气体、ⅡB 类适用于乙烯等气体、ⅡC 类适用于氧气等气体，标志ⅡB 的设备可适用于标志ⅡA 类设备的使用条件，标志ⅡC 的设备可适用于标志ⅡA 类和ⅡB 类设备的使用条件），Ⅲ类电气设备用于除煤矿以外的爆炸性粉尘环境（ⅢA 类适用于可燃性飞絮、ⅢB 类适用于非导电性粉尘、ⅢC 类适用于导电性粉尘，标志ⅢB 的设备可适用于标志ⅢA 类设备的使用条件，标志ⅢC 的设备可适用于标志ⅢA 类和ⅢB 类设备的使用条件）。由此可见，爆炸性环境的化工作业场所主要采用Ⅱ类和Ⅲ类的电气设备。

防爆电气设备的选择还要依据设备保护级别和电气设备的防爆类型。

为了满足化工生产的防爆要求，必须了解并正确选择防爆电气的结构类型。各种防爆电气设备结构类型及其标志见表 9-6。

表 9-6　防爆电气设备结构类型及其标志

电气设备防爆结构	标志	电气设备防爆结构	标志
隔爆型	d	油浸型	o
增安型	e	充砂型	q
正压外壳型	p	浇封型	m
本质安全型	i	无火花型	n
外壳保护型	t		

防爆电气标志中除了标出类型外，还标出适用的分级分组。防爆电气标志（Ex 之后）一般由五部分组成，以字母或数字表示。由左至右依次为：① 防爆电气类型的标志；② Ⅱ或Ⅲ；③ 爆炸混合物的级别；④ 爆炸混合物的组别；⑤ 设备保护级别。如 Ex ib ⅡC T4 Gb。

2. 防爆电气设备的选型

在爆炸性环境中，电气设备应根据下列因素进行选择：① 爆炸危险区域的分区；② 可燃性物质和可燃性粉尘的分级；③ 可燃性物质的引燃温度；④ 可燃性粉尘云、可燃性粉尘层的最低引燃温度。

特别注意，所选防爆电气设备的级别和组别不应低于该爆炸性气体环境内爆炸性气体混合物的级别和组别。

为了正确选择防爆电气设备，下面对防爆电气设备的特点作一简要介绍。

① 隔爆型电气设备：有一个隔爆外壳，是应用缝隙隔爆原理，使设备外壳内部产生的爆炸火焰不能传播到外壳的外部，从而点燃周围环境中爆炸性介质的电气设备。

隔爆型电气设备的安全性较高，可用于除 0 区之外的各级危险场所，但其价格及维护要求也较高，因此在危险性级别较低的场所使用不够经济。

② 增安型电气设备：是在正常运行情况下不产生电弧、电火花或危险温度的电气设备，它可用于 1 区和 2 区危险场所，价格适中，可广泛使用。

③ 正压外壳型电气设备：具有保护外壳，壳内充有保护性气体，其压力高于周围爆炸性气体的压力，能阻止外部爆炸性气体进入设备内部而引起爆炸。

④ 本质安全型电气设备：是由本质安全电路构成的电气设备。在正常情况下及事故时

产生的电火花、危险温度不会引起爆炸性混合物爆炸。

⑤ 外壳保护型电气设备：适用于在可燃性粉尘环境中用外壳和限制表面温度保护的电气设备。在该环境中，可燃性粉尘存在的数量能够导致火灾或爆炸危险。不适用于无氧气存在即可燃烧的火炸药粉尘或自燃物质。

⑥ 油浸型电气设备：应用隔爆原理将电气设备全部或一部分浸没在绝缘油面以下，从而使产生的电火花和电弧不会点燃油面以上及容器外壳外部的燃爆型介质。运行中经常产生电火花以及有活动部件的电气设备可以采用这种防爆形式。可用于除 0 区之外的危险场所。

⑦ 充砂型电气设备：应用隔爆原理将可能产生电火花的电气部位用砂粒充填覆盖，利用覆盖层砂粒间隙的熄火作用，使电气设备的电火花或过热温度不致引燃周围环境中的爆炸性物质。可用于除 0 区之外的危险场所。

⑧ 浇封型电气设备：是将电气设备或其部件浇封在浇封剂中，使其在正常运行和认可的过载或认可的故障下不能点燃周围的爆炸性混合物的防爆电气设备。

⑨ 无火花型电气设备：在正常运行时不会产生电火花、电弧及高温表面的电气设备。它只能用于 2 区危险场所，但由于在爆炸性危险场所中 2 区危险场所占绝大部分，所以该类型设备使用面很广。

9.2.2.4 静电

化工生产中，物料、装置、器材、构筑物以及人体所产生的静电积累，会对安全构成严重威胁。据资料统计，日本在 1965—1973 年间，由静电引起的火灾平均每年达 100 起以上，损失巨大，危害严重。

危险化学品安全管理

静电能够引起火灾爆炸的根本原因在于，静电放电火花具有点火能量。许多爆炸性蒸气、气体和空气混合物点燃的最小能量为 0.009～7 mJ。当放电能量小于爆炸性混合物最小点燃能量的四分之一时，则认为是安全的。

静电防护主要是设法消除或控制静电的产生和积累的条件，主要有工艺控制法、泄漏法和中和法。工艺控制法是指采取选用适当材料、改进设备和系统的结构、限制流体速度以及净化输送物料、防止混入杂质等措施，控制静电产生和积累的条件，使其不会达到危险程度。泄漏法是指采取增湿、导体接地、抗静电添加剂和导电性地面等措施，促使静电电荷从绝缘体上自行消散。中和法是指在静电电荷密集的地方设法产生带电离子，使该处静电电荷被中和，从而消除绝缘体上的静电。

为防止静电放电火花引起的燃烧爆炸，可根据生产过程中的具体情况采取相应的防静电措施。例如，将容易积聚电荷的金属设备、管道或容器等安装可靠的接地装置，以导除静电，这是防止静电危害的基本措施之一。下列生产设备应有可靠的接地装置：输送可燃气体和易燃液体的管道以及各种闸门、灌油设备和油槽车；通风管道上的金属过滤网；生产或加工易燃液体和可燃气体的设备储罐；输送可燃粉尘的管道和生产粉尘的设备以及其他能够产生静电的生产设备。防静电接地的每处接地电阻不宜超过规定的数值。

9.2.3 火灾爆炸危险物质的处理

化工生产中，摩擦与撞击也是导致火灾爆炸的原因之一。如机器上轴承等转动部件因润滑不均或未及时润滑而引起的摩擦发热起火、金属之间的撞击而产生的火花等。因此，在生产过程中，特别要注意以下几个方面的问题。

① 设备应保持良好的润滑，并严格保持一定的油位。

② 搬运盛装可燃气体或易燃液体的金属容器时，严禁抛掷、拖拉、振动，防止因摩擦与撞击而产生火花。

③ 防止铁器等落入粉碎机、反应器等设备内因撞击而产生火花。

④ 防爆生产场所禁止穿带铁钉的鞋。

⑤ 禁止使用铁制工具。

化工生产中存在火灾爆炸危险物质时，可考虑采取以下措施。

(1) 用难燃或不燃物质代替可燃物质

选择危险性较小的液体时，沸点及蒸气压这两个参数很重要。沸点在 110 ℃以上的液体，常温(18～20 ℃)下不能形成爆炸浓度。例如，20 ℃时蒸气压为 6 mmHg(800 Pa)的乙酸戊酯，其质量浓度 c 为：

$$c = MpV/(760RT) = 130 \times 6 \times 1\,000/(760 \times 0.08 \times 293.15) = 44\ (\mathrm{g/m^3})$$

乙酸戊酯的爆炸浓度范围为 119～541 $\mathrm{g/m^3}$，常温下其质量浓度仅为爆炸下限的三分之一。

(2) 根据物质的危险特性采取措施

对本身具有自燃能力的油脂以及遇空气自燃、遇水燃烧爆炸的物质等，应采取隔绝空气、防水、防潮或通风、散热、降温等措施，以防止物质自燃或发生爆炸。

相互接触能引起燃烧爆炸的物质不能混存，遇酸、碱有分解爆炸危险的物质应防止与酸、碱接触，对机械作用比较敏感的物质要轻拿轻放，易燃、可燃气体和液体蒸气要根据它们的密度采取相应的排污方法。

根据物质的沸点、饱和蒸气压，考虑设备的耐压强度、储存温度、保温降温措施等。根据它们的闪点、爆炸范围、扩散性等采取相应的防火防爆措施。

某些物质如乙醚等，受到阳光作用可生成危险的过氧化物，因此，这些物质应存放于金属桶或暗色的玻璃瓶中。

(3) 密闭与通风措施

① 密闭措施

为防止易燃气体、蒸气和可燃性粉尘与空气构成爆炸性混合物，应设法将设备密闭。对于有压设备更须保证其密闭性，以防气体或粉尘逸出。在负压下操作的设备，应防止空气进入。

为了保证设备的密闭性，对危险设备或系统应尽量少用法兰连接，但要保证安装和检修方便。输送危险气体、液体的管道应采用无缝管。盛装腐蚀性介质的容器底部尽可能不装开关和阀门，腐蚀性液体应从顶部抽吸排出。

如果设备本身不能密闭，可采用液封。负压操作可防止系统中有毒或爆炸危险性气体逸入生产场所。例如，在焙烧炉、燃烧室及吸收装置中都是采用负压操作方法。

② 通风措施

在实际生产中，完全依靠设备密闭而消除可燃物是不大可能的，往往还要借助通风措施来降低车间空气中可燃物的含量。

9.2.4　惰性介质保护

化工生产中常用的惰性介质有氮气、二氧化碳、水蒸气及烟道气等。这些气体介质常用于以下几个方面：

① 易燃固体物质粉碎、研磨、筛分、混合以及粉状物料输送时，可用惰性介质保护。

② 可燃气体混合物在处理过程中可加入惰性介质保护。

③ 具有着火爆炸危险的工艺装置、储罐、管线等配备惰性介质，以备在发生危险时使用，可燃气体的排气系统尾部用氮封。

④ 采用惰性介质(氮气)压送易燃液体。

⑤ 在爆炸性危险场所，非防爆电气、仪表等的充氮保护以及防腐蚀等。

⑥ 有着火危险的设备的停车检修处理。

⑦ 危险物料泄漏时用惰性介质稀释。

使用惰性介质时，要有固定储存输送装置。根据生产情况、物料危险特性，采用不同的惰性介质和不同的装置。例如，氢气的充填系统最好备有高压氮气，地下苯储罐周围应配有高压蒸气管线等。

化工生产中惰性介质的需用量取决于系统中氧含量的下降值。部分可燃物质最高允许氧含量见表 9-7。

表 9-7　部分可燃物质最高允许氧含量　　单位：%

可燃物质	用二氧化碳	用氮气	可燃物质	用二氧化碳	用氮气
甲烷	11.5	9.5	丁二醇	10.5	8.5
乙烷	10.5	9.0	氢气	5.0	4.0
丙烷	11.5	9.5	一氧化碳	5.0	4.5
丁烷	11.5	9.5	丙酮	12.5	11.0
汽油	11.0	9.0	苯	11.0	9.0
乙烯	9.0	8.0	煤粉	12.0～15.0	9.0
丙烯	11.0	9.0	麦粉	11.0	
乙醚	10.5		硫黄粉	9.0	
甲醇	11.0	8.0	铝粉	2.5	7.0
乙醇	10.5	8.5	锌粉	8.0	8.0

本章习题

1. 在碳钢釜内处理含有盐酸的物系会有什么安全隐患？
2. 易燃气体的危险特性是什么？
3. 易燃气体、易燃液体和易燃固体燃烧扑灭方式有何区别？请分别举例说明。
4. 遇湿易燃物品不可以露天存放的原因是什么？
5. 酸性腐蚀品危险性较大，它能使动物皮肤和金属受什么伤害？
6. 腐蚀品的强烈腐蚀性表现在哪几方面？
7. 生产工作中常见危险化学品储存发生火灾的原因主要有哪些？
8. 碳化钙储存应注意什么？一旦失火应采取何种方式处置？

9. 为什么个人防护用品不能作为控制危险化学品危害的主要手段?

10. 腐蚀品之所以具有强烈腐蚀性的原因是什么?

11. 什么物质严禁与有毒品混储混运?

12. 自反应物质或混合物的危险特性是什么?

13. 化工生产中常见的防静电措施有哪些?

14. 在危险化学品生产中,如何防止摩擦和撞击引起火灾或爆炸?

15. 装卸和搬运爆炸品应注意什么?

16. 危险化学品分为哪几类? 名称是什么?

17. 化学爆炸的三个主要特点是什么?

18. 压缩气体和液化气体不允许泄露的原因是什么?

19. 化工厂常见的点火源包括哪些? 应采取何种措施避免?

20. 某化工厂有一批货物需要临时储存在仓库中,该仓库同时储有黄磷和一些木箱,因存放地点狭小,需要挪动仓库中的一些铁架,将其摆放到另一个地方。领到任务,电焊工将铁架割开,在切割过程中,火星溅到木箱上引起木箱着火。厂消防队的消防员立刻用水枪灭火,为了防止相邻的黄磷发生爆炸,厂领导要求同时对密封的黄磷桶进行淋湿降温。请指出以上案例中存在的错误做法和正确做法,并说明原因。

第10章 森林火灾

森林火灾是失去人为控制的森林燃烧现象，它在森林开放系统内发生，自由燃烧、蔓延和扩展，对森林资源、生态系统和人类生活造成巨大损失和严重危害。全世界每年平均发生森林火灾20多万次，烧毁森林面积占全世界森林总面积的1%以上。由于森林火灾影响因素复杂，人们至今还不能完全阐述清楚森林火灾的蔓延规律。尽管如此，人们仍在对森林火灾的蔓延机理孜孜探求。近年来，通过对森林火灾的发生、发展、蔓延规律研究，人们对森林火灾的认识不断深入。本章将较全面地介绍林火的基本特征、林火的引燃、林火的种类，较深入地分析林火蔓延，较系统地阐述林火预防及林火扑救。

本章重点：林火的基本特征、引燃、蔓延、种类、预防及扑救。

本章难点：林火的引燃、蔓延、预防、扑救。

林火的基本特征

10.1 林火的基本特征

林火指在林地上自由蔓延的火，包括受控的火和失控的火。受控的火，是指人们有计划地在事先选定的区域对森林可燃物进行有计划的烧除；失控的火则会造成森林火灾。森林火灾是指在林地内自由蔓延，失去人为控制，对森林生态系统和人类带来一定危害和损失的林火。森林火灾是一种突发性强、破坏性大、处置救助较为困难的自然灾害。

森林防火就是防止森林火灾的发生和蔓延。

10.1.1 林火的相关基本概念

① 林火的蔓延速度：指林火在单位时间内沿着地表或树冠向各个方向扩展的距离，受风力、地形、燃料类型等因素影响。

② 林火的强度：指单位时间、单位火线长度上释放的能量，可反映林火的热量和破坏力，受燃料量、含水率、氧气浓度等因素影响。

③ 林火的飞火：指林火中正在燃烧的森林可燃物在风和上升气流作用下，传播到火线前方而产生新的起火点的现象，它会增加林火的蔓延范围和扑救难度。

④ 林火的火旋风：指林火中由于强烈的对流上升和旋转而形成的一种类似龙卷风的现象，能将火焰、烟雾和碎屑卷入高空，具有很强的破坏力和移动性。

⑤ 林火的轰燃：指林火中由于气体积累或氧气突然进入而引起的一种剧烈爆炸性燃烧，能产生巨大的冲击波和噪声，可对人员和设备造成严重危害。

⑥ 林火的种类：根据在森林中不同部位发生和蔓延的特点，可将林火分为地表火、地下火和树冠火。

10.1.2 林火的种类

森林可燃物是林火发生的物质基础，森林火灾种类一般按照可燃物的空间分布规律进行划分。林火的主要类型分为3种，分别为地下火、地表火和树冠火。

地下火

10.1.2.1 地下火

地下火指在林地土壤中粗腐殖质层有机物质(包括泥炭等)燃烧、蔓延的火灾，约占森林火灾的1%，只有在特别干旱的年份才会发生。地下火又称地火、地下煤火、阴燃火等，是煤炭地层在地表下满足燃烧条件后产生自燃，或经其他渠道燃烧所形成的大规模地下燃烧发火。白天地面看不见火焰，到了晚上才能看见一片红火苗。澳大利亚的阴燃火已经持续燃烧了5 500年，这是迄今地球上持续时间最长的“火焰”。地下火形成后，地表和周围土地大范围内因温度极高而生物无法生存，会产生生物灭绝现象。同时，地下火也消耗地下水，对地下水结构产生很大的影响。地下火蔓延速度慢，每小时仅为4～5 m，但火烈度大，破坏性极强，扑救困难。地下火如图10-1所示。

图10-1 地下火

10.1.2.2 地表火

地表火

地表火又称地面火，约占森林火灾的90%。地表火沿着林地面扩展蔓延，烟呈灰白色，能烧毁地表1.5 m以下的幼苗、幼树、灌木，烧伤乔木树干基部的树皮表层以及靠近地面的根系。林木受害后，长势减弱，易引起病虫害的大量发生，严重影响林木的生长，木材材质变劣，甚至会造成大片林木枯死。急进地表火蔓延速度快，每小时4～7 km，有时可达每小时10 km，多发生在初春和初秋季节。稳进地表火主要烧毁地被物，火势小，蔓延慢，但燃烧时间长，温度高，燃烧彻底，在大风的作用下，易延至树冠形成树冠火。地表火如图10-2所示。

图10-2 地表火

10.1.2.3　树冠火

沿树冠蔓延的火称为树冠火。发生树冠火时，上部烧毁树叶，烧焦树枝和树干，下部烧毁地被物、幼树和下木，烟呈深灰色。燃烧速度随风速和地形而异，通常每小时可达 5～25 km。按树冠是否连续，可将树冠火分为连续型和间歇型两种类型。

树冠火

① 连续型树冠火：即当树冠连接不断时，火沿树冠前进。

② 间歇型树冠火：树冠不连续分布，由于大气对流强，猛烈的地表火上升为树冠火，当树冠不连续时，又降为地表火，起伏前进。

树冠火对森林破坏最大，多发生在针叶幼林、中龄林或异龄林内，是危害最为严重的森林火灾。

按火势蔓延速度分类，可将树冠火分为急进树冠火和稳进树冠火两种。

① 急进树冠火：又称狂燃火。火焰跳跃前进，蔓延速度每小时可达 8～25 km，火焰向前伸展，烧毁树干的枝条，烧焦树皮使树木致死，火烧迹地呈长椭圆形。

② 稳进树冠火：又称遍燃火。火焰全面扩展，火的前进速度缓慢，一般情况下每小时 2～4 km，顺风时每小时可达 5～8 km。这种火可以烧毁树冠的大枝条，烧着林内的枯立木，是危害最严重的火灾，火烧迹地呈椭圆形。

树冠火如图 10-3 所示。

图 10-3　树冠火

10.1.3　林火强度

林火强度既是林火行为的一个重要指标，也是林业工作者做好森林防火工作的重要数据。林业工作者应根据林火强度，指挥现场扑火各项工作、评价林火的生态效应（对动植物及土壤、水源、大气等的危害和污染程度）、指挥营林用火工作及进行效益评价等。在研究自然条件下森林植物燃烧、防火、灭火及营林用火等项工作时，需要估算和预测火场的燃烧强度。多年来，出现了“热辐射强度”“发热强度”“对流强度”“火线强度”“反应强度”“火面强度”等描述林火强度的方法。常用的“火线强度”是指某地点在单位时间内单位长度火线上产生的热量,"反应强度"是指单位时间单位面积上释放的热量,"火面强度"是指单位燃烧面上释放出来的热量。

两种林火强度计算方法:

$$I_L = WHv \tag{10-1}$$

$$I_R = HW/t \tag{10-2}$$

式中　I_L——火线强度,kW/m;

I_R——反应强度,kW/m^2;

H——可燃物热值,kJ/kg;

W——有效可燃物量,kg/m^2;

v——蔓延速度,m/s;

t——燃烧时间,s。

在火线上某一点可燃物稳定燃烧的时间取决于火线推进的速度。如果以 D 代表火线宽度(火焰深度),则蔓延速度 $v=D/t$,即 $t=D/v$,所以 $I_L=I_RD$,即 $I_R=I_L/D$。森林燃烧火线强度变化很大,变化范围为 75～100 000 kW/m。常常根据火线强度将森林燃烧划分为不同等级:75～750 kW/m 为低强度火;750～3 550 kW/m 为中等强度火;3 500 kW/m 以上为高强度火。当火线强度超过 4 000 kW/m 时,火线上的所有生物都会被烧死,大多数树冠火的火线强度为 10 000～30 000 kW/m。

林火强度可根据火焰高度和燃烧后地表状况、土壤温度、灌木被烧程度、树干烧焦高度、树冠烧焦高度进行判断。低强度火火焰高度为 0.5～1.5 m,火烧后地表枯落物被烧焦,土壤表面最高温度为 177 ℃,土层 0.76 cm 深处温度为 121 ℃,灌木林树冠烧毁不超过 40%,其中还有残留未烧或轻度火烧的带有树叶和小枝的灌木。中强度火火焰高度为 1.5～3.0 m,火烧后地表枯落物层被烧成黑灰状,表土最高温度可达 399 ℃,土层 0.76 cm 深处温度达 280 ℃,灌木林树冠烧毁 40%～80%,残留部分的直径为 0.6～1.3 cm。高强度火火焰高度在 3.0 m 以上,火烧后地表枯落物层被烧成白灰,表土最高温度可达 510 ℃,土层 0.76 cm 深处温度达 399 ℃,灌木和大枝都被烧毁。森林火灾蔓延如图 10-4 所示。

图 10-4　森林火灾蔓延

10.1.4 飞火

飞火

森林火灾的快速蔓延除了与风速有关以外，还与一种特殊蔓延现象有关，即飞火。强大的对流柱是形成飞火的必要条件。如果对流柱倾斜，被对流气流卷扬起来的燃烧物在风力和重力作用下做抛物线运动，会被抛出很远的距离。被卷扬起来的燃烧物能否成为飞火，取决于风速、燃烧物的质量和燃烧持续时间。那些质量轻、燃烧持续时间长的燃烧物才是形成飞火的最危险的可燃物，如鸟巢、蚁窝、朽木、松球果等。有学者研究认为，形成飞火最危险的可燃物是稍腐朽的、直径与长度之比为 1∶4 的圆柱形松木。林火燃烧过程中产生一些碎木片及小枝、树叶等，这些燃烧的可燃物随着强烈的羽流上升，脱离地表边界层之后，受到环境风力的影响，降落在远处，形成新的火场，这种跳跃式的火灾蔓延方式是林火特有的现象。1987 年大兴安岭“5・6”特大火灾中，黑龙江马林林场有一条小河，并没有阻挡火势的蔓延，那些随着大风漫天飞舞的小枝叶及碎木片很快点燃了马林林场，2 h 之后林场被全部烧完。

飞火的产生与可燃物的含水量密切相关。当可燃物含水量较高时，脱水引燃需要较长时间和较多热量，夹带在对流柱中的这类可燃物不能被引燃。当可燃物含水量太低时，引燃的可燃物在下落到未燃烧区之前已经烧尽，也不会产生飞火。国外资料推荐，细小可燃物含水率为 7%是产生飞火的上限，而产生飞火的最佳含水率为 4%。

10.1.5 火旋风

火旋风

火焰龙卷风又称火旋风、火暴，是指当火情发生时，空气的温度和热能梯度满足某些条件，火苗形成一个垂直的旋涡，旋风般直插入天空的罕见现象。旋转火焰多发生在灌木林火中，火苗的高度为 9～62 m 不等，持续的时间有限，一般只有几分钟，但如果风力强劲则能持续更长的时间。其实火旋风是火灾本身造成的，是火灾发展到一定阶段的产物。火旋风有两种类型：一种为立轴式；另一种为水平轴式。按产生条件，可将火旋风分为静止型火旋风（完全由自然对流产生的火旋风）和动态型火旋风（由强迫对流产生的火旋风）。由于森林火灾多为强迫性对流，所以多为动态型火旋风。

美国林务部门某实验室用自制的火旋风模型所做的试验表明，高速旋转的热气流的速度可达 23 000～24 000 r/h，水平移动速度达 12～16 km/h，从中心向上的速度达 25～31 km/h，并且证明这种燃烧能将燃烧速度提高 3 倍。

火焰龙卷风的形成需要具备一定条件：一是生成大量的热量，导致向上的羽流；二是上升气流与供风气流的不对称结合，一起形成旋转的空气涡流。火焰龙卷风的形成在火焰燃烧产生高温造成热对流上升之后。如果上升时供风不对称，上升的气流会旋转，便可能形成所谓的火焰龙卷风。在外观上，这些旋转的气流可收紧形成类似于龙卷风的结构，边旋转、边吸入、边燃烧、边上升。火的热力令空气上升，周围的空气从四面八方涌入，形成卷吸，火焰龙卷风便形成了。最著名的天然火旋风，莫过于著名的 1923 年东京大地震，震后发生大火，在广场避难的 38 000 人，因为周围建筑的大火产生火旋风快速消耗了氧气窒息而亡。

最常见的火旋风发生于森林大火中，火焰龙卷风夹卷着火焰，像一条火龙一样旋转前进，所到之处皆为灰烬。其威力足以将一棵小树连根拔起，可持续推进 1 h 以上，其带来的大火难以扑灭。

10.2　林火引燃与蔓延

林火引燃与蔓延

10.2.1　林火引燃

林火引燃是指发生林火的起点或原因，通常是人类活动或自然灾害等因素引起的。林火作为一种自然灾害，不仅会对生态环境和自然资源造成危害，也会给人类带来巨大的损失和威胁。因此，预防和控制林火是非常重要的工作。对于人为引发的林火，需要严格遵守相关法律法规，加强监管与执法力度，提高公众的防火意识和技能；对于自然因素引发的林火，则需要加强防范措施，并及时进行火源监测和火情报告。

10.2.1.1　林火引燃的原因

林火引燃的原因多种多样，主要包括自然和人为两个方面。

（1）自然因素

① 天气干燥高温：在干旱、高温、低湿条件下，植被枯萎，易于燃烧。

② 雷电：雷电击中林区，容易引发大面积林火。

③ 热带气旋：台风或飓风经过或登陆时，可能带来强风暴雨，造成林火。

④ 地震：地震后可能会导致山体滑坡、崩塌等现象，引起林火。

（2）人为因素

① 畜牧业：放牧控制不当，牲畜吃掉树皮或树枝，引起林火。

② 农业活动：开垦荒地，清理枯枝落叶、杂草和树木，用火于农作物秸秆时，易引起火灾。

③ 野外露营：野外露营者未熄灭火堆或抛弃烟蒂等导致的失火事故较为常见。

④ 常规开发活动：如建筑工程、道路施工等，如果不注意用火安全，也可能引起林火。

⑤ 故意纵火：人为放火烧林，是最危险的因素。

因此，预防林火的关键在于加强各种管理和监督，提高公众的防火意识，禁止不良行为，防范火灾事故的发生。

10.2.1.2　林火引燃的方法

目前工程应用中的林火引燃方法主要有以下几种：顺风火、逆风火、带状顺风火、侧风火、中心点火和棋盘式点火。

（1）顺风火

顺风火的蔓延方向与风向一致。顺风火能有效地烧死灌木、草本，且能烧掉枯立木。顺风火的适用条件通常为：有防火线；风速小，天气稳定；可燃物载量小；火烧面积大；可燃物具低挥发性。

（2）逆风火

逆风火的蔓延方向与风向相反。火蔓延速度缓慢，燃烧彻底。其适用条件为：可燃物负荷量大；可燃物具高挥发性；天气不稳定，风速大，危险性大；火烧面积小。

（3）带状顺风火

带状顺风火，即在火烧区下风处，向逆风方向每隔一定距离点火。平坦林地，火线间距离为25～30 m；5°～30°的坡地，从山顶往山脚方向顺次点火，火线间距为20～25 m；30°～45°的坡地，火线间距一般不超过15 m。点烧沟塘也常采用带状顺风火，火线间距离可延长至 5～15 km。

(4) 侧风火

侧风火，即在火烧区下风处，逆风且与风向平行点火，使火的蔓延方向与风向呈一定角度。常用的“V”字形点烧亦属侧风火。侧风火和带状顺风火在计划火烧中较为常用，其适用条件介于顺风火与逆风火之间。

(5) 中心点火

中心点火也叫点对流火，即在火烧区中心先点火，当燃烧产生上升的对流柱时，再从其外缘点第二圈、第三圈火。火势向火场中心靠近，向外蔓延缓慢。这种点火方法适用于可燃物载量较大的采伐迹地。

(6) 棋盘式点火

棋盘式点火，即在火烧区内各处均匀点火。这种点火方法适用于天气稳定、风速小，且火烧面积大的情况，多采用飞机进行点火。

10.2.2 林火蔓延

林火蔓延是林火行为之一，它和森林火灾的预防、扑救等工作紧密相关。林火蔓延模型是研究林火行为的一个重要依据，对林火行为进行量化研究，通常要简化各种燃烧条件，经过数学方法处理，推导出林火蔓延速度与各个参数(可燃物类型、地形、气候等)之间的数学关系式。林火蔓延的前提是将新鲜的可燃物加热到可燃的温度，在此温度下森林可燃物释放出可燃气体再燃烧。

林火蔓延遵循热对流、热辐射和热传导等传热机制。其中，热辐射和热对流可对火线前方的可燃物进行快速预热。热辐射的作用能量很强，它是一种电磁波式的传热方式，可以向周围直线传播热量。热对流类似于大气对流，热空气上升之后旁边的冷空气及时填补。林火蔓延速度通常包括线速度、面积速度和周长速度。其中，线速度指火烽向前推进的速度，分为火头、火翼、火尾的线速度。一般用蔓延距离除以蔓延时间来计算线速度，单位为 m/min 或 km/h。

森林起火后，由火点向其上下及周围扩展。早在 18 世纪，就有人将林火蔓延划分为两大类：一类蔓延速度快的称为速行火；另一类蔓延速度缓慢的称为稳进火。20 世纪初，人们用林火蔓延面积和蔓延速度来确定扑火人员的数量；70 年代，根据多种因素确定林火蔓延模型，以控制林火。

10.2.2.1 热的传播方式

森林着火后，火会向四周不断扩展蔓延，这与热的传播方式有着密切关系。热的传播方式一般有以下几种。

① 热对流：热空气比冷空气轻，林火发生后，燃烧的热空气就会向上运动，周围的冷空气随之不断进行补充，这样便产生空气对流现象，并且在燃烧区的上方产生对流柱，这种对流柱要积聚燃烧释放的大部分热量(约 75%)，在强风的影响下，会使常绿针叶幼林或复层针叶林的地表火转为树冠火。此外，对流柱将燃烧的碎片带到高空，借助高空风把这些燃烧物吹到火头前方的非燃烧区，产生新的火源而引发新的火场，这就是飞火现象。

② 热辐射：热能以电磁波的形式向各方向直线传播。辐射热的强度与两物体间距离的平方成反比，即离燃烧区 10 m 的可燃物得到的热量，是离燃烧区 1 m 的可燃物所得热量的 1/100。因此，燃烧越快，辐射传热就越强烈。

③ 热传导：燃烧物向内部传热的方式称为热传导。各种物质内部传热的快慢，主要取决于导热系数的大小。导热系数越大，传热越快；反之越慢。森林可燃物是不良导体，传热慢，由于其大小不同，传热的快慢也不一样，大的可燃物比小的可燃物燃烧速度慢，持续时间长。

热对流与热辐射所传递的热能，主要对火焰前方的可燃物起到预热作用，是外部的传递方式；而热传导只是可燃物的内部传热。正是由于热能不断地传播，才促使林火不断蔓延。

10.2.2.2　林火蔓延所构成的形状

研究林火蔓延所构成的形状，是为了寻求林火蔓延的规律，为扑救森林火灾和营林用火提供科学依据。每一场林火的蔓延所构成的形状，由于立地条件、天气状况和扑火技术等多种因素的影响，不存在统一模式。但是林火在自然发展的情况下，有一定的蔓延规律。

一般来说，在平坦地形无风条件下，火向各个方向等速蔓延，其形状为环形；而在风的作用下，风向较稳定时，顺风方向蔓延快，形状常为长椭圆形，风向不定呈 30°或 40°时，形状为扇形。在山地条件下，如为鸡爪岭地形，火在两岭之间蔓延较慢，向两个山脊则蔓延快，常形成两个火头，其形状为鸡爪形。但不管出现什么形状，每一个火场都由火头、火翼和火尾三部分组成。在风向的支配下，顺风向蔓延速度最快，火势最旺的部分为火头。与火头相反方向逆风蔓延，速度最慢的部分为火尾。介于火头与火尾之间，向两侧扩散，与风向垂直蔓延的为火翼(或叫火侧)。

10.2.2.3　影响林火蔓延的因素

1. 植物群落类型

在不同的植物群落中，植物的组成与立地条件不同，因此，各群落单位面积有效能量和可燃物含水率也不相同，这些都直接影响林火蔓延速度与燃烧强度。可燃物含水率越小，有效能量越大，火灾强度也越大，火灾蔓延就越快。中国科学院林业土壤研究所(现中国科学院沈阳应用生态研究所)曾对大兴安岭的几种落叶松林进行测定，其结果如表 10-1 所示。

表 10-1　森林植物群落类型与林火的关系

森林植物群落类型	含水率 /%	有效能量 /(kW/m²)	蔓延面积 /(m²/5 min)	火灾强度 /[kcal/(m² · min)]
草类落叶松林	14.5～22.5	2 952.0	6	2 864.02
矶踯躅落叶松林	70.8	1 710.6	2.8	803.98
泥炭藓矶踯躅落叶松林	678.1	0	0.2	0

植物分布状态对火灾蔓延也有很大的影响。在以密集的禾本科与莎草科为主的群落中，火灾蔓延非常迅速，强度也大；但在以蒿子为主的群落中，虽然密集，但由于每株之间有距离，林火蔓延速度减缓，有时会自然熄灭。

森林植物组成的镶嵌性与林火蔓延亦有关，如易燃植物毗连，会促使林火加速蔓延。倘若易燃植物与不易燃植物镶嵌生长，则会降低火灾危险性。如东北小兴安岭纯红松林易发生林冠火，若红松林中阔叶树比例增多，则可大大降低发生树冠火的可能性。

2. 风

风可以影响林火蔓延的方向、速度、燃烧强度、林木危害程度和火灾种类等。在一般情况下，顺风蔓延的速度最快，逆风蔓延的速度最慢，侧风蔓延的速度介于中间。据中国林业科学研究院在四川的调查材料，顺风蔓延速度为0.84～2.4 m/min，逆风蔓延速度为0.034～0.06 m/min，两者相差几十倍，侧风蔓延速度为0.144～0.26 m/min。据研究，松林树冠火的热传播与风速有关。在无风时，树冠热量传播向下所占比例为6%，前后各为12%，向上为70%。当风速为10 m/s时，风速改变热对流，会增加平流热传播，向上仅为25%，向前为55%，从而可增加树冠火向前蔓延的速度。

风速对火焰高度与火波宽度也有很大影响。一般情况下，风速越大，火焰高度越矮，但火波宽度越宽。根据中国林业科学院在四川地区的试验，风速与火焰高度和火波宽度的关系如表10-2所示。

表10-2 风速与火焰高度和火波宽度的关系

风速/(m/s)	火焰高度/cm		火波宽度/cm	
	一般	最大	一般	最大
1.3	150	400	100	200
0.6	100～200	400	20～50	120

3. 地形地势

由于海拔、坡度、坡向、坡位的不同，受太阳能辐射作用不同，温度产生差异，森林植物也出现差异，从而出现多变的森林气候，对林火的影响很大。

随着海拔的增加，气温逐渐下降。一般海拔每升高100 m，气温下降0.5～1 ℃。林地的温度越低，地被物的含水率越大，越不易燃烧。当进入亚高山地带时，降水量明显增加，植被也随着发生变化，一般不易发生火灾。但海拔高，风速大，有利于火的蔓延。

坡度不仅能直接影响可燃物的湿度，而且对热传播也有很大的影响。坡度大，雨水停留时间短，可燃物易干燥。坡度平缓，雨水停滞时间长，林地潮湿，可燃物含水率大，不易干燥，因而不易燃烧。通常来说，上山火的蔓延速度随着坡度的增加而加快，但对林木的损害随坡度增加而减轻；下山火的蔓延速度随坡度的增加而减慢，但对林木的损害随坡度的增加而加重。据中国科学院在四川省林区的调查测定，不同坡度的上山火对林木危害情况如表10-3所示。

表10-3 坡度与林木受害关系

坡度/(°)	林木死亡率/%
15	46.6
25	31.4
35	15.0
40	4.2

4. 昼夜变化

白天由于太阳辐射，气温高，湿度小，风速大，可燃物容易干燥，林火的蔓延速度快；夜间气温低，湿度大，风速小，可燃物的含水率大，林火不易蔓延。根据在不同松林中的测定可得出，在沼泽松林中，白天的林火蔓延速度为 80 m/h，而在夜间几乎处于停止蔓延状态；在藓类松林中，白天林火蔓延速度为 850 m/h，夜间为 7 m/h。由此可见，白天林火蔓延速度比夜间快几倍、几十倍甚至更多。因此，夜间是扑火的最佳时机。

5. 燃烧面积

不同燃烧面积在单位时间内的蔓延面积不同。燃烧面积大，蔓延面积也大；反之则小。据测定，不同的燃烧面积经过一昼夜所增加的火烧面积如表 10-4 所示。

表 10-4　不同燃烧面积与蔓延面积关系

燃烧面积/ha	一昼夜后增加面积/ha
5	19
24	20
44	25
69	29
98	35
139	48

注：1 ha＝10^4 m^2。

10.2.2.4　林火蔓延的计算方法

① 线速度：从起点到终点的直线距离除以蔓延时间，即线速度，单位为 m/min 或 km/h。

② 面积速度：用火场面积除以蔓延时间，得出单位时间内的燃烧面积，即面积速度，单位为 m^2/min 或 ha/h。

对林火蔓延的计算方法，世界各国都进行了不少研究。苏联学者 Г.А.阿莫索夫曾提出如下林火蔓延面积计算公式，该方法假定火灾区域为椭圆形，以两个半椭圆面积之和计算林火蔓延面积。

$$S=\frac{\pi\left(\frac{v_1t+v_2t}{2}\right)^2}{2}+\frac{\pi\left(\frac{v_2t+v_3t}{2}\right)^2}{2}\tag{10-3}$$

式中　S——林火蔓延面积，m^2；

v_1——顺风（火头）速度，m/min；

v_2——侧方（火翼）速度，m/min；

v_3——逆风（火尾）速度，m/min；

t——火灾发生后的蔓延时间，min。

10.3　林 火 预 防

森林防火短片　林火预防

10.3.1　火源管理

火源是引起森林火灾的关键。因此，了解和掌握森林火灾的火源规律，管好火源，是预防森林火灾的关键。

10.3.1.1 火源的地理分布规律

人为火因生产习惯和风土人情的不同，而呈地理和地域的分布规律。

10.3.1.2 火源的时间分布规律

由于地理、气候、生产以及民间习俗的关系，森林火灾也有它的时间分布规律。

(1) 我国火源的时间分布规律

森林火灾出现的时间：春天由南向北推进，秋天由北向南推进。出现火灾的季节：热带、亚热带、暖温带是春季和冬季；温带、寒温带是春季和秋季；新疆地区是夏季。火灾最危险的季节：热带 2—3 月、亚热带 3—4 月、暖温带和温带 4—5 月、寒温带 5—6 月、新疆地区 7—8 月。

(2) 火源的年变化规律

① 我国各地的森林火灾因气候变化每年有差异，火灾出现的月份也有变化。

② 各种火源在一年当中出现的频率不一样，同一火源在不同月份的出现频率也不一样。

10.3.1.3 火源变化的规律

① 生产性火源随生产季节变化而变化；

② 生产性火源随林区的生产开发项目增多而增加；

③ 火源种类随国民经济的发展而变化；

④ 非生产性火源在逐年增加；

⑤ 节假日的火源明显增加；

⑥ 火源随居民密度和森林覆盖率的增加而增加。

10.3.1.4 森林火灾的火源管理技术

(1) 自然火源的管理

自然火源的管理主要是指雷击火的管理。目前，多应用雷达测向和定位观测雷击火，还有应用小火箭等防雷。黑龙江省森林保护研究所曾提出雷击火预报方法(利用回波分析技术，配合观测资料，绘制闪电引燃图，可表示雷击火可能发生的位置)。

(2) 人为火源的管理

① 火源统计分析

火源统计分析是火源管理最基础的工作。包括统计火源种类、火源的地理分布、火源的时间分布(包括年、月、日、时)。

② 森林火灾发生图绘制

将某一地域的历史森林火灾发生数据按网格式行政区划(县、旗或乡、镇)绘制在一张地域或区域图上，以显示各地森林火灾发生的情况。绘制森林火灾发生图可为建立防火设施、确定主火源防范区、确定重点巡护区和巡护路线、发布林火发生预报等提供决策依据。

③ 防火期划分

如何确定防火期，目前研究比较少，我国各地的防火期确定还存在某些主观性。我国北方提出长年防火期(除冰雪覆盖外)，南方提出划分为一般防火期、重点防火期(春季、冬季)和特别防火期(个别月份)。

④ 起火原因调查

包括历史火灾的火因统计分析(分析时间、地理分布规律和变化趋势)和现实火灾的火因调查(侦破火案、总结经验等)。

(3) 严控火源,切实消除火险隐患

① 严禁野外用火

进入防火紧要期,及时发布森林防火戒严令,严禁野外用火。严格生产用火的审批,加强指导,严防失火。加强春游、秋游、节假日,特别是清明节期间的火源管控。严格控制火源,加大对野外作业点的监督管理,严格执行森林防火用火审批制度。

② 加强巡护

防火期内各级防火责任人要到岗到位,加大对重点山场、重点部位和人员活动密集区的巡查力度,不留死角。瞭望台、防火检查站要切实做好火情监测,不留盲区。防火期内,特别是高火险时段,在重点火险区域、人为火多发区、林区主干线和通往林内的要道,必须有巡护检查人员,严格控制火源入山。

③ 加强重点人员和重要部位管理

各级森林防火指挥部要组成检查组对各责任区每个防火期的防火工作进行检查。进入防火期前检查森林防火工作准备情况,防火期结束后进行检查评比;进入防火期根据实际情况,随时检查森林防火工作各项措施落实情况。每个防火期随机检查不少于两次;检查组要做好检查记录,详细记载时间、参加人员、检查项目、存在问题、整改措施、整改的时限;及时收集各责任区情况,限期整改的情况反馈。

④ 加强入山管理

在防火期内,凡未经批准的任何单位和个人不准擅自入山进行作业或从事其他活动;各防火检查站、巡护组及管护人员,对过往的行人和车辆要严格检查,严禁无证人员和无防火装置的车辆进入林内;经批准进入林内从事生产作业的人员,必须接受防火知识培训后方可进入林内作业;在防火期内,在主要交通道口,要增设临时岗卡,严禁闲散人员进入林内。

10.3.2 森林可燃物管理

森林可燃物是指森林中所有可以燃烧的物质,包括森林中存在的有机物,如乔木、灌木、草本植物、苔藓、地衣、地表枯枝落叶及地表以下的腐殖质和泥炭等。森林可燃物的种类、组成、结构和数量影响森林燃烧的性能,因而对森林火灾的发生、蔓延和扑救以及安全用火均有明显的影响。

对森林可燃物的管理主要采取以下防范措施:① 定期清除易燃林分内的下木、灌木和杂草;② 对存在树冠火隐患的林分进行修枝;③ 选择适当的采伐和抚育方法,对采伐剩余物做适当的处理;④ 对保存率没有达标的新造林地,应尽早补植,促使林分及早郁闭;⑤ 营造针阔混交林,把森林火灾的预防落实到造林的规划中;⑥ 加强天然林保护与经营工作。

10.3.3 森林防火宣传与培训

森林防火宣传教育是贯彻执行“预防为主,积极消灭”的森林防火方针的重要保障,需要利用各种宣传形式,扩大宣传广度,深化宣传实效,增加宣传教育的覆盖面,完善森林防火教育设施。

10.3.3.1 传统森林防火宣传

预防森林火灾是一项社会性、群众性很强的工作,它涉及每一个公民。宣传教育作为一种防火手段和措施要有针对性,并且形式要多样化。

（1）设置永久性宣传设施

森林防火宣传牌是林区人民预防森林火灾的警示牌，用于提高林区人民或进入林区人民的森林防火意识。因此，在森林公园、自然保护区、主要林区、旅游景区、公路沿线设置森林防火宣传牌意义非凡，如标语牌、大型宣传画板以及林缘、道路两侧的防火宣传设施等。

（2）利用各种宣传工具

如利用广播、电视、电影、互联网、手机、多媒体、宣传车、飞机空投传单、气球携带宣传条幅等全方位地宣传森林防火知识。

（3）利用各种宣传形式

如在防火期间召开职工、家属会议及群众大会；编印散发宣传提纲、小册子、传单以及宣传画；组织宣传队或文艺小分队巡回宣传；组织森林防火知识竞赛、演讲、宣传月、宣传周等活动；在教科书封面或插页、火柴盒等上，印刷防火宣传画或标语；发行防火邮票；制作防火挂历；编发相关手机短信；等等。针对不同职业、年龄、文化层次、兴趣爱好等的人群采取不同的宣传教育形式。

10.3.3.2　新型森林防火电子语音宣传杆

CYASD-02 型森林防火电子语音宣传杆（图 10-5）利用太阳能电池供电，设置防雷电保护，红外线探测器由电脑芯片控制，探头可 360°旋转，感应到行人后自动播报预设音频，同时警示灯亮，适用于森林公园、森林火险高发地段入口处安全警示，是一种良好的森林防火宣传途径。

图 10-5　电子语音宣传杆

10.3.3.3　森林防火培训

对各级森林防火指挥员、森林火灾扑火队员、林业职工、乡镇干部、主要村民等进行森林防火理论与扑救知识培训，增强防火自觉性，提高扑火效率，避免扑火人员伤亡。

10.3.4　森林火灾行政预防

10.3.4.1　实现森林防火责任制

《中华人民共和国森林防火条例》（以下简称《森林防火条例》）规定，“森林防火工作实行地方各级人民政府行政首长负责制。县级以上地方人民政府根据实际需要设立的森林防火指挥机构，负责组织、协调和指导本行政区域的森林防火工作。县级以上地方人民政府林业主管部门负责本行政区域森林防火的监督和管理工作，承担本级人民政府森林防火指挥机构的日常工作。县级以上地方人民政府其他有关部门按照职责分工，负责有关的森林防火工作。”

10.3.4.2 依法建立健全森林防火组织

为了加强森林防火工作，《森林防火条例》规定，国家设立国家森林防火指挥机构，其职责如下——① 组织全国森林防火工作：负责全国森林防火工作的整体规划和部署，制定相关政策措施，推动森林防火工作的深入开展。② 协调跨区域森林防火事务：在涉及多个行政区域的森林防火工作中，发挥协调作用，确保各地森林防火指挥机构之间的沟通与合作顺畅。③ 指导森林火灾预防措施的实施：对各地森林防火指挥机构进行业务指导，帮助其制定科学合理的森林火灾预防方案，并监督落实情况。④ 监督森林防火工作的执行情况：定期检查各地森林防火工作的开展情况，对发现的问题及时提出整改意见，确保森林防火工作落到实处。⑤ 协调解决森林防火中的重大问题：统筹解决在森林防火工作中遇到的重大难题或跨部门协调事项。⑥ 检查森林防火方针政策和法律法规的贯彻执行情况：确保各地严格遵守森林防火的相关规定，推动森林防火工作的规范化、制度化。⑦ 监督森林火灾案件的查处和责任追究：对重大森林火灾案件进行跟踪监督，确保案件得到妥善处理，责任人受到相应追究。⑧ 决定森林防火其他重大事项：审议和决定森林防火工作中的其他重大决策和事项。

10.3.4.3 森林火灾的预防管理

(1) 编制森林防火规划

《森林防火条例》规定：① 省、自治区、直辖市人民政府林业主管部门应当按照国务院林业主管部门制定的森林火险区划等级标准，以县为单位确定本行政区域的森林火险区划等级，向社会公布，并报国务院林业主管部门备案。② 国务院林业主管部门应当根据全国森林火险区划等级和实际工作需要，编制全国森林防火规划，报国务院或者国务院授权的部门批准后组织实施。县级以上地方人民政府林业主管部门根据全国森林防火规划，结合本地实际，编制本行政区域的森林防火规划，报本级人民政府批准后组织实施。③ 国务院有关部门和县级以上地方人民政府应当按照森林防火规划，加强森林防火基础设施建设，储备必要的森林防火物资，根据实际需要整合、完善森林防火指挥信息系统。国务院和省、自治区、直辖市人民政府根据森林防火实际需要，充分利用卫星遥感技术和现有军用、民用航空基础设施，建立相关单位参与的航空护林协作机制，完善航空护林基础设施，并保障航空护林所需经费。

(2) 制定森林火灾应急预案

《森林防火条例》规定，森林火灾应急预案应当包括以下内容：森林火灾应急组织指挥机构及其职责；森林火灾的预警、监测、信息报告和处理；森林火灾的应急响应机制和措施；资金、物资和技术等保障措施；灾后处置。

(3) 规定森林防火期和森林防火戒严期

《森林防火条例》规定：① 森林防火期内，禁止在森林防火区野外用火。因防治病虫鼠害、冻害等特殊情况确需野外用火的，应当经县级人民政府批准，并按照要求采取防火措施，严防失火；需要进入森林防火区进行实弹演习、爆破等活动的，应当经省、自治区、直辖市人民政府林业主管部门批准，并采取必要的防火措施；中国人民解放军和中国人民武装警察部队因处置突发事件和执行其他紧急任务需要进入森林防火区的，应当经其上级主管部门批准，并采取必要的防火措施。② 森林防火期内，森林、林木、林地的经营单位应当设置森林防火警示宣传标志，并对进入其经营范围的人员进行森林防火安全宣传。森林防火期内，进入森林防火区的各种机动车辆应当按照规定安装防火装置，配备灭火器材。③ 森林防火期内，经省、自治区、直辖市人民政府批准，林业主管部门、国务院确定的重点国有林区的管理机构可以设立临时性的森林防火检查站，对进入森林防火区的车辆和人员进行森林防火检查。④ 森林防火期内，预报有高温、干旱、大风等高火险天气的，县级以上地方人民政府应当划定森林高火险区，规定森林高火险期。必要时，县级以上地方人民政府可以根据需要发布命令，严禁一切野外用火；对可能引起森林火灾的居民生活用火应当严格管理。⑤ 森林高火险期内，进入森林高火险区的，应当经县级以上地方人民政府批准，严格按照批准的时间、地点、范围活动，并接受县级以上地方人民政府林业主管部门的监督管理。

(4) 建立森林防火的各项具体制度

根据《森林法》和《森林防火条例》的规定，具体制度主要包括：入山人员管理制度，机动车辆防火制度，使用枪械等防火制度，森林防火专用车辆、器材、设备和设施的使用管理制度。

(5) 建设森林防火设施

主要包括森林防火机具购置、防火林建设、防火道整修、眺望台建设、防火警示牌设置等。

(6) 做好森林火险天气预测预报工作

《森林防火条例》规定："县级以上人民政府林业主管部门和气象主管机构应当根据森林防火需要，建设森林火险监测和预报台站，建立联合会商机制，及时制作发布森林火险预警预报信息。气象主管机构应当无偿提供森林火险天气预报服务。广播、电视、报纸、互联网等媒体应当及时播发或者刊登森林火险天气预报。"

10.3.5 林火预测预报

"凡事预则立，不预则废"，这一点在森林防火工作中尤为突出。如果没有准确的预测预报，森林防火工作的水平就难以提高，森林防火的现代化就不能实现，森林生态系统的安全就会受到威胁，森林资源就会遭受损失，森林资源的可持续发展就难以实现。有了科学的、系统的林火预测预报，防火工作者就可以做到心中有数，即便林火发生，也能及时调兵遣将，将火灾控制在最小的范围内。

10.3.5.1 林火预测预报的基本概念

(1) 林火预测预报的定义

什么叫预测？预测就是对事物未来的发展所作出的估计与推测。根据汉语的解释，预指预先或者事先，测指测量或估计，它可以指推测、猜度、料想。而在英语中，预测是指预见、预知、预告、预言等意思。现代预测科学所使用的预测概念，比上述解释具有更丰富的内涵，它的定义是：人们利用已经掌握的知识和手段，预先推知和判断事物未来或未知状况的结果。同样地，可以给出林火预测预报的定义：通过调查测定某些自然和人为因素，使用科学的技术和方法，对林火发生的可能性、潜在火行为、控制林火的难易程度以及林火将造成的损失等作出预估和预告。

(2) 森林火险等级和预警分类

将森林火险按森林可燃物的易燃程度和蔓延程度进行等级划分，即森林火险等级，表示森林火灾发生危险程度的等级，通常分为五级，其危险程度逐级升高。森林火险预警信号是依据森林火险等级及未来发展趋势所发布的预警等级，共划分为四个等级，其颜色依次为蓝色、黄色、橙色、红色。其中，橙色、红色为森林高火险预警信号。森林火险等级与预警分类如表 10-5 所示。

表 10-5　森林火险等级和预警分类

森林火险等级	危险程度	易燃程度	蔓延程度	预警信号颜色
一	低度危险	不易燃烧	不易蔓延	
二	中度危险	可以燃烧	可以蔓延	蓝色
三	较高危险	较易燃烧	较易蔓延	黄色
四	高度危险	容易燃烧	容易蔓延	橙色
五	极度危险	极易燃烧	极易蔓延	红色

注：一级森林火险仅发布等级预报，不发布预警信号。

10.3.5.2　林火预测预报的内涵

林火预测预报的定义是以定量分析为基本内容作出的解释。它由 5 个要素组成：预测预报的实施者(人)、预测预报的依据(知识)、预测预报的技术(方法和手段)、预测预报的对象(事物未来或未知状况)、预测预报的结果(预先推知和判断)。

(1) 预测预报的实施者

人是预测活动的主体，预测是人作出的，没有人，也就不存在预测。但在某些情况下，人既是预测者，又是被预测的对象。例如，人口预测，进入林区的各类人员数量估计等。

(2) 预测预报的依据

预测预报必须有依据，没有科学依据所作出的估计和判断不能称之为预测，更不能去预报。预测预报的依据就是知识，知识是预测预报的基础。知识是前人经验的积累，如果对事物的过去和现状一无所知，就很难作出有根据的预测。同时，知识反映客观现实的程度(可靠性程度)，对预测预报的结果也有重大影响。预测预报的对象越复杂，所需要的知识就越多，对所掌握资料的可靠性程度要求也就越高。预测预报质量高低，是否可靠，与人们所掌握的知识密切相关。

(3) 预测预报的技术

预测预报的技术(手段和方法)是影响预测预报质量的一个重要因素。假设、推理、估计、统计、计算、模拟等，都被不同程度地作为预测预报方法和手段来运用。掌握科学知识的多少，手段和方法运用是否恰当，决定着预测预报是否科学。

科学的知识和先进的技术方法与手段必须有机地结合在一起，才能获得准确的预测预报结果。仅仅掌握一定的知识，不配合科学的手段，很难获得理想的预测预报结果。同样，拥有先进的技术手段和方法，没有相应的林火科学知识，也不能对林火作出科学的预测预报。

(4) 预测预报的对象

预测预报的对象即林火的未来或者未知状况。对于已经发生的或者正在发生的林火，不存在预测预报的问题，只存在对林火了解的多少之别。

林火预测预报所面对的对象是在未来什么样的森林小气候条件下，什么样的天气条件，什么样的林分，什么时间，什么地点有可能发生森林火灾，可能发生什么类型的森林火灾，发生的森林火灾可能具有什么样的特征，具有什么样的潜在火行为，人们如何做才能减少其发生的可能性及降低其危害性等。

通过了解林火的历史和现状，掌握第一手资料，可为提高林火预测预报的准确性提供本底数据，为改进预测预报的方法提供参照。

(5) 预测预报的结果

预测预报的结果也就是预先的推知、判断和报告。预测预报的效果或者成果是通过预测预报结果体现出来的，没有结果就谈不上预测，也就无所报告。预测预报的目的，就是利用所获得的结果为森林防火部门的决策服务。

10.3.5.3　林火预测预报的特点

林火预测预报有其自身的理论基础和相应的应用研究。一般来说，林火预测预报具有以下 3 个特点。

(1) 综合性

综合性是林火预测预报的一个明显特征。林火预测预报不但运用自然科学知识和社会科学知识，而且也把宏观预测和微观预测、定性方法和定量方法、主观因素和客观因素等有机地综合在一起，形成综合性的研究体系。

(2) 系统性

林火预测预报的系统性主要表现在两个方面：一方面，林火预测预报把它的研究对象，即森林生态系统，作为一个系统来考察，而不是孤立地分析和研究林火的某一个方面；另一方面，林火预测预报系统地总结了林火发生发展的规律，找出了它们的共同特点，分析归纳了它们使用的研究方法和预测预报手段，形成了具有指导意义的理论和方法。

正是由于林火预测预报把研究对象看作一个系统，本身又形成了有关预测预报活动的系统知识，因此，它是一门系统性很强的学科。

(3) 预见性

科学的预见性是林火预测预报工作的一个主要特点。林火预测预报就是预先推知和判断森林生态系统中现在没有发生，但未来可能发生的林火，以及林火发生之后的发展趋势。

林火预测预报是研究林火和预防森林火灾的核心和基础，它的理论基础的可靠性、方法的先进性，直接影响预测预报的准确性以及森林火灾预防的成效。

10.3.5.4　林火预测预报分类

(1) 按林火预测预报的时效(有效期限)分类

按照林火预测预报的时效(有效期限)，可分为短期预测预报、中期预测预报和长期预测预报三类。

短期林火预测预报，是指未来 2 d 内的林火预测预报；中期林火预测预报，是指未来 3～7 d 的林火预测预报；长期林火预测预报，则是指 7 d 以后的林火预测预报。

由于林火预测预报不稳定的、难控的因素太多，预测预报的时效不宜太长，同天气预报的短期、中期、长期(一般短期指 2～3 d 以内、中期为 3～10 d、长期为 10～15 d 以上)相比较，林火预测预报的时效要短一些。

（2）按林火预测预报的方法和手段分类

按照林火预测预报的方法和手段，可以分为 3 类：统计学方法、点火试验和林火模型。

① 统计学方法

统计学方法是目前林火预测预报中应用最广泛的一种方法。它是利用历史林火数据，找出林火发生发展规律。按照收集的林火历史资料，统计学方法又可以细分为以下几种。

a. 利用单纯的林火历史资料进行预测预报。这种方法只需要收集林火的历史案例中所记载的林火资料，例如，林火发生的地点、时间、次数、火灾原因、火源、火烧面积、火烧持续时间等。通过统计分析，如频数分析、平均数分析、滑动平均、方差分析、回归分析、时间序列分析等，对林火发生的可能性进行预估。林火管理中的许多基本图表如火源分布图、林火发生图、森林燃烧图等，以及某些用单纯林火历史资料拟合的经验方程（公式）等均属于此类。

b. 利用林火历史资料与气象要素之间的关系进行林火预测预报。根据林火历史档案中记载的林火资料，核实每起林火发生时的各气象要素，采取适当的统计学方法进行分析，找出各因子对林火发生的影响，建立经验方程等，以达到预测预报的目的。此方法在火险天气预测预报中使用较多，预测预报的结果通常是火险天气等级。

c. 综合考虑林火历史资料、火环境及森林可燃物进行林火预测预报。就其考虑的因素而言，包括林火发生的充分必要条件，不仅要考虑林火的历史数据，而且要考虑林火发生时的各种气象要素，林分的立地条件，以及森林可燃物的种类、分布、负荷量、含水率等。有些情况下还可以同时考虑预测预报时效前期的天气条件、森林可燃物要素，以此与历史资料相互比较分析，找出历史现象和现实之间的相似性，从而预测预报未来的林火。

b 和 c 适用的统计学方法要比 a 适用的方法多很多，如多元线性回归、非线性回归、逐步回归、聚类分析、主成分分析、因素分析、数量化理论、多维时间序列分析、模糊数学理论、灰色系统分析、灾变理论、自适应预测法、增长曲线预测法、趋势分析、控制论、线性规划、优选法等。

② 点火试验

这种方法也称以火报火。在统计学方法中，人们依赖的是林火档案资料，通常这类数据的可靠性较差，例如，其中的气象要素，往往是林火发生之后，由相距较近的气象台（站）观测的数据来填补的，较少有林火发生时火场的真实测定记录，这两者之间的差异甚远。甚至有些林火本身的历史数据也值得怀疑，比如林火发生的确切时间，林火往往是燃烧了一段时间后才被发现，着火的时间通常是推算出来的。在林火的历史档案中，准确的林火行为的数据更难以见到，所见到的大多是定性的文字描述。因此，统计学方法分析所得出的结论往往都很粗放，有时候统计学方法本身的理论精度很高，而实际的预测预报精度则很低。而通过点火试验能取得比较可靠的林火资料和贴近实际的数据，从而提高林火预测预报的精度。相比较而言，点火试验是较高级、较实用的一种林火预测预报研究方法。

在进行火险预报和火行为预报时，必须经过大量的点火试验。利用点火试验进行林火预测预报，必须经过大量的实地点烧，点烧中不仅要在同一条件下进行重复试验，而且要在不同可燃物类型、不同火环境、不同火源条件下进行试验，实际测定各种数据（可燃物类型、气象要素、立地条件、火行为、不同火源的引燃概率等），通过一定的措施和手段寻求林火发生及林火行为的变化规律，较真实地反映林火的客观规律。

③ 林火模型

随着科学技术的飞速发展，人们可以利用各种先进的技术设备和设施，将野外的大量工作放到室内进行。通过建立林火燃烧室，在燃烧室内模拟不同森林生态系统下的林火燃烧过程，或者利用现代计算机技术进行模拟，然后再到野外通过小规模的实地点烧试验对燃烧室模拟或计算机模拟的结果进行修正，可达到掌握林火规律的目的。

a. 物理（化学）模型。在燃烧室内，用燃烧性能相近的材料代替所研究森林生态系统中的各种可燃物，按比例缩小，建立起一个微缩的“森林生态系统”或“森林类型”，通过模拟该“森林生态系统”或“森林类型”中各种小环境因子的变化，在燃烧室内进行点烧试验，以了解其物理、化学变化过程，应用物理、化学、热力学、流体力学和动力学等原理，结合数学、统计分析方法和计算机技术等建立方程，进行林火预测预报。

b. 数学模型。以野外调查测定的数据，或者物理（化学）模型模拟试验取得的数据为基础，用数学、统计学的方法建立林火动态模型并求解，或者设置各种参数，通过对各种参数进行数学求解，达到概括、总结林火发生发展规律的目的，从而使林火发生、林火行为的各种特征数值化、模型化。

（3）按照林火预测预报的内容分类

① 火险天气预测预报

火险天气预测预报指为满足林火扑救和利用的需要而根据未来大气状况作出的预估和判断。即在什么样的天气形势下有利于林火的发生与发展，在诸多的气象要素中（如温度、湿度、风、降水等），哪些要素的组合有利于林火的发生与发展。例如，在高温低湿的天气条件下，易发生林火；而在高温高湿的天气条件下，不易发生林火。

林区未来处于何种天气形势的控制下，会出现何种天气，将直接决定未来林区火险等级，正是因为林火的发生发展与天气的关系十分密切，所以才产生了火险天气预报。天气形势的演变决定某一地区未来的天气状况，同时也决定未来各气象要素的变化。

通常有两种类型的火险天气预报：一种是气象台（站）在森林防火期发布的“地带性或区域性预报”，这是做好森林火灾预防和安全用火的重要组成部分；另一种是定点天气预报，主要满足处理一场具体的林火（如营林用火、扑救森林火灾等）在时间、地点、地形和天气方面的需要。

② 林火发生预测预报

林火发生预测预报是综合考虑天气条件的变化，可燃物（分布格局、负荷量、干湿程度、易燃性等）以及火源条件对森林着火可能性作出的一种预估和判断。

林火发生预测预报的理论基础，就是林火发生的充分必要条件，它不仅考虑了林火发生的必要条件——森林燃烧的三要素，而且考虑了林火发生的充分条件中的主体——天气条件。这样做并不仅仅是为了增加研究因子的数量，而是为了更准确地找出诸多影响因子中最关键的影响因子，提高林火预测预报的精度，增强林火预测预报的实用性、可操作性和有效性。

③ 林火行为预测预报

什么是林火行为？林火行为是指一场林火从被点燃开始，经过发生发展，直至熄灭的整个过程中所表现出来的各种特征。例如，林火蔓延速度、火焰高度、火焰宽度、火焰长度、燃烧深度、燃烧的形式（有焰燃烧和无焰燃烧）、林火强度、能量释放速度和大小、林火的种类、林火烈度等，上述特征有些是可以量化的，这些可以量化的数量特征通常可以作为衡量林火行为的指标。其中，林火蔓延速度、能量释放速度和林火强度是应用极其广泛的 3 个定量指标。

林火行为预测预报是在充分考虑天气条件变化、可燃物的易燃性、火源条件及其他火环境的基础上，在发生林火后，对可能表现出来的潜在林火行为作出定量化的预估和预告。

林火行为预测预报的概念中，之所以强调“潜在林火行为”，是因为预测预报的对象在某段时间内有发生某种林火行为的可能性，但是尚未构成事实。把这种可能发生但尚未发生，一旦发生将表现出来的各种林火特征称为潜在林火行为。今后，只要不产生歧义，对林火行为和潜在林火行为不加以区别。

10.3.5.5　三指标林火预测预报

三指标林火预测预报是黑龙江省森林保护研究所的王正非研究员提出的，是在原有的双指标火险预测预报方法的基础上发展起来的。林火的三个指标是火险等级、火行为和火烈度。

三指标林火预测预报法是以点火试验为基础的，以火报火的方法。考虑林地的可燃物在无风情况下的初始蔓延速度可以反映林地火险等级，然后再加上可燃物配置格局校正、地形坡度校正、风速校正，可预报林火野外蔓延速度。根据调查和试验确定的查算表和林地燃烧、蔓延的有关公式，可计算出火强度、火焰长度以及推测林火种类，并预报火烈度。

(1) 火险等级指标

采用初始蔓延速度 R_0(m/min)作为划分森林火险等级的标准。R_0 是火源接触易燃物后初始燃烧的蔓延速度，可采取实际点烧试验测定，也可以选择影响较大的气象因子建立回归方程计算求得，王正非经多次试验建立的经验公式为：

$$R_0 = 0.53T + 0.048W - 0.275 \tag{10-4}$$

式中　R_0——初始蔓延速度，m/min；

T——预报日的最高气温，℃；

W——预报日的最大风力，级。

用初始蔓延速度指标划分的火险等级及预防措施见表 10-6。

表 10-6　火险等级及预防措施

火险等级	能引起着火的火源	指标 R_0/(m/min)	引火机制	预防措施
一	暗火不引燃，明火引燃困难	0～0.3	难燃烧，不蔓延	没有危险，维修器材做好准备工作
二	暗火不引燃，明火点燃	0.3～0.5	着火后蔓延慢，三级风时平地前进速度可达2 m/min	营林用火、农业用火、规定火烧可以进行，中午风大可起火，但易控制
三	明火或 700 ℃以上的高温火源引燃	0.5～0.8	明火容易点燃，五级风时前进速度可达 4 m/min	11:00 以前可以用火，15:00 以后可以进行规定火烧，但风力超过三级要停止用火
四	明火或 500 ℃以上火源在中午前后引燃	0.8～1.2	中午前后燃烧旺盛，三级风时蔓延速度可达5 m/min	严禁野外用火，风大也能产生飞火，开始戒严，做好扑火准备工作
五	烟头、火柴余烬、火星等昼夜都能引燃	>1.2	高温大风天气，杂草枯叶蘸火就着，火速可达 50 m/min	星星之火即可以燎原，特别警戒机车喷火星和吸烟引起的火灾

(2) 火行为指标

进行火行为预报需要计算三个定量指标：林火蔓延速度(R)、火强度(I)和火焰长度(L)。

① 林火蔓延速度(R)

$$R=R_0 K_s K_W K_f/\cos\beta \tag{10-5}$$

式中 R——林火蔓延速度，m/min；

R_0——初始蔓延速度，m/min；

K_s——可燃物配置格局系数，见表 10-7；

K_W——风力更正系数(风力参数)，见表 10-8；

K_f——地形坡度因子，见表 10-9。

表 10-7 K_s 表

可燃物	平铺针叶	枯枝落叶	杂草和落叶	莎草	直立草丛	云南松、落叶松枝叶
K_s	0.8	1.2	1.6	1.8	2.0	1.0

表 10-8 K_W 表

风速/(m/s)	0	1	2	3	4	5	6	7	8	9	10	11	12	13
风力/级	1		2		3		4		5			6		
K_W	1.0	1.2	1.5	1.7	2.0	2.4	2.9	3.5	4.2	5.0	5.9	7.1	8.5	10.1

表 10-9 K_f 表

坡度/(°)	0	5	10	15	20	25	30	35	40	45
K_f	1.0	1.2	1.6	2.1	2.9	4.1	6.2	10.1	17.5	34.2

② 火强度

火行为的等级用火强度来划分。

$$I=HWR \tag{10-6}$$

式中 I——火强度，kW/m^2；

H——燃烧热，kJ/kg；

W——有效可燃物的质量，kg/m^2；

R——林火蔓延速度，m/s。

③ 火焰长度

根据一般火强度为 250 kW/m^2，火焰长度可达 1 m 的试验结果，火焰长度 L 由式(10-7)求得：

$$L=0.5a(I/250) \tag{10-7}$$

式中，a 为调控系数，对于一般地表火，可令 $a=1$。

通过上述计算，确定了火险等级、林火蔓延速度、火强度、火焰长度的定量指标之后，即可根据森林小区的植被类型、可燃物的数量等，判断林火的种类。见表 10-10。

表 10-10　林火行为等级表

火行为等级	$I/(kW/m^2)$	L/cm	火行为	可控性
1	0～50	5～20	偶尔起火，火苗逐渐自熄	不能成灾
2	50～100	<50	着火后继续冒烟，蔓延慢	不易成灾，过夜自熄
3	100～250	可达 100	轻微地表火，过火后有"花脸"，烧得不彻底	容易控制，适于危险地段的局部烧除，火烧防火线，有烧不着的地方
4	250～450	>100	中等地表火，堆积可燃物易着火	一般规定火烧火计划烧除
5	450～1 500	100～200	较强地表火	人力和机械扑火以此为上限，大于此强度则有危险
6	1 500～3 000	>200	强烈地表火	扑救人员要从火侧边缘清理，不要迎火头扑打，在火头前开设隔离带或点燃迎面火
7	3 000～10 000	>300	强烈地表火，树干火伴随单株树冠火	有多处火头，有飞火，白天不容易扑灭，最好夜间或拂晓出击
8	>10 000	火焰冲天	树冠火、飞火、狂燃大火	人、机很难控制。人工降水或自然降水才能熄灭

(3) 火烈度指标

火烈度的意义与地震烈度相似，在同样的火强度下，林型、树种、树龄不同，森林破坏的程度也不同。为了定量描述火灾过后林分的破坏程度，火烈度指标可用每公顷可能烧死株数占总株数的百分比 P 表示。

一般来说，火强度越大，火烈度也越大。但对于不同的树种，在相同的火强度下，其烧伤程度很不一样，所以还引入了树种的抗火系数 b。根据试验和有关量纲理论，火烈度的计算公式为：

$$P = bI/R^{0.5} \tag{10-8}$$

即单位面积上树木烧死的比例 P(%)与火强度 I 成正比，与林火蔓延速度 R 的平方根成反比。树种之间的差异由抗火系数 b 调控。

火烈度的另一种表示方法是以火烧前后林木株数变化率表示：

$$P = [(n_0 - n_1)/n_0] \times 100\% \tag{10-9}$$

式中　n_0——火烧前林木株数；

n_1——火烧后林木株数。

火烈度等级的划分见表 10-11。当发生温度骤变、降水和植物返青等情况时，对指标等级应作适当修正。

表 10-11　火烈度等级表

火烈度等级	平均烧死株数百分比	平均保留株数百分比	平均损失株数百分比	宏观损失	火性质	对策
1	0～5	95～100	0～5	无损失	轻微地表火	实施规定火烧或营林用火

表 10-11(续)

火烈度等级	平均烧死株数百分比	平均保留株数百分比	平均损失株数百分比	宏观损失	火性质	对策
2	6～20	80～94	6～20	1～2 a 影响林木生长	一般地表火	在稳定天气，可进行规定火烧或营林用火
3	21～40	60～79	21～40	部分树种更替	地表火、树干火	实行戒严的界限
4	41～80	20～59	41～80	树种全部更替	树干火、部分树冠火	尽一切努力防止林火发生
5	81～100	0～19	81～100	近似毁灭性	狂燃大火	禁止野外一切用火

本章习题

1. 林火的种类有哪些？各有什么特点？
2. 林火行为有哪些？
3. 火强度的测定方法有哪些？
4. 林火预测预报有哪几种类型？
5. 林火预测预报有哪几种研究方法？

第 11 章　锂离子电池火灾

电动车火灾安全教育片

在国家“碳达峰、碳中和”的目标要求下，储能技术迅猛发展，锂离子电池已经成为目前应用最为广泛的电化学动力源。然而，由锂离子电池热失控引发的火灾爆炸事故频发，已成为制约锂离子电池大规模应用的瓶颈问题。锂离子电池是一个电能储存、转换载体，这与其他可燃物不同；又由于电池自身的物理化学构成，在滥用情况下，电池材料会产热、产气，进而引起燃烧甚至爆炸。锂离子电池的热失控由电池内部的链式反应所致，当热量和可燃气体积聚到一定程度时，电池会发生多次强烈射流火焰现象。这种与一般可燃物或爆炸物具有本质不同的特殊物体，是消防安全面临的一大挑战。认识锂离子电池首先要了解锂离子电池的组成及工作原理，研究锂离子电池的热安全问题是开发更安全锂离子电池的关键。此外，目前已形成电池本质安全材料—热阻隔—早期预警—高效灭火的全链条、系列化安全防控技术体系，从而提升了锂离子电池及其系统的安全水平。

本章重点：锂离子电池的工作原理、锂离子电池的组成、锂离子电池内部材料热安全性和锂离子电池热失控过程及反应机理、锂离子电池火灾预警及灭火技术。

本章难点：锂离子电池热失控链式反应及其机理、多级安全预警系统的架构和原理。

11.1　锂离子电池及其热安全问题介绍

锂离子电池及其热安全问题介绍

认识锂离子电池首先要了解锂离子电池的组成及工作原理，研究锂离子电池的热安全问题是开发更安全锂离子电池的关键。

11.1.1　锂离子电池介绍

11.1.1.1　锂离子电池工作原理

锂离子电池的工作原理如图 11-1 所示（扫描图中二维码获取彩图，下同），锂离子电池通过锂离子在正负极之间的嵌入和脱出完成其充放电过程。充电过程中：在电池内部锂离子从正极脱出，由电解液传输穿过隔膜，嵌入负极；在电池外部电子由外电路迁移到负极。放电过程中：在电池内部锂离子从负极脱出、穿过隔膜，嵌入正极；在电池外部电子由外电路迁移到正极。由于随着充、放电，迁移于电池间的是锂离子，而非单质锂，因此电池被称为锂离子电池。又因为锂离子在正、负极物质间脱嵌、迁移这种独特的机制，锂离子电池也被称为“摇椅式电池”。锂离子电池的工作原理可以由以下化学反应方程式表达。

正极充电反应：$$LiMO_m \longrightarrow Li_{1-x}MO_m + xLi^+ + xe^- \tag{11-1}$$

正极放电反应：$$Li_{1-x}MO_m + xLi^+ + xe^- \longrightarrow LiMO_m \tag{11-2}$$

负极充电反应：$$C_n + xLi^+ + xe^- \longrightarrow Li_xC_n \tag{11-3}$$

负极放电反应：$$Li_xC_n \longrightarrow C_n + xLi^+ + xe^- \tag{11-4}$$

电池充电反应：　　$LiMO_m + C_n \longrightarrow Li_{1-x}MO_m + Li_xC_n$　　(11-5)

电池放电反应：　　$Li_{1-x}MO_m + Li_xC_n \longrightarrow LiMO_m + C_n$　　(11-6)

式中，M 为 Co、Ni、Mn、Fe、V、W 等；负极除了 Li_xC_6 外，还有 TiS_2、WO_3、NbS_2、V_2O_5 等化合物。

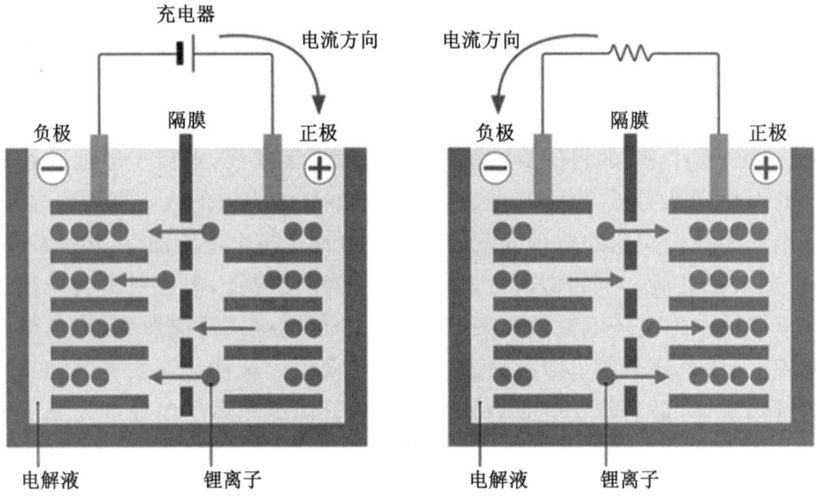

(a) 充电　　(b) 放电

图 11-1　锂离子电池的工作原理图

11.1.1.2　锂离子电池组成

锂离子电池一般包括以下部件：正极、负极、电解液、隔膜、正极引线、负极引线、中心端子、绝缘材料、安全阀、正温度系数端子(PTC 端子)、电池壳。其中，正极、负极统称为电池的电极，包含活性电极物质、导电剂、黏结剂等物质，并均匀分布于集流体上。正、负极集流体通常为铝箔、铜箔。

(1) 正极材料

锂离子电池的正极电位较高，常为嵌锂过渡金属氧化物，或者聚阴离子化合物。一方面，过渡金属存在混合价态，电子导电性比较理想；另一方面，过渡金属不易发生歧化反应，如 $LiMO_x$ 与 $LiMPO_4$(M 多为过渡金属，如 Co、Ni、Mn、Fe、V 等元素中的一种或多种)。目前常用的正极材料有 $LiCoO_2$、$LiMn_2O_4$、$LiFePO_4$ 等，其结构如图 11-2 所示。

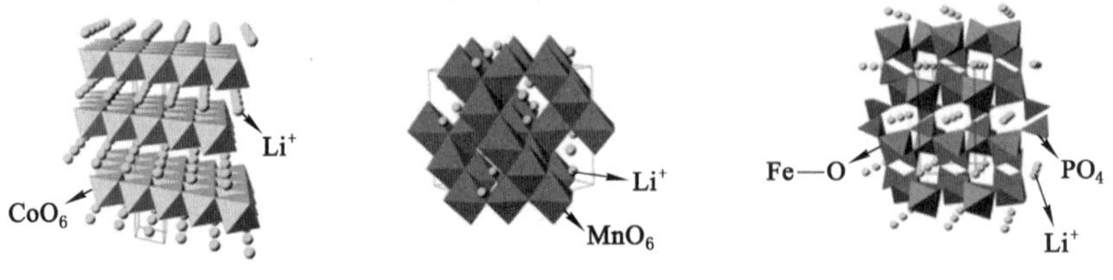

(a) $LiCoO_2$的层状结构　　(b) $LiMn_2O_4$的尖晶石结构　　(c) $LiFePO_4$的橄榄石结构

图 11-2　常见正极材料的结构

钴酸锂($LiCoO_2$)是目前商业应用中较为普及的正极材料，为层状结构，工作电压区间为 2.8～4.2 V，放电平台约 3.9 V，理论最高比容量为 274 mA·h/g，实际应用中，其比容量为 140～150 mA·h/g。$LiCoO_2$ 的制备工艺较为简单，合成方法主要有高温固相法、低温共沉淀法和凝胶法，比较成熟的是高温固相法。但是其倍率性能、耐过充性能不是很理想，而且价格较高，安全性差。

尖晶石型的锰酸锂($LiMn_2O_4$)属立方晶系，其工作电压区间为 3.5～4.3 V，放电平台约为 4.1 V，理论比容量为 148 mA·h/g，实际应用中，其比容量约为 110 mA·h/g。$LiMn_2O_4$ 的制备工艺较为简单，有高温固相法、融盐浸渍法、共沉淀法、Pechini 法、喷雾干燥法、溶胶-凝胶法、水热合成法等，价格较低，倍率性能较好，但是其循环性能相对较差，尤其在高温下更明显。

磷酸铁锂($LiFePO_4$)具有规整的橄榄石晶体结构，属于正交晶系，其工作电压区间为 2.5～4.0 V，放电平台约为 3.4 V，理论比容量为 165 mA·h/g，实际应用中，其比容量约为 140 mA·h/g。$LiFePO_4$ 的制备工艺较为简单，价格较低，循环性能较好，但是其倍率性能常需要由碳包覆等方法进行改善，而且比能量较低。

人们常说的三元锂电池中“三元”指的是包含镍(Ni)、钴(Co)、锰(Mn)或铝(Al)三种金属元素的聚合物正极材料。$LiNi_{1/3}Co_{1/3}Mn_{1/3}O_2$ 的工作电压区间为 2.8～4. 3 V，理论比容量为 277 mA·h/g，实际应用中，其比容量约为 160 mA·h/g (4.3 V)。$LiNi_{1/3}Co_{1/3}Mn_{1/3}O_2$ 的比能量较高，倍率性能较好，综合了 $LiNiO_2$、$LiMn_2O_4$ 和 $LiCoO_2$ 的优点，但是制备工艺常需要较高的反应温度以及较长的反应时间。$LiNi_{0.5}Mn_{1.5}O_4$ 的工作电压区间为 3.5～5.0 V，放电平台约为 4.7 V。$LiNi_{0.5}Mn_{1.5}O_4$ 具有电位高、比能量高、循环寿命长等优点，但是它与 $LiMn_2O_4$ 相似，都存在高温下在电解液中溶解严重的问题。

(2) 负极材料

锂离子电池负极物质通常为碳素材料，如石墨和非石墨化碳等。另外，$Li_4Ti_5O_{12}$ 也已经商品化，在动力、储能电池中有望获得广泛应用。一些新型负极材料如纳米过渡金属氧化物、硅基化合物、锡基化合物、合金化合物、石墨烯等也为研究人员所关注。

使用碳材料作为负极，充放电时，在固相内的锂发生嵌入-脱嵌反应。

$$C_6 + Li^+ + e^- \longrightarrow LiC_6 \tag{11-7}$$

石墨材料的导电性好，其工作电位与金属锂负极接近。在满电状态下，石墨材料对应形成 LiC_6，理论比容量可达 372 mA·h/g，但其制备温度高达 2 800 ℃。石墨为层状结构，层与层之间由范德瓦耳斯力联结，在充、放电过程中，易出现石墨片层粉化、剥落的现象，与电解液的兼容性并不理想。天然石墨一般无法直接用作锂离子电池负极材料，作为负极材料的多是人造石墨。

(3) 电解液

电解液在锂离子电池正、负电极之间起传输离子的作用，由电解质锂盐以及有机溶剂构成。常用的锂盐有 $LiClO_4$、$LiBF_6$、$LiPF_6$、$LiAsF_6$ 和某些有机锂盐，如 $LiCF_3SO_3$、$LiC(SO_2CF_3)_3$等。$LiPF_6$ 是最常用的电解质，但它在高温下容易发生热分解。为了保证电解液中锂盐的高解离度，同时保证电解液与电极、隔膜的良好浸润，一般来说，电解液需要有高介电常数和低黏度，因此常选择环状、链状碳酸酯的混合溶剂作为有机溶剂。其中，环状碳酸酯的介电常数、黏度较高，如碳酸乙烯酯(EC)、碳酸丙烯酯(PC)，它们的极性高，易于锂盐溶解、解离。链状碳酸酯主要有碳酸二甲酯(DMC)、碳酸二乙酯(DEC)以及碳酸甲乙酯(EMC)等溶剂,它们的介电常数、黏度较低,挥发性较强。较高的极性常对应较高的介电常数,可保证锂盐较大的溶解度;然而,较高的介电常数又对应较高的黏度,会对电解液体系中离子的迁移造成较大的阻碍,影响电解液的电导率。因此,锂离子电池电解液溶剂通常使用较高介电常数的溶剂和较低黏度溶剂的混合物,表 11-1 给出了部分有机溶剂的物理性能,包括熔点、沸点、相对介电常数、黏度、偶极矩等。

表 11-1 电解液常用有机溶剂的物理性能

溶剂	熔点/℃	沸点/℃	黏度(25 ℃)/(Pa·s)	相对介电常数(25 ℃)	偶极矩/D(德拜)	闪点/℃	密度/(g/cm^3)
碳酸乙烯酯	36.4	248	1.9	89.6	4.61	160	1.321
碳酸丙烯酯	−48.8	242	2.53	64.92	4.81	132	1.2
N-甲基-2-吡咯烷酮	−24.6	202	2.5	78	4.52	110	1.17
碳酸二甲酯	4.6	91	0.59	3.107	0.76	18	1.063
碳酸二乙酯	−74.3	126	0.75	2.805	0.96	31	0.969
碳酸甲乙酯	−53	110	0.65	2.958	0.89	25	1.006
二甲氧基甲烷	−105	41	0.33	2.7	2.41	−17	0.86
乙二醇二甲醚	−58	84	0.46	7.2	1.15	0	0.86

(4) 隔膜

隔离具有电子绝缘性,将锂离子电池的正极与负极隔开,以避免电池内部短路。隔膜材料必须具备良好的化学、电化学稳定性,良好的力学性能以及在反复充放电过程中对电解液保持高度浸润性等。隔膜材料与电极之间的界面相容性、隔膜对电解质的保持性均对锂离子电池的充放电性能、循环性能等有着重要影响。

聚烯烃微孔膜、无纺布隔膜、聚合物/无机复合膜、聚合物电解质隔膜均可起到锂离子电池隔膜的作用,目前使用最广泛的隔膜是聚烯烃类隔膜,如聚丙烯(PP)微孔膜和聚乙烯(PE)微孔膜。聚烯烃材料具有良好的机械、热稳定性能,能为电池隔膜的加工及组装提供合适的机械强度。聚烯烃也拥有较为适宜的闭孔温度,如 PE 和 PP 隔膜的闭孔温度分别为 130 ℃和 160 ℃左右,能够提供必要的闭孔关断功能,降低电池的安全隐患。但是聚烯烃在一定温度下会发生熔融,会使隔膜的尺寸、形状改变,甚至会使隔膜破损,引起电池短路。增大电池隔膜的自闭温度及熔融温度差,能够在一定程度上提高电池的安全性。

11.1.2 锂离子电池热安全问题

近年来,从小型的智能手机,到大型的储能电站,由于电源部件热失控引发的火灾爆炸事故频发,引起了社会的广泛关注。虽然锂离子电池在替代传统蓄电池作为电动车、混合动力电动车、电动自行车和电动工具等动力电源方面具有一定的优势,但是锂离子电池滥用或误用时会引发电池内部剧烈的化学反应,产生大量的热,可能导致泄漏、放气、冒烟,甚至剧烈燃烧且发生爆炸。部分锂离子电池起火事故如表 11-2 所示。

表 11-2　部分锂离子电池起火事故

时间	地点	事故	事故诱因
2024 年 6 月	韩国	京畿道华城市 AriCell 电池厂起火	锂离子电池生产过程中涉及的易燃材料发生化学反应，导致连续爆炸
2024 年 5 月	美国，加州	圣地亚哥奥泰梅萨 250 MW·h 储能电站起火	电池发生内短路
2023 年 4 月	中国，甘肃	甘肃武威民勤储能电站起火	过充电导致锂离子电池正、负极性质发生变化，引发的内短路导致电池热失控
2022 年 1 月	韩国	太阳能发电站配套储能设施着火	电池内部的热失控产生了大量烟雾
2021 年 9 月	美国，加州	Moss Landing 储能电站着火	电池过热
2021 年 4 月	中国，北京	北京福威斯油气技术有限公司光储充一体化项目起火	单体磷酸铁锂电池发生内短路故障，引发电池及电池模组热失控扩散起火
2021 年 1 月	中国，上海	特斯拉 Model3 电动汽车起火	车底碰撞引发自燃
2020 年 6 月	中国，杭州	吉利帝豪电动汽车起火	停车自燃
2020 年 5 月	中国，东莞	日产帅客电动汽车起火	充电中自燃
2019 年 4 月	美国，亚利桑那州	APS 公司电池储能项目爆炸	金属锂沉积和异常枝晶生长，锂枝晶导致电芯初期故障，随后引发热失控并扩散

在内部短路、大电流充放电和过充电等滥用条件下，锂离子电池会产生大量的热，导致电池体系的温度增加。当电池体系达到较高的温度时，就会发生分解等反应，造成电池热失控。对锂离子电池的耐过充性和热稳定性进行研究发现，当电池温度升高时电池内部的反应主要有如下几个方面：

① 电解质与负极的反应。

② 电解质的热分解。

③ 电解质与正极的反应。

④ 负极的热分解。

⑤ 正极的热分解。

⑥ 正极活性物质以及负极活性物质发生焓变。

⑦ 电流通过电池体系时，由于内阻的存在而产生热量。

消费电子产品用锂离子电池的正极材料主要是 $LiCoO_2$，因此有很多研究分析了其与电解液共存体系的热稳定性。研究认为，体系的产热量与正极物质的嵌锂程度相关，嵌锂程度越高，产热量越低。而在没有电解液时，正极物质的产热量很低。基于对正极体系的热行为研究，可以确定正极材料在充电状态下不稳定，易于在高温下发生热分解放出 O_2，这些 O_2 能够氧化电解液尤其是有机溶剂，产生大量的热及其他气体，从而降低电池的安全性。

目前已经商用的负极物质主要是石墨、焦炭、中间相炭微球、热解硬炭等物质。由于在首次充放电循环时，有机电解液会在碳负极表面形成固体电解质界面（SEI）膜，该界面膜能让锂离子通过，保护嵌锂与电解液不直接接触，进而保证电池具有良好的循环性能。但是，该界面膜的形成也会引起电池不可逆的容量损失，而且易于在高温下发生热分解。随着温度升高，SEI 膜结构破坏，负极嵌锂与电解液之间、电解液与负极物质中的黏结剂 PVDF（聚偏二氟乙烯）之间都会发生热反应。这些研究发现，电解液的比例、电解液所用锂盐的种类、负极物质的嵌锂程度、负极物质的比表面积对共存体系的产热均有明显影响。

锂离子电池一旦发生事故，容易引起火灾，并会对测试设备、人员造成不可估量的伤害。锂离子电池的安全性与电池的大小、容量相关。目前商用的小型电池，如手机、摄像机、笔记本电脑所用的电池一般由 3 A · h 左右的方形、圆柱形电池构成，电池质量为 10～30 g。根据事故调查数据，每百万个这样的电池有约少于一例的事故发生，电池起火的事故率较低。而电动自行车所用电池模组质量为 3～4 kg，电动摩托车所用电池模组质量为 15～20 kg，混合电动汽车所用电池模组质量为 30～100 kg，纯电动汽车所用电池模组质量为 300～400 kg，储能电站所需电池模组质量为 1 000 kg 以上。当电池应用的规模扩大、单位空间内的能量密度增大时，事故发生的可能性会大大提高。因此，关于大型、高能量锂离子电池的火灾危险性亟须系统研究。

11.2 锂离子电池热失控机制及火灾行为

锂离子电池热失控机制及火灾行为

锂离子电池的热失控机制是由其基础特性决定的。在对锂离子电池的热失控机制进行研究之前，有必要了解一下锂离子电池的内部材料、热失控行为特征、热蔓延特性等相关知识。

11.2.1 锂离子电池热失控过程及反应机理

锂离子电池热失控触发方式主要包括机械滥用、电滥用及热滥用。在储能电站的工作条件下，热失控触发方式最有可能是由热滥用与电滥用两种滥用方式引起的。尽管不同触发方式下，锂离子电池发生热失控的机理有所不同，但是热失控本质上都是由于锂离子电池内部材料发生氧化还原反应产生大量的可燃气体和热，产生的可燃气体与氧气混合发生火灾与爆炸事故。其所涉及的热失控反应可归纳总结为：SEI 膜分解、负极与电解液反应、隔膜塌陷、电解液分解、正极与电解液反应、正负极接触产生内短路等；以上的热失控反应属于链式反应，反应顺序可能会由于电池体系与触发方式的差异性有所不同，但是热失控反应本质上都是由上述反应相互叠加形成的。锂离子电池在高温下的化学及电化学反应是非常复杂的，其热失控过程可简单表示成如图 11-3 所示形式。

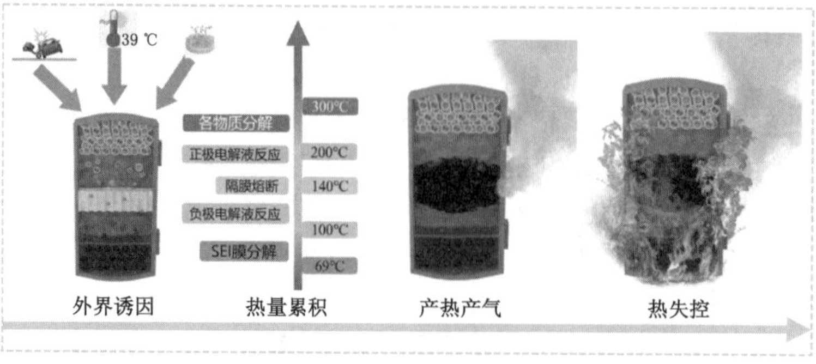

图 11-3 典型锂离子电池热失控过程

清华大学欧阳明高团队总结了电池在绝热加速量热仪(ARC)测试中的三个关键温度,并用来评判电池本征安全性。在电池最终发生热失控、产生事故之前,还存在一个漫长的放热反应过程,根据反应的剧烈程度可以分为起始自放热反应阶段和热失控临界阶段,如图 11-4(a)所示。电池在外部诱因条件下,开始出现起始自放热反应;如果电池散热不能及时将热量排除,温度将持续上升直至达到热失控临界反应区间温度,此时电池将发生一系列热失控反应,表现为起火或爆炸事故。如图 11-4(b)所示,T_1 为电池起始自放热温度,代表电池内部开始产生自发的放热反应,一般将自放热的检测阈值设为 0.02 K/min,T_1 值可以评价电池能够正常运行的最高温度。T_2 是电池的热失控临界温度,代表电池的温度急剧上升,热失控即将发生,该温度反映电池抵抗热失控的能力,一般将其阈值定为 1 K/s。T_3 是电池在整个热失控测试过程中所达到的最高温度,由于 ARC 测试为绝热环境,与外界无热交换,因此整个热失控过程中电池自发产生的热量可用式(11-8)表示:

$$\Delta H = (T_3 - T_1)Mc \tag{11-8}$$

式中,ΔH 为电池热失控所产生的热量;M 为被测电池的质量;c 为被测电池的比热容。

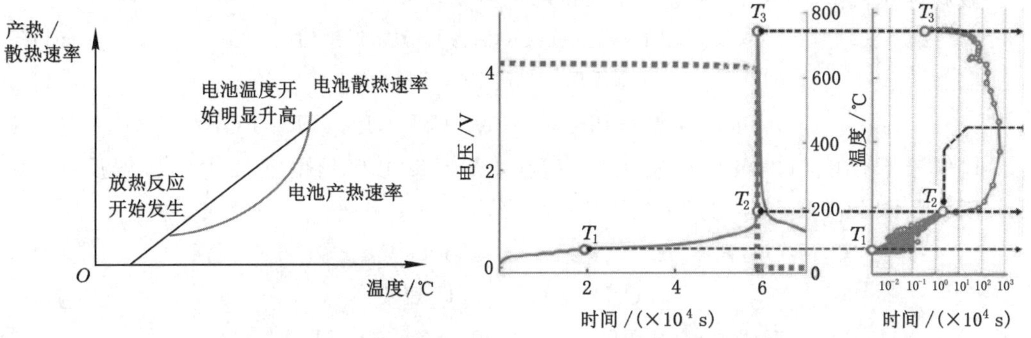

(a) 电池热失控过程中内部的产热与散热　　(b) 软包电池典型的 ARC 测试结果

图 11-4　电池热失控特征

综合以上三个特征温度,可以更加清晰地判断电池的安全性。接下来将电池热失控过程分为诱发阶段、自放热阶段(T_1—T_2)、热失控临界阶段(T_2)以及热失控阶段(T_2—T_3)四个阶段详细描述电池热失控过程中的关键反应。

采用绝热加速量热仪比较了目前市场上常用的不同正极材料在电解液氛围中的热稳定性,正极材料的分解温度范围为 150～250 ℃。根据研究结果,正极的热稳定性大致遵循:磷酸铁锂($LiFePO_4$)>锰酸锂(LMO)>镍钴锰酸锂[$Li(Ni_xCo_yMn_z)O_2$,NCM]>镍钴铝酸锂[$Li(Ni_xCo_yAl_z)O_2$,NCA]>钴酸锂(LCO)。正极材料的分解通常会释放出一定量的氧气,当电池内部的温度达到燃点时,释放的可燃气体和电解液发生燃烧形成射流火。

目前,商用磷酸铁锂电池的负极材料都是由层状石墨组成的。当电池进行第一圈循环时,负极层状石墨与电解液之间会形成一层 SEI 膜,SEI 膜的存在避免了溶剂分子与锂离子共嵌入对电极材料造成的破坏,增强了锂离子电池循环性能并延长了其使用寿命。SEI 膜的组成成分主要包括稳定组分与亚稳定组分,有部分研究发现,在热失控发生早期阶段,电池的温度为 90～120 ℃时,SEI 膜中的$(CH_2OCO_2Li)_2$ 就会发生分解反应,并放出热量:

$$(CH_2OCO_2Li)_2 \longrightarrow Li_2CO_3 + C_2H_4 + CO_2 + \frac{1}{2}O_2 \tag{11-9}$$

电池隔膜在 130 ℃左右发生熔融，会引发电池内短路。电解液分解释放的热量积累会导致正极材料发生分解反应放出氧气，致使电解液和电池内气体燃烧。常用的正极材料有 $LiCoO_2$、$LiMn_2O_4$、$LiFePO_4$、$LiNiO_2$ 等，以 $LiCoO_2$ 材料为例，其发生的分解反应为：

$$LiCoO_2 \longrightarrow x LiCoO_2 + \frac{1}{3}(1-x)Co_3O_4 + \frac{1}{3}(1-x)O_2 \tag{11-10}$$

$$Co_3O_4 \longrightarrow 3CoO + 0.5O_2, CoO \longrightarrow Co + 0.5O_2 \tag{11-11}$$

锂离子电池的有机电解液是极易燃烧的物质，当电池过热或过充电时，都可能引起电解液的燃烧或爆炸。有机电解液主要由锂盐、溶剂两部分组成。$LiPF_6$ 是目前最优良的锂离子电池电解质盐；常用溶剂为烷基碳酸酯，如碳酸乙烯酯(EC)、碳酸丙烯酯(PC)、碳酸二甲酯(DMC)、碳酸二乙酯(DEC)、碳酸甲乙酯(EMC)等。在高温或过充条件下，溶剂会发生分解，以 EC 为例：

$$C_3H_4O_3 \longrightarrow CO_2\uparrow + CO\uparrow + C + 2H_2\uparrow \tag{11-12}$$

金属锂在含 EC 的电解液中可能发生的反应如下：

$$2Li + 2EC \longrightarrow LiO(CH_2)_4OLi + 2CO_2 \tag{11-13}$$

$$LiPF_6 \longrightarrow LiF + PF_5 \tag{11-14}$$

$$LiO(CH_2)_4OLi + PF_5 \longrightarrow LiO(CH_2)_4F + LiF + POF_3 \tag{11-15}$$

电解液不仅能与电极材料发生反应，在 200～300 ℃时也能发生自分解反应，生成 CH_3CH_2F、FCH_2CH_2Y(Y 为 OH、F 等)CO_2 等：

$$C_2H_5OCOOC_2H_5 + PF_5 \longrightarrow C_2H_5OCOOPF_4 + HF + C_2H_4 \tag{11-16}$$

$$C_2H_4 + HF \longrightarrow C_2H_5F \tag{11-17}$$

$$C_2H_5OCOOPF_4 \longrightarrow PF_3O + CO_2 + C_2H_4 + HF \tag{11-18}$$

$$C_2H_5OCOOPF_4 \longrightarrow PF_3O + CO_2 + C_2H_5F \tag{11-19}$$

$$C_2H_5OCOOPF_4 + HF \longrightarrow PF_4OH + CO_2 + C_2H_5F \tag{11-20}$$

此时，电池内部已积满气体，内部压力急剧增大。当电池内部压力或温度达到设定值时，电池的防爆阀将自动开启泄压，以达到预防内部气体积累过多而发生形变或爆裂的目的。一旦电池中的热气体释放到大气中，这些气体将在空气中发生燃烧或爆炸。

此外，当电池温度高于 260 ℃时，还会发生正极材料、嵌锂碳与黏结剂的反应，如充放电过程中，含氟黏结剂(PVDF)与负极作用产生的热量是无氟黏结剂的 2 倍。PVDF 黏结剂能增强 $LiCoO_2$ 的热分解反应活性，其反应过程如下：

$$4LiCo^{III}O_2 \longrightarrow Co^{IV}O_2 + Co^{II}Co_2^{III}O_4 + 2Li_2O \xrightarrow{4HF} 4LiF + 2H_2O \tag{11-21}$$

对于 PVDF-Li_xC_6 反应，其反应程度取决于嵌锂度。在电解质中，PVDF 黏结剂与 Li_xC_6 反应如下：

$$—CH_2—CF_2 \longrightarrow CH=CF— + HF \tag{11-22}$$

$$—CH_2—CF_2— + Li \longrightarrow LiF + —CH=CF— + 0.5H_2 \tag{11-23}$$

11.2.2 锂离子电池热失控蔓延行为

机械诱因、电诱因和热诱因，都会通过某种途径使得电池内部温度上升，进而引发电池内部剧烈且不可控的放热链式反应，造成电池的热失控。单节电池热失控温度可骤然上升至 800～1 000 ℃，并且迅速加热其相邻的电池，进而引发其他电池内部温升，使得周围电池也发生热失控。由一节电池热失控释放能量，造成电池模组或系统内其他电池热失控的过程称为热失控蔓延。一旦电池系统内发生热失控蔓延，其释放的能量巨大，将会对人们的生命和财产安全造成极大的威胁。

11.2.2.1　热失控蔓延行为过程

热失控蔓延机理随着电池种类、电池连接方式、系统结构等的不同而具有一定的差异，关键要看首先热失控的电池对周围电池造成了前述机械滥用、电滥用、热滥用等几种热失控诱因中的哪一种或哪几种。其中，热滥用是热失控蔓延中最容易产生也是最重要的因素。

在密闭的电池包内，当有电池发生热失控时，该电池温度骤然升高至 T_3，此时其相邻的电池均处于未热失控状态，温度较低。因此，热失控电池与未热失控电池之间形成较大的温度梯度，这使得热失控电池中释放的能量迅速传递到其相邻未热失控电池中，相邻电池温度快速上升。如果未热失控电池的温度升高至 T_2（电池发生热失控的温度），该未热失控电池也会进入热失控状态。这便是电池热失控在模组中初步蔓延的整个过程。

电池模组的热失控蔓延机理如图 11-5 所示。图中横坐标为电池厚度，纵坐标为电池热失控过程中的温度，图中的点代表某一时刻电池在不同位置的温度分布。图中电池为模组中前后紧密排列的两节，虚线方框代表电池的卷芯，实线方框代表电池壳体。图 11-5(a)表示左边一节电池发生热失控，此时其中心位置温度达到热失控最高温度 T_3，前后两节电池中间温度达到 T_2 以上，而第二节电池卷芯温度仍处于远低于 T_2 的状态；随后，图 11-5(b)中第二节电池卷芯前表面温度经过第一节电池的加热达到 T_2，第二节电池处于热失控的临界点；此后，第一节电池继续加热第二节电池，第二节电池卷芯温度继续上升至高于 T_2，第二节电池发生热失控，此时第一节电池中心温度已有所下降，第二节电池热失控后释放大量的热，其中心温度达到 T_3，如图 11-5(c)所示。从上述机理可以得出，判断电池是否热失控蔓延的主要条件是电池卷芯内的最高温度是否达到 T_2（锂离子电池热失控触发温度）。

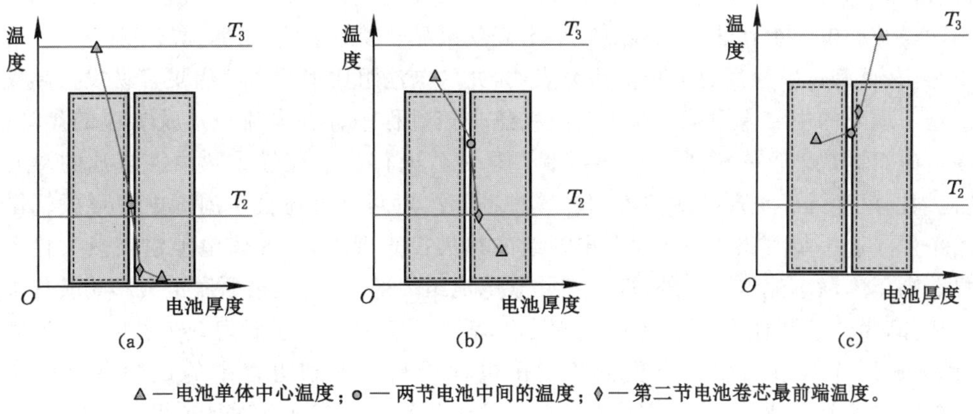

图 11-5　热失控蔓延机理

对于大容量的方壳电池，热失控电池对相邻电池的加热作用是导致热失控蔓延的最重要的因素。方壳锂电池的热失控蔓延主要表现为通过正面壳体接触向邻近的侧向快速传热的特征。当某一节锂电池发生热失控时，其前端面会迅速升温，在被加热锂电池内部沿厚度方向产生巨大的温度梯度，一旦被加热锂电池前端面温度达到热失控触发温度，即会发生热失控的扩散。此外，热失控蔓延过程中还会伴随锂电池的宏观变形，变形方向通常与热失控扩散路径相反。对于并联锂电池组来说，热失控蔓延过程中电压下降和时间也呈现一定的相关性。

11.2.2.2 热失控蔓延影响因素

研究热失控蔓延的影响因素对电池系统的热安全设计具有指导意义。结合前述热失控蔓延机理的研究进展，可以总结出对热失控蔓延具有明显影响的四个方面的因素：① 单体电池的热安全特性和热失控特性，如电池材料的热稳定性、副反应的反应特性等；② 电池与周围的换热特性，如电池向环境的散热特性、电池之间的传热特性等；③ 电池热失控的喷阀特性，喷出的高温可燃的气体、液滴、固体颗粒的混合物质所携带的能量及潜在的化学能的影响；④ 并联电池组的连接形式及热失控发生时的短路电流。

单体电池热失控特性方面，电池正负极、隔膜、电解液的热稳定性越好，热失控反应发生的温度越高，电池热失控的触发温度越高，热失控蔓延越不易发生；电池的能量密度越低、电池荷电量越低，电池中储存的能量越少，发生热失控时电池温升越小，热失控也越不易发生。然而，电池能量密度的提升是电动汽车使用性能的需求，因此电池材料热稳定性提升是电池系统热安全问题解决的一个重要方面。

在电池模组或系统的传热特性方面，电池与环境的换热强度、首节触发热失控电池在模组中的位置都会影响热失控蔓延的表现。电池散热条件的改善可以明显改善模组热失控蔓延的危险性。另外，圆柱形电池模组中电池间距对热失控蔓延有影响，这表明电池之间传热条件变差时，热失控蔓延会变得更难发生。热失控电池向周围电池的热流功率直接影响热失控蔓延发生与否以及发生的速度，而这一变量会受到电池之间的传热特性、电池向环境的散热特性的影响。然而热流功率较小的传热路径是否会引起热失控蔓延的发生，还要看此条路径是否引起了周围电池最高温度的较快上升，这是因为最高温度才是判定热失控触发的直接参数。

串联与并联电池组在热失控蔓延特性上表现出显著差异。以 10 节 2.2 A·h 的 18650 电池组为例，针刺试验触发热失控的研究表明，并联电池组比串联电池组更容易发生热失控蔓延。这一现象的主要原因是并联电池组在热失控过程中存在电流流动及相应的焦耳热，而串联电池组则缺乏这一额外的产热机制。这种放电行为不仅导致热失控电池的温升更高，还使周围电池处于更严酷的热滥用环境中；同时，短路电流还会使周围电池形成轻微的电滥用条件。进一步对比并联与串联电池组的热失控表现发现，并联电池组在热失控后的温升显著高于串联电池组。此外，即使在并联电池组内部，不同连接顺序也会影响其热失控表现。例如，由 9 节圆柱形电池组成的并联模块中，当 5 号电池被触发热失控时，M 形连接形式相较 S 形连接形式表现出更低的周围电池最高温度和更稳定的试验后电压状态(图 11-6)。这些结果表明，连接方式对并联电池组的热失控蔓延特性具有重要影响。

电池热失控的物理化学过程产生大量的高温可燃气体，同时电池内部结构破坏，气体携带固体颗粒物喷出，在适当的条件下起火，电池起火而释放的能量是电池本身储存电能的数倍。电池热失控喷阀特性随电池种类的不同及安全阀设计的差异而不同，而喷出高温物质及其起火产生的火焰对周围电池的加热情况还受到电池模组设计的影响。对于方壳电池来

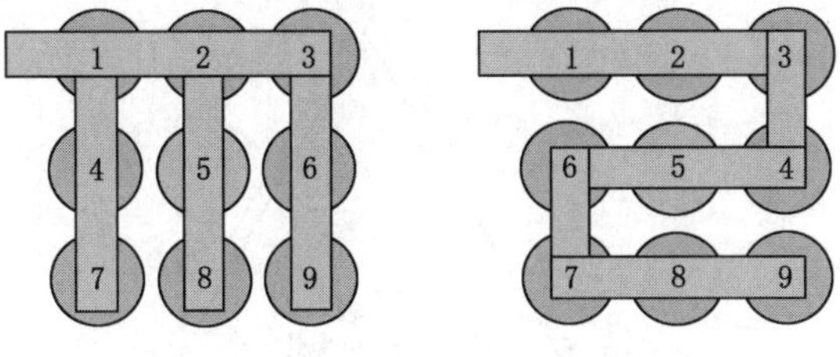

图 11-6 两种并联电池组连接形式

说，喷阀主要发生在电池安全阀位置，在开放环境下喷出物质对周围电池加热有限，因而对热失控蔓延的影响不大。对于圆柱形电池来说，喷阀不一定完全发生在安全阀位置，若喷出物质直接接触相邻的电池，则会提升热失控蔓延发生的可能性。除了对周围电池的加热作用外，喷出物质往往还具有一定的导电性，若积聚附着在某些位置则具有导致周围电池发生短路的可能性，从而进一步提升了热失控蔓延的概率。热失控喷出的高温物质对周围电池的加热作用在热失控蔓延中也会产生影响。

11.2.3 锂离子电池火灾三要素

随着锂离子电池在交通领域的广泛应用，电动汽车及电动自行车等起火概率随之增加。而且搭载三元锂离子电池车型起火概率远高于磷酸铁锂车型，意味着三元锂离子电池更加危险。根据 2021 年电动汽车自燃事故统计，静置和充电状态火灾事故发生概率较高，超过 60%。但是目前电动自行车充电棚、新能源汽车充电桩等场所仍缺乏有效灭火措施。而新能源汽车起火后燃烧速度较快，消防队接到火警信号到赶赴现场约 15 min，此时火灾早已发展起来，灭火更加困难。因此，有必要研制锂离子电池的灭火控灾技术，在火灾前期即扑灭电池火灾或者抑制火势发展，减轻锂离子电池火灾后果，以保障行业健康发展。

考虑助燃物(氧化剂)、可燃物(燃料)、点火源(温度)三个要素是火灾和爆炸发生的必要条件，锂离子电池火灾和爆炸事件的发生是电池系统内部产生氧化剂、大量的燃料以及足够高的温度共同导致的，如图 11-7 所示。氧化剂的来源有两种：一种是正极材料的分解；另一种是空气中的氧气。燃料的主要组成成分为电解液、烷烃气体、酯类醇类化合物等。电池体系的高温来源有电池本身暴露于火场或强的热辐射中、电池内部反应产热等。氧化剂、燃料和点火源相互耦合、互相促进，如果有某一滥用条件在其中产生作用，将有可能促使电池内部体系产生多米诺效应，引发电池火灾甚至爆炸。

前面章节已经对锂离子电池热失控进行了介绍，热失控是指电池内部出现放热连锁反应引起电池温升速率急剧变化的过热现象。锂离子动力电池事故主要表现为热失控引起的冒烟、起火燃烧以及爆炸。

对于冒烟的情况而言，热失控发生时，电池内部化学反应会产生大量的气体，气体冲出电池安全阀或者冲破壳体，随之带出电池内部活性物质，表现为电池冒烟。对于起火燃烧的情况而言，事故中的起火一般是电池内部电解液及其分解产物被点燃造成的。从燃烧反应的三要素[可燃物、助燃物(氧气)、点火源(引燃物)]来看，可燃物即电解液及其分解产物；电池内部的氧气不足，因此电解液需要从电池封装壳体内泄漏出来才会发生起火；引燃物可能

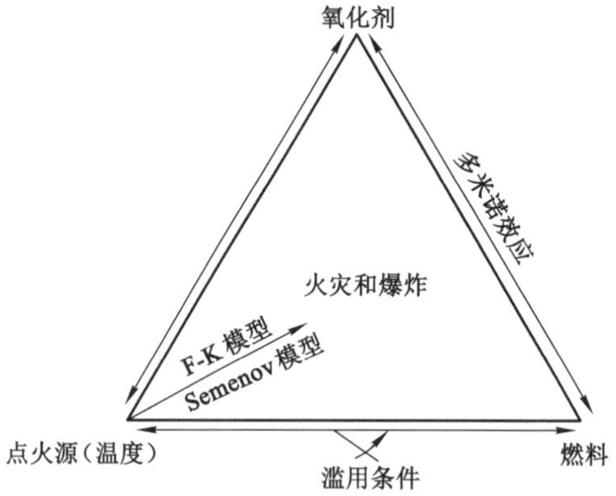

图 11-7　电池火灾三角模型

来自电池外短路产生的电弧,也可能来自热失控时高速喷出的气体与安全阀摩擦所产生的火星。

对于爆炸的情况而言,爆炸一般表现为高压气体瞬间扩散造成的冲击。电池内部具有高压气体积聚的条件,而安全阀是及时释放高压积聚气体的关键。安全阀如能在电池壳体破裂之前开启,并释放足够多的在热失控过程中产生的高压气体,电池就不会发生爆炸;安全阀如不能及时开启,就可能会发生爆炸事故。

目前,有部分学者对电池的安全性和火灾危险性进行了研究。电池火灾主要为电池内部反应产生的烷烃、烯烃类气体和电解液蒸气发生燃烧。而这些烷烃、烯烃类气体主要是电解液在高温下与内嵌锂反应和自身的分解反应生成的。通过气相色谱仪测量,得到电池内部反应生成气体的主要成分包括 CO、CO_2、H_2、CH_4、C_2H_6、C_3H_8 等,其中 H_2、CO_2 的含量最高。电解液中部分有机溶剂在温度超过 130 ℃时就会蒸发,形成电解液蒸气,在可燃气体中占有很高的比例。而这些高温下产生的气体成分含量与电池的荷电状态有关。这些可燃气体的热化学特性和燃烧特性决定着电池是否会发生燃烧以及燃烧所产生的能量。

11.2.4　锂离子电池火灾行为

当锂离子电池发生热失控时,它将迅速释放出存储的能量,电池存储的能量越多,能量释放越剧烈。电池之所以具有如此强烈的放热行为,是因为其本身具有很高的比能量。另外,电池不仅仅存储电能,还具有可燃性电解液,当电池发生热失控时,电池内部就会发生大量化学反应,如电解液与嵌锂反应、正极分解反应等,迅速释放出大量的热能,具有引发电池火灾甚至爆炸的危险。即使是相对安全的电池体系,在外界热滥用条件作用下,也不可避免地有发生火灾甚至爆炸的危险。在电池发生热失控时,电池内部会形成热点,热点处隔膜熔化,正负极材料直接接触而发生短路。随着持续产热,电池整体温度持续升高,正负极材料和电解液发生化学反应,其中电解液分解产生大量可燃气体,电池泄压阀破裂后,气体若遇到高温则会发生燃烧,致使火灾发生。电池的火灾行为主要可以分为以下几个阶段。

11.2.4.1　电池温度升高

电池发生自发产热初始温度为 70～90 ℃,可以用热自燃理论中的 Semenov 模型来解释电池的热失控行为，当电池内部产热大于外部散热时，电池的温度将不断升高。电池温度升高主要是由电解液与电极中锂离子的反应和电解液、电极材料自身分解驱动的，随着温度的升高，隔膜会发生熔化和分解。电池发生热失控时，满电状态的电池温度可达 660 ℃以上，从图 11-8 中可以看到铝集流体发生熔化形成的铝珠，而铝的熔点为 660 ℃左右。有研究者使用断层扫描技术发现，随着反应的持续进行，电池内部温度会持续升高，甚至达黄铜的熔点 1 083 ℃（图 11-9）。

图 11-8　一块热失控后 18650 电池的铝集流体熔解后重新固化图

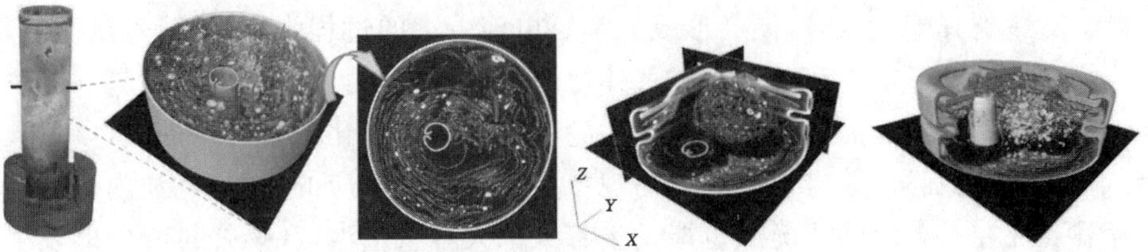

图 11-9　18650 电池热失控后断层扫描图

11.2.4.2　电池内部压力增加

电池内部压力增加主要是受热的电解液汽化和分解所导致的，一些正极材料在一定温度下也会发生分解，产生氧气。气体的产量与电池的荷电状态有关，一般情况下，电池荷电量越高，电解液分解越充分，电池内部压力也会越大；电池的容量越大，所产生的气体量也越多。软包电池，其产生的气体将导致电池发生膨胀（图 11-10）；而圆柱形电池，由于壳体强度足够，一般不会发生膨胀，但如果压力过高，电池会直接发生爆炸。

11.2.4.3　电池气体压力泄放

一些软包电池，由于不具备很好的隔热性能和耐压性能，在比较低的温度下就会开始泄压。一些方形电池，一般会在电池边缘的某处位置设置线性泄压阀，当内部压力超过耐压极限时，气体就会从泄压阀处泄放并发出声音。小型圆柱形电池如 18650 电池，若无泄压阀，则电池上下两端可能会发生破裂，气体从裂口喷出；而大型圆柱形电池，一般都设计了泄压阀，当气体压力超过泄压阀压力极限时，泄压阀就会发生破裂，释放气体并发出尖锐的声音。由于高温下，黏结剂 PVDF 的黏滞作用失效，电极材料在电池喷出的气流的作用下发生脱落并随着气流喷出，所以很多情况下的气体是黑色的烟气。有

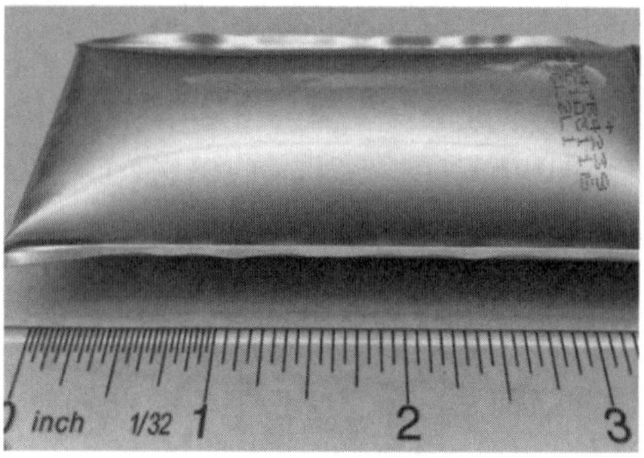

图 11-10　受热膨胀的软包电池

时，电池喷气过程中会产生大量的火花并从缺口喷出。由于电池内部温度在发生热失控时急剧上升，火花有可能是电池内部的铝或者铜发生熔化后从电池内部喷出，在空气中发生燃烧的结果。

11.2.4.4　电池燃烧

电池热失控产生的气体主要有 CO、CO_2、CH_4、C_2H_4、H_2 和电解液的蒸气，其中多数为可燃气体，与空气混合后在高温作用下可能会发生燃烧。关于电池的点燃，电池内部的确会产生氧气作为氧化剂，但产生的氧气不足以支持燃烧；而电池在喷出气体时接触到空气中的氧气，当温度达到其着火点时，便会形成火焰。电池着火的过程为，电解液先滴落到热源上，燃烧后再引燃电池，形成电池火焰。在气体燃烧的过程中，由于电池内部的氧气无法完全满足气体燃烧所需要的量，需要从周围环境中卷吸空气作为氧化剂来维持燃烧，电池火焰周边因卷吸空气而形成旋涡，并出现火焰振荡现象。随着电池反应的进行，电池内部温度逐渐升高，在不需要外在点火源的情况下也能发生着火。大容量电池，在燃烧过程中能发生一次甚至多次射流火焰，图 11-11 为 50 A · h 磷酸铁锂电池在燃烧过程中出现的多次射流火焰现象。喷射的次数与电池荷电状态正相关：一方面可能由于随着时间的推移，电池内部温度逐渐升高，电池的反应也会发生变化，电池内部气体量也会有一定变化；另一方面可能由于电解液与负极材料脱嵌的反应生成 Li_2CO_3，附着在负极材料表面重新形成 SEI 膜，阻止进一步的反应而导致产气量变小。之后 SEI 膜再次发生分解，电解液继续与脱嵌的锂反应，产生大量的气体，形成第二次射流火焰。但如果气体生成速率过快，则出口处的气流速度大于火焰蔓延速度，会导致火焰熄灭。

11.2.4.5　电池爆炸

爆炸一般都伴随着大量的气体和热的产生。很多小型手机电池和大容量电池在热失控或者燃烧过程中可能会发生爆炸。如果电池内快速产生大量的热量，则热量会促进电池内部氧气和可燃气体量的增加，此时分解的氧气又会与可燃气体混合，发生强烈的氧化还原反应，若这些热量和气体没有及时散失，将有可能导致电池爆炸。电池在燃烧过程中产生多次射流火焰或者气体喷射可能是一种及时地散失气体与热量的过程，从而避免爆炸的发生，电池热量的激增与电池的组成体系有很大关系。

在锂离子电池的大规模应用中，一块电池很难达到很高的电压和容量，所以都会使用电池管理系统将多块电池串并联来实现高电压和容量。当一块电池发生热失控时，通过电池

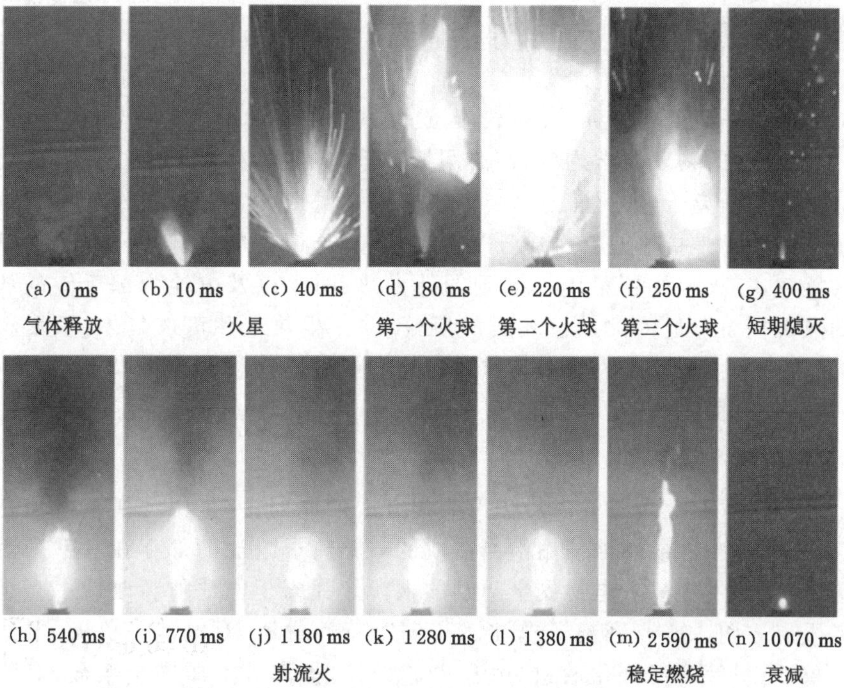

(a) 锂离子电池燃烧现象（DV 拍摄）

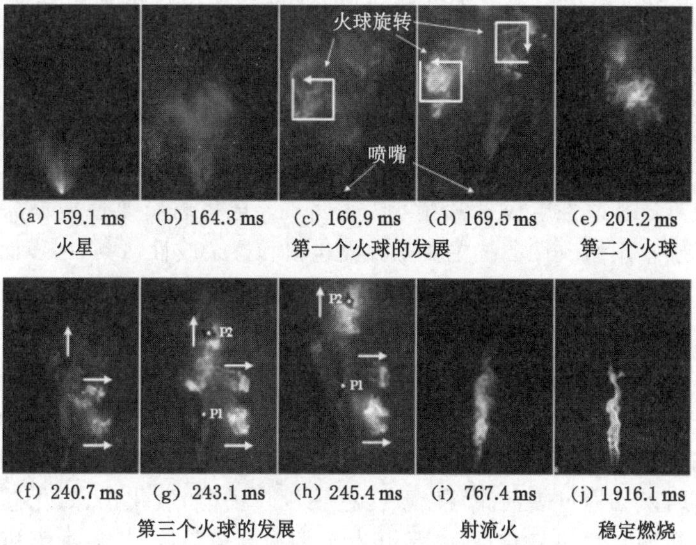

(b) 热失控启动阶段（高速摄像机拍摄）

图 11-11　50 A・h 磷酸铁锂电池燃烧行为

表面与表面之间的热传导将热量传递给周围的电池，单块电池的燃烧火焰也会对周围电池有很强的加热作用。这样就会引发周围电池的热失控，导致电池火焰的蔓延。为了防止此类事故的发生，大都会在大规模电池模块中使用热管理系统甚至消防系统。

11.3 锂离子电池火灾预防措施

锂离子电池火灾防治措施

锂离子电池是一个电能储存、转换载体，这与其他可燃物不同；又由于电池自身的物理化学构成，在滥用情况下，电池材料会产热、产气，进而发生燃烧甚至爆炸。即使锂离子电池处于惰性环境中，其自身仍具备着火条件，即可燃物、氧化剂和点火源。可燃物是指电池自身成分及可燃性包装材料，氧化剂来自电池材料高温条件下释放的氧气，点火源主要是电池受到的外界热、明火以及电池内部反应的放热。锂离子电池的热失控由电池内部的链式反应所致，并产生热量和可燃气体，积聚到一定程度时，电池发生多次强烈射流火焰现象。这种与一般可燃物或爆炸物具有本质不同的特殊物体，是消防安全面临的一大挑战。

11.3.1 锂离子电池本质安全技术

锂离子电池产生安全问题可以归结为两大方面的原因：一是由锂离子电池自身特点决定的；二是由极端条件或电池使用不当造成的。锂离子电池内部存在一系列潜在的化学放热反应，这是引发锂离子电池安全问题的根源。锂离子电池材料改性一直是国内外学者研究的重点方向。研究锂离子电池的高安全特性材料，对电池正负极、电池隔膜以及电解液、电池材料等进行优化改进，改良电芯设计，提高其本质安全系数，对降低储能锂离子电池安全隐患水平具有重要意义。基于对锂离子电池热失控特性的研究，国内外学者从多个方向研究改进电池材料安全性能，以期通过合理设计电池组件来减少其潜在的安全危害。

11.3.1.1 电池材料改进

① 正负极电极材料改进。在高温条件下，正极材料和电解液之间的反应是引起电池安全问题的主要原因之一。提高正极材料的热稳定性，目前主要通过正极材料的改性，如优化合成条件、改进合成方法和改性电极材料等方法来实现。电极材料改性是提高锂离子电池热稳定性的有效措施，常用的改性方法主要是表面包覆和掺杂改性。其中，表面包覆能减少活性材料与电解液之间的反应，并且在过充时能够减少正极材料释放的氧气，稳定基体材料的相变，从而提高锂离子电池热稳定性。

② 隔膜材料改进。商用锂离子电池隔膜多为聚烯烃隔膜，其热稳定性较差，聚乙烯隔膜的熔点为130～140 ℃，聚丙烯隔膜的熔点为160～170 ℃，难以满足锂离子电池安全性能的要求。目前，提高锂离子电池隔膜热稳定性的技术方法主要有两种：一是在现有的聚烯烃隔膜的基础上进行改性，如通过表面涂覆以及接枝无机粒子（如氧化铝、氧化硅）、耐热高分子材料（如 PDA）提高隔膜的热稳定性；二是开发新的耐高温隔膜材料，如无机隔膜材料和耐热高分子材料。

③ 电解液改进。改进锂离子电池电解液，使其难燃甚至不燃，以提高电解液的安全性。锂离子电池的电解液是由锂盐和有机溶剂组成的混合溶液，可以通过提高电解液的纯度、加入功能添加剂、使用新型锂盐、使用新型溶剂和使用离子液体等手段来提高锂离子电池电解液的安全性。目前，研究最多的是通过加入阻燃添加剂来提高锂离子电池电解液的安全性。一种理想的阻燃添加剂应该不仅能够有效降低电解液可燃性，还能保证它与正、负极材料之间的稳定性。目前，常用的阻燃添加剂主要包括有机磷化物、有机卤化物、磷-卤和磷-氮复

合有机化合物。

11.3.1.2　电池安全设计

电芯结构设计，不仅会影响各种材料性能的发挥，还会对电池的整体电化学性能、安全性能产生重要的影响。材料的选择与电芯结构设计是一种局部与整体的关系，在电芯结构设计上，应结合材料特性来制定合理的结构模式。

单体电池层级可以通过采用PTC(positive temperature coefficient，正温度系数)电阻降低内短路电流来提升电芯安全性能。阻断离子和电子传输通道抑制内短路是PTC电阻设计的主要思路，阻断离子通道主要通过以下几种方式实现：一是采用热封闭隔膜与电极。达到临界温度时热封闭隔膜能够熔化并包覆于电极表面，阻断锂离子传输，从而抑制化学反应进行。二是采用纳米级树枝状结构的高分子化合物STOBA作为三元阴极材料的表面涂层，该涂层能够降低正极颗粒的表面活性，从而抑制高电势下SEI膜的形成，进而有效抑制电池的热失控。三是采用热敏性材料。热敏凝胶电解液能够随着温度的升高发生相分离或相转变，降低电解液离子电导率，达到阻止热失控的目的。阻断电子通道的方式主要包括：一是使用PTC材料对电极材料进行改性；二是在集流体表面涂覆PTC材料。高温下PTC涂层能有效切断集流体与电极涂层的电流传输，从而使电极展现出良好的自激发热保护功能，抑制热失控的发生。

另外，在锂离子电池结构上还可以考虑一些额外的保护装置，常见的保护机构设计有以下几种：① 采用开关组件，当电池内的温度上升时它的阻值随之上升，当温度过高时则会自动停止供电；② 设置安全间(即电池顶部的放气孔)，当电池内部压力上升到一定数值时，安全间自动打开，保证电池的使用安全性。

11.3.2　锂离子电池主动安全技术

11.3.2.1　电池管理系统

锂离子电池滥用行为是其发生安全事故的主要原因。常见的锂离子电池滥用行为包括：过度充电、过度放电以及已达寿命极限电池的过度使用。为防止锂离子电池滥用行为，采用电池管理系统监测锂离子电池在不同时间尺度的运行状态，实施相应的安全控制，以确保电池安全、可靠运行。典型的锂离子电池管理系统(BMS)功能结构如图11-12所示。电池管理系统为应用终端和电池单元搭建了沟通的桥梁。它不仅可以对电池状态信息进行监测和估计，还可以对其进行散/加热、充放电、均衡等管理操作。另外，电池管理系统还可以为应用的终端管理设备提供电池状态信息，帮助用户制订电池使用计划。一个完整的锂离子电池管理系统主要包括计算单元、决策单元、数据采集单元以及电池控制单元四部分。其中，计算单元根据数据采集单元采集的电池电流、电压、温度等基本信息对电池不同时间尺度的状态进行估计和预测，包括荷电状态(SOC)估计、剩余使用寿命(RUL)预测，为电池管理系统和应用终端提供参考信息，是电池管理系统的功能核心。

先进的电池管理系统可以确保锂离子电池安全高效运行，该系统的有效性往往取决于对锂离子电池系统内部状况的准确监测。锂离子电池可以被测量的状态量只包含电池的端电压、电池表面温度以及负载电流等基本信息，这些简单的测量信息不能反映锂离子电池全面的运行状态。电池管理系统只有对锂离子电池不同时间尺度的状态进行估计和预测，才能完成对锂离子电池的有效管理。

如图11-13所示，电池系统的安全管理问题包括设计和监控两个方面的内容，需要全面

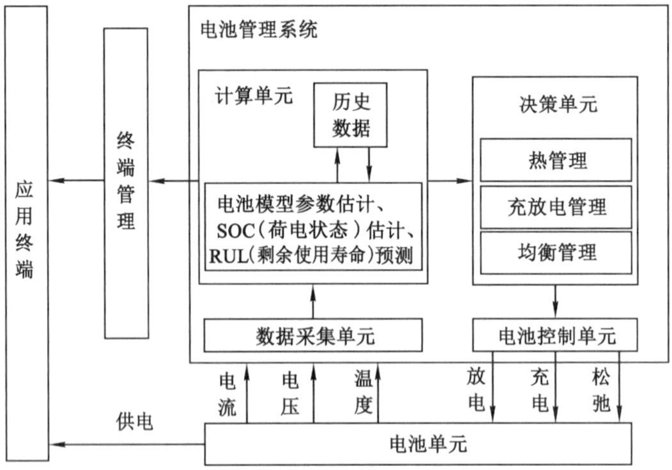

图 11-12 典型的锂离子电池管理系统功能结构框图

考虑材料、单体和系统间的相互关系。

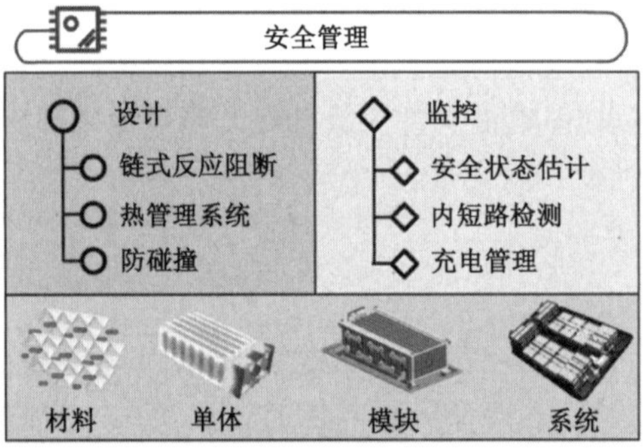

图 11-13 动力电池系统安全管理的研究层次

(1) 电池系统安全设计

在电池模块与系统集成设计方面,根据所防范的热失控诱因的不同,可以分为 3 类:① 防范机械滥用而进行的电池系统防碰撞设计;② 防范电滥用而进行的构型设计;③ 防范热滥用而进行的电池热管理系统设计。

防范机械滥用方面,考虑在复杂车载碰撞条件下,防止电池产生过大变形而发生内短路及热失控。主要措施包括:① 设计动态工况模拟典型车载碰撞条件;② 电池包的安全安装方式优化;③ 整车的防护吸能设计。现行的锂离子电池安全测试标准[如《电动汽车碰撞后安全要求》(GB/T 31498—2021)],对于碰撞测试工况有了一定的规定,可以作为参考。目前由于缺乏准确模拟碰撞变形响应和失效行为的锂离子电池模型,难以合理优化电池包的安装方式和吸能装置,从而导致当前设计对电池包变形都采取零容忍度,保守地采用坚实且厚重的电池包壳体。这类设计牺牲了大量碰撞吸能空间,同时给电动汽车的轻量化设计和续航能力提升制造了难以克服的困难。

防范电滥用方面，一般的车载电池系统均配有保险丝及熔断器，在大电流短路故障条件下，电池系统能够及时断电。构型设计对于电池系统的安全性有一定的影响，有研究表明，采用合理的串并联构型，当发生短路故障时，可以有效地实现电池单体间的电隔离，从而降低热失控的概率。当前情况下，串并联构型的研究基本定型，主流整车厂一般均采用先并联后串联的方式进行模块设计。

防范热滥用方面，车载电池系统均配备热管理系统。建立热模型是热管理系统常见的研究方法，热参数辨识与标定则是热建模的关键因素。有研究者在电池热物性参数辨识与标定方面开发了相关的算法，为热物性参数标定提供了解决方案。热管理系统应能对电池系统进行有效散热，防止温度过高。目前，除了常见的风冷和液冷方式，利用相变材料的相变热特性也可以起到降温的作用。在散热降温的基础之上，热管理系统还应尽量降低各节单体电池的温度差异。热管理系统的安全设计还应考虑热失控发生后，电池系统热失控扩展的危害。现有的热失控扩展防范措施包括：① 高温气体排出措施；② 降温介质喷射措施；③ 阻燃与隔热措施，通过在电池之间、电池模块之间加隔热层，层层阻断热失控扩展的路径。隔热措施成本较低，是最有希望实际应用的一种安全设计方式。但是，由于目前尚没有能够反映实际过程的热失控扩展模型，热失控扩展抑制尚不能进行定量的讨论。

(2) 电池系统安全监控

电池管理系统应具有实时安全监控功能，保证电池系统工作在正常的电压、温度范围内。为保证电池系统在复杂车载条件下的正常运行，电池管理系统应利用实时采集的信号，对电池进行基于参数模型的实时状态估计，并对电池故障进行实时诊断，对于可能的滥用倾向进行及时的主动控制与预警。另外，由于充电造成的电池热失控事故时有发生，电池系统的充电管理也是电池管理系统安全监控的重要内容。

故障诊断：电池管理应具备故障诊断功能，如绝缘检测功能。电池组一致性差异扩大是部分安全事故早期的重要特征。从电池系统的一致性角度出发，基于故障单体电池的参数一定会偏离电池组平均值的假设，可以进行故障单体电池的检测。已有研究表明，基于锂离子电池的等效电路模型，对各节单体电池等效电路模型中的参数进行辨识，内短路电池的辨识参数将偏离整个电池组参数的平均值，从而可以对内短路进行检测。但是，基于一致性显著差异的内短路检测方法只提取了电压信号的特征，并且依赖电池组平均状态估计的准确性。现有研究表明，在内短路情况下，电池具有电压降低、温度升高的特征，这些异常现象可以使内短路故障电池的实时辨识参数偏离电池正常工作状态下的参考值，从而可以用于进行内短路检测。研究内短路电化学-产热特征，方可以建立更全面的热电耦合内短路机理模型，开发以电压-温度为联合输入信号的内短路检测算法。

充电管理：在充电管理方面，电池管理系统先要设定合理的阈值，以防止过充电的发生。复杂车载条件下锂离子电池组的一些充电行为需要进行专门的管理。例如，满足消费者要求的电动汽车快速充电，制动能量回收条件下的高倍率脉冲充电，冬季电池组的低温充电。以上这些高倍率、低温充电条件，会导致电池负极析锂，危害电池的安全。目前，人们对于析锂的机理已经有了较深入的研究，但是在基于析锂状态识别的充电管理方面的研究尚显不足，从而制约了电池的安全快速充电，在充电方面留下了安全隐患。另外，为了避免过充电和过放电倾向，需要辨识电池组的不一致性；目前，人们对电池组的不一致性演变和均衡有了一定的认识和研究，但是这些研究所提出的算法还需要在实际的电动汽车上进行验证。

11.3.2.2　锂离子电池火灾预警技术

（1）电池早期安全预警

电池开始出现故障时发出预警信号，通过断电等操作就可以完全中止电池热失控的发展或者火灾的发生，称为早期安全预警。早期安全预警属于事故前预警，完全区别于现有储能电站的火灾预警(属于事故后告警)。早期安全预警的主要目的是提前预判热失控的发生，给运维人员和消防系统的介入争取足够的时间，控制事故的扩大。

目前，储能系统的安全预警均以电池管理系统某些特征参数的阈值判断来识别电池是否有热失控风险，其对安全管理的定义主要是指消防安全，对应的预警主要是指热失控告警。针对锂离子电池热失控风险的预警包括判断各种滥用阈值是否被触发、是否检测到滥用过程副反应产气等。

实现早期安全预警的信号必须具有及时性和有效性。电池从正常运行状态演变至热失控阶段，中间还要经历渐变故障演化和滥用故障触发两个阶段。当热失控触发以后再发出告警信号则为时已晚，因此，必须在渐变故障演化和滥用故障触发两个阶段准确检测到故障电池的状态特征参量，当某一特征参量突然出现或者已有特征参量超过阈值时发出预警信号，以实现早期安全预警的功能，避免热失控致火事故触发。图 11-14 所示为电池早期安全预警的作用时间示意图，期望达到的早期安全预警时间要比热失控致火时间早 10 min 以上。

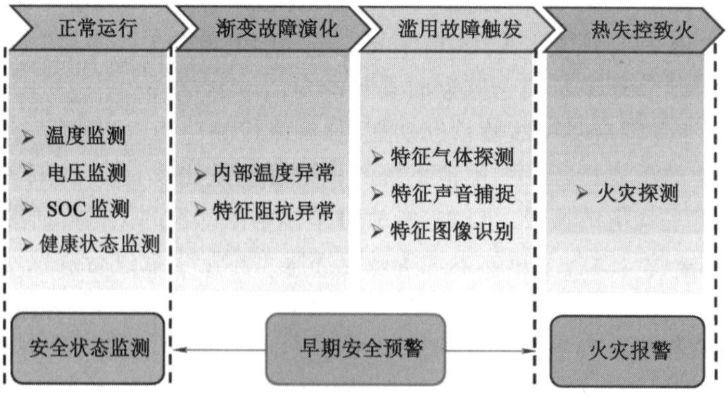

图 11-14　电池早期安全预警作用时间示意图

（2）电池早期多级安全预警系统

基于锂离子电池储能电站早期安全预警概念，进一步提出电池早期多级安全预警系统。该多级安全预警系统总共分为三级，如图 11-15 所示。

第一级，通过监测内部温度和阻抗实现一级预警，也称无损预警，指在不影响电池正常运行且不需要对电池结构改造的情况下实时监测锂离子电池运行状态，并根据阻抗和内部温度信息发出预警信号。在过充或者微过充条件下，电池内部的异常状态往往会反映在阻抗和内部温度的变化上。通过测量可以建立电池阻抗与电池内部温度之间的联系，进而实现内部温度的监测。相较表面温度受外部空气对流的影响，内部温度可更加准确地反映电

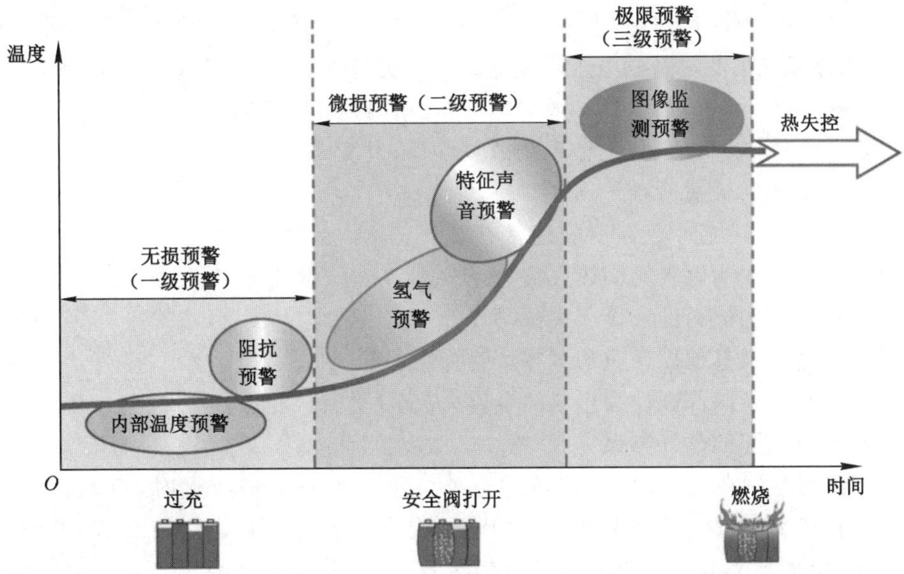

图 11-15　电池早期多级安全预警系统

池的安全状态。之所以称为无损预警，是因为如果能依据内部温度和阻抗的变化及时发出预警信号，通过控制系统及时调整电池运行状态，直至预警信号消失，则能实现储能系统继续恢复正常运行。

第二级，通过监测特征气体和特征声音变化实现二级预警，也称微损预警，指随着故障过程的演化，电池会释放特征气体如氢气，可以作为气体预警的有效特征气体；根据电池结构特点，电池安全阀会在内部压力作用下打开而发出特征声音，可以提取该特征声音信号，通过去噪等信号处理将声音信号转化为电信号发出预警信息。之所以称为微损预警，是因为检测到特征气体和特征声音信号时，电池已经发生了轻微损伤，若能及时停止运行进行安全检修，更换受损电池或模组后，储能系统仍能恢复正常运行。

第三级，通过监测特征图像实现三级预警，也称极限预警。这里的特征图像特指电池安全阀打开以后，随着电池内部温度的继续升高，电解液产生汽化现象，表现为明显的雾状。通过采集储能舱内的实时视频图像信号，经过对比分析，便可以判断出电解液的汽化现象，发出预警信息。之所以称为极限预警，是因为此时已接近电池热失控致火，电池已经严重受损，处于一种相对危险的状态，除了停止运行进行安全检修外，还必须尽早将汽化电解液排出储能舱，防止火灾发生。

早期多级安全预警的特点在于主动监测、主动识别和可靠有效。传统的热失控告警如温度告警，当外部温度达到阈值时电池内部已经进入热失控状态，其效果远不及无损预警方法。此外，现有通过检测火灾产生的烟气进行告警的方法，其作用时间远在特征气体预警之后。本书所介绍的三级预警系统，可实现比电池热失控致火提前 10～20 min 的时间，可以有效避免安全事故发生。

11.3.3 锂离子电池火灾处置方法

锂离子电池在充放电过程中遇明火、撞击、雷电、短路、过充或过放等各种意外因素有发生火灾爆炸的危险性;电池因过电压或过电流导致设备温度过高,形成引燃源,以及电池热管理系统故障导致设备高温运行,如通风道堵塞、风扇损坏、安装位置不当、环境温度过高或距离外界热源太近,均可能导致电池系统散热不良,引发火灾。

11.3.3.1 锂离子电池火灾特性

由锂离子电池热失控引发的火灾通常有以下 5 类:

① 负极材料石墨为燃料的固体火灾(A 类)。

② 有机电解液为燃料的液体火灾(B 类)。

③ 隔膜分解以及其他副反应的气体产物为燃料的气体火灾(C 类)。

④ 铝集流体以及内部嵌锂为燃料的金属火灾(D 类)。

⑤ 系统整体引起的电气类火灾(E 类)。

锂离子储能电站在过充、短路或热冲击条件下发生热失控致火时,荷电状态对电池的燃烧行为有很大影响。高荷电状态下的电池会产生更多次数的射流火焰,并释放出更多的燃烧热,这主要是由于储能电站自身存储大量电能,有很高的比能量,储能系统内具有大量电解液,热失控时正负极材料和电解液之间的化学反应将释放大量热。此外,电解液分解产生大量可燃气体,当电池泄压阀打开后,可燃气体遇高温燃烧,会导致火灾事故发生。

锂离子电池的火灾危险程度与单体电池的物质组成直接相关。磷酸铁锂电池过充电情况下引发热失控的主要反应形式为持续释放大量的可燃烟雾,持续时间长且反应温度较低,这与三元锂电池燃烧迅速及呈爆燃状的特征差异较大。磷酸铁锂电池加热引发的热失控一般不会引起主动式着火或者爆炸,但电池热失控过程中会产生大量的可燃气体,在封闭空间内具有爆炸的风险。

以锂离子电池储能电站火灾为例,其特点如下。

① 火势蔓延程度受电站布置影响。储能电站通常由舱式储能单元组成,储能单元间的布置间隔决定火势蔓延程度。

② 火灾时释放有毒气体。火灾时释放有毒气体,在封闭的储能舱中局部浓度较大,火灾时内部能见度较低。

③ 火灾复燃可能性大。明火被扑灭后,内部的放热反应并未终止,仍有热量不断释放,可燃气体持续逸出,遇高温电池金属外壳后会被重新点燃。

④ 灭火以隔离控制为主。封闭舱式储能电站发生火灾时可燃气体爆炸的风险很高,应将火势控制于单个储能单元即进行有效隔离。

11.3.3.2 灭火介质的选择

灭火的技术关键是破坏维持燃烧所需的条件,使燃烧不能继续进行。灭火方法可归纳为隔离法、窒息法、冷却法和化学抑制法四种,前三种方法均是通过物理方法灭火。通常通过上述四种方法的一种或综合几种方法灭火。

锂离子电池火灾灭火剂的研究成果最早应用在航空领域。表 11-3 分析比较了不同种类的灭火剂灭火机理,以评估不同种类灭火剂对电化学储能电池火灾的适用性。

表 11-3 锂离子电池火灾灭火剂比较

灭火剂种类	常用灭火剂名称	灭火机理	优缺点
气体灭火剂	CO_2、IG-541、IG-100	稀释燃烧区外的空气，窒息灭火	灭火效果较差，会出现复燃。对金属设备具有冷激效应(即对高热设备元件具有破坏性)，同时对火灾场景密封环境要求高，不环保
	洁净气体灭火剂，如 HFC-227ea/FM-200（七氟丙烷）、HFC-236fa（六氟丙烷）、Novec1230、ZF2088	迅速冷却火焰，窒息并化学抑制	无冷激效应，不造成被保护设备的二次损坏。燃烧初期有大量氟化氢等毒性气体产生，需要考虑灭火剂浓度
水基型灭火剂	水、AF-31、AF-32、A-B-D	瞬间蒸发掉火场大量热量，表面形成水膜，隔氧降温	降温灭火效果明显，成本低廉且环境友好，但耗水量大，扑救时间长。喷雾强度为 2.0 L/(min·m^2)、安装高度为 2.4 m 条件下，细水雾灭火系统无效
	水成膜泡沫灭火剂	特定发泡剂与稳定剂，强化窒息作用	3%水成膜泡沫灭火剂无法解决电池复燃问题
干粉灭火剂	超细干粉(磷酸铵盐、氯化钠、硫酸铵)	化学抑制或隔离窒息灭火	微颗粒、残留物对设备具有腐蚀性。干粉灭火剂对锂离子电池火灾几乎没有效果
气溶胶灭火剂	固体或液体小质点分散并悬浮在气体介质中形成的胶体分散体系(混合金属盐、二氧化碳、氮气)	氧化还原反应产生大量烟雾，窒息	亚纳米微颗粒(霾)、金属盐、残留物对设备具有腐蚀性及产生高热性损坏，伴有大量烟气污染周围环境。与水基型灭火剂结合使用，可有效提高锂离子电池火灾扑救效率，减少耗水量

在我国储能电站建设早期，多采用以七氟丙烷为灭火剂的全淹没柜式灭火装置。2018 年 7 月，当时国内规模最大的镇江 101 MW/202 MW·h 电网侧分布式储能电站投运。基于当时对磷酸铁锂储能电池安全性的认知，其灭火设施配置为：储能舱内设置预制七氟丙烷灭火装置和移动式干粉灭火器，舱外配置灭火沙箱。然而，七氟丙烷等气体灭火剂的灭火装置通过隔绝氧气实现灭火，无法使电池降温，一旦有外部氧气进入，就易引起电池复燃。由于电池燃烧过程中会产生一氧化碳、甲烷等易燃易爆气体，电池复燃后可能引发气体爆炸。频发的火灾事故及相关科研单位对储能锂离子电池模组安全性的研究均表明，以七氟丙烷为灭火剂的气体自动灭火系统，可以扑灭舱内初期火灾，但无法抑制复燃，还有明显的短板。

目前，我国储能电站已经开始应用水作为灭火剂，包括储能舱细水雾灭火系统和储能舱外移动式冷却水系统(利用室外消火栓)。水是最常用、便宜及易获取的灭火介质，在储能舱内小型或大型火灾的消防处置中均发挥着不可替代的作用。对于储能电站内的初期燃烧事故，如单个模组的燃烧，可以使用储能舱内的消防管路及细水雾喷头对燃烧模组或燃烧区域进行灭火及降温。此时,细水雾的流量及压力应保证可以快速灭火,喷射时间应确保电池不再复燃。而一旦火情蔓延至整个储能舱,由于电池材料的易燃性及电池的密集排布,热量集聚、燃烧剧烈且持续时间长,同时有大量有毒气体排放,储能舱内部消防措施无法发挥作用,只能依靠外部消防救援,消防车携带的主要灭火剂是水。

本 章 习 题

1. 简述锂离子电池的工作原理。

2. 简述电池多级安全预警系统的架构和原理,分析各级预警方式与锂离子电池热失控过程中现象特征之间的对应关系。

3. 锂离子电池火灾的特征是什么?分析扑灭锂离子电池火灾的重点。

4. 对比分析各灭火剂的优缺点,结合各灭火剂特点给出你认为可行的灭火方式。

参考文献

[1] 比埃尔，切给尔.燃烧空气动力学[M].陈熙，译.北京：科学出版社，1984.

[2] 蔡凤英，王志荣，李丽霞.危险化学品安全[M].北京：中国石化出版社，2017.

[3] 岑可法，姚强，骆仲泱，等.高等燃烧学[M].杭州：浙江大学出版社，2002.

[4] 岑可法，姚强，骆仲泱，等.燃烧理论与污染控制[M].北京：机械工业出版社，2004.

[5] 常润泽，郑斌，冯旭宁，等.隔热层对锂电池模组热失控蔓延特性影响的实验研究[J].汽车工程，2021，43(10)：1448-1456.

[6] 陈敏恒，丛德滋，方图南，等.化工原理（上册）[M].2版.北京：化学工业出版社，1999.

[7] 陈树义，章丽玲.燃料燃烧及燃烧装置[M].北京：冶金工业出版社，1985.

[8] 陈思凝，孙金华，褚冠全，等.锅炉沸腾液体膨胀蒸汽爆炸（BLEVE）的小尺寸模拟试验[J].热能动力工程，2006，21(2)：132-135.

[9] 陈义良，张孝春，孙慈，等.燃烧原理[M].北京：航空工业出版社，1992.

[10] 陈长坤.典型固体可燃物热释放速率的研究[D].合肥：中国科学技术大学，2000.

[11] 陈长坤，姚斌.室内火灾区域模拟烟气羽流模型的适用性[J].燃烧科学与技术，2008，14(4)：295-299.

[12] 陈长坤.燃烧学[M].北京：机械工业出版社，2013.

[13] 崔克清.安全工程燃烧爆炸理论与技术[M].北京：中国计量出版社，2005.

[14] 范维澄，万跃鹏.流动及燃烧的模型与计算[M].合肥：中国科学技术大学出版社，1992.

[15] 范维澄，王清安，姜冯辉，等.火灾学简明教程[M].合肥：中国科学技术大学出版社，1995.

[16] 范维澄，孙金华，陆守香，等.火灾风险评估方法学[M].北京：科学出版社，2004.

[17] 方天舒.中国新能源高质量发展的经济政策效应研究[D].长春：吉林大学，2022.

[18] 付文文.黑索今的粉尘爆炸特性研究[D].南京：南京理工大学，2008.

[19] 傅维标，卫景彬.燃烧物理学基础[M].北京：机械工业出版社，1984.

[20] 傅维镳，张永廉，王清安.燃烧学[M].北京：高等教育出版社，1989.

[21] 高尔新.爆炸动力学[M].徐州：中国矿业大学出版社，1997.

[22] 高永庭.防火防爆工学[M].北京：国防工业出版社，1989.

[23] 格拉斯曼.燃烧学[M].赵惠富，张宝诚，译.北京：科学出版社，1983.

[24] 公安部政治部.消防燃烧学[M].北京：中国人民公安大学出版社，2006.

[25] 顾播，黄亚继，刘道银.燃烧学基础[M].南京：东南大学出版社，2019.

[26] 郭鸿宝.气溶胶灭火技术[M].北京：化学工业出版社，2005.

[27] 郭剑锋，张雪美，曹琪，等.电动汽车助力我国能源安全与“碳达峰、碳中和”协同推进[J].中国科学院院刊，2024，39(2)：397-407.

[28] 韩昭沧.燃料及燃烧[M].北京:冶金工业出版社,1984.
[29] 和丽秋.消防燃烧学[M].北京:机械工业出版社,2018.
[30] 黄沛丰.锂离子电池火灾危险性及热失控临界条件研究[D].合肥:中国科学技术大学,2018.
[31] 霍然,胡源,李元洲.建筑火灾安全工程导论[M].合肥:中国科学技术大学出版社,1999.
[32] 霍然.工程燃烧概论[M].合肥:中国科学技术大学出版社,2001.
[33] 霍然,杨振宏,柳静献.火灾爆炸预防控制工程学[M].北京:机械工业出版社,2007.
[34] 季经纬,程远平.火灾动力学[M].徐州:中国矿业大学出版社,2018.
[35] 蒋军成.化工安全[M].北京:中国劳动社会保障出版社,2008.
[36] 蒋清民,刘新奇.危险化学品安全管理[M].3 版.北京:化学工业出版社,2015.
[37] 景国勋,施式亮.系统安全评价与预测[M].徐州:中国矿业大学出版社,2009.
[38] 李传统.热工学[M].徐州:中国矿业大学出版社,1994.
[39] 李闯,肖茂果,张振威.锂离子电池正极材料 $LiCoO_2$ 的性能优化研究[J].蓄电池,2021,58(6):261-264,268.
[40] 李法社,王华.高等燃烧学[M].北京:科学出版社,2016.
[41] 李生娟,毕明树,丁信伟.可燃气云爆炸的试验研究现状及发展趋势[J].化学工业与工程,2003,20(3):167-170.
[42] 李延鸿.粉尘爆炸的基本特征[J].科技情报开发与经济,2005,15(14):130-131.
[43] 廉乐明,谭羽非,吴家正,等.工程热力学[M].5 版.北京:中国建筑工业出版社,2007.
[44] 梁锋,王海勇,任登涛.化工火灾应急救援技术[M].北京:气象出版社,2017.
[45] 廖光煊,王喜世,秦俊.热灾害实验诊断方法[M].合肥:中国科技大学出版社,2003.
[46] 林其钊,舒立福.林火概论[M].合肥:中国科学技术大学出版社,2003.
[47] 刘宏,窦国兰,李庆钊,等.燃烧学[M].徐州:中国矿业大学出版社,2021.
[48] 刘乃安.生物质材料热解失重动力学及其分析方法研究[D].合肥:中国科学技术大学,2000.
[49] 刘琪,谭迎新.粉尘爆炸基本特性及防爆措施[J].工业安全与环保,2008,34(3):17-18.
[50] 卢捷,宁建国,王成,等.煤气火焰传播规律及其加速机理研究[J].爆炸与冲击,2004,24(4):305-311.
[51] 陆大才.可燃粉尘燃烧爆炸因素及其预防分析[J].消防技术与产品信息,2010(7):57-62.
[52] 路长,余明高.阴燃火灾学[M].长春:吉林人民出版社,2009.
[53] 麻庭光.火灾动力学[M].徐州:中国矿业大学出版社,2020.
[54] 马良,杨守生.石油化工生产防火防爆[M].北京:中国石化出版社,2005.
[55] 马勇,张量,王亦伟,等.储能用 $LiFePO_4$ 锂离子电池的热安全特性[J].电池,2021,51(1):41-45.
[56] 彭小芹,刘松林,卢国建.材料热释放速率的试验分析[J].重庆大学学报(自然科学版),2005,28(8):122-125.
[57] 平平.锂离子电池热失控与火灾危险性分析及高安全性电池体系研究[D].合肥:中国

科学技术大学,2014.
[58] 冉景煜.工程燃烧学[M].2 版.北京:中国电力出版社,2023.
[59] 宋虎.小尺寸腔室轰燃现象的实验和理论研究[D].合肥:中国科学技术大学,2002.
[60] 童正明,张松寿,周文铸.工程燃烧学[M].北京:中国计量出版社,2008.
[61] 万俊华.层流扩散火焰浓度场及火焰形状的近似理论解[J].浙江大学学报,1980(3):138-154.
[62] 万俊华,郜冶,夏允庆.燃烧理论基础[M].哈尔滨:哈尔滨工程大学出版社,2007.
[63] 王广亮,蒋涛.蒸气爆炸系列讲座 第五讲 原油沸溢[J].安全、环境和健康,2002,2(5):36-38.
[64] 王厚华.传热学[M].重庆:重庆大学出版社,2006.
[65] 王新月.气体动力学基础[M].西安:西北工业大学出版社,2006.
[66] 王志荣.受限空间气体爆炸传播及其动力学过程研究[D].南京:南京工业大学,2005.
[67] 王致新.论油罐火灾[J].消防科技,1983(2):1-9.
[68] 魏昊晋.铝纳米粉尘爆炸及其抑制技术研究[D].徐州:中国矿业大学,2010.
[69] 翁文国.腔室火灾中回燃现象的模拟研究[D].合肥:中国科学技术大学,2002.
[70] 吴宗之,高进东,魏利军.危险源评价方法及其应用[M].北京:冶金工业出版社,2002.
[71] 谢苗诺夫.论化学动力学和反应能力的几个问题[M].黄继雅,译.北京:科学出版社,1962.
[72] 邢万里.2030 年我国新能源发展优先序列研究[D].北京:中国地质大学(北京),2015.
[73] 徐胜利,糜仲春,汤明钧.有限释能速率可燃气云爆炸场的研究[J].燃烧科学与技术,1997,3(2):155-162.
[74] 徐通模.燃烧学[M].北京:机械工业出版社,2011.
[75] 许晋源,徐通模.燃烧学[M].2 版.北京:机械工业出版社,1990.
[76] 许铭.危险化学品安全管理[M].北京:中国劳动社会保障出版社,2018.
[77] 严传俊,范玮.燃烧学[M].2 版.西安:西北工业大学出版社,2008.
[78] 杨立中.工业热安全工程[M].合肥:中国科学技术大学出版社,2001.
[79] 杨世铭,陶文铨.传热学[M].4 版.北京:高等教育出版社,2006.
[80] 杨昀,张和平,徐亮,等.标准单室内单人沙发全尺寸火灾实验研究[J].燃烧科学与技术,2004,10(5):423-427.
[81] 英克鲁佩勒,戴威特.传热的基本原理[M].葛新石,等译.合肥:安徽教育出版社,1985.
[82] 余明高,郑立刚.火灾风险评估[M].北京:机械工业出版社,2013.
[83] 袁兵.可燃物热解与着火特性研究[D].杭州:浙江大学,2004.
[84] 袁开军,江治,李疏芬,等.聚氨酯的热分解研究进展[J].高分子通报,2005(6):22-26.
[85] 曾丹苓,敖越,张新铭,等.工程热力学[M].3 版.北京:高等教育出版社,2002.
[86] 张超光,蒋军成.对粉尘爆炸影响因素及防护措施的初步探讨[J].煤化工,2005(2):8-11.
[87] 张国顺.燃烧爆炸危险与安全技术[M].北京:中国电力出版社,2003.
[88] 张奇,白春华,梁慧敏.燃烧与爆炸基础[M].北京:北京理工大学出版社,2007.
[89] 张全国.燃烧学[M].北京:中国农业出版社,2013.

[90] 张守中.爆炸基本原理[M].北京:国防工业出版社,1988.
[91] 张应立,张莉.工业企业防火防爆[M].北京:中国电力出版社,2003.
[92] 张英华,黄志安.燃烧与爆炸学[M].北京:冶金工业出版社,2010.
[93] 章熙民,任泽霈,梅飞鸣.传热学[M].5 版.北京:中国建筑工业出版社,2007.
[94] 赵衡阳.气体和粉尘爆炸原理[M].北京:北京理工大学出版社,1996.
[95] 赵雪娥,孟亦飞,刘秀玉.燃烧与爆炸理论[M].北京:化学工业出版社,2011.
[96] 郑森,洪滔.悬浮 RDX 粉尘的爆轰波结构[J].含能材料,2004,12(5):269-272.
[97] 中华人民共和国劳动部,职业安全卫生与锅炉压力容器监察局.工业防爆实用技术手册[M].沈阳:辽宁科技出版社,1998.
[98] 周从章,曾庆轩,胡秀峰,等.工业粉尘云爆炸下限的实验研究[J].火工品,2002(2):19-21.
[99] 周力行.燃烧理论和化学流体力学[M].北京:科学出版社,1986.
[100] 周晓吉,刘婷婷.锂离子电池隔膜材料的制备及其研究进展[J].电池工业,2019,23(5):263-268.
[101] 周校平,张晓男.燃烧理论基础[M].上海:上海交通大学出版社,2001.
[102] ANDREWS G E, BRADLEY D, LWAKABAMBA S B. Turbulence and turbulent flame propagation: a critical appraisal[J]. Combustion and flame, 1975, 24: 285-304.
[103] BURKE S P, SCHUMANN T E W. Diffusion flames[J]. Industrial & engineering chemistry, 1928, 20(10): 998-1004.
[104] CHEN C K, YAO B, FAN W C, et al. A comparative experimental study on heat release rates of charring and noncharring solid combustible materials[J]. Journal of fire sciences, 2003, 21(5): 369-382.
[105] DEIMEDE D V, ELMASIDES P C. Separators for lithium-ion batteries: a review on the production processes and recent developments[J]. Energy technology, 2015, 3(5): 453-468.
[106] DOSANJH S S, PAGNI P J, FERNANDEZ-PELLO A C. Forced cocurrent smoldering combustion[J]. Combustion and flame, 1987, 68(2): 131-142.
[107] FENG X N, REN D S, HE X M, et al. Mitigating thermal runaway of lithium-ion batteries[J]. Joule, 2020, 4(4): 743-770.
[108] GOODENOUGH J B, PARK K S. The Li-ion rechargeable battery: a perspective[J]. Journal of the American chemical society, 2013, 135(4): 1167-1176.
[109] HESKESTAD G. Engineering relations for fire plumes[J]. Fire safety journal, 1984, 7(1): 25-32.
[110] HUGGETT C. Estimation of rate of heat release by means of oxygen consumption measurements[J]. Fire and materials, 1980, 4(2): 61-65.
[111] IRVIN G. Combustion[M]. [S.l.: s.n.], 1996.
[112] IRVIN G, RICHARD A Y, NICK G G. Combustion[M]. [S.l.: s.n.], 2015.
[113] LAGADEC M F, ZAHN R, WOOD V. Characterization and performance evaluation of lithium-ion battery separators[J]. Nature energy, 2019, 4: 16-25.

[114] LEACH S V, REIN G, ELLZEY J L, et al. Kinetic and fuel property effects on forward smoldering combustion[J].Combustion and flame, 2000, 120(3):346-358.

[115] MCCAFFREY B J. Momentum implications for buoyant diffusion flames[J]. Combustion and flame, 1983, 52:149-167.

[116] OHLEMILLER T J.Modeling of smoldering combustion propagation[J].Progress in energy and combustion science, 1985, 11(4):277-310.

[117] OLSON S L. Near-surface vapour bubble layers in buoyant low stretch burning of polymethylmethacrylate[J].Fire and materials, 1999, 23(5):227-237.

[118] ROPER F G. The prediction of laminar jet diffusion flame sizes: Part Ⅰ. Theoretical model[J].Combustion and flame, 1977, 29:219-226.

[119] ROPER F G, SMITH C, CUNNINGHAM A C. The prediction of laminar jet diffusion flame sizes: Part Ⅱ. Experimental verification[J]. Combustion and flame, 1977, 29:227-234.

[120] ROPER F G. Laminar diffusion flame sizes for curved slot burners giving fan-shaped flames[J].Combustion and flame, 1978, 31:251-258.

[121] STEPHEN R T.燃烧学导论:概念与应用[M].姚强,李水清,王宇,译.北京:清华大学出版社,2009.

[122] WANG Q S, MAO B B, STOLIAROV S I, et al. A review of lithium ion battery failure mechanisms and fire prevention strategies[J]. Progress in energy and combustion science, 2019, 73:95-131.

[123] WILLIAMS F A. Asymptotic methods in turbulent combustion[J]. AIAA journal, 1986, 24(6):867-875.

[124] YU H, MU X W, ZHU Y L, et al. Sandwich structured ultra-strong-heat-shielding aerogel/copper composite insulation board for safe lithium-ion batteries modules[J]. Journal of energy chemistry, 2023, 76:438-444.

[125] ZUKOSKI E E, KUBOTA T, CETEGEN B. Entrainment in fire plumes[J]. Fire safety journal, 1981, 3(2):107-121.